教育部职业教育与成人教育司推荐教材
职业教育电力技术类专业教学用书

发电厂变电所电气设备

主　编　卢文鹏　吴佩雄
编　写　陈华贵　王志惠　林培玲
主　审　杜文学　张　明

中国电力出版社
http://jc.cepp.com.cn

内 容 提 要

本书为教育部职业教育与成人教育司推荐教材。

全书共有四篇二十章，主要讲述：发电厂和变电所的基本知识、基本理论和基本计算，发电厂和变电所的一次设备、一次接线和配电装置，发电厂和变电所二次回路的基本知识和主要回路，以及发电厂和变电所规划设计的有关知识。本书体现职业教育特色，并紧跟电力工业的发展介绍了相关的新技术和新设备。

本书主要作为高职高专院校电力技术类专业的教材，也可用作为职工培训的辅导教材，以及电力企业工人和技术人员的参考用书。

图书在版编目(CIP)数据

发电厂变电所电气设备/卢文鹏，吴佩雄主编. —北京：中国电力出版社，2005.8（2018.7重印）

教育部职业教育与成人教育司推荐教材

ISBN 978-7-5083-3436-3

Ⅰ.发… Ⅱ.①卢…②吴… Ⅲ.①发电厂－电气设备－成人教育:高等教育－教材②变电所－电气设备－成人教育:高等教育－教材 Ⅳ.TM

中国版本图书馆 CIP 数据核字(2005)第 067619 号

中国电力出版社出版、发行

（北京市东城区北京站西街 19 号 100005 http://jc.cepp.com.cn）

三河市百盛印装有限公司印刷

各地新华书店经售

*

2005 年 8 月第一版 2018 年 7 月北京第十四次印刷

787 毫米×1092 毫米 16 开本 23.5 印张 501 千字

定价 **52.00** 元

前 言

本书为教育部职业教育与成人教育司推荐教材，是根据教育部审定的电力技术类专业主干课程的教学大纲编写而成的，并列入教育部《2004～2007年职业教育教材开发编写计划》。本书经中国电力教育协会和中国电力出版社组织专家评审，又列为全国电力职业教育规划教材，作为职业教育电力技术类专业教学用书。

本书体现了职业教育的性质、任务和培养目标；符合职业教育的课程教学基本要求和有关岗位资格和技术等级要求；具有思想性、科学性、适合国情的先进性和教学适应性；符合职业教育的特点和规律，具有明显的职业教育特色；符合国家有关部门颁发的技术质量标准。本书既可以作为学历教育教学用书，也可作为职业资格和岗位技能培训教材。

发电厂变电所电气设备是职业院校电气工程类专业的主干课程，具有实践性强、应用性广的特点。学习本课程的目的是使学生成为具有高素质的技术应用型人才，掌握发电厂变电所一、二次系统所必需的中、高级工的专业知识和基本技能，并为以后的学习和工作打下坚实的基础。本教材的编写体现了当前职业教育的发展，增加了新技术和新设备内容以满足电力工业不断发展的要求。

因本课程要求较强的实践性，故涉及知识面广。为了便于教学，本书按篇进行划分，把基本知识和理论性较强的内容作为第一篇，以课堂理论讲授为主，可结合发电厂、变电所的认识实习授课；按发电厂和变电所的一、二次系统编写第二、三篇，可结合实习基地或实际设备授课，建议采用一体化或多媒体教学手段，增强学生的感性认识，也可以用讲、练结合的方式；最后增加了发电厂和变电所的规划设计的第四篇，主要是使学生熟悉规划设计的内容，建立先技术后经济的设计思路，熟悉实际工程中设备的选择方法等，本篇可结合课程设计或毕业设计进行，并且规划设计的学习，体现高等职业教育与中等职业教育的区别，是理论与实际结合的练习。第一篇以清楚概念、打好基础为主，第二、三篇以强化应用为目的，第四篇建立发电厂、变电所的整体概念。本书编写以必需、够用为度，比如高压断路器部分减少了油断路器的内容，增加了真空和 SF_6 断路器的内容；而且在编写过程中考虑了不同地区、不同院校的使用，在内容的兼顾性方面作了调整；根据工程实际的需要，参考了《国家电网公司电力安全工作规程（变电所和发电厂电气部分）》，对相应内容作了调整。

本书由卢文鹏、吴佩雄主编，其中第一、二、五、十九章由福建电力职业技术学院的陈华贵编写，第三、四、七章由福建电力职业技术学院的吴佩雄编写，第六、九、十、十一章由保定电力职业技术学院的卢文鹏编写，第八、十六、十七、十八、二十章由福建电力职业技术学院的林培玲编写，第十二、十三、十四、十五章由保定电力职业技术学院的王志惠编写。全书由卢文鹏和王志惠进行统稿，西安电力高等专科学校杜文学和张明主审。

由于编者水平所限，书中难免有些缺点和不足，希望读者批评指正。

编者

2004-10

前言

目 录

第四篇 发电厂和变电所的规划设计

第一篇　发电厂变电所的基本知识

电力经过100多年的发展，已经成为各个行业离不开的能源支柱。发电厂产生的电能，通过变电所的联系、分配，经电力线路提供给广大用户。本篇主要介绍电力工业的发展简史，发电厂和变电所的概述，电力系统一次、二次部分的基本知识，以及用于分析计算的短路电流计算和电弧基本理论。

第一章

电力工业的发展史和电力系统的构成

第一节　电力工业的发展简史

电力是衡量一个国家经济发展的重要标志，也是反映人民生活水平的一个重要指标。电力已成为现代生产的主要能源和动力，工农业生产、交通运输以及城乡生活等许多方面都离不开电力。

虽然电力只有100多年的发展历史，但其发展的速度是极其迅速的。电力迅速发展的原因在于它有极大的优越性，可表现为：电能可与各种能量相互转换，便于迅速而经济地输送和分配，便于调节、控制和测量，有利于实现自动化。通常，工业发达国家每7～10年装机容量就要增加一倍。从世界各国经济发展进程看，国民经济每增长1%，需要电力工业增长1.3%～1.5%，因而电力工业的发展必须优先其他工业部门，整个国民经济才能顺利发展，所以也称电力为工业的先行官。

电力工业起源于19世纪后期。世界上第一台火力发电机组是1875年建于巴黎北火车站的直流发电机，用于照明供电。1879年，美国旧金山实验电厂开始发电，这是世界上最早出售电力的电厂。1882年，美国纽约珍珠街电厂建成发电，装有6台直流发电机，总容量是900马力（670kW），以110V直流为电灯照明供电。据联合国能源统计资料表明，1997年世界发电装机总容量311768万kW，其中火电占64.0%，水电占18.4%，核电占17.2%，地热及其他能源发电占0.4%；总发电量为139487亿kW·h。目前世界上最大单机容量达130万kW，最大电力系统容量超过10亿kW，最高输电电压已达到1200kV，最远输电距离已超过1000km。自20世纪70年代以来，世界各国的电力工业从生产量、建设规模、能源构成到电源和电网的技术都发生了较大变化。进入20世纪90年代后，电力发展逐渐形成了三个突出的动向，分别是：世界发电量的年增长率趋缓，而一些发展中国家，特别是亚洲国家仍维持较高的电力增长速度；电力技术的发展向高效、环保的更高目标迈进；电业管理体制和经营方式发生变革，由垄断经营逐步转向市场开放。

1893年我国在上海有了第一座发电厂，容量为150kW，主要供附近地区的照明负荷用电。1949年时全国总装机容量只有184.86万kW，年发电量只有43亿kW·h，居世界第24位，居亚洲第四位。1996年，中国发电装机容量和发电量先后超过法国、英国、加拿大、德国、俄罗斯和日本，跃居世界第二位。截至2003年底，全国发电容量达到1.89亿万kW，至2004年5月底，全国发电装机容量已经达到4×10^8kW，这两项指标均连续8年位居世界第二位；其中，在发电能源比例中火电占82.9%，水电占14.%，核电占2.3%。2004年4月，上海外高桥电厂二期2台90万kW超临界火力发电机组正式移交生产，投入商业运行，成为目前我国最大火电单机容量的机组。我国目前已能制造600MW的发电机组，对1000MW以上的发电厂已能自行设计和安装。全国形成东北、华中、华东、西北和华北等几个大型电力系统。±500kV直流输电工程也投入运行，330、500、750kV的超高压输变电工程已投入运行。

表1-1列出某些典型年份的数据，从中可以看出近几十年我国电力工业发展的概况。可以清楚地看出，我国电力工业发展特别迅速，世界排名稳步上升，我国电力工业也跨入了世界先进行列。1993年开始全面施工的举世瞩目的长江三峡工程，水力发电厂设计由26台700MW水轮发电机机组组成，总装机容量将达到1820万kW；截止2004年4月，三峡电厂已装机发电8台70万kW机组，日发电量超过1亿kW。长江三峡电厂建成后，将出现以三峡电厂为中心、东接上海、南接广州、西达重庆、北至京津唐的一个全国性的大电力系统，为我国现代化事业提供充足、经济、稳定、可靠的电力。

表1-1 **我国电力工业发展概况**

年　份	装机容量（万kW）	年发电量（亿kW·h）	居世界位数
1949	184.86	43	24
1959		430	9
1960	920	565	9
1970		1158	8
1979	5270	2565.5	7
1982	7600	3276.8	6
1985	8500	4073	5
1987	10110	4973	4
1994	19989	9278	3
1996	23654	10794	2
2000	31932.09	13684.8	2
2001	33849	14839	2
2002	35300	16400	2
2003	38450	18462.1	2

在我国电力建设中，应积极发展火电，同时注意发展水电、核电，根据各地的具体实际出发执行水、火并举，因地制宜开发多种能源。我国有丰富的煤炭资源，累计探明储量在7000亿t以上，居世界第一。但一般煤炭资源离电力用户较远，运输煤炭很不方便，比较经济合理的方法是在煤矿的坑口建大型火电厂，用超高压线路将电能送到远方用户，满足经济发达区的工农业生产的电力需要。在国内外火电厂均占75%以上。

水力资源是最清洁、最廉价的可再生能源。我国的水力资源占世界首位，蕴藏量达68000万kW，其中可开发利用的约为37000万kW，分布在黄河、长江和西南地区，一般离电力用户较远。建造水电站的同时必须解决远距离输电，投资较大的问题，还应考虑水资源的综合利用，水电的合理调度，加强水文预测等其他方面。

原子能的利用是现代科学技术的一项重大成就，到2003年3月为止，全世界有几十个国家先后建成400多座原子能发电厂。我国从20世纪50年代末开始筹划建造原子能发电厂，起步虽早，但几经反复，到20世纪80年代才正式开始建造原子能发电厂。第一座核电站为浙江秦山核电站，于1991年12月13日并网发电，它是我国自行设计、安装的压水堆型核电站，装机容量为30万kW；广东为适应开放特区的需要，和香港合作的包括2台90万kW机组的大亚湾核电站也早已建成发电；至2004年1月全国建成和正在建的核电站已达6座共11台机组，总装机容量为870万kW。

总之，经过几十年稳步的发展，我国电力工业已建成了比较完整的体系。目前，全国各地都有规模不同的各类发电厂，真可谓星罗棋布。这为合理开发和利用各种资源、促进国民经济的全面发展起着极其重要的作用。通过多年的生产实践和技术教育，电力技术人才队伍不断壮大，技术水平不断提高，为进一步发展电力工业打好稳固而扎实的基础。

但是，目前由于装机容量增长速度低于同期国民经济及电力需求增长速度，导致部分地区在充分利用现有发电设备能力的情况下，电力供应依然紧张。有关部门预测，未来的15年中国需新增5亿kW以上的发电装机容量才能满足全面建设小康社会的需要。这意味着未来几年中国电力建设将进入更加快速发展的阶段。同时，还应清醒地看到我国与先进国家仍有很大差距，全国长期缺电的局面还未彻底改变，电力还未起到积极的先行作用，长期以来电力一直处于紧张状态，只有经过艰苦的努力，才能使之适应国民经济发展的需要。因而，摆在电力工作者面前的任务是光荣而艰巨的。

第二节　电力系统的构成及各部分的作用

由于电能易于转换成其他形式的能量，使用便利，输送、分配经济，且便于控制，因此在工农业生产、交通运输以及城乡人们生活等许多方面中广泛地使用。社会离不开电能。

使用电能的单位，称为用户。用电的类型很多，主要分为工业用电、农业用电与生活用电等。工业用电集中、用电量大、设备利用率高、对供电可靠性要求高；农业用电分散、用电量小、与气候及季节有关，平时对供电可靠性要求较低，灾害天气时对供电可靠性要求高；生活用电涉及面广、形式多样。随着生产的发展，生活水平的提高，用电量愈来愈大，对供电的可靠性要求也愈来愈高。

电能是经过人为加工而取得的二次能源。将自然能转变为电能的过程称为发电，这一过程一般在发电厂中进行。自然能也称为一次能源，主要来自太阳、地球和地球与其他天体的相互作用。现代，世界各国主要用于发电的一次能源有石油、煤炭、天然气、水力及原子能等。应用这些能源发电的电厂分别称为火电厂、水电厂及原子能电厂（或称核电厂）。此外，还有太阳能发电厂、风力发电厂、潮汐发电厂、地热发电厂等。我国幅员辽阔，煤炭、石油、水力、原子能等资源丰富，这些都为建设大型的、多种类型的发电厂创造了条件。

现代世界上许多国家，将大型火电厂建设在煤炭、石油等能源的产地，以节约燃料运输费用；水电厂建设在江河水流落差较大的河段。而用电负荷中心一般集中在大城市、工业中心、矿山、农业发达地区及交通枢纽等。因此，发电厂和用电负荷中心之间，往往相距几

十、几百甚至数千公里，这就需要用电力线路作为输送电能的通道。通常，将发电厂的电能送到负荷中心的线路叫作输电线路；将负荷中心的电能送到各用户的电力线路叫作配电线路。在负荷中心，一般设有变电所。

在输送与分配电能的过程中，电流在导线中产生电压降落、功率损耗和电能损耗。减少电压降落可以提高电能质量；减少功率损耗可以提高设备利用率；减少电能损耗可以提高供电的经济性。在线路输送功率不变的情况下，提高电压才能减少电压降落、功率损耗和电能损耗。因此，随着电力工业的不断发展，世界各国都在不断地提高输电线路的电压，大力发展超高压远距离输电。将电能用高电压的输电线路送到负荷中心的变电所，然后经过降压、分配和控制，再用配电线路输送给用户（采用较低电压配电主要是由于线路和用电设备的技术经济效益较好）。现阶段，我国输电线路电压在110kV及110kV以上，配电线路电压主要为35、10kV及0.4kV等。

电压的升高或降低，是通过变压器完成的。安装变压器及其测量、保护与控制设备的地方称为变电所。用于升高电压的称为升压变电所；用于降低电压的称为降压变电所。

由发电厂中的电气部分、各类变电所及输电、配电线路及各种类型的用电设备组成的统一体，称为电力系统。电力系统包括发、变、输、配、用电等单元，以及相应的通信设备、安全自动设施、继电保护装置、调度自动化设备等。电力系统在我国分为地区级、省级、大区级系统，在国外还有跨国电力系统。

电力系统中各种电压的变电所及输配电线路组成的统一体，称为电力网。电力网的任务是输送与分配电能，并根据需要改变电压。电力系统加上各类型发电厂中的热力部分、水力部分、原子反应堆部分等动力部分称为动力系统。

图1-1为简单动力系统、电力系统与电力网的示意图。

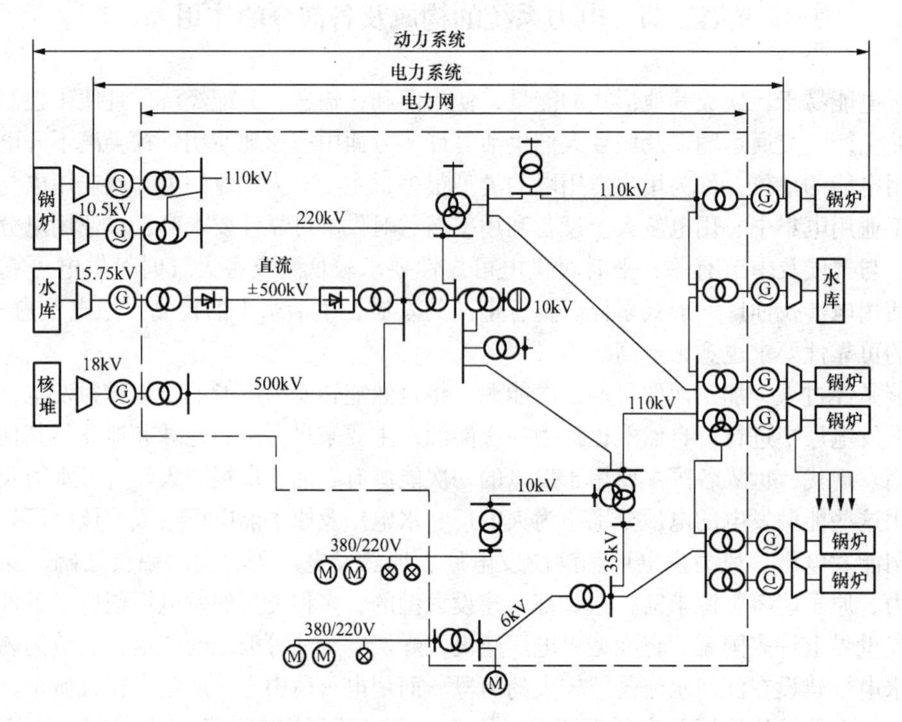

图1-1 动力系统、电力系统与电力网的示意图

从研究与计算方面考虑，可将电力网分为地方网、区域网、远距离输电网三类。电压为110kV以下的电压网，电压较低，输送功率小，线路距离短，主要供电给地方负荷，称为地方网；电压在110kV以上的电力网，电压较高，输送功率大，线路距离长，主要供电给大型区域性变电所，称为区域网；输电线路长度超过300km，电压在330kV及其以上的电力网，称为远距离输电网。但电压为110kV的电力网属于地方网还是区域网，应从它在电力系统中的作用考虑。

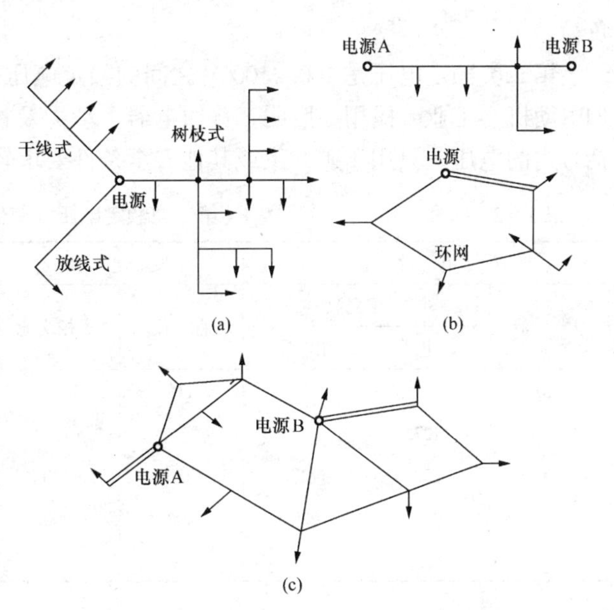

图1-2　电力网的接线图

(a) 开式网；(b) 两端供电网及环网；(c) 复杂网

按电压高低可将电力网分为低压网、中压网、高压网、超高压网、特高压网等。电压在1kV以下的称为低压网；电压在1~10kV的称为中压网；电压高于10kV、低于330kV的称为高压网；电压高于330kV、低于750kV的称为超高压网；电压在1000kV及其以上的称为特高压网。按电力网的接线方式区分，可将电力网分为一端电源供电的电力网（又称为开式网），两端电源供电的电力网（又称为闭式网）及多端电源供电电力网（又称为复杂网）三类，如图1-2所示。按电力网在电力系统中的作用可分为系统联络网（又称为网架）与供电网两类。系统联络网主要为系统运行调度服务，供电网主要为用户服务。

第三节　电力系统的额定电压及电压等级

额定电压是国家根据国民经济发展的需要，技术经济合理性及电机、电器制造因素等所规定的电气设备标准的电压等级，是一种标准电压，是电气设备设计时所依据的电压值。在这一电压下工作时，电气设备的技术经济性能能够达到最佳状态，保证可靠长期运行。额定电压是电气设备各参数中的第一参数，常标在设备铭牌及使用说明书上。

为了使电力设备的生产实现标准化、系列化和各元件的合理配套，电力系统中发电机、变压器、电力线路及各种设备等，都是按规定的额定电压进行设计和制造的。

我国规定的额定电压按电压高低及使用范围可分为三类。

表1-2　第一类额定电压（单位：V）

直　流	交　流	
	三　相	单　相
6		
12		
24		12
48	36	36

第一类额定电压是指100V及其以下的额定电压（见表1-2），主要用于安全动力、照明、蓄电池及其他特殊设备。其中，交流36V只作为潮湿环境的局部照明及其他特殊电力

负荷。

第二类额定电压是100~1000V之间的额定电压（见表1-3），其应用最广、数量最多，如电动机、工业、民用、照明、普通电器、动力及控制设备等都采用此类电压，表1-3中括号内的电压，只用于矿井下或其他安全条件要求较高的地方。

表1-3　　第二类额定电压（单位：V）

受电设备			发电机		变压器			
直流	三相交流		直流	三相交流	单相		三相	
	线电压	相电压			一次绕组	二次绕组	一次绕组	二次绕组
110			115					
	（127）			（133）	（127）	（133）	（127）	（133）
220	220	127	230	230	220	230	220	230
	380	220	400	400	380		380	400
440								

第三类额定电压是1000V及其以上的电压等级（见表1-4）。电力系统的发、供、输、配、用电都采用该电压等级。

表1-4　　第三类额定电压（单位：kV）

受电设备	线路平均电压	交流发电机	变压器	
			一次绕组	二次绕组
3	3.15	3.15	3及3.15	3.15及3.3
6	6.3	6.3	6及6.3	6.3及6.6
10	10.5	10.5	10及10.5	10.5及11
		13.8	13.8	
		15.75	15.75	
		18	18	
35	37		35	38.5
（60）	（63）		（60）	（66）
110	115		110	121
220	230		220	242
（330）	（345）		（330）	（363）
500	525		500	550

注　1. 表中所列均为线电压。
2. 括号内的电压仅用于特殊地区。
3. 水轮发电机允许用非标准额定电压。

根据我国国家标准GB156—1980《额定电压》中规定的电力系统电压有220V、380V、3kV、6kV、10kV、35kV、66kV、110kV、220kV、330kV、500kV、750kV、1000kV等，其中220V为单相交流电，其余均为三相交流值。330kV电压等级只有在西北地区电力系统中采用，63kV电压等级只在东北电力系统中采用。

一般城市对中、小企业的供电可采用10kV电压等级的配电网络，对大、中企业的供电可采用35~110kV电压等级的配电网络，大、中型企业内部可采用10kV电压等级的配电网络。35、110kV电压等级适用于中距离输电；220~500kV电压等级适用于远距离大容量的输电。大、中容量的电动机可采用3、6kV和10kV的额定电压等级；小容量的电动机可采用0.38/0.22kV的额定电压等级。照明及其他单相负载接在0.38/0.22kV三相四线制供电网络的相电压上。直流220V、110V电压等级，广泛使用在发电厂、变电所的控制、信号及自动装置回路中。

由表1－4中可见，同一电压等级下，各电气设备的额定电压不尽相同，这是因为功率传输过程中要产生电压损耗，使沿线路各点的电压不同，一般是首端电压高于末端电压。规定线路的额定电压与受电设备的额定电压相同，这样所有连接在线路上的受电设备都可在额定电压附近运行。

一般受电设备的允许电压偏移为±5%，沿线路的最大电压损耗为10%，这样如果线路首端的电压为额定电压的1.05倍，末端电压就不会低于额定电压的0.95倍，保证各受电设备能在允许电压范围内运行。

发电机一般接在线路的首端，其额定电压应比其所在电力网的额定电压高出5%，这是考虑到一般电力网的电压损失为10%，如果线路首端电压比电力网额定电压高5%，则末端电压比电力网额定电压会低5%，从而保证末端用电设备工作电压的偏移不会超出允许的范围，一般为±5%，即

$$U_{GN} = 1.05U_N$$

式中　U_{GN}——发电机的额定电压；

U_N——线路的额定电压。

而对于没有直配负荷的大容量发电机，其额定电压按技术经济条件来确定，不受线路额定电压等级的限制。目前，我国发电机额定电压的使用范围为：6.3～10.5kV用于100MW及其以下的小容量机组，13.8kV用于125MW的汽轮发电机和72.5MW的水轮发电机，15.75kV用于200MW的发电机，18kV、20kV分别用于300MW、600MW大容量发电机。

变压器的额定电压为各绕组的电压值。变压器一次绕组是接受电能的，其额定电压的确定根据变压器是升压还是降压而有所不同。一般升压变压器是与发电机电压母线或发电机直接相连接，所以升压变压器的一次绕组的额定电压应高出其所在电力网额定电压5%。降压变压器对电力网而言相当于用电设备，所以其一次绕组的额定电压等于所连接电力网的额定电压（即相当于受电设备的额定电压）。变压器二次绕组是输出电能的，相当于发电机，其额定电压应比线路额定电压提高5%。考虑到带满负载时，变压器本身绕组有5%的电压损失，为了使二次绕组在带额定负荷时实际输出电压仍高于线路额定电压5%，对二次侧电压等级较高时二次绕组的额定电压应比所接电力网的额定电压高出10%。只有对于高压侧电压小于35kV且阻抗电压百分值小于7.5%、漏抗较小的变压器，二次绕组所连接线路较短的变压器，以及三绕组变压器连接同步调相机的绕组等，其二次绕组的额定电压才比线路额定电压高5%。

小　结

虽然电力只有100多年的发展历史，但其发展的速度是极其迅速的。电力技术的发展向高效、环保的目标迈进。

使用电能的单位，称为用户。电能是经过人为加工而取得的二次能源。将自然能转变为

电能的过程称为发电，这一过程一般在发电厂中进行。将发电厂的电能送到负荷中心的线路叫作输电线路；将负荷中心的电能送到各用户的线路叫作配电线路。在负荷中心，一般设有变电所。电压的升高或降低，是通过变压器完成的。用于升高电压的称为升压变电所；用于降低电压的称为降压变电所。

由发电厂中的电气部分、各类变电所、输电、配电线路及各种类型的用电器组成的统一体，称为电力系统。电力系统中各种电压的变电所及输配电线路组成的统一体，称为电力网。电力系统加上各类型发电厂中的热力部分、水力部分、原子反应堆部分等动力部分称为动力系统。

额定电压是一种标准电压，是电气设备设计时所依据的电压值。在这一电压下工作时，电气设备的技术经济性能能够达到最佳状态，保证长期可靠运行。我国规定的额定电压按电压高低及使用范围可分为三类。

1－1　什么叫电力系统、电力网？

1－2　试对电力网进行分类？

1－3　电力设备的额定电压如何定义？电力网、发电机和变压器的额定电压是如何规定的？

1－4　如图1－3所示，母线上标出的是电力网的额定电压，试写出图中电力变压器和发电机的额定电压。

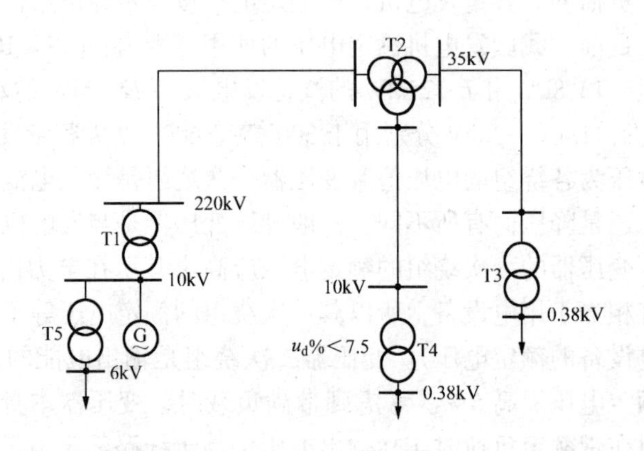

图1－3　习题1－4电路图

第二章

发电厂变电所的概述

第一节　发电厂、变电所的类型和作用

发电厂是把各种天然能源，如煤炭、水能、核能等转换成电能的工厂。电厂发出的电能一般还要由变电所升压，经由高压输电线路送出，再由变电所降压才能供给用户使用。为了便于了解电能的生产过程，下面介绍发电厂和变电所的类型和作用。

一、发电厂类型和作用

发电厂是电力系统的中心环节，根据电厂的装机容量及在电力系统地位的不同，可以分为区域性发电厂、地方性发电厂及自备专用电厂等；根据一次能源形式的不同，可以分为火力发电厂、水力发电厂、核能发电厂、地热发电厂、潮汐发电厂、风力发电厂等。

（一）火力发电厂

火力发电厂是将燃料的化学能转换成电能的工厂，常见的燃料有固体燃料、液体燃料和气体燃料。

固体燃料主要是煤。我国电力生产以煤为主，而且尽量利用当地的劣质煤来发电，把优质煤炭让给其他部门，发挥更大的作用。

液体燃料主要是石油。液体燃料使用方便，发热量高，一般采用重油发电。但由于石油的用途多，资源比煤少，价格也较高，因此一般我国不建设纯燃油电厂，而是采用煤、油两用。

气体燃料一般为天燃气，但目前我国采用天然气作为燃料的电厂较少。

火力发电厂中的原动机大都为汽轮机，现在柴油机和燃气轮机也得到了应用。火力发电厂可以分为以下几种发电厂。

1. 凝汽式火力发电厂

凝汽式火力发电厂通常称火电厂。燃料在炉膛内燃烧发出热量，被锅炉本体内的水吸收后产生高温高压的蒸汽，送到汽轮机，使汽轮机转子高速旋转带动发电机发出电能。已作过功的蒸汽进入汽轮机末端的凝汽器，被冷却水还原为水后又重新送回锅炉。凝汽式电厂中的工质在发电过程中经历了水变成蒸汽、水蒸气变成水的反复循环，从而实现将燃料的化学能转换为热能、热能转换为机械能、机械能转换为电能的过程。在凝汽器中，大量的热量被循环水（即冷却水）带走，所以效率较低，一般只有30%～40%左右。典型火电厂的布置如图2－1所示。

2. 供热式火力发电厂

供热式火力发电厂通常称热电厂。我国北方地区多建有热电厂，一般建在热用户附近。热电厂与凝汽式火电厂不同，主要是热电厂将部分作过功的蒸汽从汽轮机中段抽出供给电厂附近的热用户，或经热交换器将冷水加热，把热水供给用户。这样，与火电厂相比便可减少了凝汽器中的热量损失，使热电厂的效率提高到60%～70%。

（二）水力发电厂

水力发电厂通常称水电厂。水电厂是将水的位能和动能转换为电能的工厂。

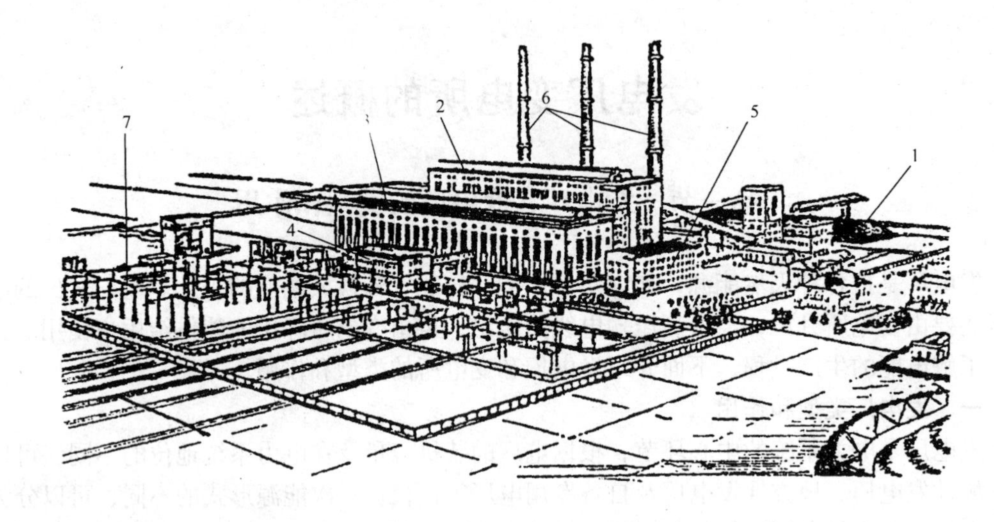

图 2-1 火电厂布置图

1—煤场；2—锅炉房；3—汽机房；4—主控制房；5—办公楼；6—烟囱；7—屋外配电装置

水电厂中发电机的原动机是水轮机，水流冲击水轮机旋转，带动发电机发电。水电厂的生产过程可简述为：人为地制造较大的集中落差，使上游的水位提高，高水位的水经压力水管进入螺旋形蜗壳，推动水轮机转子旋转，带动发电机转子转动而发出电能，最后作完功的水经尾水管排往下游。按水力枢纽布置的不同，水电厂可以分为堤坝式水电厂、径流式水电厂和抽水蓄能电厂。

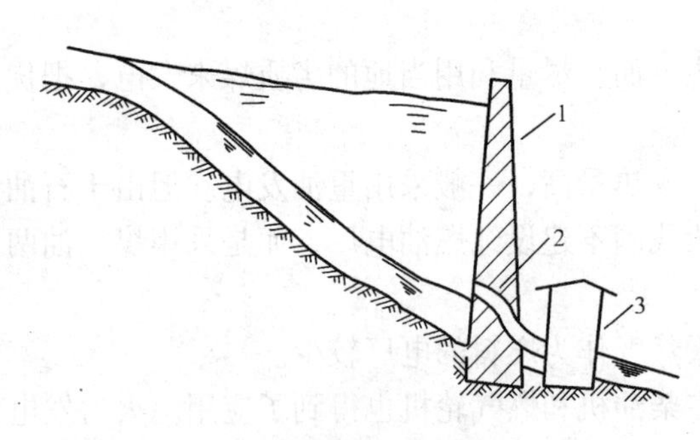

图 2-2 （堤坝式）坝后式水电厂

1—坝；2—压力水管；3—厂房

1. 堤坝式水电厂

在河流上的适当位置上修建水坝，将水积蓄起来，形成水库以抬高上游水位。利用坝的上下游水位较大的落差，引水发电，这种发电方式称为堤坝式。堤坝式水电厂可以分为坝后式和河床式两种。坝后式水电厂厂房建在大坝的后面，不承受水的压力，全部水头由坝体承受，水库的水由压力水管引入厂房，转动水轮发电机组发电，一般适用于高、中水头的水电厂，如图 2-2 所示；河床式水电厂的厂房与大坝联合成一体，厂房是大坝的一个组成部分，要承受水的压力，水头一般在 20～30m 以下，适用于中、低水头的水电厂，如图 2-3 所示。

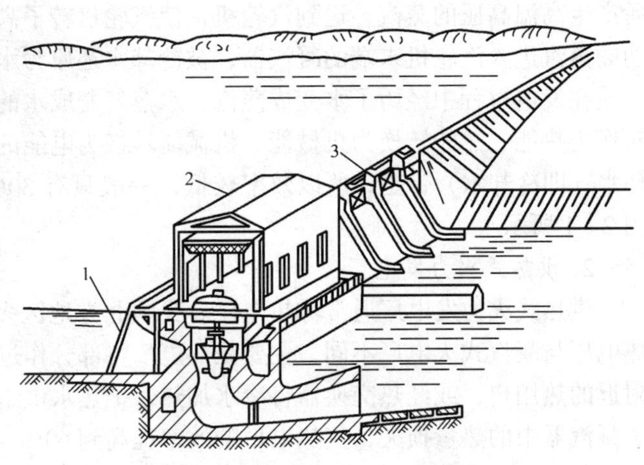

图 2-3 （堤坝式）河床式水电厂

1—进水口；2—厂房；3—溢流坝

2. 径流式水电厂

径流式水电厂也称为引水式水

电厂。如图 2－4 所示，它是利用有较高水位落差的急流江河建坝，没有形成水库，而是直接将水引入水轮机发电。这种水电厂只能按天然江河的水流量及水头落差来发电，故受季节的影响较大，如长江中游的葛洲坝水电厂就属于径流式水电厂。

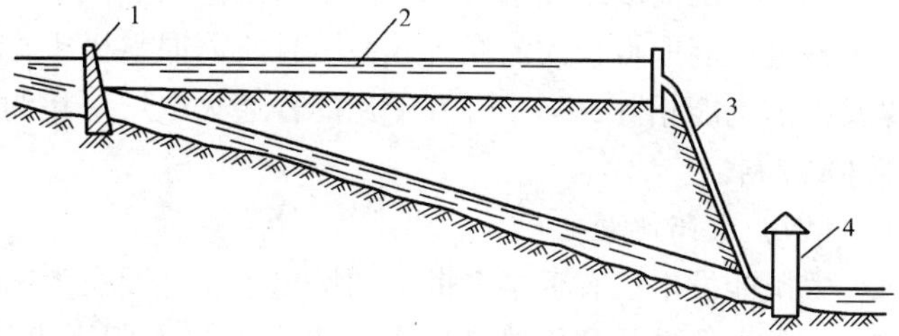

图 2－4　径流式水电厂

1—堰；2—引水渠；3—压力水管；4—厂房

3. 抽水蓄能电厂

抽水蓄能电厂是一种特殊形式的水力发电厂，如图 2－5 所示，由高落差的上下水库和抽水蓄能电厂机组构成。抽水蓄能电厂可以实现对电能的调节。当系统处于低负荷运行时，电厂利用系统富余的有功功率将下水库的水抽到上水库中储存能量，此时机组按电动机—水泵方式工作；待电力系统处于高负荷、电力不足时，上水库放水释放能量发电，以满足调峰的需要，此时机组按水轮机—发电机的方式工作。抽水蓄能电厂还可以具有调频，调相，作系统的备用容量和生产季节性电能等多种用途，一般可与发电出力较稳定的核电厂配合设置。

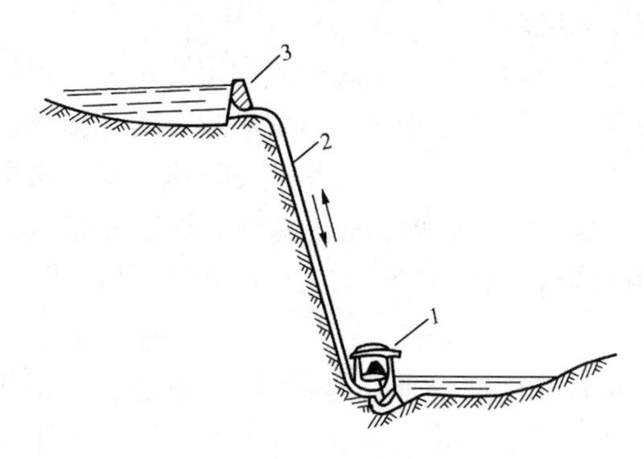

图 2－5　抽水蓄能电厂

1—压力水管；2—厂房；3—坝

抽水蓄能电厂的机组常用的有：

1）三机式：由同步电机、水轮机和水泵三者组成一套同轴机组；

2）二机式：由同步电机和可逆水轮机（可工作于水轮机状态，也可工作于水泵状态水轮机）组成一套机组。

（三）核能发电厂

核电机组与普通火力发电机组中的汽轮机、发电机部分基本相同，不同的是以核反应堆和蒸汽发生器代替了锅炉设备，如图 2－6 所示。在核反应堆中，铀－235 在慢中子的撞击下产生链式反应，使原子核分裂，放出巨大的能量。为了带走热量和控制核反应的速度，常利用轻水（压水）和重水作冷却剂，利用重水和石墨作慢化剂，故反应堆可分为重水堆和石墨堆。核电厂的汽水循环分成两个独立的回路。第一回路由核反应堆、蒸汽发生器、主循环水泵构成，高压水在反应堆内吸热后经蒸汽发生器再注入反应堆。第二个回路由蒸汽发生器、汽轮机、给水泵构成，水在蒸汽发生器内吸热变成蒸汽，

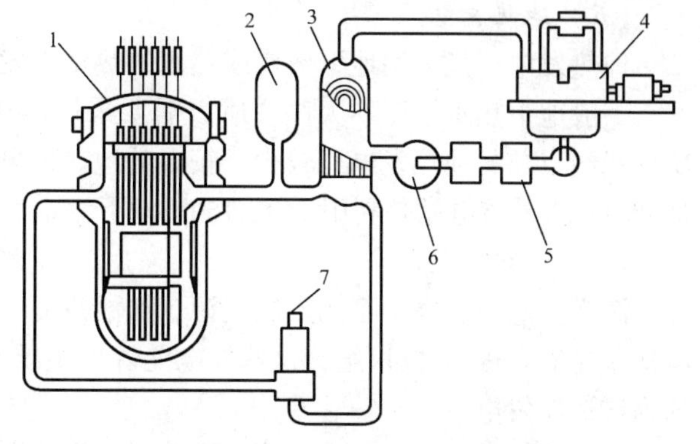

图 2－6　核电厂生产过程示意图

1—核反应堆；2—稳压器；3—蒸汽发生器；4—汽轮发电机组；5—给水加热器；6—给水泵；7—主循环泵

经汽轮机做功而凝结成水后，再由给水泵注入蒸汽发生器。

核电厂能取得较大的经济效益，且所需原料极少，1kg铀－235发出的电能与2700t标准煤发出的电能相等；一个百万千瓦的普通火电厂一年约需300万t燃料，而相应的核电厂仅需30t原料。

（四）太阳能发电厂

太阳能发电已有近半个世纪的历史了，主要有太阳光和太阳热两种发电方式。

太阳光发电是利用单晶硅太阳光电池将太阳光直接转换成电能。1954年，美国研制成世界第一批可供实用的单晶硅太阳光电池，光电转换效率6%，1958年作为美国“先锋一号”人造卫星的电源。20世纪80年代，美国、西欧各国、日本相继建成许多以太阳电池方阵组成的电站。世界最大的太阳电池电站建在美国加州，容量6500kW，光电转换效率11%。全球迄今已有十多座千千瓦级太阳电池电站在运行。

太阳热发电是利用太阳辐射转换成热能，再转换为机械能发电。按接收太阳辐射能的方式，可分为塔式、分散式和太阳电池三种类型太阳热电站。

塔式太阳热电站是在中心高塔顶上安装接收器，由附近自动跟踪阳光的定日镜群，把阳光集聚到拉收器上来加热工质，用以发电。1976年，法国最早把一台64kW的塔式太阳热发电装置投入运行。1982年，美国建成一座世界上最大（1万kW）的塔式太阳热电站，该电站位于加州英加沙漠中。在方圆0.78km^2的中央，矗立着一座91.5m的高塔，周围安装1818面可旋转的定日镜，用计算机控制，把阳光集中反射到高塔接收器，产生510℃过热蒸汽，以驱动汽轮发电机发电。

分散式太阳热电站是把抛物柱面聚焦集热器布置在地面，来获得高温。20世纪70年代末，美国最早建成一座150kW的这种类型电站。1981年，日本有一座1000kW分散式太阳热电站投入运行。1989年，美国加州莫哈韦沙漠中，将世界最大的太阳热发电系统SEGS第8套设备投产，总发电容量27.5万kW。

太阳电池发电是太阳能将盐水加热至80℃后，利用其温差发电。太阳电池发电方式不需要昂贵的集热系统，不存在传统太阳热电站间歇发电问题，它具有很大储能本领，可作电网调峰之用。1979年以色列在死海建造了150kW太阳电池电站并投入运行。我国于20世纪80年代，在内蒙古、甘肃的无电山区建成多座太阳电池电站，供照明用电。

（五）地热发电厂

地热发电厂是利用地下蒸汽或热水的热量来发电的电厂。

一般地下热水温度不太高，所以需要采用减压扩容和低沸点工质才能足以使汽轮机作功。我国目前的地热发电厂较少。较大的地热发电厂是西藏拉萨的羊八井地热发电厂，总容量25180kW，该电站是利用140～160℃地下汽水混合物发电。

（六）潮汐发电厂

海洋里蕴藏着极丰富的发电资源，如潮汐能、波浪能、海流和潮流能、海洋温差能、海洋盐差能等。进入20世纪，这些发电能源中主要开发潮汐能，其他诸能源利用于发电最多的为波浪能发电。

潮汐发电是利用潮汐有规律地涨落时，海水水位的升降，使海水通过水轮机组来发电，原理和水电厂类似。潮汐发电厂宜建在出口较浅窄的河口段或有大容量区的海岸，这种地形的筑坝工作量小，发电能力大。

1912年，德国建成世界首座潮汐电站——布苏姆潮汐电站。我国的海岸线有18000多km，可开发的潮汐能蕴藏量每年为580亿kW·h。我国第一座潮汐发电站是1980年建造在浙江乐清湾的江厦潮汐电站，总装机容量为3200kW，位居世界第三。

（七）风力发电厂

风力发电厂是利用风力推动风车，风车带动发电机旋转来发电。由于受自然条件的影响较大，运行很不稳定，功率也不稳定。

世界最大的风电厂是美国加州阿尔特蒙特山口风电场，装有7300台风电机组，总容量73.7万kW。1990年国产最大的200kW风电机组，安装在福建平潭岛，到1999年中国建有风电场19个，总容量23万kW。我国最大的风电场是新疆达坂城风电场，2000年6月底已有6种机型、171台机组投入运行，总装机容量5.75万kW。

二、变电所类型和作用

变电所是联系发电厂和用户的中间环节，它的作用是变换电能电压，接受和分配电能。根据其在电力系统中的地位和作用，可以分成以下几类。

(1) 枢纽变电所。枢纽变电所位于电力系统的枢纽点，电压等级一般为330kV及其以上，连接电力系统高压和中压的几个部分，汇集着多个电源，出线回路多，变电容量大。全所停电后将造成大面积停电，或系统瓦解，甚至出现系统瘫痪。枢纽变电所对电力系统运行的稳定性和可靠性起着重要作用。

(2) 中间变电所。中间变电所位于系统主干环行线路或系统主要干线的接口处，电压等级一般为330~220kV，汇集2~3个电源和若干线路，高压侧以交换功率为主，或使长距离输电线路分段，且同时降压向地区用户供电。全所停电后，将引起区域电网的解列。这样的变电所主要起中间环节作用，所以叫中间变电所。

(3) 地区变电所。地区变电所是一个地区和一个中、小城市的主要变电所，电压等级一般为110~220kV，是以对地区用户供电为主的变电所。全所停电后将中断该地区或城市的供电。

(4) 企业变电所。企业变电所是大、中型工矿企业的专用变电所，电压等级35~220kV，1~2回进线。全所停电后，该企业直接停电，造成自身损失。

(5) 终端变电所。终端变电所位于配电线路的终端，在负荷点附近，电压等级多为110kV，经降压后向用户供电。全所停电后，只是用户受到影响。

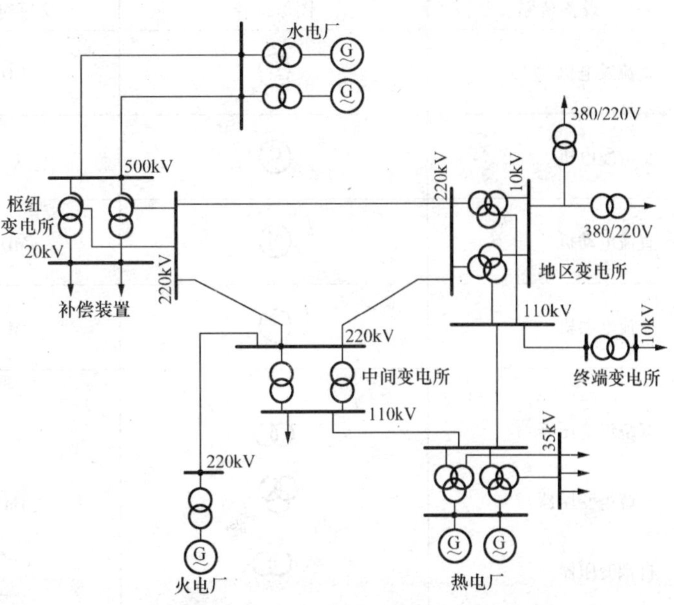

图2－7 典型电力系统的变电所分布图

图2－7是一个电力系统的变电所分布图，在这个电力系统中，接有大容量的水电厂和火电厂，水电厂的电能经500kV超高压线路输至枢纽变电所。220kV

的电力网构成环形，由此可提高供电可靠性。随着电力系统的发展，电压等级逐步往高一级发展，变电所在电力系统中的作用和地位也随之改变。

第二节　电气一次设备、二次设备的功能、范围及图形符号

一、主要电气设备

为了满足用户对电力的要求和保证电力系统运行的安全稳定和经济性，发电厂电气部分的主要工作，要根据系统负荷的变化要求，起、停机组，调整负荷，切换设备和线路，不断监视主要设备的运行，发生异常和故障时及时处理等。以上所有的工作都是靠操作主要电气设备来完成的。按主要电气设备作用的不同，可分成两大类型。

1. 一次设备

直接产生、输送、分配和使用电能的设备，均称为一次设备，如发电机、开关电器、电力线路等，主要包括以下几个方面。

（1）生产和转换电能的设备。如变换电压、传输电能的变压器，将电能变成机械能的电动机，机械能转换成电能的发电机等。

（2）接通和断开电路的开关设备。如用在不同条件下开闭和切换电路的高低压断路器、接触器、熔断器、负荷开关、隔离开关、磁力启动器等。

（3）限制短路电流或过电压的设备。如限制短路电流的电抗器、限制过电压的避雷器等。

（4）载流导体。如传输电能的软、硬导体及电缆等。

（5）接地装置。

通常一次设备用规定的图形和文字符号表示，见表2－1。

表2－1　　常用一次设备图形符号与用途

设备名称	图形符号	文字符号	用　途
直流发电机		GD	将机械能转变成电能
交流发电机		G	将机械能转变成电能
直流电动机		MD	将电能转变成机械能
交流电动机		M	将电能转变成机械能
双绕组变压器			
三绕组变压器		TM	变换电能电压
自耦变压器			

续表

设备名称	图形符号	文字符号	用　途
电抗器		L	限制短路电流
分裂电抗器		L	限制短路电流
电流互感器	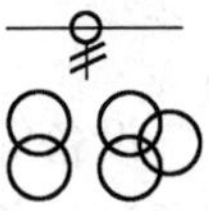	TA	大电流转换成小电流
电压互感器		TV	高电压转换成低电压
高压断路器		QF	投、切高压电路
低压断路器		QF	投、切低压电路
隔离开关		QS	隔离电源
负荷开关		QL	投、切电路
接触器		KM	投、切低压电路
熔断器		FU	短路或过负荷保护
避雷器		F	过电压保护
终端电缆头	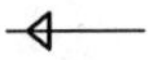	X	电缆接头
保护接地		PE	保护人身安全
接地		E	保护或工作接地

2. 二次设备

对一次设备和系统的运行状况进行测量、控制、保护和监察的设备统称为二次设备。二次设备包括：

(1) 互感器。如电压互感器、电流互感器等，将一次系统的高电压、大电流转换成低电压、小电流，向继电保护装置和测量仪表供电。互感器也可以算一次设备，实际上它起着联系一次和二次设备的关键作用。

(2) 测量表计。如电压表、电流表、功率表、电能表等，用于测量电路中的电气参数。

(3) 继电保护和自动装置。如各种继电器、自动装置等，用于监视一次系统的运行状况，迅速反应异常和事故，然后作用于断路器，进行保护控制。

(4) 操作电器。如各类型的操作开关、按钮等实现对电路的操作控制。

(5) 直流电源设备。如蓄电池组、直流发电机、硅整流装置等，供给控制、保护用的直流电源及厂用直流负荷和事故照明用电等。

第三节　电气设备的额定电流及额定容量

一、额定电流

电气设备（如发电机、变压器、电动机和其他电气设备等）的额定电流（铭牌中的规定值）是指在一定的基准环境温度和条件下，允许长期通过设备的最大电流值，此时设备的绝缘和载流部分的长期发热温度不会超过规定的允许值。我国规定的外界环境温度为：

电力变压器和电器（周围空气温度）	40℃
发电机（冷却空气的温度）	35～40℃
裸导线、绝缘导线和裸母线	25℃
电力电缆的空气中敷设	30℃
电力电缆的直埋敷设	25℃

二、额定容量

发电机、变压器、电动机是用于转换功率的，所以都相应规定有额定容量，其规定条件与额定电流相同。

在三相制中，如额定电压（线电压）为 U_N（kV），额定电流为 I_N，则额定容量（视在功率）为 $S_N=\sqrt{3}U_NI_N$（kV·A）。发电机的原动机只能提供有功功率，所以一般以有功功率（kW）表示，当用视在功率（kV·A）表示时，需标明额定功率因数（$\cos\varphi$）。变压器的额定功率用视在功率（kV·A）表示，标明的是最大一线圈的容量。变压器的额定容量都是指视在功率（kV·A）。电动机由于铭牌上指的是输出轴功率，所以用有功功率（kW）表示，同时应标明额定功率因数（$\cos\varphi$）和效率（η）。

小　结

电力系统中常见的发电厂是火力、水力和核能发电厂，火力发电厂可分为凝汽式火电厂和热电厂。

变电所是联系发电厂和用户的中间环节，它的作用是变换电压，接受和分配电能。根据其在电力系统中的地位和作用，可以分为枢纽变电所、中间变电所、地区变电所、企业变电所和终端变电所。

发电厂电气部分的主要工作要靠操作主要电气设备来完成。按主要电气设备作用的不同，可分为一次设备和二次设备，一次设备是发、供电的主体，二次设备是电力系统安全稳定运行的保障。

电气设备的主要技术参数除额定电压外还有额定电流和额定容量。

习　题

2-1　电力系统中发电厂分哪些类型？简述各类型发电厂的生产过程及特点。

2-3　电力系统中变电所分哪些类型？简述各类型变电所的特点。

2-3　什么是一次设备、二次设备？它们各包含什么内容？

2-4　什么是额定电流、额定容量？

第三章

电力系统中性点运行方式

电力系统的中性点，指的是电力系统中作星形连接的变压器和发电机的中性点。目前，我国电力系统常见的中性点运行方式也就是中性点接地方式，有中性点非有效接地和有效接地两大类。其中中性点非有效接地包括不接地、经消弧线圈接地和经高阻抗接地，又称为小接地电流系统。而中性点有效接地包括直接接地和经低阻抗接地，又称为大接地电流系统。

中性点不同的运行方式关系到电力系统的技术、经济性能，如电网的绝缘水平、供电的可靠性、继电保护的动作特性以及对有线通信系统的干扰等。因此，电力系统中性点的运行方式是一个综合性的问题。

第一节　中性点不接地的三相系统

一、中性点不接地系统的正常运行

正常运行时，电力系统三相导线之间和各相导线对地之间，沿导线的全长存在着分布电容,这些分布电容在工作电压的作用下，会产生附加的容性电流。各相导线间的电容及其所引起的电容电流较小，并且对所分析问题的结论没有影响，故可以不予考虑。各相导线对地之间的分布电容，分别用集中参数的等效电容 C_u、C_v 和 C_w 表示。图 3-1（a）所示为中性点不接地系统正常运行的情形，图中所示断路器 QF 在正常运行时为合闸状态。

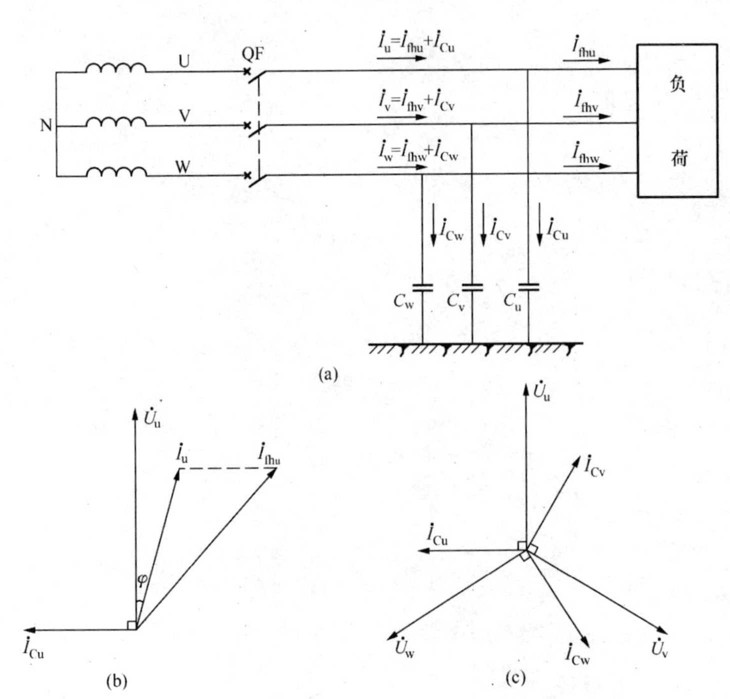

图 3-1　中性点不接地三相系统的正常运行情况

（a）接线电路图；（b）、（c）相量图

电力系统正常运行时，一般可以认为三相系统是对称的，若三相导线又经过完全换位，则各相的对地电容相等，故中性点 N 的对地电位 $\dot{U}_n$ 为 0。各相对地电压分别用 $\dot{U}_{ud}$、$\dot{U}_{vd}$、$\dot{U}_{wd}$ 表示，则

$$\dot{U}_{ud}=\dot{U}_u+\dot{U}_n=\dot{U}_u$$

$$\dot{U}_{vd}=\dot{U}_v+\dot{U}_n=\dot{U}_v$$

$$\dot{U}_{wd}=\dot{U}_w+\dot{U}_n=\dot{U}_w$$

即各相的对地电压分别为电源各相的相电压。在这

个对地电压的作用下，各相的对地电容电流 $\dot{I}_{Cu}$、$\dot{I}_{Cv}$、$\dot{I}_{Cw}$大小相等，相位各相差 120°，如图 3-1（b）、图 3-1（c）所示。此时，各相对地电容电流的相量和为零，所以大地中没有电容电流流过。各相电流 $\dot{I}_u$、$\dot{I}_v$、$\dot{I}_w$ 就为各相负荷电流 $\dot{I}_{fhu}$、I_{fhv}、$\dot{I}_{fhw}$与相应的对地电容电流 $\dot{I}_{Cu}$、$\dot{I}_{Cv}$、$\dot{I}_{Cw}$的相量和，如图 3-1（b）所示，图中仅画出 U 相一相的情况。

二、单相接地故障

当中性点不接地的三相系统中，由于绝缘损坏等原因发生单相接地故障时，情况将会发生显著的变化。图 3-2 所示为 W 相在 k 点发生完全接地的情况。完全接地，又称为金属性接地，即认为接地处的电阻近似等于零。

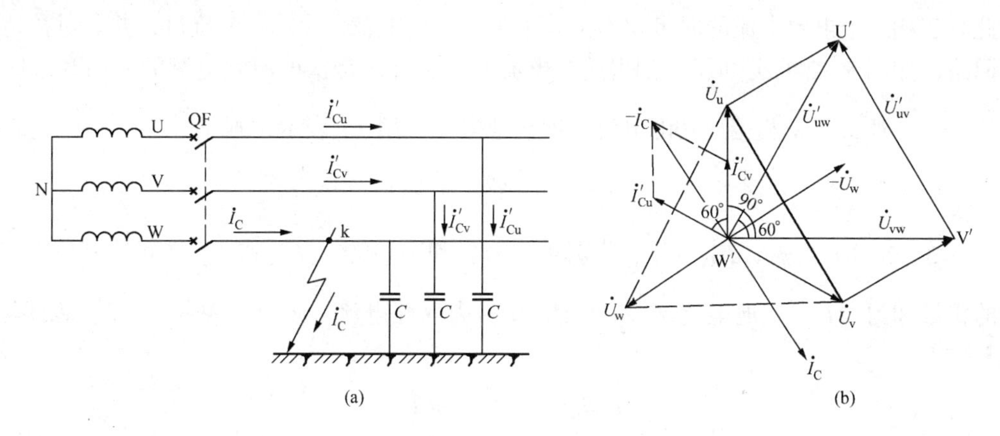

图 3-2　中性点不接地三相系统的单相接地
（a）电路图；（b）相量图

当 W 相完全接地时，故障相的对地电压为零，也就是 $\dot{U}'_{wk}=0$，则有

$$\dot{U}'_{wk}=\dot{U}'_n+\dot{U}_w$$

$$\dot{U}'_n=-\dot{U}_w \qquad (3-1)$$

式（3-1）表明，当 W 相完全接地时，中性点的对地电压不再为零，而是上升为相电压，而且与接地相的电源电压反相。于是，非故障相 U 相、V 相的对地电压 $\dot{U}'_{uk}$、$\dot{U}'_{vk}$就分别为

$$\dot{U}'_{uk}=\dot{U}_u+\dot{U}'_n=\dot{U}_u-\dot{U}_w$$

$$\dot{U}'_{vk}=\dot{U}_v+\dot{U}'_n=\dot{U}_v-\dot{U}_w$$

各对地电压的相位关系如图 3-2（b）所示。$\dot{U}'_{uk}$和 $\dot{U}'_{vk}$之间的夹角为 60°。此时 U、W 相间电压为 $\dot{U}'_{uk}$，V、W 相间电压为 $\dot{U}'_{vk}$，而 U、V 相间电压等于 $\dot{U}'_{uv}$。此时，三相系统的三个线电压仍保持对称而且大小不变。因此，对用户接于线电压上的用电设备的工作并没有影响，不必立即中断对用户的供电。

同时，由于 U、V 两相的对地电压由正常时的相电压变为故障后的线电压，非故障相的对地电容电流也就相应地增大到$\sqrt{3}$倍。如正常运行时各相导线的对地电容相等并等于 C，正常运行时各相对地电容电流的有效值也相等，且有

$$I_{Cu} = I_{Cv} = I_{Cw} = \omega C U_x$$

式中 U_x——电源的相电压；

ω——角频率；

C——相对地电容。

单相接地故障时，未接地的 U、V 相的对地电容电流的有效值为

$$I'_{Cu} = I'_{Cv} = \sqrt{3}\omega C U_x$$

W 相接地时，由于 W 相的对地电容被短接，于是 W 相的对地电容电流为零。

此时三相对地电容电流的向量和不再等于零，大地中有容性的电流流过，并通过接地点形成回路，如图 3-2（a）所示。如果选择电流的参考方向是从电源到负荷的方向和线路到大地的方向，那么，W 相接地处的电流，即接地电流，用 $\dot{I}_C$ 表示，则

$$\dot{I}_C = -(\dot{I}'_{Cu} + \dot{I}'_{Cv})$$

由图 3-2（b）可见，$\dot{I}'_{Cu}$和 $\dot{I}'_{Cv}$分别超前 $\dot{U}'_{UK}$和 $\dot{U}'_{VK}$90°，$\dot{I}'_{Cu}$和 $\dot{I}'_{Cv}$之间的夹角为 60°，两者的相量和为 $-\dot{I}_C$。接地电流 $\dot{I}_C$ 超前 $\dot{U}_W$90°，为容性电流，于是，单相接地电流的有效值为

$$I_C = \sqrt{3} I'_{Cu} = 3\omega C U_x$$

可见，单相接地故障时流过大地的电容电流，等于正常运行时每相对地电容电流的三倍。接地电流 I_C 的大小与系统的电压、频率和对地电容的大小有关，而对地电容又与线路的结构（电缆或架空线）、布置方式和长度有关。实用计算中可按计算为

对架空线路 $$I_C = \frac{UL}{350}$$

对电缆线路 $$I_C = \frac{UL}{10}$$

式中 I_C——接地电流，A；

U——系统的线电压，kV；

L——与电压同为 U，并具有电联系的所有线路的总长度，km。

上面的分析是发生完全接地时的情况。当系统发生不完全接地，即通过一定的过渡电阻接地时，接地相的对地电压大于零而小于相电压，中性点的对地电压大于零而小于相电压，非接地相的对地电压大于相电压而小于线电压，线电压仍保持不变，此时的接地电流要比金属性接地时小一些。

综上所述，中性点不接地系统发生单相接地故障时产生的影响，可以由以下几个方面得出：

单相接地故障时，由于线电压保持不变，对电力用户并没有影响，用户可继续工作，提高了供电的可靠性。然而为防止由于接地点的电弧及伴随产生的过电压，使系统由单相接地故障发展成为多相接地故障，而引起故障的扩大，所以在这种系统中必须装设交流绝缘监察

装置。当系统发生单相接地故障时，该装置会立即发出信号，通知值班人员及时进行处理。电力系统的有关规程规定：在中性点不接地的三相系统中发生单相接地时，允许继续运行的时间不得超过2h，并且须加强监视。

由于非故障相的对地电压升高到线电压，所以在这种系统中，电气设备和线路的对地绝缘必须按能承受线电压来考虑，从而相应地增加了投资。

在接地点有接地电流流过，就有可能引起电弧。当接地电流不大时，在交流电流过零值的瞬时，电弧会自行熄灭，接地故障也随之消失。但是，当接地电流超过一定值时，将会产生稳定的电弧即形成持续的电弧接地。这种稳定电弧的强弱，与接地电流的大小成正比。高温的电弧可能烧损电气设备，甚至导致相间短路，尤其在电机或电器内部发生单相接地出现电弧时最危险。当接地电流小于一定值但大于某一数值时，可能会产生一种周期性的熄灭、复燃的电弧，即间歇性电弧。这是由于系统中的电感和电容形成的振荡回路所致。随着间歇性电弧的产生，电力系统将出现电压的不正常升高，引起过电压。过电压的幅值可达2.5～3倍的相电压，足以危及整个电力系统的绝缘。

三、中性点不接地系统的适用范围

当线路不长、电压不高时，接地点的接地电流数值较小，电弧一般能自行熄灭。特别是在35kV及其以下的系统中，绝缘方面的投资增加得并不多，而供电可靠性较高的优点又比较突出，中性点采用不接地的运行方式比较合适。

目前我国中性点不接地系统的适用范围如下：

（1）电压在500V以下的三相三线制系统；

（2）3～10kV系统，接地电流 $I_C \leqslant 30A$；

（3）20～60kV系统，接地电流 $I_C \leqslant 10A$；

（4）与发电机有直接电气联系的3～20kV系统，如果要求发电机需带内部单相接地故障运行，接地电流 $I_C \leqslant 5A$。

第二节　中性点经消弧线圈接地的三相系统

中性点不接地系统，具有发生单相接地故障时可继续向用户供电，即供电可靠性比较高的优点，但当接地电流较大时容易产生弧光接地而造成其他危害。为了克服这一缺点，可采取措施减小接地点的接地电流。通常，采取的措施是当出现单相接地故障时，让接地点流过一个与容性的接地电流方向相反的感性电流，于是，就出现了中性点经消弧线圈接地的运行方式。

一、消弧线圈的结构及工作原理

消弧线圈的外形象一台小容量的单相变压器，是一个具有铁芯的可调电感线圈。线圈的电阻很小，电抗却很大，电抗值可以通过改变线圈的匝数来调节。消弧线圈的铁芯柱有很多的间隙，可以避免铁芯饱和，从而获得一个比较稳定的电抗值，使补偿电流与电压成线性关系。为了绝缘和散热，消弧线圈的铁芯和线圈通常浸放在油箱内，而为了调节线圈匝数，消弧线圈通常有5～9个分接头可供选用，以调节补偿的程度。

消弧线圈装在系统中发电机或变压器的中性点与大地之间，其工作情况如图3－3所示。正常运行时，中性点的对地电压为零，所以，消弧线圈中没有电流流过。

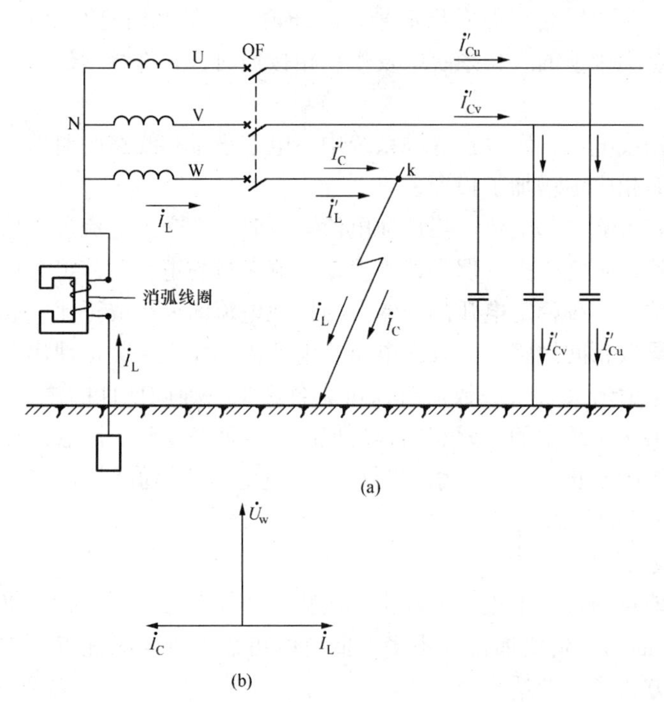

图 3－3　中性点经消弧线圈的接地三相系统
（a）电路图；（b）相量图

当系统发生单相接地故障时，例如 W 相发生单相接地，此时中性点的对地电压 $\dot{U}'_n=-\dot{U}_w$，非故障相的对地电压升高了$\sqrt{3}$倍，系统的线电压仍然保持不变。消弧线圈在电压 $-\dot{U}_w$ 的作用下，有一个电感电流 $\dot{I}_L$ 通过。这个电感电流必定流过接地点形成的回路，所以接地点处的电流为接地电流 $\dot{I}_C$ 与电感电流 $\dot{I}_L$ 的相量和，如图 3－3（a）所示。接地电流 $\dot{I}_C$ 超前 $\dot{U}_w 90°$，电感电流 $\dot{I}_L$ 滞后 $\dot{U}_w 90°$，$\dot{I}_C$ 和 $\dot{I}_L$ 相位相差 180°，即相位相反，见图 3－3（b）所示。在接地点处，$\dot{I}_C$ 和 $\dot{I}_L$ 相互抵消，这称为电感电流对接地电容电流的补偿。如果适当选择消弧线圈的匝数，可使接地点处的电流变得很小或等于零，从而消除了接地处的电弧以及由电弧所产生的危害，消弧线圈也正是因此而得名的。

流过消弧线圈的电感电流 $I_L=\dfrac{U_x}{\omega L}$，$L$ 为消弧线圈的电感。

二、消弧线圈的补偿方式

根据单相接地故障时，消弧线圈的电感电流 I_L 对接地电流 I_C 的补偿程度不同，电力系统通常有三种补偿方式：

1. 完全补偿

完全补偿是使消弧线圈产生的电感电流等于接地电流，即 $I_L=I_C$，亦即 $1/\omega L=3\omega C$。此时，接地处的电流为零。从消弧的角度来看，这种补偿方式十分理想。但是正常运行时，由于某种原因如线路三相的对地电容不完全相等，或断路器三相触头合闸时同期性差等，在中性点与地之间会出现一定的电压，这个电压称为不对称电压或中性点位移电压。这个不对称电压作用在消弧线圈通过大地与三相对地电容构成的串联回路中，由于此时感抗 X_L 与容抗 X_C 相等，满足谐振条件，因而形成串联谐振，产生谐振过电压，危及系统的绝缘。因此，在电力工程实际中通常并不采用这种补偿方式。

2. 欠补偿

欠补偿就是使消弧线圈产生的电感电流小于接地的电容电流，即 $I_L<I_C$，亦即 $1/\omega L<3\omega C$，系统发生单相接地故障时，接地点还有容性的未被补偿的电流（$I_C-I_L>0$）。在这种方式下运行时，若部分线路停电检修或系统频率降低时都会使接地电流 I_C 减少，又可能出现完全补偿的情形，从而满足谐振的条件。因此，电力系统通常并不采用欠补偿方式，但大容量发电机中性点有时采用这种补偿方式。

3. 过补偿

过补偿是使电感电流大于接地电流，即 $I_L > I_C$，亦即 $1/\omega L > 3\omega C$。单相接地故障时，接地处有感性的过补偿电流（$I_L - I_C > 0$），这种补偿方式不会有上述缺点。因为当接地电流减小时，感性的补偿电流与容性的接地电流之差更大，不会出现完全补偿的情形。而且，即使将来电网发展、电容电流随之增加了，但由于消弧线圈还留有一定的裕度，可以继续使用。所以，过补偿方式在电力系统中得到广泛的应用。应该指出：由于过补偿方式在接地处会有一定的过补偿电流，这一电流不得超过10A，否则接地处的电弧不会自行熄灭。

消弧线圈的补偿容量为

$$Q = KI_C\frac{U_N}{\sqrt{3}}$$

式中　Q——消弧线圈补偿容量，kV·A；

K——系数，过补偿取1.35；

I_C——电网或发电机回路的接地电流，A；

U_N——电网或发电机回路的额定线电压，kV。

三、中性点经消弧线圈接地系统的适用范围

中性点经消弧线圈接地系统与不接地系统一样，在发生单相接地故障时，可继续供电2h，提高了供电的可靠性。该系统的电气设备和线路的对地绝缘按能承受线电压的标准进行设计。同时，还由于中性点经消弧线圈接地后，大大地减少了单相接地故障时流过接地点的电流，使接地点的电弧迅速熄灭，防止了由于间歇性电弧所产生的过电压，故广泛应用在不适合采用中性点不接地的、以架空线路为主体的3～60kV系统中。

第三节　中性点直接接地的三相系统

随着电力系统输电电压的增高和输电距离的不断增大，单相接地电流亦随之增大，中性点不接地或经消弧线圈接地的运行方式已不能满足电力系统安全、经济运行的要求。针对这些情况，电力系统中性点可以采用直接接地的运行方式，即中性点经一非常小的电阻与大地连接。图3－4所示为中性点直接接地的三相系统的电路图。

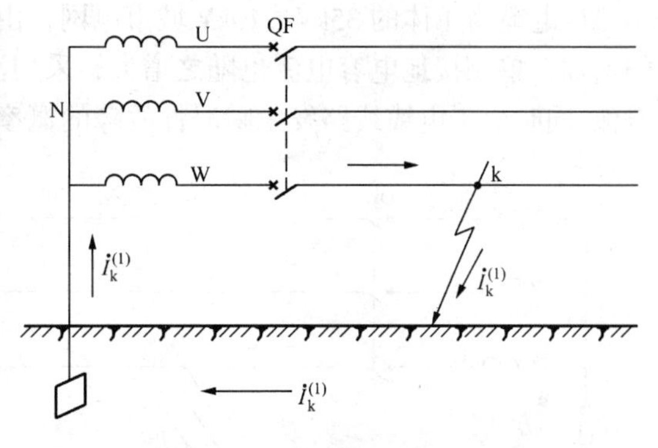

图3－4　中性点直接接地三相系统

一、中性点直接接地系统的工作原理

正常运行时，三相系统对称，中性点的对地电压为零，中性点没有电流流过。发生单相接地故障时，由于接地相直接通过大地与电源构成单相短路，所以称这种故障为单相接地短路。单相接地短路的电流 I_k 很大，继电保护装置将立即动作，使断路器断开，迅速切除故障，以防止 I_k 造成更大的危害。

中性点直接接地时，接地电阻近似为0，所以中性点与地之间的电位相等，即 $\dot{U}_n \approx 0$。单相接地短路时，故障相的对地电压为零，非故障相的对地电压基本保持不变，仍接近于相电压，不会像中性点不接地系统那样上升为线电压。

二、中性点直接接地系统的优、缺点及适用范围

中性点直接接地的主要优点是：发生单相接地短路时，中性点的电位近似为零，非故障相的对地电压接近于相电压，这样设备、线路的对地绝缘可以按相电压进行设计，从而降低了造价，节约了投资。实践经验表明，中性点直接接地系统的绝缘水平与中性点不接地时相比，大约可降低20%左右的投资。电压等级越高，节约投资的效益就越显著。

中性点直接接地系统的缺点是：

（1）由于中性点直接接地系统在单相短路时须断开故障线路，中断对用户的供电，降低了供电的可靠性。为了克服这一缺点，目前在中性点直接接地的系统中，广泛装设有自动重合闸装置。当某一回路发生单相接地短路时，在继电保护装置的作用下断路器迅速断开，经短时间后，在自动重合闸装置作用下断路器会自动合闸。如果单相接地故障是非永久性的，则断路器自动合闸后，用户恢复供电；如果单相接地故障是永久性的，继电保护装置将使断路器再次跳闸。据有关资料统计，一次重合闸的成功率在70%以上。

（2）单相接地短路时的短路电流很大，甚至可能超过三相短路电流的数值，必须选用较大容量的开关设备。为了限制单相短路电流，通常只将系统中一部分变压器的中性点直接接地或经阻抗接地。

（3）由于较大的单相短路电流只在一相回路内通过，将在三相导线周围形成较强的单相磁场，对附近的通信线路产生电磁干扰。因此，设计时必须考虑在一定的距离内避免电力线路与通信线路平行架设，以减小可能产生的电磁干扰。

目前我国在电压为110kV及其以上的系统中广泛采用中性点直接接地的运行方式。

第四节 中性点经阻抗接地的三相系统

一、中性点经低电阻接地的三相系统

以电缆为主体的35kV、10kV城市电网，由于电缆线路的对地电容较大，随着线路长度的增加，单相接地电容电流也随之增大，采用消弧线圈补偿的方法很难有效地熄灭接地处的电弧。同时由于电缆线路发生瞬时性故障的概率很小，如带单相接地故障运行时间过长，很容易造成故障扩大而形成相间短路，使设备进一步损坏，甚至引起火灾。考虑到供电可靠性的要求，故障时暂态电压、暂态电流对设备的影响，对通信线路的影响，继电保护的技术要求以及本地的运行经验等，可采用经低值电阻（单相接地故障瞬时跳闸）的接地方式，如图3－5所示。

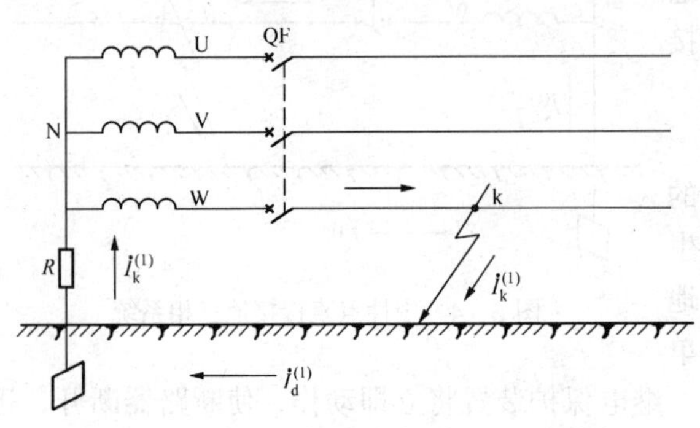

图3－5 中性点经低电阻接地的三相系统

采用中性点经低电阻接地方式运行时，为限制接地相的电流，减少对周围通

信线路的干扰，中性点接地电阻的大小以限制接地相电流不超过600～1000A的范围内为宜。

同时，由于电缆线路的永久性故障概率较大，不再采用线路自动重合闸。此外，采用经低电阻接地的配电网，必须从电网结构、自动装置上采取措施，以达到在跳闸后能迅速恢复供电或对用户不中断供电的目的，从而保证可被用户接受的供电可靠性。

二、中性点经高阻抗接地的三相系统

对发电机—变压器组单元接线的200MW及其以上的发电机，当接地电流超过允许值时，常采用中性点经电压互感器一次绕组形成高阻抗接地的方式，电阻接在电压互感器的二次侧。这种接线方式可以改变接地电流的相位，加快回路中残余电荷的泄放，促使接地电弧的熄灭，限制间歇性电弧产生的过电压。同时经电压互感器提供的零序电压，有助于实现发电机定子绕组100%范围的保护。

另外，较小城市的配电网一般以架空线路为主，除采用中性点经消弧线圈接地方式外，还可考虑采用经高值阻抗接地方式（一相接地时不跳闸，可以继续运行较长时间），以降低设备投资、简化运行工作并维持适当的供电可靠性。

中性点经高阻抗接地的运行方式尚需在配电网上进行试验性运行，检验效果取得经验，以便进一步的改进和完善。

我国电力系统的中性点运行方式分有效接地和非有效接地两大类。

中性点不接地、经消弧线圈接地和经高阻抗接地的三相系统，称为中性点非有效接地系统。在单相接地故障时，中性点的对地电压、各相的对地电压都发生变化，但线电压维持不变，可以继续向用户供电，提高了供电的可靠性。在这种系统中，设备和线路的对地绝缘按线电压考虑，使投资增大。在电压较低、线路不长的情况下，投资增加的并不多，所以，这种接地方式多用在35kV及其以下的系统中。在这种系统中，还装设有交流绝缘监察装置，以便在系统发生单相接地故障时发出信号，及时通知工作人员。

中性点直接接地和经低电阻接地三相系统，称为中性点有效接地系统。在单相接地故障时，相对地电压仍保持为相电压，设备和线路的对地绝缘可以按相电压进行设计施工，使投资减少，但形成单相短路回路。为此，必须立即切除发生故障的部分，中断对用户的供电。在我国，110kV及其以上系统，大多采用中性点直接接地的运行方式；以电缆为主体的35kV、10kV的城市电网多采用经低电阻接地的运行方式。

习　题

3－1　什么是电力系统的中性点？我国电力系统常用的中性点运行方式有哪几种？

3－2　在中性点不接地三相系统中，发生单相接地故障时，各种电压和电流是如何变化的？请画出相量图。

3－3　试叙述消弧线圈的工作原理。消弧线圈有哪几种补偿方式？常采用哪一种？为什么？

3－4　试叙述中性点直接接地的三相系统发生单相接地故障时，电压和电流的变化情况。

3-5　一般在什么情况下采用中性点经低值电阻接地？为什么？

3-6　中性点不同的接地方式，在发生单相接地故障时应如何处理？

3-7　试比较各种不同中性点运行方式的优、缺点，并说明各自的适用范围。

3-8　一般情况下，35kV系统的架空线路的总长度为多少时才需要装设消弧线圈？10kV电缆总长度为多少时应装设消弧线圈？

第四章

电力系统短路及短路电流计算

短路是电力系统中常见的，并且对系统正常运行产生严重影响的故障。短路将使系统的电压急剧下降，而短路回路中的电流则大大增加，可能使电力系统的稳定运行遭到破坏和电气设备遭到损坏。因此，在发电厂变电所的设计和运行中，都需要对短路电流进行深入的分析和计算。

第一节　电力系统短路的概念、种类及危害

一、短路的定义和种类

电力系统的不正常工作，大部分是由于短路故障造成的。所谓短路是指电力系统中带电部分与大地（包括设备的外壳、变压器的铁芯、低压线路的中线等）之间，以及不同相的带电部分之间的不正常连接。这种不正常的连接可能是通过小阻抗回路形成的，也可能是以电弧的形式形成的。

在中性点非直接接地的系统中，短路故障主要是指不同相的带电部分间的短路，也包括不同相的多点接地。在这种系统中，单相接地故障不会形成短路，仅有不大的接地电流流过接地点，系统仍可继续运行，不属于短路故障，但属于一种运行障碍。

三相系统中短路的基本类型及代表符号为：三相短路——$k^{(3)}$、两相短路——$k^{(2)}$、单相接地短路——$k^{(1)}$、两相接地短路——$k^{(1.1)}$。图 4 - 1 为各种短路的示意图，X 表示电路的电抗，R 为电阻。为区别各种短路的电流、电压、功率等，图中表示这些量的文字符号的右上角也同时注明了相应形式的短路符号。

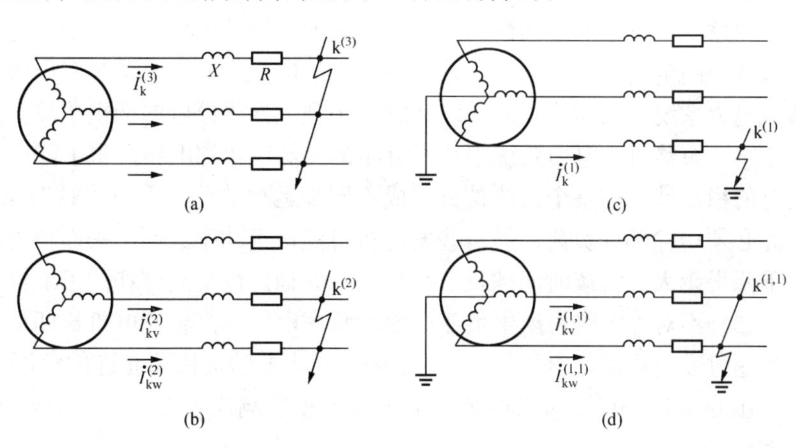

图 4 - 1　短路的基本类型

(a) 三相短路；(b) 两相短路；(c) 单相接地短路；(d) 两相接地短路

三相短路时，由于短路回路中各相的阻抗相等，尽管三相的短路电流比正常时的电流大幅度增大，电压也比正常时急剧降低，但三相系统仍然保持对称，故称之为对称短路。除三相短路外，其他几种形式的短路短路时各相电流、电压的数值并不相等，相位角也不相同，三相系统的对称性遭到破坏，所以这些类型的短路也就称为不对称短路。

运行经验表明，在中性点直接接地系统中，以单相接地短路故障为最多。根据电力系统

有关资料统计，不同短路故障发生的概率大约为：单相接地短路83%，两相短路4%，两相接地短路8%，三相短路5%。虽然各种相间短路所占比例较小，但并不能因此而轻视相间短路，特别是三相短路。这是因为三相短路所造成的后果最严重。本章主要研究分析三相短路的短路电流及其计算，而不对称短路的短路电流计算是在三相短路电流计算的基础上进行的。

二、短路的危害及预防

1. 短路的危害

短路的主要原因是电气设备载流部分间的绝缘被损坏。引起绝缘损坏的原因有过电压、绝缘的自然老化和污秽、运行人员维护不周及机械损伤。电力系统其他一些故障也可能导致短路，如输电线路断线和倒杆、运行人员违章操作、鸟或小动物等跨接裸导体等，都可能造成短路。

短路对电力系统的危害主要有以下几方面。

(1) 电力系统发生短路时，短路回路的电流急剧增大，这个急剧增大的电流称为短路电流。短路电流可能达到正常负荷电流的十几倍甚至几十倍，数值可能达到几十千安甚至几百千安。巨大的短路电流通过导体时，一方面会使导体严重发热，造成导体过热甚至熔化，进一步损坏设备绝缘；另一方面，巨大的短路电流还会产生很大的电动力作用于导体，使导体遭到机械方面的损坏，包括变形。

(2) 短路时往往伴随有电弧的产生，能量极大、温度极高的电弧不仅可能烧坏故障元件本身，还可能烧坏周围设备或危及人身安全。

(3) 电力系统发生短路时，由于短路电流来势迅猛，电路中的阻抗主要是感性的，因此，短路电流基本上是感性的。它所产生的去磁的电枢反应，使发电机的端电压下降。同时巨大的短路电流会增大电力系统中各元件的电压损失，使系统电压大幅度下降，严重时可能造成电力系统电压崩溃直至系统瓦解，出现大面积停电的严重事故。

(4) 短路时，电力系统中功率分布的突然变化和电压严重下降，可能破坏各发电机并列运行的稳定性，使整个系统被分裂成不同步运行的几个部分。这时某些发电机可能过负荷，因此必须切除部分负荷，另一些发电机可能由于功率送不出去而被迫减少出力。短路时，电压下降得越大、持续时间越长，系统运行的稳定性受到破坏的可能性就越大。

(5) 不对称短路将产生负序电流和负序电压。汽轮发电机长期运行允许的负序电压一般不得超过发电机额定电压的8%～10%，异步电动机长期允许的负序电压一般不得超过其额定电压的2%～5%。过大的负序电压将严重影响汽轮发电机和异步电动机的安全运行和使用寿命。

(6) 某些类型的不对称短路，非故障相的电压将超过额定值，引起过电压，从而增大系统的过电压水平。

(7) 不对称接地短路故障将产生零序电流，会在邻近的通讯线路内产生感应电动势，造成对通讯线路和讯号系统的干扰。

2. 短路的预防和限制短路电流的措施

为了保证电力系统安全可靠的运行，减轻短路对电力系统的不良影响，应尽量消除可能引起短路的一切潜在原因，同时采取限制短路电流的技术措施，通常可以从这几个方面来考虑：

(1) 认真学习、严格执行有关规程，努力提高电业人员各方面的素质。严格遵守操作规程和安全规程，避免误操作事故的发生；当短路事故发生时，应立即采取有效措施，将短路的影响尽量限制在最小的范围内。

(2) 做好设备的巡视、检查和维护工作，做好事故的预想和预防工作。

(3) 发电机装设自动调节励磁装置，当发电机的端电压改变时，能自动地调节励磁电流，维持发电机的端电压在规定的允许范围内。

(4) 采用快速动作的继电保护装置和断路器，以便迅速隔离故障，使系统的电压在最短的时间内恢复到正常值。

(5) 合理选择电气主接线形式。

(6) 合理选择限流设备，增大短路回路的阻抗，如在回路中装设限流电抗器等。

三、计算短路电流的目的及基本假设

1. 计算短路电流的目的

(1) 在设计电气主接线时，为了比较各种方案，确定某种接线方式是否有必要采取限制短路电流的措施等，需要进行短路电流计算。

(2) 在进行电气设备和载流导体的选择时，为了保证各种电气设备和导体在正常运行时和故障情况下都能安全、可靠地工作，同时又要力求节约，减少投资，需要根据短路电流对电气设备进行动、热稳定的校验。

(3) 在选择继电保护装置及进行整定计算时，必须以各种不同类型短路时的短路电流作为依据。

(4) 设计屋外高压配电装置时，要按短路条件校验软导线的相间、相对地的安全距离。

(5) 设计接地装置。

(6) 进行电力系统运行及故障分析等。

选择电气设备时，只需近似地计算出通过所选设备可能出现的最大三相短路电流值。设计继电保护和系统故障分析时，要对各种短路情况下各支路的短路电流和各母线电压进行计算。在现代电力系统的实际情况下，要进行丝毫不差的短路计算是相当困难的，甚至是不可能的。同时，对大部分工程实际问题，也并不要求有丝毫不差的计算结果。因此，为了简化和便于计算，工程实际中多采用近似计算。本章所介绍的短路电流实用计算，就是建立在一系列基本假设的基础上，计算结果会有一些误差，但并不会超出工程实际允许的范围。

2. 短路电流实用计算的基本假设

(1) 电力系统在短路前、正常运行时，三相是对称的。

(2) 电力系统中所有发电机电动势的相位在短路过程中都相同，频率与正常运行时相同。

(3) 电力系统在短路过程中，各元件的磁路不饱和，也就是各元件的电抗值与所流过的电流的大小无关，因此，在计算中可以应用叠加原理。

(4) 电力系统中各元件的电阻，在高压电路中都略去不计。但是，在计算短路电流非周期分量的衰减时间常数时应计及电阻的作用。此外，在计算低压网络的短路电流时，也应计及元件的电阻，但可以不计算复阻抗，而是用阻抗的绝对值进行计算。

(5) 变压器的励磁电流略去不计，相当于励磁回路开路，以简化变压器的等值电路。

(6) 输电线路的分布电容忽略不计。

实际上，当短路发生时由于系统阻抗的突然变化，发电机的输出功率也随之发生变化；电力系统电压的下降，也导致发电机提供的短路电流减少。因此，用实用计算法计算短路电流，所得的结果要比实际的短路电流略大。

第二节　短路电流的计算方法

一、计算短路电流的有名值法和标么值法

短路电流的计算可以用有名值法，也可以用标么（注：“么”读作“幺”，作“幺”解，本书按习惯写为“么”）值法。有名值法，就是在短路电流计算中，各物理量都采用有名值（因各阻抗的单位是欧姆，又称之为欧姆法）。它的特点是直接利用各物理量的有名值进行计算。在小型系统的短路电流计算中比较直接、方便。标么值法，是在短路电流的计算中，各阻抗、电压、电流量都采用标么值，即用将实际值与所选定的基准值的比值来计算。其优点是在多电压等级的系统中计算比较方便。

1. 有名值法

电力系统发生三相短路时，其短路电流可按式（4－1）计算

$$I_k^{(3)} = \frac{U_{av}}{\sqrt{3}X_{\Sigma}} \tag{4-1}$$

式中　U_{av}——短路点的计算电压（平均额定电压），即0.4、10.5、37、63、115、230、347、525kV；

X_{Σ}——短路回路的总电抗值。

电力系统中，各元件等值电抗的计算方法如下：

（1）电力系统的等值电抗：可用电力系统变电所高压线路出口断路器的断流容量 S_k 来进行估算，即

$$X_X = \frac{U_{av}^2}{S_k} \tag{4-2}$$

式中　U_{av}——短路计算点的平均额定电压（用于计算时的线路电压），kV；

S_k——出口断路器的断流容量，MV·A，可由产品手册查得。

（2）发电机的等值电抗：当发电机的参数无法确定时，可参考表4－1。

表4－1　发电机电抗（额定标么值）

发电机型式	X''_d	X_2	X_0
汽轮发电机	0.125	0.14	1.5
水轮发电机	0.20或0.27 （无阻尼）	0.25 或0.45	0.07
大型同步电动机	0.2	0.20	0.08
同期调相机	0.19	0.20	0.06

注　X''_k正序次暂态电抗，X_2为负序电抗，X_0为零序电抗。

(3) 电力变压器的等值电抗：

$$X_{\mathrm{T}} \approx \frac{U_{\mathrm{k}}\%}{100} \cdot \frac{U_{\mathrm{av}}^2}{S_{\mathrm{N}}} \tag{4-3}$$

式中　$U_{\mathrm{k}}\%$——变压器短路电压百分数，可由产品手册查得；

S_{N}——变压器的额定容量，MV·A；

X_{T}——变压器的正序等值电抗，Ω。

(4) 电力线路的等值电抗：

$$X_{\mathrm{L}} = X_0 L \tag{4-4}$$

式中　X_0——架空线路或电缆线路的单位电抗，Ω/km，可查表4-2；

L——电力线路的长度，km。

表4-2　架空线路或电缆的电抗

类　别	10kV	35kV	63kV	110kV	220kV	330kV	500kV
架空线路	0.38	0.42	0.42	0.43	0.31 (0.44)	0.32	0.30
电　缆	0.08	0.12					

注　架空线路的正序等值电抗与负序等值电抗相等，零序等值电抗 $X_0 = 3.5X_1$。
括号中0.44为双分裂导线。

(5) 化简网络：当求出各元件的等值电抗后，可化简电路并计算出短路回路总电抗。

应当指出，在计算短路回路的总电抗时，如果系统含有多个电压等级，则应将各元件的等值电抗统一换算到短路点所在的电压等级。由公式 $Q = U^2/X$ 可知，元件的电抗值与电压的平方成正比，所以，电抗的换算公式为

$$X' = X\left(\frac{U'_{\mathrm{av}}}{U_{\mathrm{av}}}\right)^2 \tag{4-5}$$

式中　X'——换算后元件的电抗，Ω；

U'_{av}——短路点所在电压等级的平均额定电压，kV；

X——换算前元件的电抗，Ω；

U_{av}——换算前元件所在电压等级的平均额定电压，kV。

元件的电抗，只有线路才需要进行换算。而电力系统、发电机和变压器的电抗，由于它们的计算公式中都含有电压平方的因子，因此在计算这些元件的电抗时，可直接将短路点所在电压等级的平均额定电压代入，不必再进行换算了。

计算短路电流的步骤如下：

(1) 作出计算电路图。

(2) 对各元件依次进行编号，并注上额定参数。

(3) 确定短路点，绘出相应的等值电路图，计算出各个元件的等值电抗。

(4) 化简电路，求出短路回路的总电抗，即可计算出短路电流及短路容量。

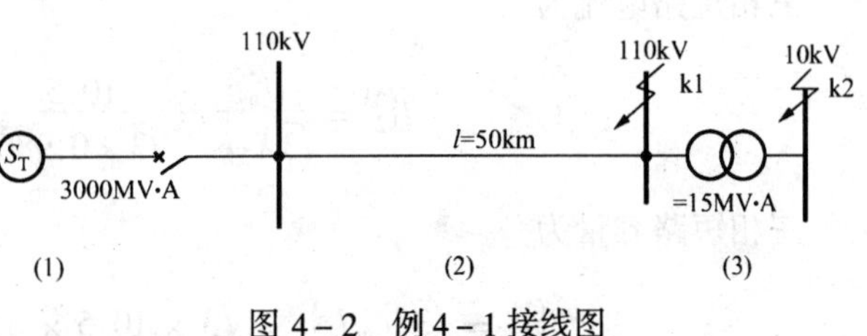

图4-2　例4-1接线图

【例4-1】　系统如图4-2所示，已知电力系统的短路容量为3000MV·A，求变电所高压侧k1及低

压侧 k2 点的短路电流和短路容量。

解 （1）当 k1 点短路时：

1）电力系统的等值电抗

$$X_1 = \frac{U_{av}^2}{S_x} = \frac{115^2}{3000} = 4.41(\Omega)$$

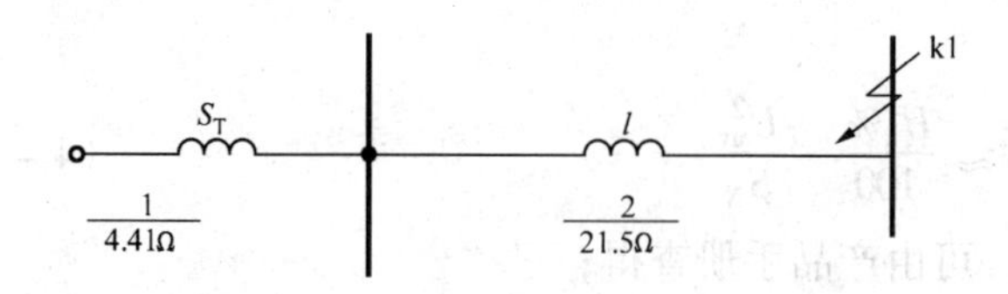

图 4－3　例 4－1 短路点 k1 的等值电路

2）计算架空线路的等值电抗，查表 4－2 得 $X_0 = 0.43\Omega/km$，则

$$X_2 = 0.43 \times 50 = 21.5 \ (\Omega)$$

3）绘制 k1 点短路时的等值电路如图 4－3 所示，并计算短路回路总电抗

$$X_{\Sigma k1} = X_1 + X_2 = 4.41 + 21.5 = 25.91 \ (\Omega)$$

4）计算 k1 点短路时的三相短路电流和三相短路容量

三相短路电流为

$$I_{k1}^{(3)} = \frac{U_{av}}{\sqrt{3}X_{\Sigma k1}} = \frac{115}{\sqrt{3} \times 25.91} = 2.56(kA)$$

三相短路容量为

$$S_{k1}^{(3)} = \sqrt{3}U_{av}I_{k1}^{(3)} = \sqrt{3} \times 115 \times 2.56 = 509.9(MV \cdot A)$$

（2）当 k2 点短路时：

1）电力系统的等值电抗

$$X_1 = \frac{U_{av}^2}{S_x} = \frac{10.5}{3000} = 0.035 \ (\Omega)$$

2）计算架空线路的等值电抗，并按式（4－5）换算，得

$$X_2 = 0.43 \times 50 \times \left(\frac{10.5}{115}\right)^2 = 0.179(\Omega)$$

3）计算变压器的等值电抗，按 $u_k\% = 10.5$，得

$$X_3 = \frac{u_k\% \times U_{av}^2}{100 \times S_n} = \frac{10.5 \times 10.5^2}{100 \times 15} = 0.772(\Omega)$$

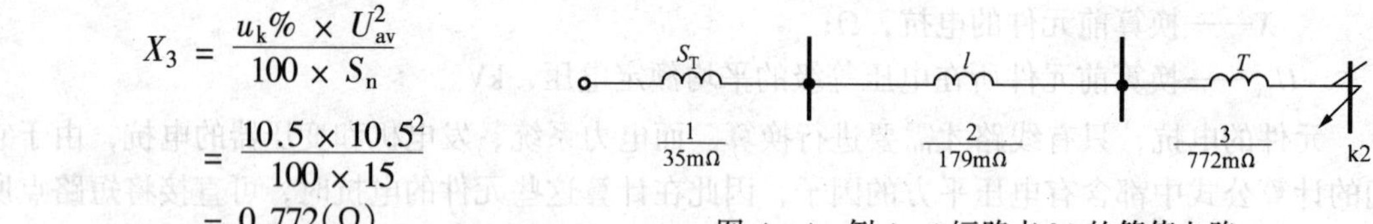

图 4－4　例 4－1 短路点 k2 的等值电路

4）绘制 k2 点短路时的等值电路

如图 4－4 所示，并计算短路回路总电抗

$$X_{\Sigma k2} = X_1 + X_2 + X_3 = 0.035 + 0.179 + 0.772 = 0.986(\Omega)$$

5）计算 k2 点短路时的三相短路电流和三相短路容量

三相短路电流为

$$I_{k2}^{(3)} = \frac{U_{av}}{\sqrt{3}X_{\Sigma k2}} = \frac{10.5}{\sqrt{3} \times 0.986} = 6.15 \ (kA)$$

三相短路容量为

$$S_{k2}^{(3)} = \sqrt{3}U_{av}I_{k2}^{(3)} = \sqrt{3} \times 10.5 \times 6.15 = 111.82(MV \cdot A)$$

2. 标么值法

用标么值计算短路电流的方法即为标么值法。标么制是一种相对单位制。短路电流实用计算中常用到的物理量如电流、电压、电抗和视在功率等，都采用无单位的相对数值即标么值表示并进行计算。

(1) 标么值：标么值是一个物理量的实际有名值与一个预先选定的具有相同量纲的基准值的比值。一般表达式为

$$标么值 = \frac{实际有名值}{基准值（与实际有名值同量纲）}$$

标么值是无单位的数值，标么值实际上就是某物理量的有名值对基准值的倍数。当选取的基准值不同时，同一有名值的标么值也不相等。一般来说，基准值是任意选取的。因此说到某一个量的标么值时，必须首先说明它的基准值，否则没有意义。

(2) 基准值的选择：在三相系统的短路电流计算中，常用的电气量有线电压 U、相电流 I、一相的电抗 X、三相功率 S。这四个电气量之间，应满足下列两个基本关系式，即

欧姆定律　$$U = \sqrt{3}IX \tag{4-6}$$

功率方程式　$$S = \sqrt{3}IU \tag{4-7}$$

这四个电气量对于选定的基准值的标么值为

$$U_{*j} = \frac{U}{U_j}; I_{*j} = \frac{I}{I_j}; X_{*j} = \frac{X}{X_j}; S_{*j} = \frac{S}{S_j}$$

用标么值进行计算时，必须首先选取这四个电气量的基准值。一般来说，这四个电气量 U_j、I_j、X_j、S_j 可以任意选取，但是，它们必须满足欧姆定律和功率平衡方程式，即

$$U_j = \sqrt{3}I_jX_j \tag{4-8}$$

$$S_j = \sqrt{3}I_jU_j \tag{4-9}$$

这样选取基准值的优点是：若将式（4-6）被式（4-8）除，式（4-7）被式（4-9）除，可得

$$U_{*j} = I_{*j}X_{*j} \tag{4-10}$$

$$S_{*j} = I_{*j}U_{*j} \tag{4-11}$$

由式（4-10）和式（4-11）可见，当选取的四个基准值满足欧姆定律和功率方程式时，那么，在标么制中，三相电路线电压和三相功率的计算公式与单相电路的电压和功率计算公式完全一样。

按上述原则选取基准值时，四个基准值可以任意选取其中的两个，另外两个由式（4-8）和（4-9）也就可以确定了。通常，在短路电流计算中选取的是基准功率和基准电压，基准电流和基准电抗则由公式求得。

实际计算中，往往选择电力系统各元件所在电压等级的平均额定电压作为基准电压，也就是说各元件的基准电压都等于所在电路的平均额定电压。如 110kV 线路，用它的平均额定电压作为基准电压时，$U_j = 115$kV。基准功率的选择，根据计算经验一般 $S_j = 100$MV·A 或 1000MV·A，有时也用系统电源的总容量。而基准电流和基准电抗，则可由基准电压和基准容量推导得出。

基准值是任意选定的标么值称为标么基准值。

(3) 基准值改变时标么值的换算：由标么值的定义可知，基准值不同，同一有名值的标么值也不相同。短路电流计算中，发电机、变压器及电抗器等元件的电抗，生产厂家给出的都是以各元件的额定参数作为基准值的标么值，这个以各元件的额定参数为基准值的标么值称为标么额定值。在短路电流计算中，整个计算过程必须选取统一的基准值。因此，必须把以额定参数为基准值的标么额定值，换算成为统一选取的基准值的标么值即标么基准值。

不同基准值的标么值的换算原则：不论基准值是如何变化的，标么值是如何的不同，但某一电气量的有名值总是一定的。所以，可以根据给定的标么值先计算出有名值，再根据有名值和新的基准值，换算出所需要的标么值。

(4) 标么值换算为有名值：标么值在短路电流计算中仅仅是一种工具，作为一个中间过渡，它没有单位。但是，不论是选择电气设备，还是其他的一些计算，需要的结果都必须是有名值。因此，最后都必须把标么值换算成有名值。这种换算根据标么值的定义可有：

$$I = I_{*j} I_j = I_{*j} \frac{S_j}{\sqrt{3} U_j} \tag{4-12}$$

$$U = U_{*j} U_j \tag{4-13}$$

$$X = X_{*j} X_j = X_{*j} \frac{U_j^2}{S_j} \tag{4-14}$$

$$S = S_{*j} S_j \tag{4-15}$$

式 (4－12)、式 (4－13)、式 (4－14)、式 (4－15) 中，各电气量的单位是：电压为千伏 (kV)；电流为千安 (kA)；电抗为欧姆 (Ω)；功率为兆伏安 (MV·A)。

(5) 标么值的优点：用按上述原则选择的各电气量的基准值计算所得的标么值，对对称三相系统进行计算时，相电压和线电压的标么值相等，三相功率和单相功率的标么值相等，对称三相电路完全可以按单相电路的公式进行计算。

当选取的基准电压，使 $U_{*j}=1$，则 $S_{*j}=I_{*j}=\frac{1}{X_{*j}}$，这样可以使计算大大简化。

在由多个电压等级构成的系统的短路电流计算中，采用标么制，由于各元件的等值电抗的标么值是一种比值，与短路点的电压无关，这样就不必再进行各元件的等值电抗的换算，计算方便。大中型及复杂系统，都是采用这种方法进行短路电流计算的。

二、电力系统中各主要元件的电抗标么值

短路电流实用计算中，一般只考虑各主要元件的电抗，如发电机、电力变压器、电抗器、架空线路及电缆线路。对于母线、不长的连接导线、断路器和电流互感器等元件的阻抗则忽略不计。一个元件的等值电路往往随短路的类型不同也有所不同，这里所介绍的各元件的等值电路和等值电抗，仅是对三相短路而言的。

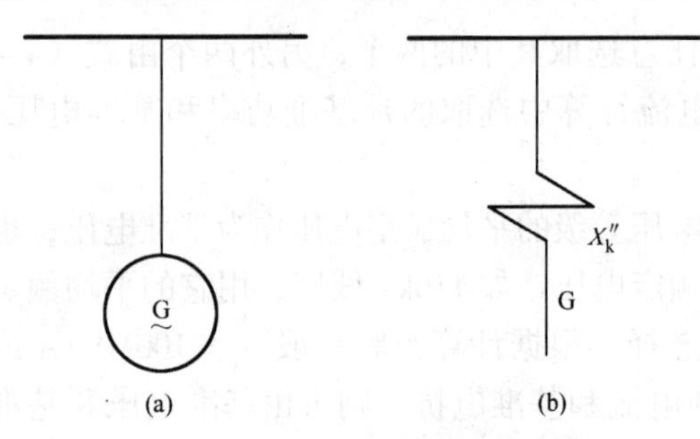

图 4－5　发电机及其等值电路

(a) 发电机；(b) 等值电路

1. 发电机

发电机的等值电路可用相应的电动势与电抗的串联来表示。图 4－5 所示为发电机的等值电路。在实用计算中，发电机电势选用次暂态电动势 E''，电抗选用短路起始瞬间电抗，

即纵轴次暂态电抗 X''_k。发电机的次暂态电抗，可由产品目录中查得，或参考表4－1。注意，这些参数是以发电机的额定参数为基准值的标么额定值，实际计算时需进行换算。

$$X''_{k*j} = X''_{k*}\frac{S_j}{S_n} \tag{4-16}$$

2. 变压器

变压器的励磁电流较小，一般为额定电流的5%左右，短路计算时常忽略不计。双绕组变压器的等值电路如图4－6所示。

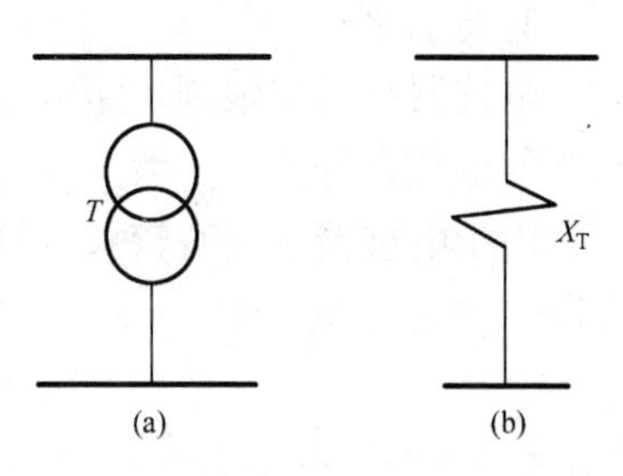

图4－6　双绕组变压器的等值电路
（a）双绕组变压器；（b）等值电路

产品目录中给出的双绕组变压器的阻抗电压百分值 $u_k\%$，是变压器流过额定电流时的电压降对额定电压比值的百分数，所以变压器以额定参数为基准值的电抗标么额定值为

$$X_{T*n} = \frac{u_k\%}{100}$$

换算成选定基准值下的电抗标么值为

$$X_{T*j} = \frac{u_k\%}{100}\frac{S_j}{S_n} \tag{4-17}$$

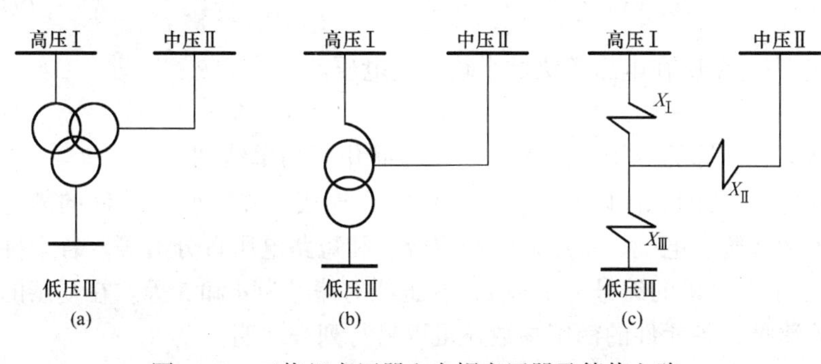

图4－7　三绕组变压器和自耦变压器及等值电路
（a）三绕组变压器；（b）自耦变压器；（c）两种变压器的等值电路

三绕组变压器和自耦变压器的等值电路如图4－7所示。各绕组间的短路电压百分值分别用 $u_{kⅠ-Ⅱ}\%$、$u_{kⅡ-Ⅲ}\%$、$u_{kⅢ-Ⅰ}\%$表示，这也是对应于变压器额定参数下的，用百分值表示的变压器绕组之间等值电抗的标么额定值。下标Ⅰ、Ⅱ、Ⅲ分别表示高、中、低压各侧。

等值电路中各绕组的电抗 $X_Ⅰ$、$X_Ⅱ$、$X_Ⅲ$，是以变压器额定参数为基准值的标么额定值电抗，可按下列公式计算

$$X_{Ⅰ*} = \frac{1}{200}(u_{kⅠ-Ⅱ}\% + u_{kⅢ-Ⅰ}\% - u_{kⅡ-Ⅲ}\%)$$

$$X_{Ⅱ*} = \frac{1}{200}(u_{kⅡ-Ⅲ}\% + u_{kⅠ-Ⅱ}\% - u_{kⅢ-Ⅰ}\%)$$

$$X_{Ⅲ*} = \frac{1}{200}(u_{kⅢ-Ⅰ}\% + u_{kⅡ-Ⅲ}\% - u_{kⅠ-Ⅱ}\%)$$

换算成选定基准值下的电抗标么值的计算公式

$$X_{Ⅰ*j} = \frac{1}{200}(u_{kⅠ-Ⅱ}\% + u_{kⅢ-Ⅰ}\% - u_{kⅡ-Ⅲ}\%)\frac{S_j}{S_n}$$

$$X_{\text{Ⅱ}*j}=\frac{1}{200}(u_{k\text{Ⅱ}-\text{Ⅲ}}\%+u_{k\text{Ⅰ}-\text{Ⅱ}}\%-u_{k\text{Ⅲ}-\text{Ⅰ}}\%)\frac{S_j}{S_n}$$

$$X_{\text{Ⅲ}*j}=\frac{1}{200}(u_{k\text{Ⅲ}-\text{Ⅰ}}\%+u_{k\text{Ⅱ}-\text{Ⅲ}}\%-u_{k\text{Ⅰ}-\text{Ⅱ}}\%)\frac{S_j}{S_n}$$

3. 电抗器

电抗器是用来限制短路电流的设备，等值电路用电抗器的电抗表示。产品目录中给出电抗器的电抗百分值，一般 $x_L\%$约为 3% ~ 10%。

由于电抗器是具有较大电抗值的元件，不能忽略额定电压与平均额定电压之间的差别，所以

$$X_{L*j}=\frac{x_L\%}{100}\frac{U_n}{\sqrt{3}I_n}\frac{S_j}{U_{av}^2} \tag{4-18}$$

式中　U_{av}——电抗器所在电压等级的平均额定电压。

4. 架空线路和电缆线路

架空线路和电缆线路的等值电路，也是用它们的电抗表示。在短路电流实用计算中，通常采用表 4-2 中的数值计算。

一般架空线路或电力电缆给出的数据为电抗的欧姆值，所以有

$$X_{*j}=X\frac{S_j}{U_{av}^2} \tag{4-19}$$

式中　U_{av}——架空线路或电力电缆所在电压等级的平均额定电压。

三、计算电路图

计算电路图是进行短路电流计算的专用电路图，是一种简化了的单线图，如图 4-8 所示。图中仅画出与计算短路电流有关的元件以及它们之间的相互连接，并注明各元件的额定参数，如发电机的额定容量和次暂态电抗、变压器的额定容量和短路电压百分值等。各元件按顺序进行编号，如图 4-8 中发电机的编号为 1 和 2，变压器的编号为 4 和 5 等。在复杂的计算电路图中，为了图面的清晰，各元件的额定参数还可以另行列表注明。

计算电路图中各元件的连接情况，应根据电气设备的实际连接情况、运行方式和计算短路电流的目的来决定。如为了校验电气设备，必须计算可能通过被校验电气设备的最大短路电流值，计算电路图就必须按最大运行方式时的连接情况，同时还应考虑到整个系统可能的发展前景。对继电保护装置进行动作值整定时，可能要计算电气装置或整个电力系统不同运行方式下的短路电流，此时则可能仅有部分发电机投入运行。

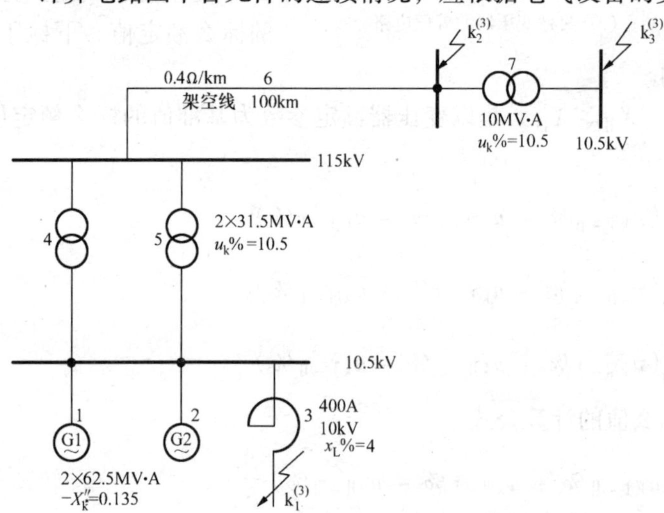

图 4-8　计算电路图举例

电力系统发生短路时，同

步调相机、同步电动机以及大容量的并联电容器组等，都可能向短路点提供短路电流，在计算电路图中应将它们当作附加电源。但如果这些设备距离短路点较远，或同步电动机的总视在功率在 1000kV·A 以下时，因对短路电流的影响不大，可以不予考虑。

短路电流实用计算中，各电压参数是用平均额定电压进行计算的，即认为凡接在同一电压等级中的所有电气设备的额定电压，都等于相应的平均额定电压。但电抗器除外，这是因为电抗器的电抗比其他元件的电抗大得多，为了减少计算的误差，对电抗器仍应用其自身的额定电压进行计算，平均额定电压用 U_{av}表示。

四、等值电路及其化简

1. 等值电路的绘制

短路电流是对应各个短路点分别进行计算的，所以等值电路，也应根据各短路点分别作出。如图 4-9（a）所示，为 $k1^{(3)}$点短路的等值电路。有时为了方便，也可将几个短路点的等值电路绘制在一起，如图 4-9（b）所示为对应 $k1^{(3)}$、$k2^{(3)}$、$k3^{(3)}$点短路时的等值电路。图中各元件用各自的等值电抗的标么值表示，并用分数的形式注明元件的顺序编号和电抗标么值，其中分子为元件的编号，分母为相应元件的电抗标么值。

某短路点的等值电路，仅包含在该点短路时，短路电流流经的所有元件。例如图 4-8 中 $k1^{(3)}$点短路，短路电流仅流过发电机和电抗器，短路电流并不流过其他元件，所以对应 $k1^{(3)}$点短路时的等值电路，就仅画出发电机和电抗器的等值电抗，其它元件的等值电抗不必画出，如图 4-9（a）所示。

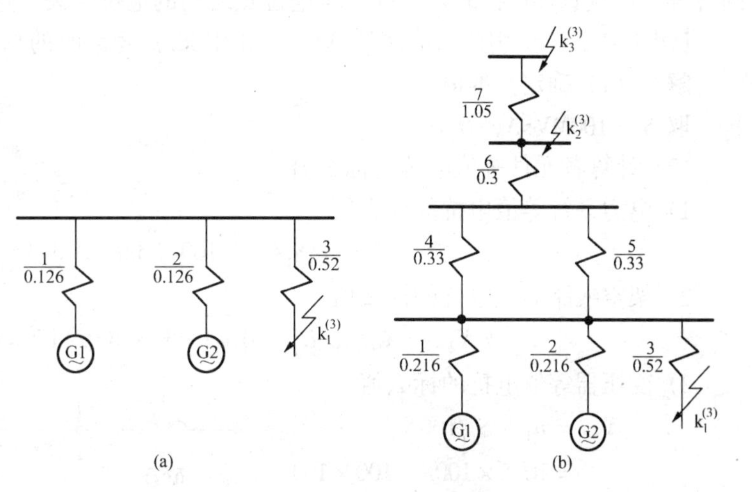

图 4-9　对应图 4-8 计算电路的等值电路

（a）$k1^{(3)}$点等值电路；（b）$k1^{(3)}$、$k2^{(3)}$、$k3^{(3)}$点等值电路

当某点短路，短路电流流过的元件处在几个电压等级时，例如 $k2^{(3)}$点短路，发电机处在 10.5kV，架空线处在 115kV，两个电压等级通过变压器连接。此时，如用有名值计算，必须把处在不同电压等级下的各个元件的等值电抗，都折算到同一电压等级后，才能作出等值电路。这种折算往往给计算带来很多麻烦。但用标么值计算时，就不需要进行这种折算，这也是采用标么值计算的一个优点。

2. 化简等值电路

为了计算短路电流，必须根据短路点分别进行等值电路的化简，求得电源至短路点的短路回路总电抗的标么值 X_{Σ^*}。等值电路化简时，可按有关课程中所学过的电路计算规则和公式进行。

例如，进行 Y—△变换时，其等值电路如图 4-10 所示。

将△形电路变换成等值 Y 形电路时，Y 形各支路的电抗为

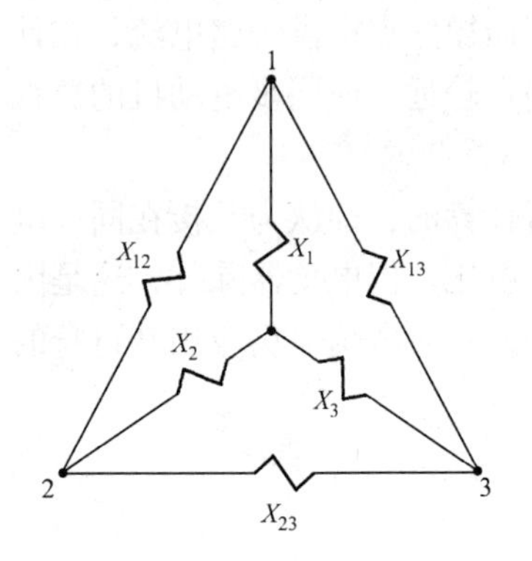

图 4-10 Y—△变换的等值电路

$$\left.\begin{aligned} X_1 &= \frac{X_{12}X_{31}}{X_{12}+X_{23}+X_{31}} \\ X_2 &= \frac{X_{12}X_{23}}{X_{12}+X_{23}+X_{31}} \\ X_3 &= \frac{X_{31}X_{23}}{X_{12}+X_{23}+X_{31}} \end{aligned}\right\} \quad (4-20)$$

将Y形电路变换成等值△形电路时，△形各支路的电抗为

$$\left.\begin{aligned} X_{12} &= X_1 + X_2 + \frac{X_1X_2}{X_3} \\ X_{23} &= X_2 + X_3 + \frac{X_2X_3}{X_1} \\ X_{31} &= X_3 + X_1 + \frac{X_3X_1}{X_2} \end{aligned}\right\} \quad (4-21)$$

在化简等值电路时，经常会遇到对短路点局部或全部对称的等值电路，此时可将电路中的各等电位点直接连接起来，并将等电位点之间的电抗除去，这样可以使计算大大简化。

【例 4-2】 试用标么值法计算例 4-1 中 k2 点短路时的总的电抗标么值。

解 (1) 确定基准值

取 $S_j = 100\text{MV·A}$，$U_j = U_{av}$

(2) 计算各元件等值电抗的标么值

1) 电力系统等值电抗的标么值

$$X_{1*} = S_j/S_x = 100/3000 = 0.033$$

2) 架空线路等值电抗的标么值

$$X_{2*} = X_0LS_j/U_{av}^2 = 0.43 \times 50 \times 100/115^2 = 0.163$$

3) 变压器等值电抗的标么值

$$\begin{aligned} X_{3*} &= u_k\% S_j/100S_n \\ &= 10.5 \times 100/(100 \times 15) \\ &= 0.7 \end{aligned}$$

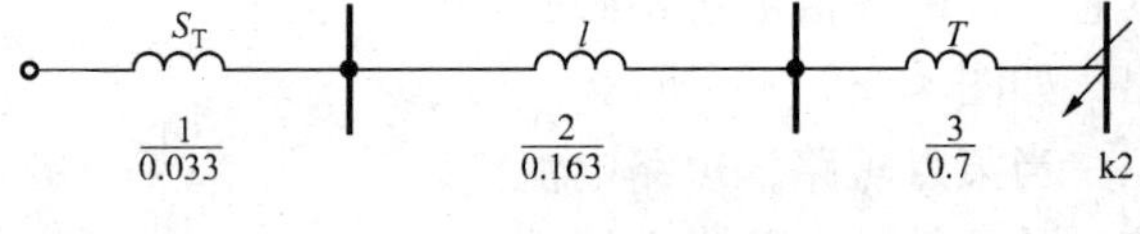

图 4-11 例 4-2 的简化等值电路图

(3) 作出等值电路图并化简，如图 4-11 所示，

计算短路回路总电抗的标么值

$$X_{\Sigma k2*} = X_{1*} + X_{2*} + X_{3*} = 0.033 + 0.163 + 0.7 = 0.896$$

第三节 无限大容量系统供电电路内三相短路

一、无限大容量系统的概念

无限大容量系统（或称无限大容量电源）是指由这种电源供电的电路内发生三相短路时，电源的端电压在短路时恒定不变，电压的幅值和频率也都恒定不变，即认定为该系统的容量为无限大，记作 $S=\infty$，电源的内阻抗 $Z=0$。

实际上，真正的无限大容量电源并不存在，它只是一个相对的概念。因为无论系统多大，其容量总是一个有限值，并且总是有一定的内阻抗，短路时电压和频率总会产生变化。但是，当短路发生在距电源较远的支路上，阻抗远大于系统的内阻抗，此时电源的电压几乎不变，在实用计算中，可以认为电源的电压恒定不变，向这个短路支路提供短路电流的电源便可认为是无限大容量电源。一般地，当电源或系统的内阻抗小于短路回路总阻抗的 10% 时，就可以认为这个电源或系统是无限大容量电源（系统）。

二、短路电流的变化规律

以图 4 - 12 所示的电路为例，来进行无限大容量电源供电的电路内发生三相短路时短路电流变化规律的分析讨论。

图中电源为无限大容量电源，电源母线电压为相应的平均额定电压 U_{av}，在短路过程中保持恒定不变。假设在 $k^{(3)}$ 点发生三相短路，R_{Σ} 和 X_{Σ} 为电源至短路点间各元件的总电阻和总电抗，R_{fh}和 X_{fh}为负荷的电阻和电抗。

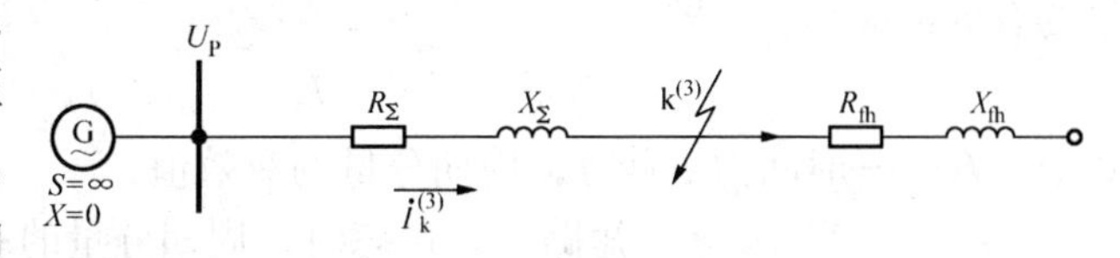

图 4 - 12　由无限大容量电源供电的电路三相短路

正常运行时，电路中的电流取决于电源母线电压 U_{av}、阻抗 Z_{Σ} 和 Z_{fh}之和。当 $k^{(3)}$点突然发生三相短路时，整个电路被短路点分割成为左右两个单独的部分：右半部分的回路没有电源，通过短路点构成短路回路，相当于 R - L 串联电路换路时的零输入响应情况，此回路中电流将逐渐衰减至零；左半部分的回路与电源连接，构成短路回路，相当于 R - L 串联电路换路时的全响应情况，电源将向短路点提供短路电流。由于短路回路中的阻抗 Z_{Σ} 小于（$Z_{\Sigma}+Z_{fh}$），电路中又有电感存在，短路回路中的电流将由正常运行时的工作电流，经过一个暂态过程，逐步过渡到短路电流的稳态值。图 4 - 13 所示为无限大容量电源供电电路内三相短路电流的变化曲线。因为三相短路是对称性短路，我们可以只分析三相中的任何一相，图 4 - 13 所示的短路电流变化曲线假设是 U 相的情况。

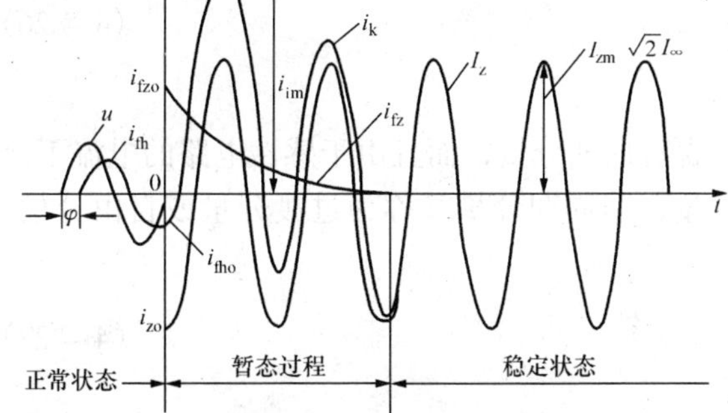

图 4 - 13　无限大容量电源供电电路内三相短路电流的变化曲线

设在 $t=0$ 时刻发生三相短路，根据电路知识可知，正弦交流激励下 R - L 串联电路换路时的全响应，可分解为两个分量——稳态分量和暂态分量。稳态分量又称为周期分量，暂态分量也称为非周期分量。于是，短路的全电流 $i_k^{(3)}$ 为周期分量 $i_z^{(3)}$ 与非周期分量 $i_{fz}^{(3)}$之和，即

$$i_k^{(3)} = i_z^{(3)} + i_{fz}^{(3)} \tag{4-22}$$

从短路开始到非周期分量衰减至零为止，是短路的暂态过程。暂态过程结束以后，短路进入稳态。由于非周期分量的存在，在暂态过程中短路的全电流与横轴不对称，并出现最大的瞬时值 i_{im}，这个最大的瞬时值 i_{im}称为冲击短路电流。

为了方便，与 i_{im}相似，在下面的分析讨论中将表示三相短路的符号（3）省略。

三、短路电流各量的计算

1. 周期分量

周期分量，又称稳态分量，取决于电源的母线电压 U_{av}和短路回路总阻抗 Z_{Σ}。当母线电压保持不变，又忽略短路回路的电阻时，周期分量的有效值为

$$I_z = \frac{U_{av}}{\sqrt{3}X_{\Sigma}} \tag{4-23}$$

因为无限大系统的母线电压 U_{av}不变，所以在以任一时刻为中心的一个周期内，周期分量的有效值应相等，即

$$I_z = I_{zt} = I_{\infty} \tag{4-24}$$

式中 I_{zt}——时间为 t 秒时，周期分量的有效值；

I_{∞}——当 $t=\infty$，短路进入稳态时，周期分量的有效值，又称为稳态短路电流。

用标么值计算时，取 $U_j = U_{av}$，则

$$I_{z*} = \frac{1}{X_{*\Sigma}} \tag{4-25}$$

周期分量有效值的有名值为

$$I_z = I_{z*} I_j \tag{4-26}$$

2. 非周期分量

在感性电路中发生短路时，短路电流不但含有周期分量，而且由于感性电路的电流不会发生突变的性质，短路电流中还含有非周期分量，非周期分量又称为过渡分量或自由分量。非周期分量的表达式为

$$i_{fz} = i_{fz0} e^{-\frac{\omega t}{T_a}} \tag{4-27}$$

式中 ω——角频率，$\omega = 2\pi f$，rad/s；

T_a——衰减时间常数，$T_a = X_{\Sigma}/R_{\Sigma}$，rad；

i_{fz0}——$t=0$ 时，非周期分量的起始值。

由于在发生短路的瞬间，电路中的电流不能突变，故短路全电流 $t=0$ 时的瞬时值应等于 $t=0$ 时负荷电流的瞬时值 i_{fh0}，由式（4-22）所以有

$$i_{fz0} = i_{fh0} - i_{z0} \tag{4-28}$$

一般高压电路中，$X_{\Sigma} \gg R_{\Sigma}$，当电阻忽略不计时，$Z_{\Sigma} \approx X_{\Sigma}$，阻抗角 $\varphi_d \approx 90°$。如在发生短路的瞬间，电压的初相角为零，而且短路前线路是空载的，$i_{fh}=0$，这是最严重的短路条件，此时非周期分量的起始值为

$$i_{fz0} = -i_{z0} \tag{4-29}$$

$t=0$ 时，周期分量的起始有效值为 I_z，按最严重短路条件则起始值 i_{z0}的大小为$\sqrt{2}I_z$。即

$$i_{z0} = -\sqrt{2}I_z$$

t 秒时刻，非周期分量的瞬时值，可表示为

$$i_{fzt} = -\sqrt{2}I_z e^{-\frac{\omega t}{T_a}} \tag{4-30}$$

非周期分量的衰减时间常数 T_a，决定着非周期分量衰减的快慢。T_a 愈大，非周期分量衰减的愈慢；T_a 愈小，则非周期分量衰减得就愈快。

3. 冲击短路电流

冲击短路电流 i_{im}，出现在短路发生后的半个周期，即 $t=0.01s$ 时刻。它是短路全电流中最大的瞬时值，当 i_{im} 通过导体和电器时，会产生很大的电动力使导体和电器遭受损坏。由图 4－13 可见，冲击短路电流为

$$i_{im} = \sqrt{2}I_z + \sqrt{2}I_z e^{-\frac{0.01\omega}{T_a}} = \sqrt{2}I_z(1 + e^{-\frac{0.01\omega}{T_a}}) = K_{im}\sqrt{2}I_z$$

式中　K_{im}——冲击系数。

$$K_{im} = 1 + e^{-\frac{0.01\omega}{T_a}}$$

冲击系数 K_{im} 表示冲击短路电流为周期分量幅值的倍数，它由 T_a 确定。如果电路中 $R_\Sigma=0$，即短路回路中仅有电抗，则 $T_a=\infty$，$K_{im}=2$，非周期分量不会衰减；如电路中 $X_\Sigma=0$，即短路回路中仅有电阻，则 $T_a=0$，$K_{im}=1$，短路电流就不含有非周期分量。实际电路中，$1<K_{im}<2$。

在由无限大容量电源供电的高压电路中，一般推荐取 $K_{im}=1.8$，则冲击短路电流为

$$i_{im} = 1.8\times\sqrt{2}I_z = 2.55I_z \tag{4-31}$$

应该指出的是，由于三相电路中各相电压的相位差为 120°，所以发生三相短路时，各相的短路电流周期分量和非周期分量的初始值不同。因此，$i_{im}=2.55I_z$ 的冲击电流仅在一相中出现，其他两相并不会出现这个冲击电流。

4. 母线剩余电压

在继电保护的整定计算中，有时需要计算处在短路点前面的某一母线的剩余电压。三相短路时，短路点的电压为零，系统中距短路点电抗为 X 的某点剩余电压，在数值上就等于短路电流通过该电抗时的电压降。剩余电压又称为残余电压。

短路进入稳态后，如某一母线至短路点的电抗为 X，则该母线的剩余电压 U_{rem} 为

$$U_{rem} = \sqrt{3}I_\infty X$$

用标么值计算时有

$$U_{rem*} = I_{\infty*}X_* \tag{4-32}$$

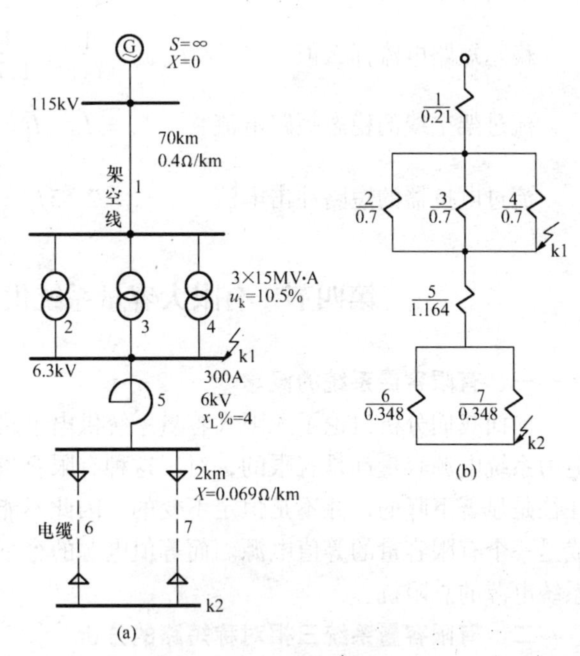

图 4－14　例 4－3 的电路图
（a）计算电路图；（b）等值电路图

【例 4－3】　如图 4－14（a）的计算电路图，试计算：

（1）当 k1 点三相短路时，稳态短路电流、冲击短路电流及短路进入稳态时变压器 110kV 侧母线的剩余电压。

（2）当 k2 点三相短路时，流过架空线的稳态短路电流和流过电抗器的短路冲击电流。

解 选取基准值 $S_j = 100\text{MV·A}$，$U_j = U_{av}$

各元件等值电抗的标么值为：

架空线 $$X_{1*} = 70 \times 0.4 \times \frac{100}{115^2} = 0.21$$

变压器 $$X_{2*} = X_{3*} = X_{4*} = \frac{10.5}{100} \times \frac{100}{15} = 0.7$$

电抗器 $$X_{5*} = \frac{4}{100} \times \frac{6}{\sqrt{3} \times 0.3} \times \frac{100}{6.3^2} = 1.164$$

电缆 $$X_{6*} = X_{7*} = 2 \times 0.069 \times \frac{100}{6.3^2} = 0.348$$

等值电路如图 4－14（b）所示。

（1）当 k1 点三相短路时

短路回路总电抗 $$X_{\Sigma*} = X_{1*} + \frac{X_{2*}}{3} = 0.21 + \frac{0.7}{3} = 0.443$$

稳态短路电流标么值 $$I_{\infty*} = \frac{1}{X_{\Sigma*}} = \frac{1}{0.443} = 2.257$$

稳态短路电流 $$I_{\infty} = I_{\infty*} I_j = 2.257 \times \frac{100}{\sqrt{3} \times 6.3} = 20.684\ (\text{kA})$$

冲击短路电流 $$I_{im} = 2.55 \times 20.684 = 52.744\ (\text{kA})$$

110kV 母线剩余电压 $$U_{rem} = \frac{0.7}{3} \times 2.257 \times 115 = 60.563\ (\text{kV})$$

（2）当 k2 点三相短路时

短路回路总电抗 $$X_{\Sigma*} = 0.21 + \frac{0.7}{3} + 1.164 + \frac{0.348}{2} = 1.78$$

稳态短路电流标么值 $$I_{\infty*} = \frac{1}{X_{\Sigma*}} = \frac{1}{1.78} = 0.56$$

流过架空线的稳态短路电流 $$I_{\infty} = I_{\infty*} I_j = 0.56 \times \frac{100}{\sqrt{3} \times 115} = 0.28\ (\text{kA})$$

流过电抗器的短路冲击电流 $$i_{im} = 2.55 I_z = 2.55 \times 0.56 \times \frac{100}{\sqrt{3} \times 6.3} = 13.087\ (\text{kA})$$

第四节 有限大容量系统供电电路内的三相短路

一、有限容量系统的概念

前面我们分析讨论了无限大容量系统供电电路内发生三相对称短路的情况，但是实际的电力系统电源容量都是有限的，对于这种有限容量电源供电的系统内发生短路时，母线电压往往是显著下降的，并不是恒定不变的。因此不能再将供电电源看成是无限大容量，而应看成是一个有限容量的等值电源。而等值电源的容量就是系统所有电源的容量和，等值电抗为系统电源的总阻抗。

二、有限容量系统三相对称短路的分析

有限容量系统突然短路时的短路电流中同样含有周期分量和非周期分量。非周期分量产生的原因、衰减的性质及计算条件等，都与无限大容量电源供电电路内发生的短路相同。周

期分量的幅值和有效值取决于供电电源电压及短路回路总阻抗。由于有限容量电源的端电压（或电动势）在整个短路的暂态过程中是变化的，所以短路电流周期分量的幅值和有效值也是变化的，这是与无限大容量电源供电电路内三相短路的最主要的区别。

有限容量电源供电电路内短路电流周期分量变化的情况，还与发电机是否装有励磁自动调节装置有关。图4－15中分别给出了无励磁自动调节装置和有励磁自动调节装置的电源供电电路内发生短路时短路电流的变化曲线。

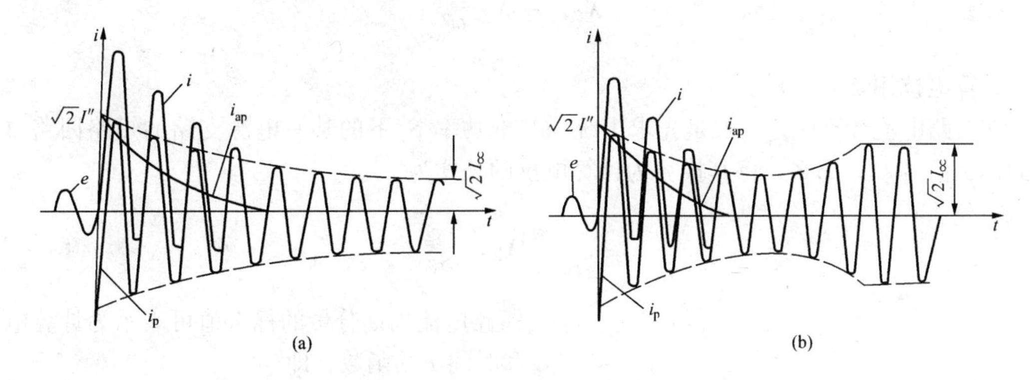

图4－15　发电机供电电路内短路电流的变化曲线

（a）无励磁自动调节装置时；（b）有励磁自动调节装置时

电力系统中的发电机一般都装有励磁自动调节装置，它的作用是当发电机电压发生变化时，能自动地调节发电机的励磁电流，维持发电机的端电压在一定的范围内。当系统发生短路引起发电机的端电压下降时，励磁自动调节装置动作使得励磁电流增大，发电机电压上升，短路电流也相应增大。但是不论采用哪种类型的励磁自动调节装置（电子型或机械型），它们都具有一定的时间滞后性。同时励磁回路也具有较大的电感，励磁电流不会立即增大。实际上，励磁自动调节装置都是在短路发生后经过一定的时间后才起作用。所以，短路电流周期分量的起始值并不会受到影响，在几个周波以内的影响也是不大的。以后随着励磁自动调节装置的作用逐渐增强，短路电流周期分量所受的影响也逐渐增大，最后达到稳定值，短路的暂态过程结束而进入稳态。因此不论发电机是否装有励磁自动调节装置，在短路开始的瞬间及短路后的几个周期内，短路电流的变化情况都是一样的。

短路电流的周期分量，在暂态过程中是变化的，但在其中任一周期内的变化可以忽略不计。周期分量在时间 t 的有效值 I_{zt}，是周期分量在以时间 t 为中心的一个周期内的有效值。

$t=0$ 时，周期分量的起始有效值，又称为次暂态短路电流，用 I''表示。短路的暂态过程结束后的短路电流称为稳态短路电流，用 I_∞表示。稳态短路电流的大小取决于短路点与发电机之间的电气距离，以及励磁自动调节装置的调节程度。

短路电流周期分量的变化，不仅与发电机是否装有励磁自动调节装置有关，而且还和短路点与发电机间的电气距离有关。电气距离越小，发电机端电压下降得越多，反之就越少。此外，发电机的类型、参数等对周期分量也都有影响，所以短路电流周期分量的变化情况与很多因素有关，要想准确计算是非常困难的。为了满足电力系统设计和工程实际的需要，就必须寻找一种简单的、实用的方法来计算有限容量电源内发生短路时的短路电流。

三、周期分量有效值的实用计算法——运算曲线法

虽然影响短路电流周期分量的因素很多，但只要发电机（包括励磁系统）的参数和运行初态确定后，短路电流周期分量只是短路点到电源间电气距离和时间 t 的函数而已。电气距离用计算电抗表示。所谓计算电抗是以某一电源支路所有发电机额定容量和 $S_{N\Sigma}$ 为功率基准值，该电源支路短路回路总电抗的标么值，即

$$X_{C*} = X_{\Sigma}\frac{S_{N\Sigma}}{U_{av}^{2}}$$

计算电抗用 X_{C*} 表示。

在短路电流计算中，一般是先求出统一基准功率 S_j 下的某一电源支路的短路回路总电抗的标么值 $X_{\Sigma*}$，那么，将其换算为计算电抗的公式为

$$X_{C*} = X_{\Sigma*}\frac{S_{N\Sigma}}{S_j} \tag{4-33}$$

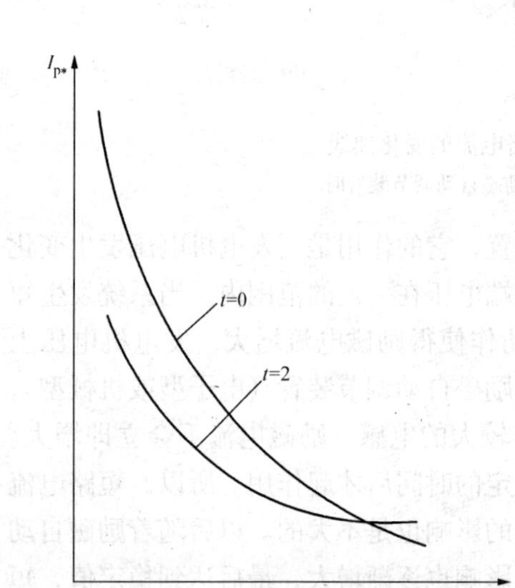

图 4－16　运算曲线示意图

短路电流周期分量的标么值可表示为计算电抗 X_{C*} 和时间 t 的函数，即

$$I_{p*} = f(X_{C*}, t)$$

表明这种函数关系的曲线称为运算曲线，如图 4－16 所示。

曲线的纵坐标为周期分量有效值的标么值 I_{p*}，横坐标为计算电抗 X_{C*}，不同的时刻分别作出相应的曲线。需要特别注意的是周期分量有效值的标么值 I_{p*} 的基准功率是该电源支路所有发电机额定容量的和 $S_{N\Sigma}$，或者说 I_{p*} 的基准值是该支路所有发电机额定电流的和。

对于不同类型、型号的发电机，由于其参数的差异，制作出的运算曲线也具有不同的形状。运算曲线分汽轮发电机和水轮发电机两类。考虑到我国的发电厂大部分功率都是从高压母线送出，制作运算曲线的典型接线如图 4－17 所示，即认为发电机是在额定状态下运行时发生的三相短路，50%的负荷挂在发电厂高压母线上，其余的负荷均在短路点以外。

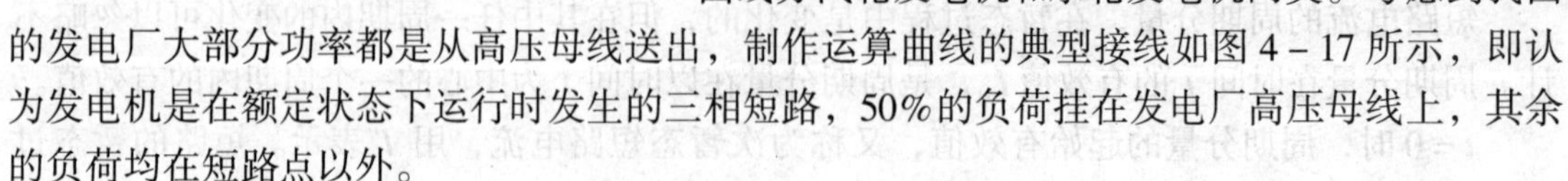

由于我国发电机型号繁多，为了使运算曲线具有通用性，只能采用统计的方法来制作。对水轮发电机选择了从 12.5MW 到 225MW 的 17 种不同容量、不同型号的样机，对汽轮发电机则选择了从 12MW 到 200MW 的 18 种不同容量、不同型号的样机，分别对每一台发电机计算出相应的短路电流周期分量有效值。取同类型的发电机的平均值，作为运算曲线在某时刻 t 和 X_{C*} 所对应的周期分量有效值，分别绘制成水轮发电机和汽轮发电机的运算曲线。这些运算曲线见附

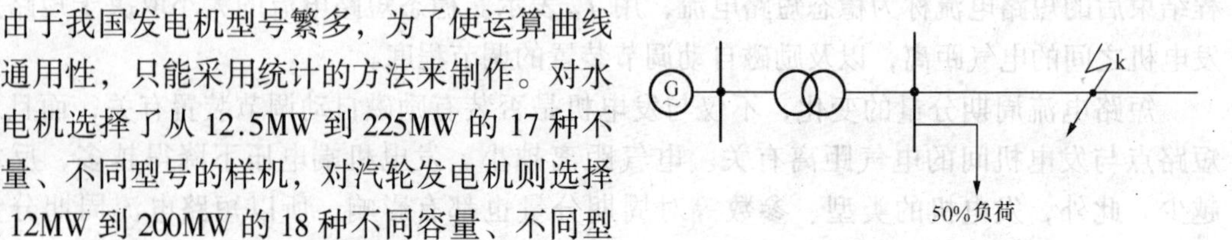

图 4－17　制作运算曲线时的典型接线

录Ⅰ所示。

从运算曲线的制作过程可以看出，短路电流已经考虑了负荷的影响，计算电抗仅包括流过短路电流的全部元件的电抗，而不包括负荷阻抗，使计算大大简化。

利用运算曲线计算短路电流周期分量的一般步骤如下：

（1）根据计算电路图作出等值电路，化简电路，求出短路回路的总电抗 $X_{\Sigma *}$。

（2）将 $X_{\Sigma *}$ 换算为计算电抗 X_{C*}。

（3）根据计算电抗 X_{C*}，查相应的运算曲线，可得到 t 时刻短路电流周期分量有效值的标么值 I_{zt*}，其有名值为

$$I_{zt} = I_{zt*}\frac{S_{N\Sigma}}{\sqrt{3}U_{av}}$$

一般地，当 $X_{C*} > 3.45$ 时，可将等值发电机当作无限大容量电源处理。这时，短路电流周期分量的有效值是不随时间变化的。

四、短路电流其他各量的计算

1. 短路冲击电流

忽略周期分量的衰减时，短路冲击电流为

$$i_{im} = \sqrt{2}K_{im}I'' \tag{4-34}$$

$$K_{im} = 1 + e^{-\frac{t}{T_a}}$$

式中　I''——次暂态短路电流，可由运算曲线查得。

当短路发生在发电机机端时，取 $K_{im} = 1.9$；当短路发生在发电厂高压侧母线及发电机出线电抗器后时，取 $K_{im} = 1.85$；当远离发电厂的地点发生短路时，取 $K_{im} = 1.8$。

2. 短路全电流

短路全电流的最大有效值为

$$I_{im} = I''\sqrt{1 + 2(K_{im} - 1)^2} \tag{4-35}$$

【例 4-4】 如图 4-18 所示，系统以火电厂为主，计算 k 点三相短路时的 I''、i_{im}以及 $t = 4s$ 的周期分量有效值 I_{z4}和变压器高压侧 110kV 母线的剩余电压。

解　取 $S_j = 100MV \cdot A$，$U_j = U_{av}$

（1）计算各元件电抗标么值

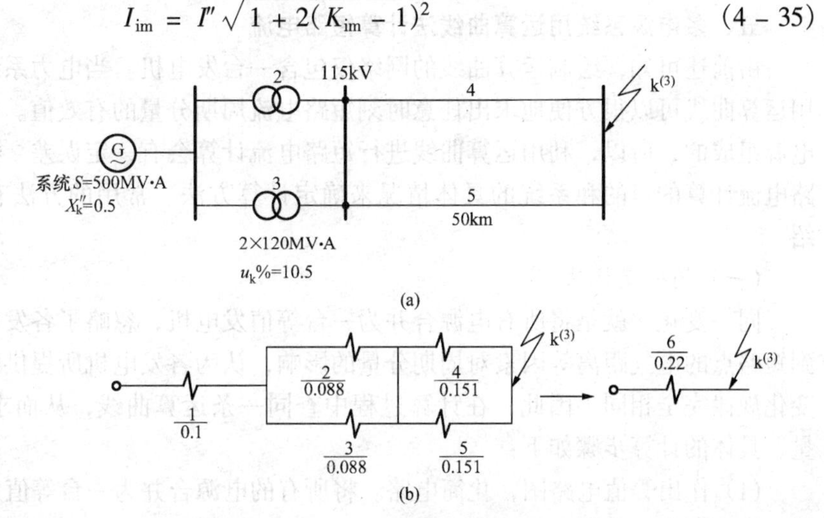

图 4-18　例 4-4 计算电路图和等值电路图

（a）计算电路图；（b）等值电路图

$$X_{1*} = 0.5 \times \frac{100}{500} = 0.1$$

$$X_{2*} = X_{3*} = \frac{U_K\%}{100}\frac{S_j}{S_N} = \frac{10.5}{100} \times \frac{100}{120} = 0.088$$

$$X_{4*} = X_{5*} = x_l L \frac{S_j}{U_{av}^2} = 0.4 \times 50 \times \frac{100}{115^2} = 0.151$$

$$X_{\Sigma*} = X_{1*} + \frac{X_{2*}}{2} + \frac{X_{4*}}{2} = 0.1 + \frac{0.088}{2} + \frac{0.151}{2} = 0.22$$

（2）计算电抗

$$X_{C*} = X_{\Sigma*}\frac{S_{N\Sigma}}{S_j} = 0.22 \times \frac{500}{100} = 1.1$$

（3）计算短路电流及剩余电压

查附录Ⅰ中汽轮机运算曲线得

$$t = 0 \text{时}，I''_* = 0.96$$

$$t = 4\text{s时}，I_{z4*} = 1.02$$

$$I'' = I''_*\frac{S_{N\Sigma}}{\sqrt{3}U_{av}} = 0.96 \times \frac{500}{\sqrt{3} \times 115} = 2.4(\text{kA})$$

$$I_{z4} = I_{z4*}\frac{S_{N\Sigma}}{\sqrt{3}U_{av}} = 1.02 \times \frac{500}{\sqrt{3} \times 115} = 2.56(\text{kA})$$

$$i_{im} = \sqrt{2}K_{im}I'' = \sqrt{2} \times 1.8 \times 2.4 = 6.11(\text{kA})$$

$$U_{rem} = \sqrt{3}\frac{X_4}{2} \times I_{z4} = \sqrt{3} \times \frac{x_1 l}{2} \times I_{z4} = \sqrt{3} \times \frac{0.4 \times 50}{2} \times 2.56 = 44.34(\text{kV})$$

五、多电源系统用运算曲线法计算短路电流

由前述可知，绘制运算曲线的网络仅包含一台发电机。当电力系统发生三相短路时，应用运算曲线可以很方便地求出任意时刻短路电流周期分量的有效值。但电力系统通常是由多电源组成的，所以，利用运算曲线进行短路电流计算会有一定误差。实用计算中，要根据短路电流计算的目的和系统的具体情况来确定计算方法。常用的方法有两种，下面就分别介绍。

（一）同一变化法

同一变化法就是将所有电源合并为一台等值发电机，忽略了各发电机的类型、参数以及到短路点的电气距离等因素对周期分量的影响，认为各发电机所提供的短路电流周期分量的变化规律完全相同。因此，在计算过程中查同一条运算曲线，从而求出短路电流的周期分量，具体的计算步骤如下：

（1）作出等值电路图，化简电路。将所有的电源合并为一台等值发电机，然后求出等值发电机到短路点的总电抗 $X_{\Sigma*}$。

（2）将 $X_{\Sigma*}$ 归算为计算电抗 X_{C*}，如下

$$X_{C*} = X_{\Sigma *} \frac{S_{N\Sigma}}{S_j}$$

式中　$S_{N\Sigma}$——所有发电机额定容量的和。

(3) 根据计算电抗 X_{C*} 查相应的运算曲线，求出某一时刻短路电流周期分量有效值的标么值 I_{zt*}。

当 $X_{C*}>3.45$ 时，可以按无限大容量系统处理。

当电力系统中所有电源以水电厂为主时，应查水轮发电机的运算曲线；若以火电厂为主时，就应查汽轮发电机的运算曲线。

(4) 求短路电流周期分量的有名值为

$$I_{pt} = I_{zt*} \frac{S_{N\Sigma}}{\sqrt{3}U_{av}}$$

同一变化法计算短路电流非常简便，但它忽略了不同类型发电机之间的差别，也忽略了各发电机与短路点之间电气距离的差别，因此计算结果误差较大，特别是电力系统中有无限大容量电源时不能采用同一变化法。

为了简便，在以下各例题中都略去电抗标么值符号下标中的“*”。

【例 4-5】　如图 4-19 所示水电厂计算电路图，求 k 点发生三相短路时，短路点的 I''、i_{im}和 I_∞。每台三绕组变压器的短路电压为 $u_{k\text{I}-\text{II}}\%=17$；$u_{k\text{II}-\text{III}}\%=6$；$u_{k\text{I}-\text{III}}\%=10.5$，各元件其他参数都标明在图中。

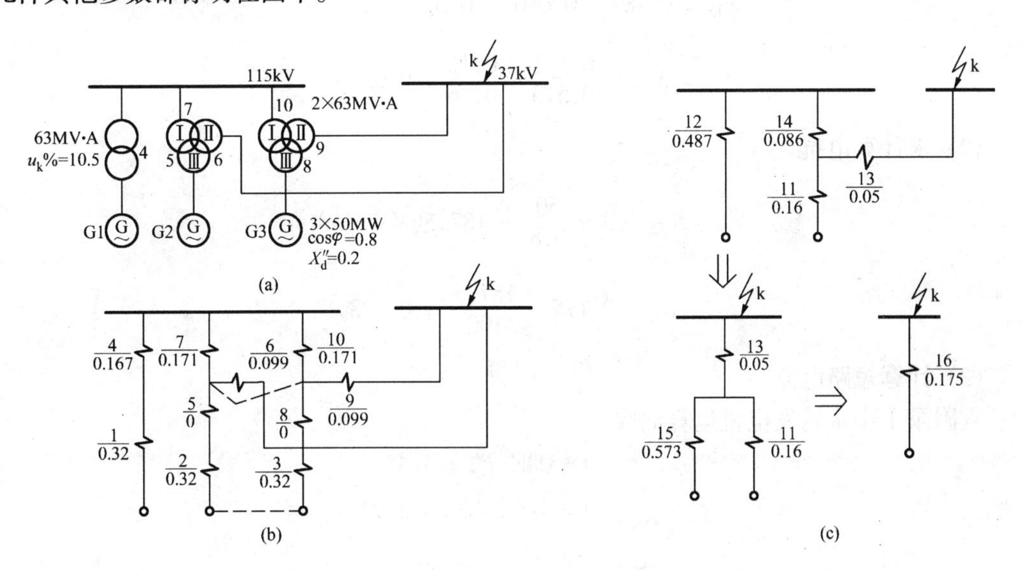

图 4-19　例 4-5 计算电路图和等值电路图

(a) 计算电路图；(b) 等值电路图；(c) 等值电路的化简过程图

解　选取 $S_j=100\text{MV}\cdot\text{A}$，$U_j=U_{av}$

(1) 计算各元件等值电抗的标么值

$$X_1 = X_2 = X_3 = 0.2 \times \frac{100 \times 0.8}{50} = 0.32$$

$$X_4 = \frac{10.5}{100} \times \frac{100}{63} = 0.167$$

$$X_5 = X_8 = \frac{1}{200}(10.5 + 6 - 17) \times \frac{100}{63} \approx 0(\text{负值取 } 0)$$

$$X_6 = X_9 = \frac{1}{200}(17 + 6 - 10.5) \times \frac{100}{63} = 0.099$$

$$X_7 = X_{10} = \frac{1}{200}(17 + 10.5 - 6) \times \frac{100}{63} = 0.171$$

图 4－19（b）中用虚线连起来的两点是等电位点，可以连成一点，所以，G2 和 G3 可合并为一个电源

$$X_{11} = \frac{0.32}{2} = 0.16$$

$$X_{12} = 0.32 + 0.167 = 0.487$$

$$X_{13} = \frac{0.099}{2} = 0.05$$

$$X_{14} = \frac{0.171}{2} = 0.086$$

$$X_{15} = 0.487 + 0.086 = 0.573$$

$$X_{\Sigma} = X_{16} = \frac{0.573 \times 0.16}{0.573 + 0.16} + 0.05 = 0.175$$

（2）求计算电抗

$$S_{N\Sigma} = 3 \times \frac{50}{0.8} = 187.5(\text{MV} \cdot \text{A})$$

$$X_C = 0.175 \times \frac{187.5}{100} = 0.328$$

（3）计算短路电流

查附录Ⅰ中水轮发电机运算曲线

$$t = 0 \text{ 时 } I''_* = 3.45$$

$$t = 4\text{s 时 } I_{\infty *} = 2.92$$

$$I'' = I''_* \frac{S_{N\Sigma}}{\sqrt{3} U_{av}} = 3.45 \times \frac{187.5}{\sqrt{3} \times 37} = 10.09 \text{（kA）}$$

$$I_{\infty} = 2.92 \times \frac{187.5}{\sqrt{3} \times 37} = 8.54 \text{（kA）}$$

取 $K_{im} = 1.85$，则

$$i_{im} = \sqrt{2} K_{im} I'' = \sqrt{2} \times 1.85 \times 10.09 = 26.394 \text{（kA）}$$

（二）个别变化法

同一变化法不考虑发电机的类型以及发电机距离短路点远近的差别，计算结果主要取决于容量大的电源。实际上短路点的电流基本上是由靠近短路点的电源所决定的，如按同一变化法计算，与实际情况就会有较大的误差。在短路电流计算中，为了提高计算的精确度，特别是当系统中包含有无限大容量电源时，应采用个别变化法。

个别变化法是将系统中所有发电机，按照类型及距短路点远近的不同分为几组，通常分为2~3组即可。每一组用一台容量为该组所有发电机额定容量和的等值发电机来替代，然后对每一台等值发电机用运算曲线分别求出向短路点提供的短路电流，则短路点总的短路电流就等于各等值发电机所提供的短路电流之和。具体计算步骤如下：

（1）作出等值电路图，化简电路。将发电机进行分组：与短路点直接连接的同类型发电机分为一组；与短路点距离相差不大的同类型发电机分为另一组；无限大容量电源应单独为一组。根据分组的结果化简电路，并将等值电路化简为各电源支路直接与短路点相连接。

（2）分别计算各等值发电机对短路点的计算电抗。无限大容量电源仍保留以基准功率为 S_j 的标么电抗 X_{s*}。

（3）根据各计算电抗分别查相应的运算曲线，可得到各等值发电机所提供的短路电流周期分量的标么值 I_{zt1*}、I_{zt2*}……。无限大容量电源提供的短路电流的标么值为

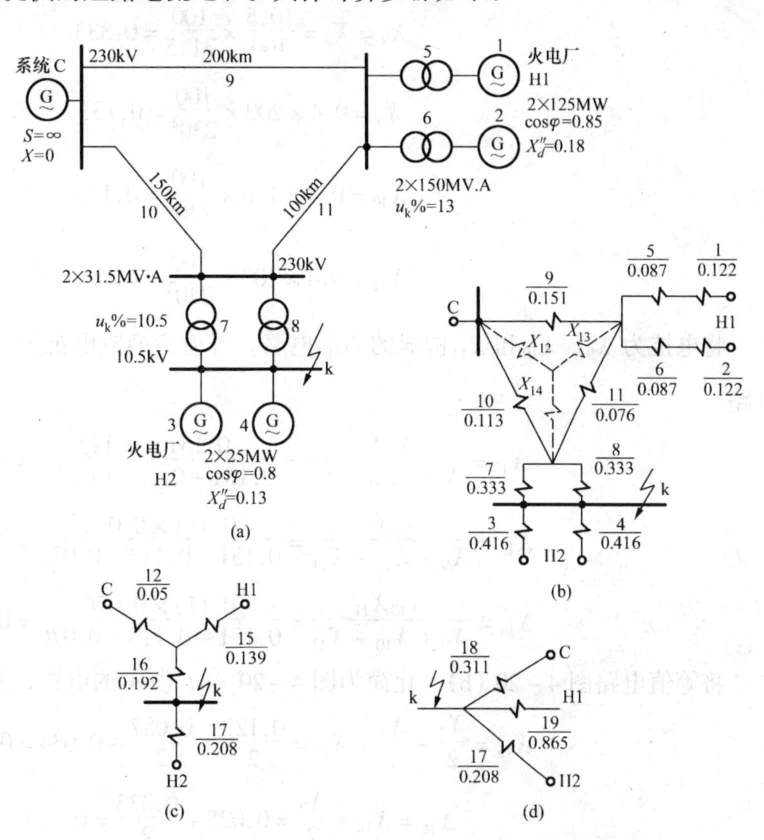

图4-20　例4-6计算电路图和等值电路图

(a) 计算电路图；(b) 等值电路图；(c)、(d) 等值电路的化简过程图

$$I_{zs*}=\frac{1}{X_{s*}} \tag{4-36}$$

（4）计算短路点总的短路电流周期分量的有名值，为

$$I_{zt}=I_{zt1*}\frac{S_{N\Sigma1}}{\sqrt{3}U_{ar}}+I_{zt2*}\frac{S_{n\Sigma2}}{\sqrt{3}U_{ar}}+\cdots\cdots+I_{zs*}\frac{S_j}{\sqrt{3}U_{ar}} \tag{4-37}$$

【例4-6】　试计算如图4-20所示的计算电路中k点三相短路时的 I'' 和 i_{im}。

解　因电路中有无限大容量电源，而且火电厂H1和火电厂H2距短路点的电气距离差别较

大，所以，宜用个别变化法进行计算，现将所有电源分为三组。

取 $S_j = 100\text{MV·A}$，$U_j = U_{av}$

1. 计算各元件等值电抗的标么值并化简电路

$$X_1 = X_2 = 0.18 \times \frac{100}{125/0.85} = 0.122$$

$$X_3 = X_4 = 0.13 \times \frac{100}{25/0.8} = 0.416$$

$$X_5 = X_6 = \frac{13}{100} \times \frac{100}{150} = 0.087$$

$$X_7 = X_8 = \frac{10.5}{100} \times \frac{100}{31.5} = 0.333$$

$$X_9 = 0.4 \times 200 \times \frac{100}{230^2} = 0.151$$

$$X_{10} = 0.4 \times 150 \times \frac{100}{230^2} = 0.113$$

$$X_{11} = 0.4 \times 100 \times \frac{100}{230^2} = 0.076$$

将电抗为 X_9、X_{10}和 X_{11}构成的△形电路，等值变换成电抗为 X_{12}、X_{13}和 X_{14}构成的Y形电路

$$X_{12} = \frac{X_9 X_{10}}{X_9 + X_{10} + X_{11}} = \frac{0.151 \times 0.113}{0.151 + 0.113 + 0.076} = 0.05$$

$$X_{13} = \frac{X_9 X_{11}}{X_9 + X_{10} + X_{11}} = \frac{0.151 \times 0.076}{0.151 + 0.113 + 0.076} = 0.034$$

$$X_{14} = \frac{X_{10} X_{11}}{X_9 + X_{10} + X_{11}} = \frac{0.113 \times 0.076}{0.151 + 0.113 + 0.076} = 0.025$$

将等值电路图 4-20（b），化简为图 4-20（c）所示的电路，其中

$$X_{15} = \frac{X_1}{2} + \frac{X_5}{2} + X_{13} = \frac{0.122}{2} + \frac{0.087}{2} + 0.034 = 0.139$$

$$X_{16} = X_{14} + \frac{X_7}{2} = 0.025 + \frac{0.333}{2} = 0.192$$

$$X_{17} = \frac{X_1}{2} = \frac{0.416}{2} = 0.208$$

将图 4-20（c）中 X_{12}、X_{15}和 X_{16}形成的Y形电路等值变换成△形电路，并将系统 S 和火电厂 H1 间的电抗略去，电路化简成如图 4-20（d）所示

$$X_{18} = X_{12} + X_{16} + \frac{X_{12} X_{16}}{X_{15}} = 0.05 + 0.192 + \frac{0.05 \times 0.192}{0.139} = 0.311$$

$$X_{19} = X_{15} + X_{16} + \frac{X_{15} X_{16}}{X_{12}} = 0.139 + 0.192 + \frac{0.139 \times 0.192}{0.05} = 0.865$$

2. 计算 k 点的短路电流

(1) 计算次暂态短路电流 I''

短路点的次暂态短路电流，应等于各电源支路所提供的次暂态短路电流的和。

无限大容量电源：

$$I''_{s}=\frac{1}{X_{18}}\frac{S_{J}}{\sqrt{3}U_{av}}=\frac{1}{0.311}\times\frac{100}{\sqrt{3}\times10.5}=17.68\text{（kA）}$$

火电厂 H1：

计算电抗

$$X_{CH1}=X_{19}\frac{S_{\Sigma H1}}{S_{j}}=0.865\times\frac{2\times125/0.85}{100}=2.54$$

查附录一中汽轮发电机运算曲线，可得

$$t=0\text{时}\qquad I''_{H1*}=0.4$$

$$I''_{H1}=I''_{H1*}\frac{S_{\Sigma H1}}{\sqrt{3}U_{av}}=0.4\times\frac{2\times125/0.85}{\sqrt{3}\times10.5}=6.47\text{（kA）}$$

火电厂 H2：

计算电抗

$$X_{CH2}=0.208\times\frac{2\times25/0.8}{100}=0.13$$

查附录一中汽轮发电机运算曲线，可得 $t=0$ 时，$I''_{H2*}=8.25$

$$I''_{H2}=I''_{H2*}\frac{S_{\Sigma H2}}{\sqrt{3}U_{av}}=8.25\times\frac{2\times25/0.8}{\sqrt{3}\times10.5}=28.525\text{（kA）}$$

于是，短路点总的次暂态短路电流为

$$I''=I''_{s}+I''_{H1}+I''_{H2}=17.68+6.47+28.525=52.675\text{（kA）}$$

(2) 短路冲击电流的计算。

在短路点，短路的冲击电流等于各电源支路所提供的短路冲击电流之和。

无限大容量电源，冲击系数取 $K_{im}=1.8$ 则

$$i_{im\cdot s}=\sqrt{2}\times1.8\times17.68=45\text{（kA）}$$

火电厂 H1，冲击系数取 $K_{im}=1.8$ 则

$$i_{im\cdot H1}=\sqrt{2}\times1.8\times6.47=16.467\text{（kA）}$$

火电厂 H2，冲击系数取 $K_{im}=1.9$ 则

$$i_{im\cdot H2}=\sqrt{2}\times1.9\times28.525=76.635\text{（kA）}$$

于是，短路点总的短路冲击电流为

$$i_{im}=i_{im\cdot s}+i_{im\cdot H1}+i_{im\cdot H2}=45+16.467+76.635=138.1\text{（kA）}$$

由以上计算可知，在短路点短路电流的大小，主要取决于额定容量较小但距离短路点较近的火电厂 H2。

第五节　简单不对称短路的分析计算

在电力工程实际中，绝大多数的短路故障是不对称短路。当发生不对称短路时，原来三

相对称的关系被破坏，三相电路中各相电流大小不相等，相位不相同，三相电压也不对称。所谓简单不对称短路，是指发生在同一地点的不对称短路。分析不对称短路采用的是对称分量法。

一、对称分量法的概念

对于任意一组不对称的三相相量$\dot{F}_{u}$、$\dot{F}_{v}$、$\dot{F}_{w}$，如图4-21（a）所示。都可以分解成三组相序不同的对称分量。

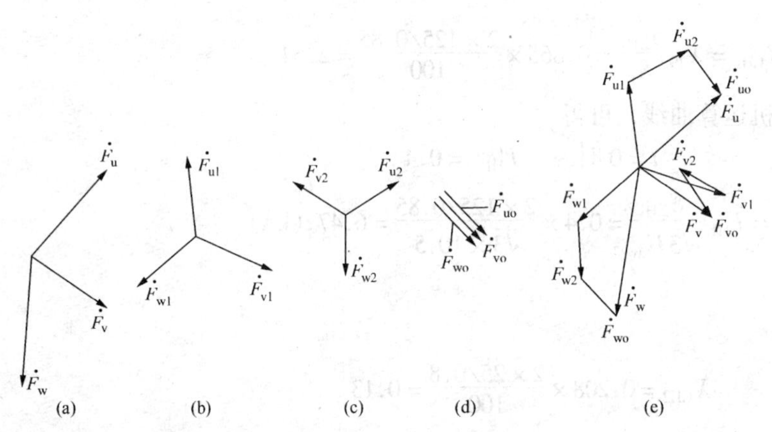

图4-21　一组不对称三相系统的相量及其对称分量

（a）三相不对称相量；（b）正序分量；（c）负序分量；（d）零序分量；（e）各序分量的相量和

（1）正序分量$\dot{F}_{u1}$、$\dot{F}_{v1}$、$\dot{F}_{w1}$，如图4-21（b）所示，各相正序分量大小相等，相位互差120°，相序为U、V、W。

（2）负序分量$\dot{F}_{u2}$、$\dot{F}_{v2}$、$\dot{F}_{w2}$，如图4-21（c）所示，各相负序分量大小相等，相位互差120°，相序为U、W、V。

（3）零序分量$\dot{F}_{u0}$、$\dot{F}_{v0}$、$\dot{F}_{w0}$，如图4-21（d）所示，各相零序分量大小相等，相位相同。这样，一组不对称的三相相量，可以表示为

$$\left.\begin{aligned}\dot{F}_{u} &= \dot{F}_{u1} + \dot{F}_{u2} + \dot{F}_{u0}\\ \dot{F}_{v} &= \dot{F}_{v1} + \dot{F}_{v2} + \dot{F}_{v0}\\ \dot{F}_{w} &= \dot{F}_{w1} + \dot{F}_{w2} + \dot{F}_{w0}\end{aligned}\right\} \tag{4-38}$$

由式（4-38）可见，三个方程中有9个序分量，但是，实际上同一序的三个分量中只有一个是独立的，另外两个分量可以推导得到。

为了方便计算，我们引入一个运算符号a。a是一个单位相量，它的模为1，相位角为120°，即

$$a = e^{j120^{\circ}} = \cos120^{\circ} + j\sin120^{\circ} = -\frac{1}{2} + j\frac{\sqrt{3}}{2}$$

同时，还有

$$a^{2} = e^{j240^{\circ}} = -\frac{1}{2} - j\frac{\sqrt{3}}{2}$$

$$a^{3} = e^{j360^{\circ}} = 1$$

$$1 + a + a^{2} = 0$$

若将任意一个相量乘上a，相当于将此相量逆时针旋转120°；若乘上a^{2}，相当于将此相

量顺时针旋转 120°。

在不对称短路电流计算中，如果选 U 相为基准相，利用运算符号 a，可以表示另外两相的各序分量，如下

$$\left.\begin{aligned}&\text{正序分量}\quad \dot{F}_{v1}=a^2\dot{F}_{u1};\ \dot{F}_{w1}=a\dot{F}_{u1}\\&\text{负序分量}\quad \dot{F}_{v2}=a\dot{F}_{u2};\ \dot{F}_{w2}=a^2\dot{F}_{u2}\\&\text{零序分量}\quad \dot{F}_{u0}=\dot{F}_{v0}=\dot{F}_{w0}\end{aligned}\right\}\tag{4-39}$$

于是

$$\left.\begin{aligned}\dot{F}_u&=\dot{F}_{u1}+\dot{F}_{u2}+\dot{F}_{u0}\\\dot{F}_v&=a^2\dot{F}_{u1}+a\dot{F}_{u2}+\dot{F}_{u0}\\\dot{F}_w&=a\dot{F}_{u1}+a^2\dot{F}_{u2}+\dot{F}_{u0}\end{aligned}\right\}\tag{4-40}$$

解式（4-40），可得 U 相的各序分量为

$$\left.\begin{aligned}\dot{F}_{u1}&=\frac{1}{3}(\dot{F}_u+a\dot{F}_v+a^2\dot{F}_w)\\\dot{F}_{u2}&=\frac{1}{3}(\dot{F}_u+a^2\dot{F}_v+a\dot{F}_w)\\\dot{F}_{u0}&=\frac{1}{3}(\dot{F}_u+\dot{F}_v+\dot{F}_w)\end{aligned}\right\}\tag{4-41}$$

对称分量还具有如下性质：

（1）三相正序分量、负序分量的相量和为零，有

$$\dot{F}_{u1}+\dot{F}_{v1}+\dot{F}_{w1}=\dot{F}_{u1}+a^2\dot{F}_{u1}+a\dot{F}_{u1}=(1+a^2+a)\dot{F}_{u1}=0$$

$$\dot{F}_{u2}+\dot{F}_{v2}+\dot{F}_{w2}=\dot{F}_{u2}+a\dot{F}_{u2}+a^2\dot{F}_{u2}=(1+a+a^2)\dot{F}_{u2}=0$$

（2）三相零序分量的相量和不为零，有

$$\dot{F}_{u0}+\dot{F}_{v0}+\dot{F}_{w0}=3\dot{F}_{u0}$$

（3）如果一组三相不对称相量的和等于零，则这组不对称相量的对称分量中不包含有零序分量，这是因为

$$\dot{F}_{u0}=\frac{1}{3}(\dot{F}_u+\dot{F}_v+\dot{F}_w)=0$$

三相系统中，三个线电压之和恒等于零，所以线电压中不含有零序分量。

在三角形接线中，线电流也不含有零序分量。没有中线的星形接线中，三相的相电流之和必然为零，因而也不含有零序分量。零序电流必须以中性线（或以地代中性线）作为通路，从中性线流过的零序电流等于一相零序电流的 3 倍。

二、电流的各序分量产生相应的各序分量的电压降

当三相电路对称时，各序分量具有各自的独立性。某序的电压只产生相应某序的电流，也就是说某序的电流只产生相应某序的电压降，不同相序的对称分量之间是相互没有关系的。因此，各序分量系统都能独立地满足欧姆定理和基尔霍夫定律，即

$$\Delta\dot{U}_1=Z_1\dot{I}_1$$

$$\Delta \dot{U}_2 = Z_2 \dot{I}_2 \tag{4-42}$$

$$\Delta \dot{U}_0 = Z_0 \dot{I}_0$$

式中　Z_1、Z_2、Z_0——正序、负序、零序阻抗。

因此，在对称三相电路中，可以分别对正、负、零序各分量分别进行计算。同时由于各序分量三相是对称的，所以可以只取其中任意一相进行分析计算。利用对称分量法对不对称短路进行分析计算是对各序分量独立性原理的具体应用。

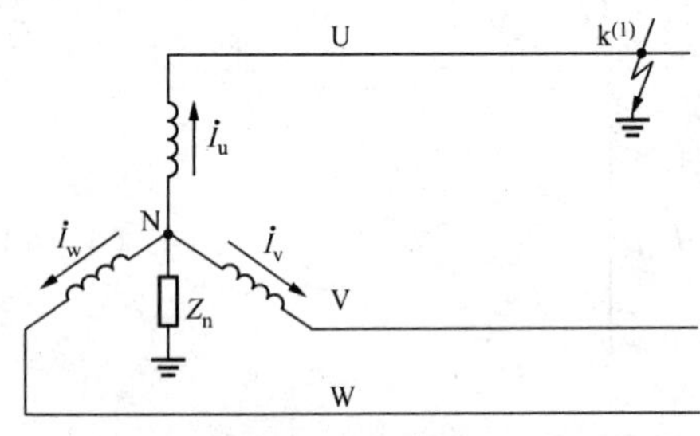

图 4-22　发生单相接地短路的简单电路

三、对称分量法在不对称短路计算中的应用

正常运行时，电力系统三相一般是对称的。但是，当系统发生不对称短路时，三相的对称性遭到破坏，系统变成不对称。例如，一空载线路接于发电机，发电机的中性点经阻抗 Z_n 接地，如图 4-22 所示。

若在线路的 k(1) 点发生了单相接地短路，此时，系统其他部分的参数仍然是对称的，仅在短路点处出现局部的不对称，即

$$\dot{U}_u = 0;\ \dot{U}_v \neq 0;\ \dot{U}_w \neq 0$$

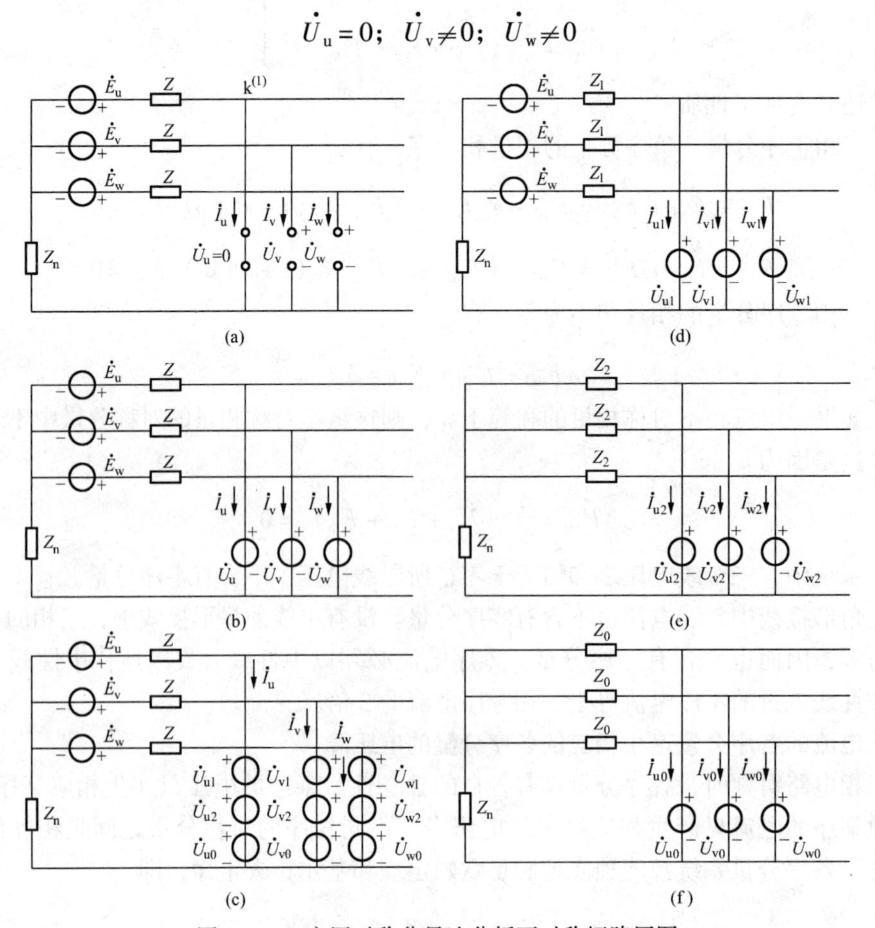

图 4-23　应用对称分量法分析不对称短路用图

等值电路如图 4-23（a）所示。由替代原理，可以用三个电压源$\dot{U}_u$、$\dot{U}_v$、$\dot{U}_w$来替代短路点处的三相对地电压，如图 4-23（b）所示。应用对称分量法将不对称电压$\dot{U}_u$、$\dot{U}_v$、$\dot{U}_w$分解为三组对称的正、负、零序电压分量，如图 4-23（c）所示。又根据对称分量法的独立性原理和叠加原理，将故障网络分解为三个独立的序网即正、负、零序网络，如图 4-23（d）、（e）、（f）所示。应该指出的是，任何时候发电机都只产生正序电动势，而不产生负序或零序电动势。

对于任一序网络，由于它们三相都是对称的，因此，可以只取其中的一相进行分析计算，一般多取 U 相作为基准相。于是，正序网络 U 相的电压方程为

$$\dot{E}_u - \dot{I}_{u1}Z_1 - (\dot{I}_{u1} + \dot{I}_{v1} + \dot{I}_{w1})Z_n = \dot{U}_{u1}$$

由于流过中性线的电流$\dot{I}_{u1} + \dot{I}_{v1} + \dot{I}_{w1} = 0$，于是有

$$\dot{E}_u - \dot{I}_{u1}Z_1 = \dot{U}_{u1}$$

在负序网络中，发电机的负序电势恒为零，且$\dot{I}_{u2} + \dot{I}_{v2} + \dot{I}_{w2} = 0$，所以，U 相的电压方程为

$$0 - \dot{I}_{u2}Z_2 = \dot{U}_{u2}$$

在零序网络中，发电机的零序电势也恒为零，而流过中性线的电流$\dot{I}_{u0} + \dot{I}_{v0} + \dot{I}_{w0} = 3\dot{I}_{u0}$，则 U 相的电压方程为

$$0 - \dot{I}_{u0}(Z_0 + 3Z_n) = \dot{U}_{u0}$$

从这个方程可以看出，由于接地阻抗上的电压降是由 3 倍的单相零序电流产生的，相当于中性点的接地阻抗扩大到 3 倍，可以等同地看成是一相的零序电流在 3 倍的接地阻抗上产生的电压降。

实际的电力系统要比这个例子复杂的多，但是，通过网络化简，仍然可以得到和前面所述完全相同的各序电压方程式。根据计算短路电流忽略各元件电阻的假设，于是 U 相的各序电压方程为

$$\left.\begin{aligned} \dot{E}_{u\Sigma} - jX_{1\Sigma}\dot{I}_{u1} &= \dot{U}_{u1} \\ 0 - jX_{2\Sigma}\dot{I}_{u2} &= \dot{U}_{u2} \\ 0 - jX_{0\Sigma}\dot{I}_{u0} &= \dot{U}_{u0} \end{aligned}\right\} \tag{4-43}$$

式中　$\dot{E}_{u\Sigma}$——正序网络中所有发电机的等效电动势；

$X_{1\Sigma}$、$X_{2\Sigma}$、$X_{0\Sigma}$——正、负、零序网络对短路点的总电抗；

$\dot{I}_{u1}$、$\dot{I}_{u2}$、$\dot{I}_{u0}$——短路点 U 相电流的正、负、零序分量；

$\dot{U}_{u1}$、$\dot{U}_{u2}$、$\dot{U}_{u0}$——短路点 U 相对地电压的正、负、零序分量。

根据式（4-43），可作出 U 相的各序网络图，又称为序网图，如图 4-24 所示。

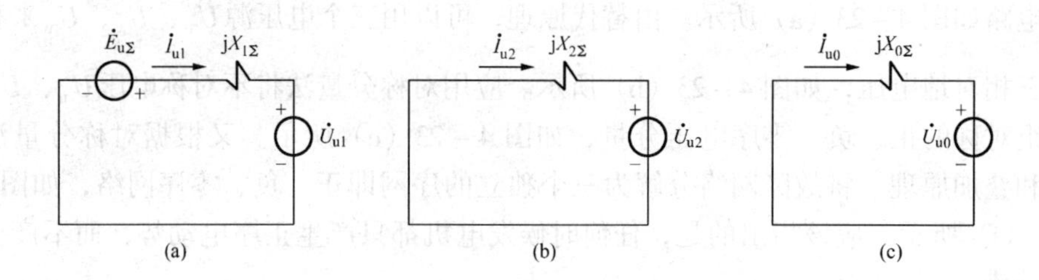

图 4－24　U 相正序、负序和零序网络图

（a）正序网络；（b）负序网络；（c）零序网络

四、序阻抗的概念

利用对称分量法计算不对称短路时的电压和电流，必须以已知系统中各元件的各序等值电抗值并组成各序网络为前提。电力系统中任一元件两端电压的序分量与通过该元件相应的电流序分量之比，就是该元件的等值序电抗。由于各序电流流过元件时，引起的电磁过程不尽相同，因此，同一元件的各序等值电抗也不尽相同。

电力系统中包含有静止和旋转两大类元件。静止元件（例如变压器）流过负序电流时，尽管三相电流的相序改变了，但是元件的自感和互感的电磁关系并没有发生变化，所以，该类元件的负序等值电抗就等于正序等值电抗。而旋转元件（例如同步发电机），当定子侧流过不同序的电流时，所产生的电磁关系也完全不同。正序电流产生的旋转磁场与转子的旋转方向相同；负序电流产生的旋转磁场则与转子的转向相反；零序电流产生的磁场与转子的位置无关。因此，旋转元件的正、负、零各序等值电抗也都不相等。

（一）同步发电机的各序电抗

发生对称短路时，流过发电机的短路电流就是正序电流，因此，计算三相短路时所用的发电机的等值电抗，便是正序电抗。

同步发电机的负序电抗、零序电抗与其正序电抗不相同，需要时可查有关产品目录或设计手册。

在短路电流的近似计算中，对汽轮发电机及有阻尼绕组的水轮发电机，可取 $X_2 = X''_K$。

（二）电抗器的各序电抗

电抗器是一个没有铁芯的电感线圈，互感很小，可忽略不计，它的电抗主要取决于自感，因此有

$$X_1 = X_2 = X_0$$

（三）输电线路的各序电抗

输电线路的负序电抗等于正序电抗，即

$$X_1 = X_2$$

架空线路零序电抗的大小，与是否为单或双回路架设、线路有无架空地线及架空地线的材料等有关。电缆线路的零序电抗也与很多因素有关，需用时可查阅相关资料。

（四）变压器的各序电抗

变压器的负序电抗也等于正序电抗，即

$$X_1 = X_2$$

变压器的零序电抗与变压器的结构和绕组接线方式有关，如图 4－25 所示。图中 X_{I}、

$X_{\text{Ⅱ}}$、$X_{\text{Ⅲ}}$分别为变压器高、中、低压各侧绕组的漏磁电抗，X_{m0}为变压器的零序励磁电抗。

变压器的漏抗与相序无关，因此，变压器的零序等值漏抗与正序的相等。变压器的零序励磁电抗与变压器的铁芯结构密切相关。由三台单相变压器组成的三相变压器组、壳式变压器以及三相五柱式变压器，因为它们零序磁路磁阻小，零序励磁电流也很小，可以忽略不计，而认为零序励磁电抗很大，即 $X_{m0}=\infty$。对于三相三柱式的变压器，其 $X_{m0}=0.3\sim1$。

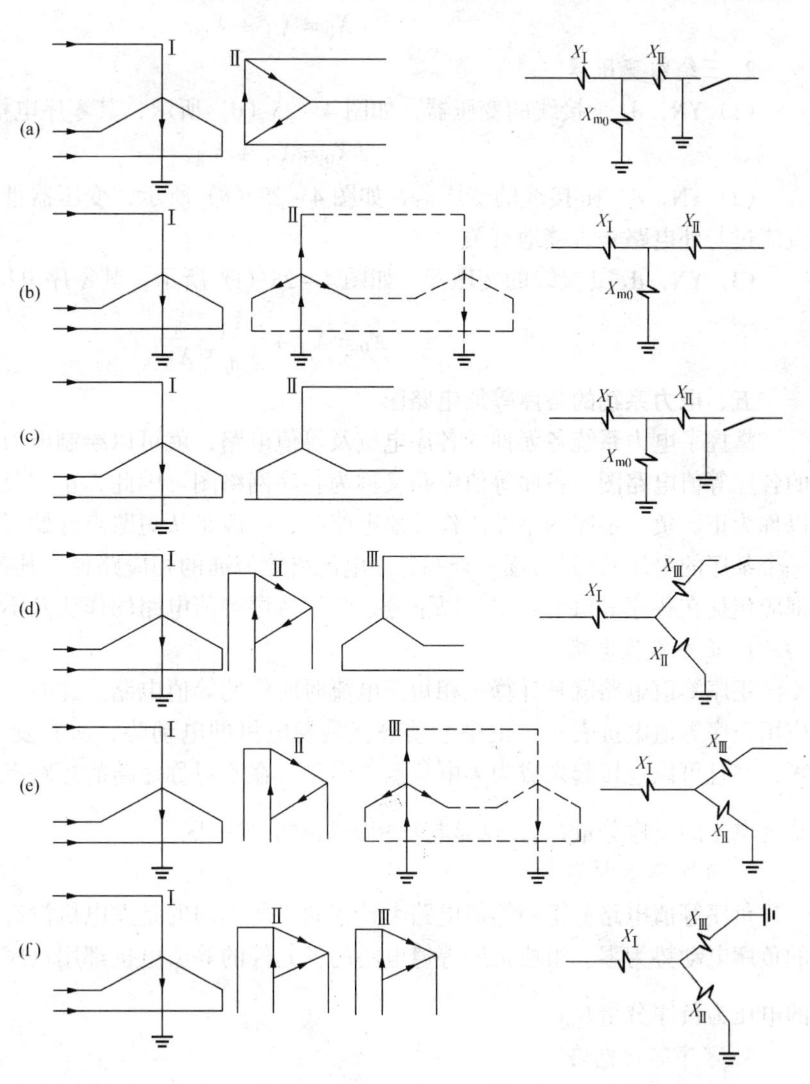

图 4－25　变压器的零序等值电路图

当零序电压施加在变压器不接地的 Y 形侧或△形侧时，变压器绕组中都没有零序电流通过，也就是 $X_0=\infty$。只有当零序电压施加在变压器接地的 Y 形侧，零序电流流过变压器的三相绕组并经接地的中性点流入大地构成回路时，变压器的零序电抗才是有限值，并且还与另一侧绕组的接线方式有关。

1. 双绕组变压器的零序等值电路

（1）YN，d 接线的变压器，如图 4－25（a）所示。变压器的 YN 侧有零序电流流过时，在二次侧会感应出零序电势，零序电流在二次侧绕组中形成环流，$X_{\text{Ⅱ}}$支路一端是接地地的，而一般变压器 $X_{m0}\gg X_{\text{Ⅱ}}$，所以有

$$X_0=X_{\text{Ⅰ}}+X_{\text{Ⅱ}}$$

（2）YN，yn 接线的变压器，如图 4－25（b）所示，若变压器Ⅱ次侧绕组的外电路没有接地点，变压器的零序电抗与 YN，y 接线的相同；若变压器Ⅱ次侧绕组的外电路有直接接地的中性点，则变压器的零序电抗应与其Ⅱ次侧绕组外电路的等值零序电路同时考虑。

（3）YN，y 接线的变压器，如图 4－25（c）所示，当变压器的 y 侧零序电流没有通路

时，则

$$X_0 = X_{\mathrm{I}} + X_{m0}$$

2. 三绕组变压器

（1）YN，d，y接线的变压器，如图4－25（d）所示，其零序电抗为

$$X_0 = X_{\mathrm{I}} + X_{\mathrm{II}}$$

（2）YN，d，yn接线的变压器，如图4－25（e）所示，变压器Ⅲ次侧绕组有没有零序电流流过与外电路是否接地有关。

（3）YN，d，d接线的变压器，如图4－25（f）所示，其零序电抗为

$$X_0 = X_{\mathrm{I}} + \frac{X_{\mathrm{II}} X_{\mathrm{III}}}{X_{\mathrm{II}} + X_{\mathrm{III}}}$$

五、电力系统的各序等值电路图

掌握了电力系统各元件的各序电抗及等值电路，就可以绘制电力系统发生不对称短路后的各序等值电路图。各序等值电路又称为各序网络图。因此，正、负、零各序等值电路又可以称为正、负、零序网络图。作等值电路时，一般是从短路点开始（即相当于在短路点施加一个某序的电压），然后逐一查明各序电流所能流通的相应路径，凡各序电流所流经的元件，都应包括在各序等值电路中。以下分别介绍各序等值电路的作法及不同点。

1. 正序等值电路

正序等值电路就是计算三相短路电流时所作的等值电路。此时，所有元件的等值电抗都应用正序等值电抗表示，正序电动势就是发电机的电动势，所有发电机的中性点电位都为零，并且可以连接起来成为零电位点。但是，在不对称短路的短路点，其电压并不为零，而是为电压的正序分量$\dot{U}_{u1}$，这是与三相短路时的唯一区别。

2. 负序等值电路

负序等值电路与正序等值电路大致相同，所不同的是发电机没有负序电动势，即发电机的负序电动势为零。组成负序等值电路的各元件的等值电抗都用负序等值电抗表示。短路点的电压为负序分量$\dot{U}_{u2}$。

3. 零序等值电路

电力系统发生不对称短路时产生的零序电流，其流经的路径与正、负序电流的路径大不相同，这是由于三相零序电流必须经过架空地线、电缆外皮或大地才能形成通路。因此，零序等值电路与正、负序等值电路完全不同。在绘制零序等值电路时，应特别注意从短路点开始，先画上零序电压$\dot{U}_{u0}$后，再查明零序电流可能流通的路径。有零序电流流过的元件，其等值电抗用零序等值电抗表示。发电机没有零序电动势，即发电机的零序电动势为零。所有零序电流回路的末端电位与地相同，可以将这些点连接起来作为零电位点。

应该指出的是，如果中性点是经过阻抗接地的，在绘制零序等值电路时，中性点的阻抗值应为其实际阻抗值的3倍。

六、简单不对称短路时短路点的电流和电压

电力系统不对称短路的故障分析可以利用对称分量法进行。具体步骤是由各序电压方程式和故障的边界条件求得短路点的电压和电流的对称分量，然后再合成为短路点的电压和电流。下面以U相为特殊相进行分析讨论。

（一）两相短路

如图4－26（a）所示，V、W相之间发生两相短路，在短路点，边界条件为

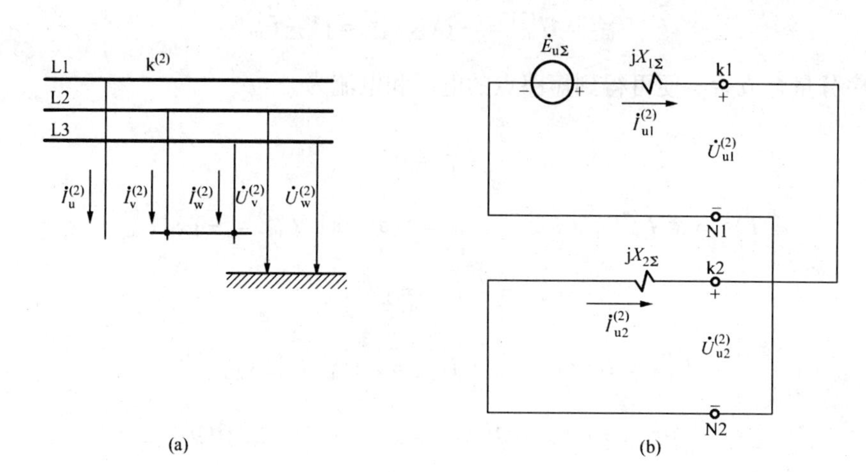

图4－26　V、W两相短路
（a）电路图；（b）复合序网图

$$\dot{I}_u^{(2)}=0$$

$$\dot{I}_v^{(2)}+\dot{I}_w^{(2)}=0$$

$$\dot{U}_v^{(2)}=\dot{U}_w^{(2)}$$

由对称分量法，可得

$$\dot{I}_u^{(2)}=\dot{I}_{u1}^{(2)}+\dot{I}_{u2}^{(2)}+\dot{I}_{u0}^{(2)}=0$$

$$\dot{I}_{u0}^{(2)}=\frac{1}{3}\left(\dot{I}_u^{(2)}+\dot{I}_v^{(2)}+\dot{I}_w^{(2)}\right)=0$$

$$a^2\dot{U}_{u1}^{(2)}+a\dot{U}_{u2}^{(2)}+\dot{U}_{u0}^{(2)}=a\dot{U}_{u1}^{(2)}+a^2\dot{U}_{u2}^{(2)}+\dot{U}_{u0}^{(2)}$$

整理，可得

$$\dot{I}_{u1}^{(2)}=-\dot{I}_{u2}^{(2)}$$

$$\dot{I}_{u0}^{(2)}=0$$

$$\dot{U}_{u1}^{(2)}=\dot{U}_{u2}^{(2)}$$

由各序电压方程式（4－43）和边界方程，求短路点的电压和电流对称分量的方法有两种，分别是代数法和电路法。常用的是电路方法即复合序网法。复合序网是由正、负和零各序等值网络组成，而各序等值网络之间的关系是由短路的边界方程决定的。

由前分析，可作出两相短路的复合序网，它是由正序和负序网络并联而成的，如图4－26（b）所示。根据复合序网图，可得

$$\dot{I}_{u1}^{(2)}=\frac{\dot{E}_{u\Sigma}}{j\left(X_{1\Sigma}+X_{2\Sigma}\right)} \tag{4-44}$$

和

$$\dot{I}_{u2}^{(2)} = -\dot{I}_{u1}^{(2)}$$

$$\dot{U}_{u1}^{(2)} = \dot{U}_{u2}^{(2)} = -jX_{2\Sigma}\dot{I}_{u2}^{(2)} = jX_{2\Sigma}\dot{I}_{u1}^{(2)}$$

将各序分量合成后，便可得到短路点的电压和电流为

$$\dot{I}_{u}^{(2)} = 0$$

$$\dot{I}_{v}^{(2)} = a^2\dot{I}_{u1}^{(2)} + a\dot{I}_{u2}^{(2)} + \dot{I}_{u0}^{(2)} = (a^2 - a)\dot{I}_{u1}^{(2)} = -j\sqrt{3}\dot{I}_{u1}^{(2)}$$

$$\dot{I}_{w}^{(2)} = -\dot{I}_{v}^{(2)} = j\sqrt{3}\dot{I}_{u1}^{(2)}$$

$$\dot{U}_{u}^{(2)} = \dot{U}_{u1}^{(2)} + \dot{U}_{u2}^{(2)} + \dot{U}_{u0}^{(2)} = 2\dot{U}_{u1}^{(2)} = j2X_{2\Sigma}\dot{I}_{u1}^{(2)}$$

$$\dot{U}_{v}^{(2)} = a^2\dot{U}_{u1}^{(2)} + a\dot{U}_{u2}^{(2)} + \dot{U}_{u0}^{(2)} = (a^2 + a)\dot{U}_{u1}^{(2)} = -\dot{U}_{u1}^{(2)} = -\frac{1}{2}\dot{U}_{u}^{(2)}$$

$$\dot{U}_{w}^{(2)} = \dot{U}_{v}^{(2)}$$

而故障相电流的绝对值为

$$I_{k}^{(2)} = \sqrt{3}I_{u1}^{(2)} = \frac{\sqrt{3}E_{u\Sigma}}{X_{1\Sigma} + X_{2\Sigma}} \tag{4-45}$$

可见，两相短路时，故障相电流的绝对值是特殊相正序电流的$\sqrt{3}$倍；在短路点，非故障相的电压是特殊相正序电压的2倍，而故障相电压只有非故障相电压的一半而且方向相反。

若以$\dot{I}_{u1}$为参考相量，可作出两相短路时，短路点的电压和电流的相量图，如图4-27所示。

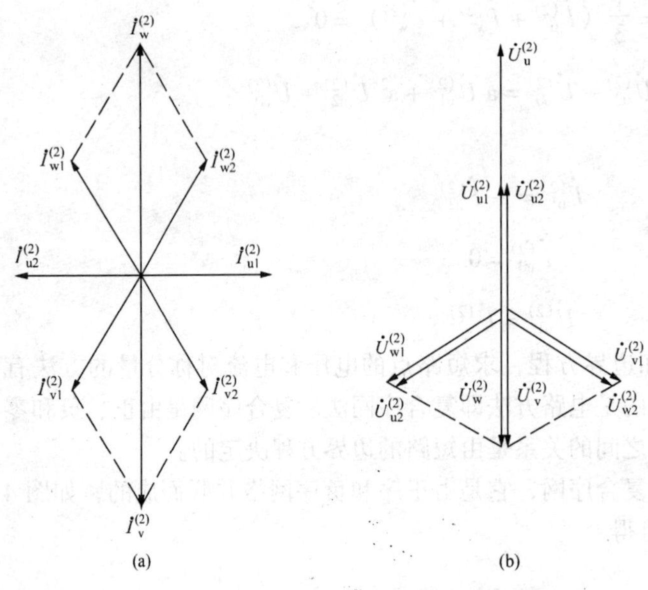

图4-27　V、W两相短路时短路点的相量图
(a) 电流相量图；(b) 电压相量图

(二) 单相接地短路

如图4-28 (a) 所示，U相发生单相接地短路，在短路点，边界条件为

$$\dot{U}_{u}^{(1)} = 0$$

$$\dot{I}_{v}^{(1)} = \dot{I}_{w}^{(1)} = 0$$

由对称分量法，可得

$$\dot{I}_{u1}^{(1)} = \dot{I}_{u2}^{(1)} = \dot{I}_{u0}^{(1)} = \frac{1}{3}\dot{I}_{u}^{(1)}$$

$$\dot{U}_{u1}^{(1)} + \dot{U}_{u2}^{(1)} + \dot{U}_{u0}^{(1)} = 0$$

由各序电压方程式（4-43）和边界方程，可作出两相短路的复合序网，它是由正序、

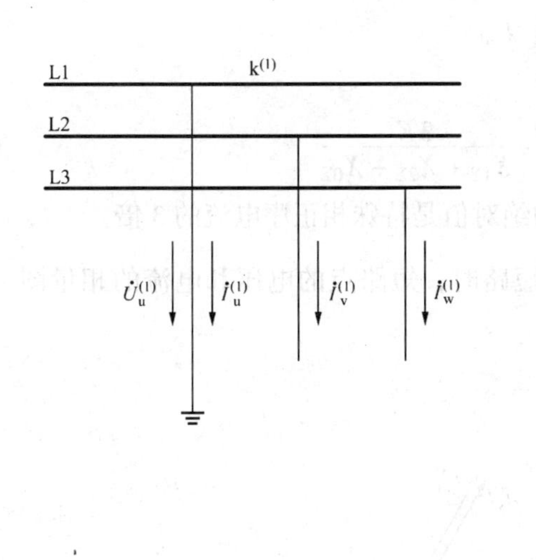

(a)

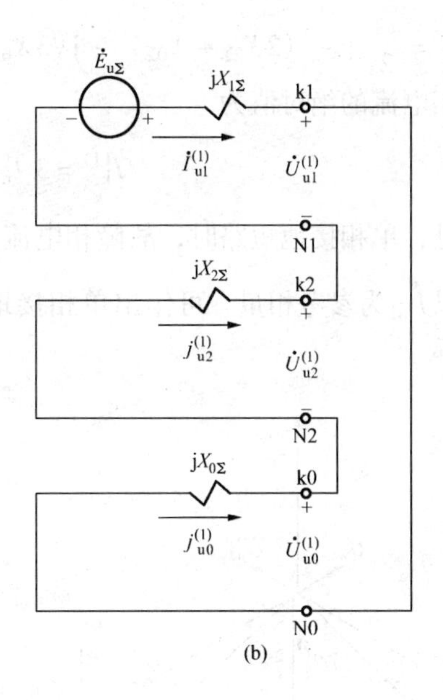

(b)

图 4－28　U 相接地短路

(a) 电路图；(b) 复合序网图

负序和零序三序网络串联而成的，如图 4－28（b）所示。根据复合序网图，将各序电流用正序电流代入，可得

$$\dot{E}_{u\Sigma}-\mathrm{j}\dot{I}_{u1}^{(1)}(X_{1\Sigma}+X_{2\Sigma}+X_{0\Sigma})=0$$

即

$$\dot{I}_{u1}^{(1)}=\frac{\dot{E}_{u\Sigma}^{(2)}}{\mathrm{j}(X_{1\Sigma}+X_{2\Sigma}+X_{0\Sigma})} \tag{4-46}$$

而短路点电压的对称分量为

$$\left.\begin{aligned}\dot{U}_{u1}&=\dot{E}_{\Sigma}-\mathrm{j}X_{1\Sigma}\dot{I}_{u1}=\mathrm{j}(X_{2\Sigma}+X_{0\Sigma})\dot{I}_{u1}\\ \dot{U}_{u2}^{(1)}&=-\mathrm{j}X_{2\Sigma}\dot{I}_{u2}^{(1)}\\ \dot{U}_{u0}^{(1)}&=-\mathrm{j}X_{0\Sigma}\dot{I}_{u0}^{(1)}\end{aligned}\right\} \tag{4-47}$$

将各序分量合成后，便可得到短路点的电压和电流为

$$\dot{I}_{u}^{(1)}=\dot{I}_{u1}+\dot{I}_{u2}+\dot{I}_{u0}=3\dot{I}_{u1}$$

$$\dot{I}_{v}^{(1)}=0,\ \dot{I}_{w}^{(1)}=0$$

$$\dot{U}_{u}=0$$

$$\dot{U}_{v}^{(1)}=a^2\dot{U}_{u1}^{(1)}+a\dot{U}_{u2}^{(1)}+\dot{U}_{u0}^{(1)}=\mathrm{j}[(a^2-a)X_{2\Sigma}+(a^2-1)X_{0\Sigma}]\dot{I}_{u1}$$

$$=\frac{\sqrt{3}}{2}[(2X_{2\Sigma}+X_{0\Sigma})-\mathrm{j}\sqrt{3}X_{0\Sigma}]\dot{I}_{u1}$$

$$\dot{U}_{w}^{(1)}=a\dot{U}_{u1}^{(1)}+a^2\dot{U}_{u2}^{(1)}+\dot{U}_{u0}^{(1)}=\mathrm{j}[(a-a^2)X_{2\Sigma}+(a-1)X_{0\Sigma}]\dot{I}_{u1}$$

$$=\frac{\sqrt{3}}{2}\left[-\left(2X_{2\Sigma}+X_{0\Sigma}\right)-\mathrm{j}\sqrt{3}X_{0\Sigma}\right]\dot{I}_{u1}$$

而故障相电流的绝对值为

$$I_{k}^{(1)}=3I_{u1}^{(1)}=\frac{3E}{X_{1\Sigma}+X_{2\Sigma}+X_{0\Sigma}} \tag{4-48}$$

可见，单相接地短路时，故障相电流的绝对值是特殊相正序电流的3倍。

若以$\dot{I}_{u1}$为参考相量，可作出单相接地短路时，短路点的电压和电流的相量图，如图4－29所示。

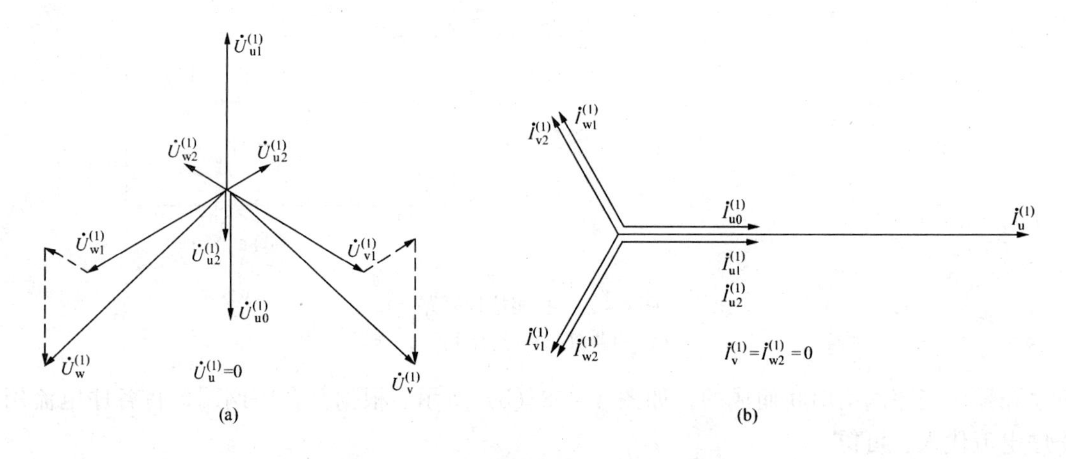

图4－29 U相接地短路时短路点的相量图
（a）电压相量图；（b）电流相量图

（三）两相接地短路

如图4－30（a）所示，V、W相在同一地点发生两相接地短路，U相为非故障相，是特殊相。在短路点边界条件为

$$\dot{I}_{u}^{(1.1)}=0$$

$$\dot{U}_{v}^{(1.1)}=\dot{U}_{w}^{(1.1)}=0$$

由对称分量法，可得

$$\dot{I}_{u}^{(1.1)}=\dot{I}_{u1}^{(1.1)}+\dot{I}_{u2}^{(1.1)}+\dot{U}_{u0}^{(1.1)}=0 \tag{4-49}$$

$$\dot{U}_{u1}^{(1.1)}=\dot{U}_{u2}^{(1.1)}=\dot{U}_{u0}^{(1.1)}=\frac{1}{3}\dot{U}_{u}^{(1.1)} \tag{4-50}$$

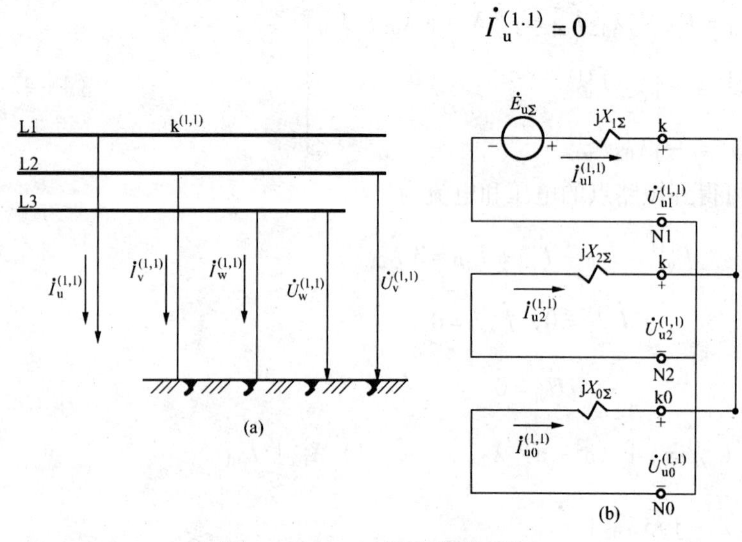

图4－30 V、W两相接地短路
（a）电路图；（b）复合序网图

根据式（4－49）、式（4－50），可作出两相接地短路的复合序网，它是由正序、负序和零序三序网

络并联而成的，由欧姆定律和基尔霍夫定律，可以直接写出

$$\left.\begin{aligned}\dot{I}_{u1}^{(1.1)} &= \frac{\dot{E}_{u\Sigma}}{j\left(X_{1\Sigma}+\dfrac{X_{2\Sigma}X_{0\Sigma}}{X_{2\Sigma}+X_{0\Sigma}}\right)}\\ \dot{I}_{u1}^{(1.1)} &= -\dot{I}_{u1}^{(1.1)}\frac{X_{0\Sigma}}{X_{2\Sigma}+X_{0\Sigma}}\\ \dot{I}_{u1}^{(1.1)} &= -\dot{I}_{u1}^{(1.1)}\frac{X_{2\Sigma}}{X_{2\Sigma}+X_{0\Sigma}}\end{aligned}\right\} \tag{4-51}$$

短路点正序电流的绝对值为

$$I_{u1}^{(1.1)} = \frac{E_{u\Sigma}}{X_{1\Sigma}+\dfrac{X_{2\Sigma}X_{0\Sigma}}{X_{2\Sigma}+X_{0\Sigma}}} \tag{5-52}$$

故障相中的电流为

$$\begin{aligned}\dot{I}_{v}^{(1.1)} &= a^2\dot{I}_{u1}^{(1.1)}+a\dot{I}_{u2}^{(1.1)}+\dot{I}_{u0}^{(1.1)}=\dot{I}_{u1}^{(1.1)}\left(a^2-\frac{X_{2\Sigma}+aX_{0\Sigma}}{X_{2\Sigma}+X_{0\Sigma}}\right)\\ \dot{I}_{w}^{(1.1)} &= a\dot{I}_{u1}^{(1.1)}+a^2\dot{I}_{u2}^{(1.1)}+\dot{I}_{u0}^{(1.1)}=\dot{I}_{u1}^{(1.1)}\left(a-\frac{X_{2\Sigma}+a^2X_{0\Sigma}}{X_{2\Sigma}+X_{0\Sigma}}\right)\end{aligned} \tag{4-53}$$

根据式（4－53），可得故障相电流的绝对值为

$$\dot{I}_{d}^{(1.1)} = \sqrt{3}\sqrt{1-\frac{X_{2\Sigma}X_{0\Sigma}}{(X_{2\Sigma}+X_{0\Sigma})}}\times I_{d1}^{(1.1)} \tag{4-54}$$

从短路点流入地中电流的绝对值为

$$I_{jd}^{(1.1)} = 3I_{u0}^{(1.1)} = 3I_{u1}^{(1.1)}\frac{X_{2\Sigma}}{X_{2\Sigma}+X_{0\Sigma}} \tag{4-55}$$

在短路点，电压的对称分量为

$$\dot{U}_{u1}^{(1.1)} = \dot{U}_{u2}^{(1.1)} = \dot{U}_{u0}^{(1.1)} = j\dot{I}_{u1}\frac{X_{2\Sigma}X_{0\Sigma}}{X_{2\Sigma}+X_{0\Sigma}} \tag{4-56}$$

在短路点，特殊相的电压为

$$\dot{U}_{u}^{(1.1)} = \dot{U}_{u1}^{(1.1)}+\dot{U}_{u2}^{(1.1)}+\dot{U}_{u0}^{(1.1)} = 3\dot{U}_{u1}^{(1.1)} \tag{4-57}$$

由以上分析所得结果，可作出两相接地短路时，短路点的电压和电流的相量图，如图 4－31 所示。

（四）不对称短路时短路点短路电流的一般计算公式

1. 根据前面分析可知，各种不同类型的不对称短路时计算正序分量的一般公式为

$$\dot{I}_{u1}^{(n)} = \frac{\dot{E}_{u\Sigma}}{j\left(X_{1\Sigma}+X_{\Delta}^{(n)}\right)} \tag{4-58}$$

式中 $X_{\Delta}^{(n)}$——接入正序网络的附加电抗，其值的大小与短路的类型有关，可查表 4－3。

由式（4－58）可见：任何不对称短路的正序电流，与在实际的短路点加入附加电抗 $X_{\Delta}^{(n)}$，发生三相短路时的电流值相等，且附加电抗 $X_{\Delta}^{(n)}$ 与正序网络的参数无关。这说明了一个重要的概念，即不对称短路可以转化为对称短路来计算，这就是正序等效定则。

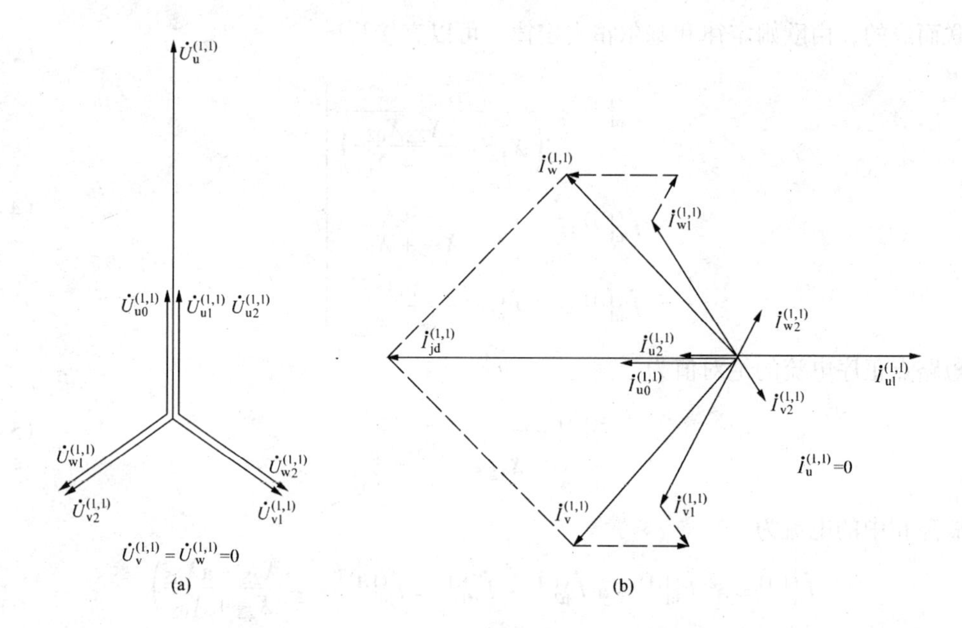

图 4－31 V、W 两相接地短路时短路点的相量图
(a) 电压相量图；(b) 电流相量图

2. 计算短路点故障相电流的一般公式

由式 (4－45)、式 (4－48)、式 (4－54) 可知，在短路点，短路电流的绝对值与相应的正序分量成一定的比例关系。因此，任何一种不对称短路，短路点短路电流的绝对值为

$$\dot{I}_{k}^{(n)}=m^{(n)}\times I_{u1}^{(n)} \tag{4-59}$$

式中 $m^{(n)}$——比例系数，可查表 4－3；

n——短路类型的代表符号。

表 4－3 各种类型短路时的 $X_{\Delta}^{(n)}$ 和 $m^{(n)}$

短路类型	短路类型代表符号	$X_{\Delta}^{(n)}$	$m^{(n)}$
三相短路	(3)	0	1
两相短路	(2)	$X_{2\Sigma}$	$\sqrt{3}$
单相接地短路	(1)	$X_{2\Sigma}+X_{0\Sigma}$	3
两相接地短路	(1.1)	$\dfrac{X_{2\Sigma}X_{0\Sigma}}{X_{2\Sigma}+X_{0\Sigma}}$	$\sqrt{3}\sqrt{1-\dfrac{X_{2\Sigma}X_{0\Sigma}}{(X_{2\Sigma}+X_{0\Sigma})^{2}}}$

【例 4－7】 如图 4－32 所示的计算电路，试求在 $k^{(1)}$发生单相短路时，流过短路点的次暂态电流。

解 取 $S_j=100\text{MV}\cdot\text{A}$，$U_j=U_{av}$

(1) 各元件序电抗标么值的计算及个序网络图

正序电抗：

发电机 $$X_1=0.125\times\frac{100}{62.5}=0.2$$

变压器

$$X_2=\frac{10.5}{100}\times\frac{100}{63}$$

$$=0.167$$

线路

$$X_3=\frac{1}{2}\times0.4\times50\times\frac{100}{115^2}$$

$$=0.076$$

正序总电抗

$$X_{1\Sigma}=0.2+0.167+0.076$$

$$=0.443$$

负序电抗：由于发电机的负序电抗与正序电抗相等，所以负序总电抗与正序总电抗相等，即

$$X_{2\Sigma}=X_{1\Sigma}=0.443$$

零序电抗：

变压器

$$X_4=X_2=0.167$$

$$X_6=\frac{10.5}{100}\times\frac{100}{31.5}=0.333$$

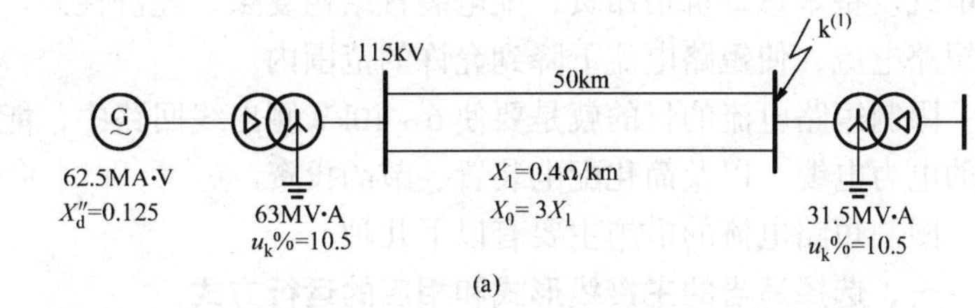

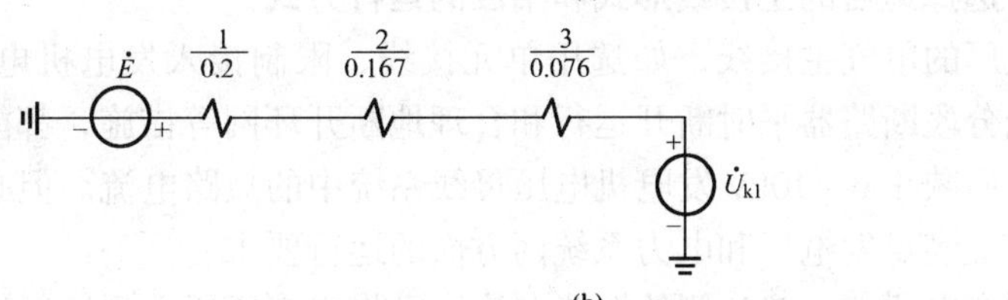

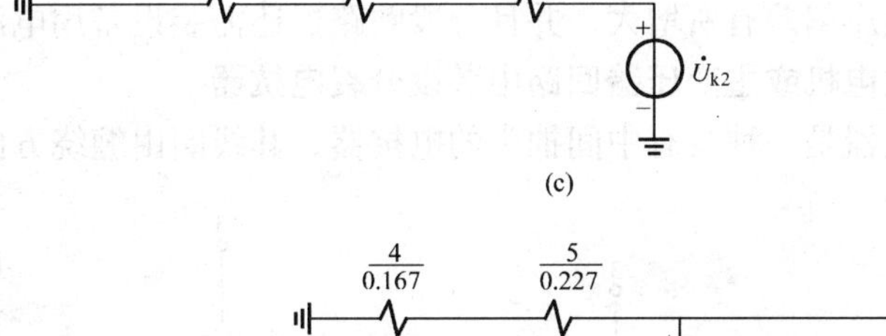

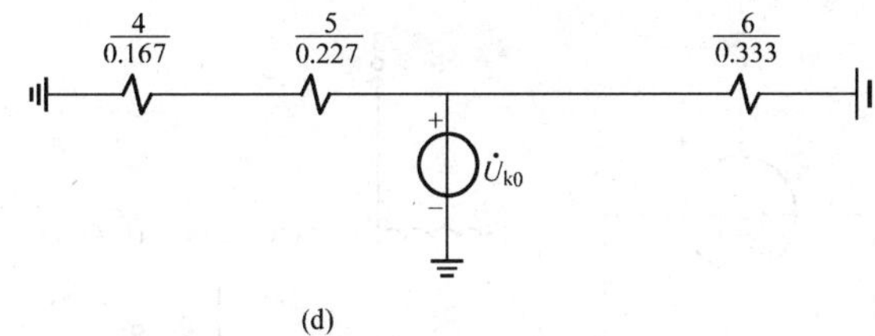

图 4－32　例 4－7 的计算电路图和各序网络图

(a) 计算电路图；(b) 正序网络图；(c) 负序网络图；(d) 零序网络图

线路 $$X_5=\frac{1}{2}\times3\times0.4\times50\times\frac{100}{115^2}=0.227$$

零序总电抗 $$X_{0\Sigma}=\frac{(0.167+0.227)\ \times0.333}{0.167+0.227+0.333}=0.18$$

(2) 于是，单相短路的次暂态短路电流为

$$I_{\mathrm{u1}}^{(1)}=\frac{1}{X_{1\Sigma}+X_{2\Sigma}+X_{0\Sigma}}=\frac{1}{0.443+0.443+0.18}=0.938\ (\mathrm{kA})$$

$$I''^{(1)}_{\mathrm{k}}=m^{(1)}I_{\mathrm{u1}}^{(1)}=3\times0.938\times\frac{100}{\sqrt{3}\times115}=1.41\ (\mathrm{kA})$$

第六节　限制短路电流的方法

发电厂变电所的设计，不仅要根据正常工作的条件如额定电压、额定电流或最大负荷电流来进行电气设备的选择，更应该考虑短路电流对电气设备的不良作用。由于电力系统中发生短路时的短路电流可能达到非常大的数值，会致使电气设备的选择发生困难，或使所选择

的电气设备笨重、价格昂贵，配电装置结构复杂、经济性差。因此，必须采取有效措施来限制短路电流，使短路电流下降到允许的范围内。

限制短路电流的目的就是要使6~10kV侧出线回路中，能选用较轻型的断路器及截面较小的电力电缆，以及简化配电装置、节约投资。

限制短路电流的措施主要有以下几种。

一、选择适当的主接线形式和相应的运行方式

发电厂的电气主接线，如选用单元接线、限制接入发电机电压母线的发电机台数和容量、母线分段断路器平时断开运行和合理地断开环网等措施，都能够有效地增大短路回路的电抗，从而减小6~10kV发电机电压母线系统中的短路电流。但必须经过仔细的经济技术分析，以保证满足发电厂和电力系统两方面的运行要求。

限制变电所6~10kV侧的短路电流，可将主变压器分列运行该方法限流作用显著，非故障母线能维持较高的电压水平。但是，如果主变压器间的负荷不平衡，可能导致电能损耗及各母线段的电压偏差有所增大，并且分段断路器还需装设备用电源自动投入装置。

二、在发电机或主变压器回路中装设分裂电抗器

分裂电抗器是一种具有中间抽头的电抗器，其线圈由缠绕方向及结构参数完全相同的两个臂连接而成，两臂绕组间不仅存在着互感耦合，而且电气上也是直接连通的，中间抽头是两臂的公共端。分裂电抗器的图形符号、一相接线及等效电路如图4-33所示。

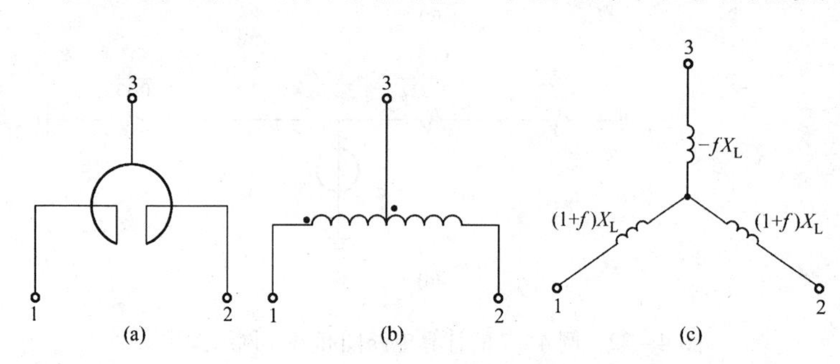

图4-33 分裂电抗器
(a)电路图形符号；(b)一相接线；(c)等效电路

分裂电抗器两臂的自感都为 L，两臂间的互感为 M，互感系数 $f=\frac{M}{L}$。f 的数值取决于电抗器的结构，一般约为0.4~0.6，当缺少资料时，可取 $f=0.5$。每臂自感抗 $x_L=\omega L$，两臂间的互感抗 $x_M=\omega M=\omega Lf=fx_L$。

根据上述参数，由图4-33（b）可知，当3端开路，自1（或2）端到2（或1）端流过电流 $\dot{I}$ 时，其电压降为

$$\dot{U}_{12}\ (\text{或}\dot{U}_{21}) = (\mathrm{j}\dot{I}x_L+\mathrm{j}\dot{I}x_M) + (\mathrm{j}\dot{I}x_L+\mathrm{j}\dot{I}x_M)$$
$$=\mathrm{j}\dot{I}(1+f)x_L+\mathrm{j}\dot{I}(1+f)x_L$$

而当2（或1）端开路，自3端到1（或2）端通过电流 $\dot{I}$ 时，其电压降为

$$\dot{U}_{31}\ (\text{或}\dot{U}_{32}) = \mathrm{j}\dot{I}x_L$$

综合以上分析，可作出分裂电抗器的等效电路如图4-33（c）所示。

在工程应用时，中间抽头通常接电源如发电机、主变压器或主母线，两臂则分别接入两个大致均衡的负荷，如图4-34（a）所示。

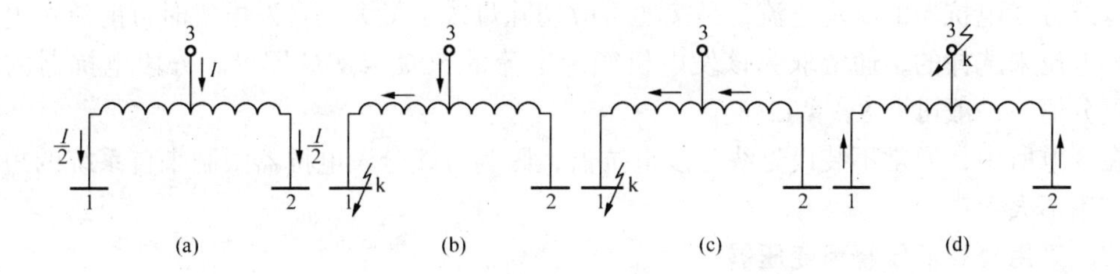

图 4－34　分裂电抗器的常见工作方式
(a) 两臂有均衡负荷；(b)3 端有电源、1 端短路；(c)3 端无电源、1 端短路；(d)1 端和 2 端有电源、3 端短路

此时，若从电源流入分裂电抗器中间抽头的电流为 I，两臂电流为$\frac{I}{2}$。每臂的自感抗为 x_L，互感系数 $f=0.5$，则可根据图 4－33（c）所示的等效电路求出相应的电压降为

$$U_{31}\text{（或 }U_{32}\text{）}=-Ifx_L+\frac{I}{2}(1+f)x_L=\frac{1}{4}Ix_L$$

可见，正常工作时，分裂电抗器自感抗为 x_L 的每个臂中的电压损失，只相当于电抗为 x_L 的普通电抗器的$\frac{1}{4}$。

但若 3 端接电源，1 端与 2 端为负荷时，当 1（或 2）端短路时，如图 4－34（b）所示，3 端和 1（或 3 端和 2）端间的等值电抗则为

$$(1+0.5)x_L-0.5x_L=x_L$$

也就是此时分裂电抗器限制短路电流的等值电抗比正常工作时增大了 3 倍。

如果工作在图 4－34（c）所示的 3 端无电源、2（或 1）端有电源、1（或 2）端短路的情况下，分裂电抗器短路等值电抗将增大为

$$2(1+0.5)x_L=3x_L$$

如果工作在图 4－34（d）所示的 1、2 端有电源、3 端短路的情况下，分裂电抗器短路等值电抗则为：

$$\frac{(1+0.5)x_L}{2}-0.5x_L=\frac{x_L}{4}$$

由以上分析可知：分裂电抗器的短路等值电抗与每臂自感电抗间的关系，与分裂电抗器的接线方式及短路点的位置有关。与普通电抗器相比，分裂电抗器的突出优点是正常工作时的电压损失比普通电抗器小，短路时的限制短路电流的作用比普通电抗器大。分裂电抗器的最大缺点是：若一臂负荷变动过大时，另一臂将产生较大的电压波动；当一臂短路而另一臂同时有负荷时，由于互感电势的作用，有负荷的一臂将产生感应过电压，但若取 $x_L=8\%\sim10\%$、$f=0.5$，则此过电压值将不会太大。

三、装设母线分段电抗器

如图 4－17 所示，在 6～10kV 侧母线各分段之间装设分段电抗器。当任一母线段上发生短路时，由其他分段上的发电机及系统提供的短路电流，都会受到分段电抗器的限制。当任一出线上发生短路时，分段电抗器同样也能限制短路电流。但由于分段电抗器的额定电流较大，相同额定电抗百分值下的电抗值较小，分段电抗器限制短路电流的作用就不如出线电抗器的大。

母线分段电抗器的额定电流，是按照事故切除母线上最大一台发电机时可能流过电抗器的最大电流来选择的，通常取为该发电机额定电流的50%～80%即可。分段电抗器的额定电抗百分值，一般可取8%～12%。

在变电所中，通常不装设母线分段电抗器，因为母线分段电抗器限制来自系统的短路电流的作用不大。

四、采用分裂低压绕组变压器

分裂低压绕组变压器，是一种将低压侧绕组分裂成容量相同的两个绕组的变压器，其电路图形符号及等效电路如图4－35所示。图中，x_1 为高压侧绕组电抗，数值很小；x'_2 及 x''_2 分别为两个低压侧分裂绕组的电抗，数值较大。

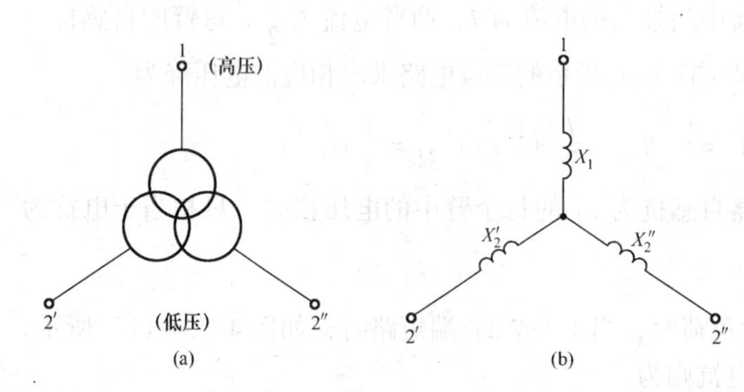

图4－35 分裂低压绕组变压器
(a) 电路图形符号；(b) 等效电路

与分裂电抗器作相似的分析可知，分裂低压绕组变压器正常工作时，高压绕组与低压绕组之间总的等值电抗为

$$x_{1-2}=x_1+\frac{x'_2}{2}=\frac{x'_2}{2}$$

高压侧有电源，低压侧一端短路时，短路等值电抗为

$$x_{1-2'}=x_1+x'_2\approx 2x_{1-2}$$

高压侧开路，低压侧两端有电源、一端短路时，两个分裂低压侧绕组之间的短路等值阻抗为

$$x_{2'-2''}=x'_2+x''_2=2x'_2=4x_{1-2}$$

可见，与普通变压器相比，在容量、电抗相同的情况下，分裂变压器的低压侧短路电流，可大约分别减少为普通变压器的1/2～1/4。

在大型发电厂中，通常采用分裂变压器作为厂用变压器以限制厂用电回路的短路电流，也可用来与两台发电机接成扩大的单元接线，以限制发电机电压侧的短路电流。

五、装设出线电抗器

在6～10kV出线中装设电抗器，可以显著减小其所在回路中的短路电流。但是，由于出线回路数一般较多，所需的出线电抗器也较多，会使得整个配电装置的结构趋于复杂，加大材料的消耗，投资与运行费用也相应增加。故只在采用前述各方法还不能把短路电流限制到预期数值时，才考虑装设出线电抗器。

出线电抗器的额定电流一般都较小，多为300～600A，额定电抗百分值通常选为3%～6%，以免造成正常运行时的电压损失过大。

小 结

短路是电力系统中常见的一种现象。了解、分析、计算、研究短路现象，对一次系统的安全运行、二次系统的可靠工作具有重要的意义。本单元在介绍短路的概念、种类、危害以及防止和减少短路的基础上，重点讲述了短路电流的计算。

短路，简单地说就是电力系统中带电部分与大地之间以及不同相之间的短接。在三相系统中一般分为三相短路、两相短路、单相短路（或称单相接地短路）、两相接地短路。短路发生时，巨大的短路电流将产生热效应和电动力效应，可能损坏电气设备，严重威胁电力系统的安全运行。故此必须采取措施进行预防。这就要求不断提高运行人员的素质，严格遵守各项规章制度，同时要不断改进电气设备的性能，增加必要的设备（如电抗器等）以及合理选择系统的运行方式，在短路发生时能将短路电流影响限制在最小的范围内。

短路电流的计算有有名值和标么值两种方法，但计算步骤基本相同，即首先绘制计算电路图，然后将各元件依次编号，并计算各元件等值电抗，再根据短路点绘出等效电路，将电路简化，最后求出等效总阻抗以及短路电流。

无限大容量电源供电电源内的短路，通过分析短路电流波形的变化，得出了短路电流周期分量、非周期分量、冲击短路电流的计算公式及母线剩余电压的计算方法。短路电流周期分量的幅值是恒定不变的。

有限容量电源系统发生短路时，短路电流中也包含有周期分量和非周期分量，但周期分量的幅值是变化的。

利用运算曲线可以计算暂态过程中任一时刻的短路电流周期分量的有效值。对于多电源系统利用运算曲线计算短路电流有同一变化法和个别变化法来计算，含有无限大容量电源的系统必须采用个别变化法。

当系统发生不对称短路时，可以采用对称分量法进行分析，也可以利用三相短路电流计算的结果，引入相关的系数得出不对称短路时短路电流的大小，这就是正序等效定则法。

为了限制短路电流，可采用适宜的主接线及运行方式，也可以采用出线电抗器、分段电抗器、分裂电抗器和分裂绕组变压器等。

习 题

4-1 什么是电力系统的短路？一般有哪些类型？哪些是对称短路？哪些不是对称短路？

4-2 电力系统发生短路有哪些危害？应如何防止和减少其危害？

4-3 计算短路电流的目的是什么？

4-4 什么是计算短路电流的有名值法？什么是标么值法？它们各有哪些特点？

4-5 计算短路电流的一般步骤是什么？

4-6 如何理解无限大容量电源供电系统？

4-7 无限大容量电源供电系统中发生短路时，短路电流如何变化？

4-8 什么是短路电流的周期分量、非周期分量、短路冲击电流和母线剩余电压？

4-9 地区变电所通过一条5km的35kV架空线路供电给某厂专用变电所，该所装有两台并列运行的SJL1—4000/35型变压器（$u_k\%=7$），出口断路器的断路容量为200MV·A，试求该厂专用变35kV侧和10kV侧短路电流周期分量、$t=0$时的非周期分量、冲击短路电流的最大值和有效值。

4-10 如图4-36所示计算电路图，试计算当k发生两相短路时，$t=0.6$S时的短路电流。发电机的负序电抗与正序电抗相等。

4-11 限制短路电流的方法有哪些？

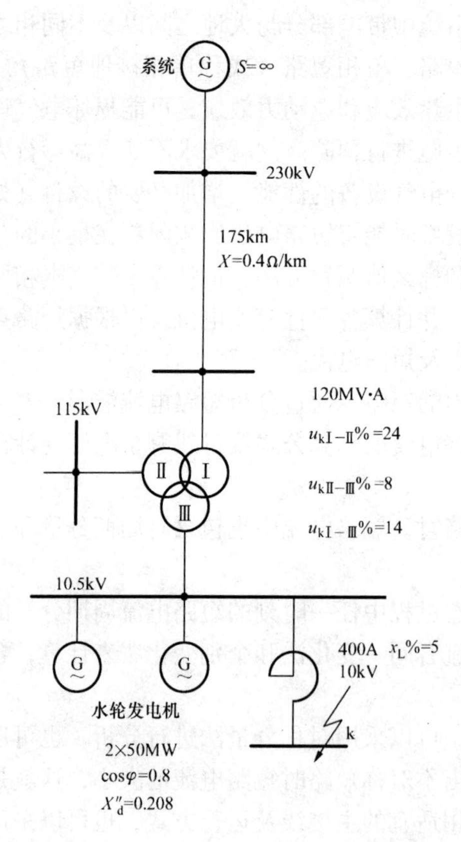

图4-36 习题4-10用图

第五章 电弧的基本理论

用断路器等开关设备切断电流时，在开关触头之间通常会出现电弧，电流通过触头间的电弧继续流通，一直到电弧熄灭后，电路才真正被切断。由于电弧的温度极高，可能对断路器等开关设备的触头及触头附近的其他部件有一定的破坏性。

第一节 电弧的产生及危害

电弧是一种气体放电，也是气体导电现象。

一、电弧的产生

在开关断开过程中，由于动触头的运动，使触头间的接触面积减小，电流密度增大，接触电阻增大，因而触头温度急剧升高，为电子发射创造了条件；同时，由于触头刚分离时，触头间的间隙极小，触头间的电压很低，只有几百伏甚至几十伏，但是电场强度却很大。由于上述两方面的原因，阴极表面有可能向外发射电子，这种现象称热电子发射或强电场发射。

在强电场与热发射的共同作用下间隙出现自由电子，自由电子在电场力的作用下，加速飞奔阳极。具有一定动能的电子碰撞中性质点，如果电场强度足够强，电子所受的力足够大，且两次碰撞间的自由行程足够长，电子积累的能量足够多，这个电子会将中性质点中的电子碰撞出来，这种在电场力作用下的电子碰撞中性质点，使它分裂成自由电子和正离子的现象称作碰撞游离。由于碰撞游离的连锁反应，自由电子成倍地增加（正离子亦随增加），大量的电子奔向阳极，大量的正离子向负极运动，触头间充满了电子和正离子，使触头间隙有很大的电导，间隙成了电流的通道，通常被认为是绝缘的间隙此刻被击穿了，形成了电弧。实际上由于电场力大小不同，中性质点的密度（影响碰撞的加速自由行程及碰撞机率）不同，能量不够大的自由电子，有的经过二次碰撞才游离，而且在游离的同时就不可避免地存在着去游离，即带电质点消失。

电弧形成后，弧隙的温度极高，处于高温下的中性质点由于高温而产生强烈的热运动。它们之间不断碰撞，又可能发生游离现象，这种因热运动而引起的游离称为热游离，热游离也产生大量的带电粒子，因此电弧形成后维持电弧稳定燃烧的电压不需要很高，此时电弧电压很低，弧柱的电场强度也很低。电弧的维持和发展是由热游离决定的。如果触头周围的介质是液体，如断路器中的油，则在触头分离时液体由于热而气化，然后形成电弧。

在电弧中，实际上同时存在游离和去游离。带电粒子消失的相反过程称为去游离。如果游离大于去游离，则带电质点不断增加，这就是以上分析的电弧产生发展的过程；如果去游离大于游离，则带电质点愈来愈少，最后间隙恢复成绝缘介质，电弧熄灭。在稳定燃烧的电弧中这两个过程处于动态平衡状态。

二、电弧的危害

开关电器中出现电弧是个有害现象。

电弧是一种明亮的气体放电，弧柱的温度可达5000K以上，这样的高温足以使金属触头熔化蒸发，可能烧坏触头及触头附近的其他部件。如果电弧长久不能熄灭，必然破坏开关设备，将引起电气设备被烧毁或爆炸，如长期不能切断故障部分，还将危及整个系统的安全发供电，危及电力系统的安全运行，造成生命财产的极大损失。

第二节 直流电弧的特性及熄灭

一、直流电弧的特性

直流电路中产生的电弧，称为直流电弧。直流电弧的特性可用沿电弧的电压分布和伏安特性来表明。

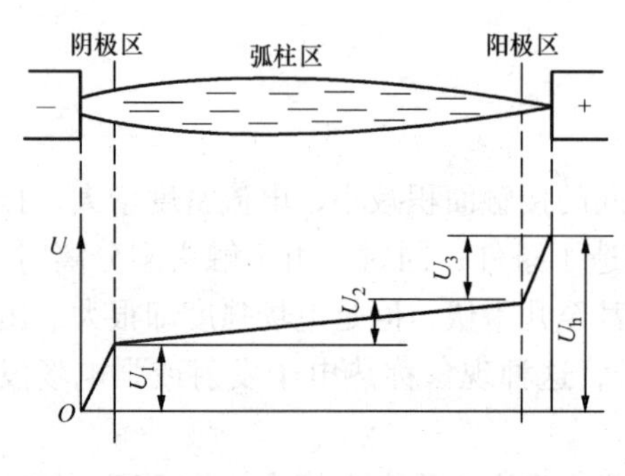

图5-1 电弧电压沿弧长的分布

1. 沿电弧的电压分布

电弧形成后，维持电弧燃烧的电压称为电弧电压 U_h。电弧沿全长可分为三个部分，即阴极区、弧柱区和阳柱区。如图5-1所示，其中电弧电压是由阴极电压降 U_1、弧柱电压降 U_2 和阳极电压降 U_3 三部分组成，即电弧电压 $U_h = U_1 + U_2 + U_3$。

1）阴极区。产生阴极电压降的阴极区域的长度很小，约为 10^{-4}cm 左右。电极间电弧形成后，游离产生的电子和正离子，分别奔向阳极和阴极，在阴极附近积聚的大量的正离子，即有大量正的空间电荷。正电荷周围的电场对阴极一侧的电场起加强作用，因此在阴极压降区内电场很强，电位梯度高，形成阴极电压降。阴极电压降的数值不随电弧电流而改变，但与阴极材料和气体介质有关，一般为10～20V。同时由于大量的正离子轰击阴极出现金属熔化和极面金属喷散现象。

2）弧柱区。弧柱区与阴极区不同，区内温度极高，形成强烈的热游离，出现导电性良好的等离子区。弧柱上的电压与电流的大小、弧隙的长短，特别是介质及其状态（如介质的电导系数、介质的压力、介质的流动方式及流速等）有关。在电弧稳定燃烧的条件下，如果电弧周围介质情况不变，当电弧电流增大时，弧柱内部热游离加强，带电粒子的密度剧增，弧柱的电阻下降，则弧柱电压下降。当弧长不变时，弧柱电压随电弧电流的增加而减小，若弧长增加，弧柱电压也增加，弧柱电压降与弧长成正比。

3）阳极区。阳极区只有接受电子的能力，没有发射电子的能力，因而在阳极区内积聚了大量的带负电的电子。阳极内温度比阴极区内的温度低，极面不易损坏。同时阳极电压比阴极电压低，而且随电流变化，当电流很大时，阳极区电压降很小。

2. 直流电弧的伏安特性

当其他条件不变时，电弧电压随电弧中的电流而变化的曲线，称为伏安特性。测定直流电弧伏安特性的等值电路，如图5-2所示。当电源是直流时，对应的伏安特性即为直流电弧的伏安特性，如图5-3所示。当电弧电流由小变大时，直流电弧的伏安特性如图5-3中的曲线1所示，曲线1是在电流变化很慢、曲线上的每一点的游离已达到平衡的稳定燃烧条件下得到的（即去游离等于游离），故称为静态特性曲线。若电流从a点很快增大，以致游离作用的增强迟于电流的变化，则得到高于曲线 1 的曲线 2。若电流从 b 点很快减小，以致去游离作用的增强迟于电流的变化，则得到低于曲线 1 的曲线 3。其中曲线 2 和曲线 3 称为动态特性，它们的变化随电流变化速度而不同。电流变化越快，越偏离曲线 1。

二、直流电弧的熄灭

从图 5－2 等值电路可知，当电弧稳定燃烧时，电流大小不变，电感上的电压降为零，电源加在弧隙上的电压 $U-IR$ 恰好等于电弧稳定燃烧所需要的电弧电压 U_h。当电源加在弧隙上的电压 $U-IR$ 小于电弧稳定燃烧所需要的电弧电压 U_h 时，电弧将熄灭，即直流电弧的熄灭条件是

$$U-IR<U_h \tag{5-1}$$

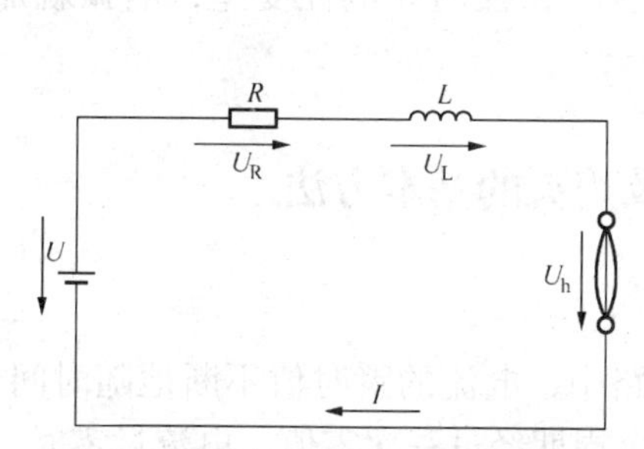

图 5－2　具有直流电弧的等值电路

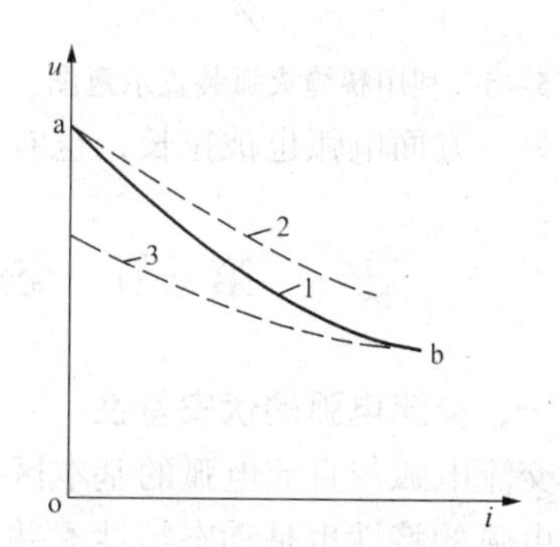

图 5－3　直流电弧的伏安特性

式（5－1）的物理意义是：当电源电压减去线路压降后的电压小于电弧电压降，则电弧无法维持燃烧而自行熄灭。

因此，为使直流电弧熄灭可从两方面考虑，一是降低加在弧隙上的电压，二是提高电弧电压。

常见的直流电弧熄灭方法有以下几种。

1. 利用短弧原理，将长电弧分割为若干个短电弧，加速电弧的熄灭

由沿电弧的电压分布可知，要使电弧稳定燃烧，外加电压必须大于阴极和阴极电压降之和。因此，可利用许多平行排列的金属片把长电弧分割成一系列的短电弧，如图 5－4 所示，因为每一个短电弧都有一个独立的阴极和阳极电压降，总的弧电压便大大增加。如果选择金属片的数目，使加到开关触头间的电压小于所有短电弧电极电压降的总和时，电弧便迅速熄灭。

2. 增大弧柱的长度

因为弧柱电压降与电弧长度成正比。电弧长度增加，电弧电压降也增加，因此当电弧长度增加到电弧电压大于外加电压时，电弧熄灭。增加电弧长度的方法有：

（1）不断增大触头间的距离。开关触头开始分离，随着触头间的距离不断增大，电弧长度随之增加。当触头间的距离到一定程度时，电弧电压大于外加电压时，电弧将熄灭。

（2）利用磁场横吹电弧。利用导电回路自身的

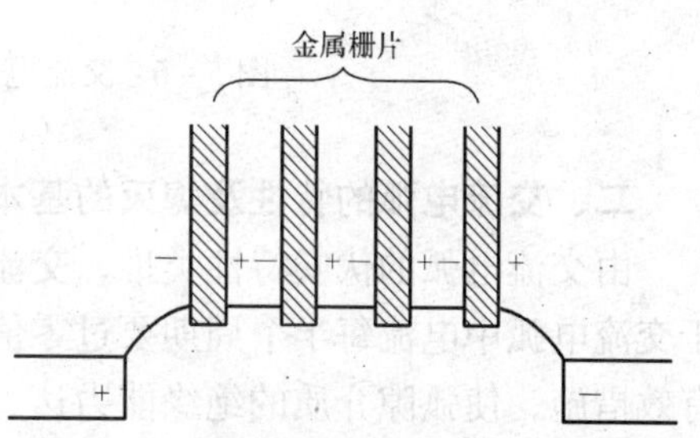

图 5－4　将长电弧分割成若干个短电弧

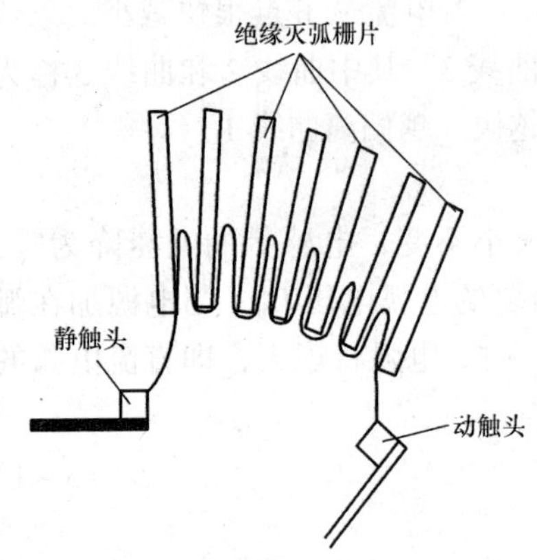

图 5－5 利用狭缝灭弧装置示意图

磁场或外加磁场，使电弧电流在磁场中受电动力而横向拉长电弧，熄灭电弧。

3. 增大回路电阻

增大回路电阻，在电源电压 U 为一定值时，作用于弧隙上的电压减小，电弧就容易熄灭。

4. 利用狭缝灭弧装置

直流电弧的熄灭也常采用狭缝灭弧，这种装置的灭弧片是由石棉水泥或陶土制成的。如图 5－5 所示，将电弧吹入狭缝中，一方面电弧与温度较低的固体介质紧密接触，带电粒子在固体介质表面的复合加速，去游离加强，带电粒子减少，弧柱的导电性变差，电弧就加快熄灭；另一方面电弧也被拉长，也有利于熄弧。

第三节 交流电弧的特性及熄灭的基本方法

一、交流电弧的伏安特性

交流电弧与直流电弧的基本区别，在于交流电路中，电流的瞬时值不断地随时间变化。因此电弧的特性也是动态特性，并且交流电流每半个周期经过一次零值。电流过零时，电弧便自动熄灭。如果电弧是稳定燃烧的，则电弧电流过零熄灭后，在另半周又会重新燃烧。

当电弧电流按正弦波变化时，波形如图 5－6（b）中曲线 i 所示。电弧在稳定燃烧情况下，如果弧长不变，而且介质对电弧的冷却作用不太强烈，则电弧电压的波形如图 5－6（b）中曲线 u 所示。而伏安特性如图 5－6（a）所示，曲线上的箭头表示电流变化的方向。其中 A 点称为燃弧电压，C 点称为熄弧电压，熄弧电压低于燃弧电压。

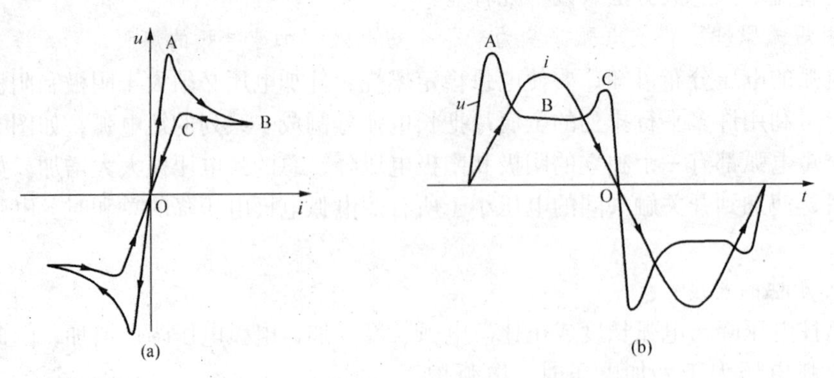

图 5－6 交流电弧的伏安特性及电压、电流波形图

（a）伏安特性；（b）波形图

二、交流电弧的特性及熄灭的基本方法

由交流电弧的伏安特性类推，交流电弧的燃烧过程与直流电弧燃烧过程的基本区别，在于交流电弧中电流每半个周期要过零值一次，此时电弧暂时熄灭。如果在电流过零时，采取有效措施，使弧隙介质的绝缘能力达到不会被弧隙外加电压击穿的程度，则电弧就不会重燃而最终熄灭。

弧隙介质绝缘能力或介质强度（以能耐受的电压 u_j 表示），要恢复到正常情况，需要有一个过程，称为介质强度的恢复过程。介质强度的恢复速度与冷却条件、电流大小、介质性质和状态因素有关。

而加在弧隙上的电压，由电弧熄灭时的熄弧电压逐渐恢复到电源电压，也有一个过程，称为弧隙电压的恢复过程。电弧熄灭后，弧隙上的电压称为恢复电压 u_{hf}。高压断路器在开断短路故障时，触头间的工频恢复电压大小与电源中性点接地方式、短路种类、电路性质等有关。

为了使电流过零值后电弧熄灭不发生重燃，就必须使介质强度的恢复速度始终大于弧隙电压的恢复速度。当如图 5－7（b）所示情况时，电弧则熄灭；否则，当如图 5－7（a）所示情况时，在曲线交点 1 处电弧则重燃。加强弧隙的去游离使介质强度恢复速度加大，或减小弧隙上的电压恢复速率，都可以促使电弧熄灭。为此，现代开关电器中广泛采用的灭弧方法，归纳起来有下列几种。

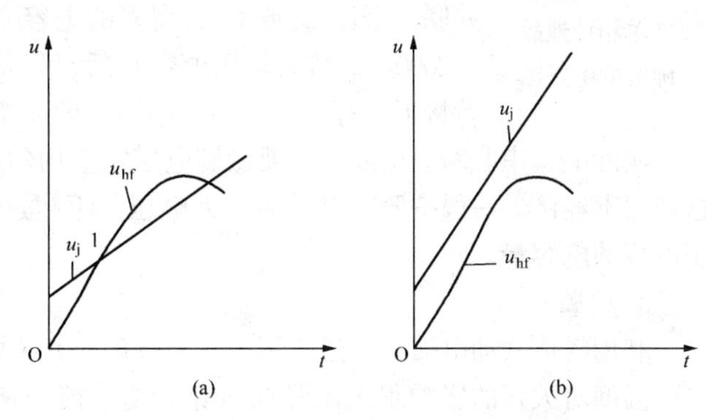

图 5－7 交流电弧在过零值后的重燃和熄灭

（a）重燃；（b）熄灭

1. 加装并联电阻

断路器断口上加装并联电阻的示意电路图，如图 5－8 所示。断路器每相有两对触头，一对为主触头 D1，另一对为辅助触头 D2，低值电阻 R 并联在主触头 D1 上。当断路器在合闸位置时，主触头和辅助触头都闭合。当断开电路时，主触头 D1 先断开，并联电阻 R 在主触头断开过程中起分流作用，R 值愈小，分流作用愈大，对主触头的灭弧也就愈有利。

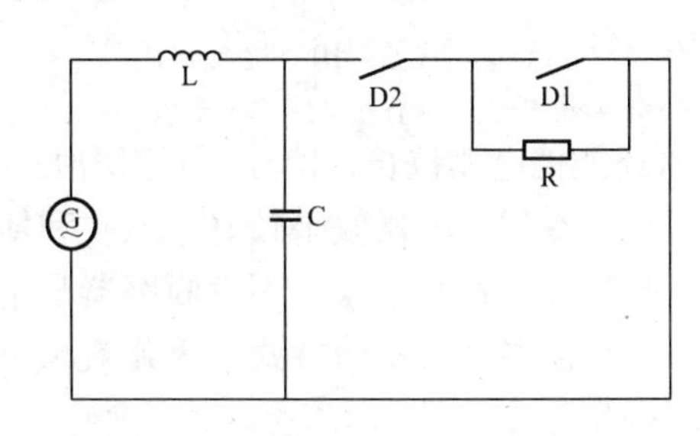

图 5－8 带有并联电阻的断路器断开短路故障时的电路图

主触头的电弧熄灭后，并联电阻 R 与电源 G、电感 L 及辅助触头 D2 形成串联电路。由于增加了电路的电阻，D2 的恢复电压数值上升速率也相应降低，从而可使辅助触头间的电弧容易熄灭。同时，电阻 R 对电路的振荡过程起阻尼作用，限制了过电压的产生。

并联电阻值的大小，对主触头来说，要求 R 愈小愈好；但对辅助触头来说，则要求 R 愈大愈好。一般电阻 R 值按设计要求并通过试验选取。并联电阻根据阻值的大小可分为两类：并联低值电阻（几欧～几十欧）用于熄弧；并联中值电阻（几百欧～几千欧）用于限制过电压值。

2. 用多断口熄弧

这种方法广泛用在高压断路器中。

高压断路器常采用每相有两个或更多个串联的断口，如图 5－9 所示的双断口的灭弧方式。采用双断口是把电弧分割成二个弧段，在相等的触头行程下，双断口比单断口的电弧拉长了，从而增大了弧隙电阻，使电弧被拉长的速度也增加了，而且加速了弧隙电阻的增大，

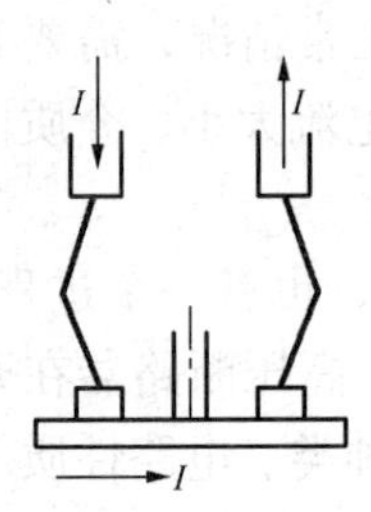

图 5－9 断路器开断单相接地故障时的电路图

同时也提高了介质强度的恢复速率。它比单断口具有更好的灭弧性能，便于采用积木式结构（往往用于110kV及其以上电压等级的断路器）。在双断口中由于加在每个断口上的电压降低了，使弧隙的恢复电压也降低了，因此其灭弧性能更好。

采用多断口的结构后，每一个断口在开断时电压分布不均匀，第一个灭弧室的工作条件显然比第二个灭弧室要严重得多。为使两个灭弧室的工作条件相接近，通常采用断口并联电容的方法。一般在每个灭弧室的外边并联一个比 C_d 或 C_0 大得多的电容 C，称为均压电容，其容量一般为 1000～2000pF。接有均压电容 C 后，只要电容量足够大，两断口上的电压分布就接近相等了，提高了断路器的灭弧能力。

实际上，串联断口增加后，要做到电压完全均匀分配，必须装设容量很大的均压电容，这样很不经济。一般按照断口间的最大电压，不超过均匀分配电压值10%的要求来选择均压电容的电容量。

3. 吹弧

利用气体吹动电弧，广泛应用于各种电压的开关电器，特别是高压断路器中。

温度对灭弧的影响很大。降低弧隙温度便能加速去游离，而且介质的绝缘强度随温度的降低而增加。介质强度恢复的快慢，在很大程度上决定于弧隙温度降低的速率。所以，冷却电弧是熄灭电弧的重要方法之一。用气体或液体介质吹弧，取代原弧隙中游离气体或高温气体的作用，可使离子扩散、减少，去游离加强。加速离子扩散是熄灭电弧的另一个重要方法之一。

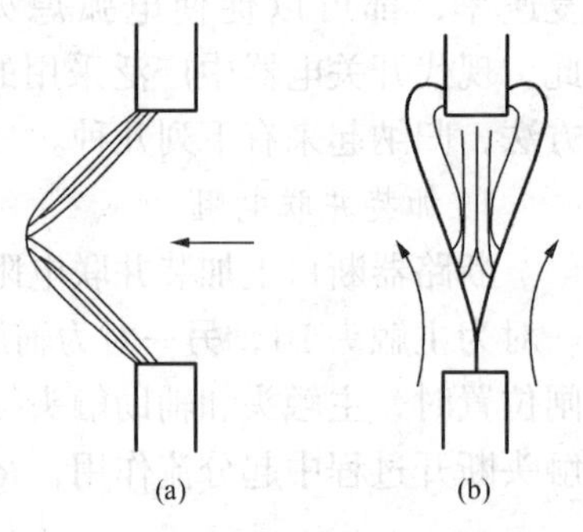

图 5－10 吹弧方式
(a) 横吹；(b) 纵吹

在断路器中，常制成各种形式的灭弧室，使气体或液体产生较高的压力，有力地吹向电弧。吹动电弧的方式有纵吹和横吹，如图 5－10 所示。纵吹主要是使电弧冷却变细，加大介质压强，加强去游离，使电弧熄灭。而横吹还能把电弧拉长，使其表面积增大并加强冷却，灭弧效果较好。纵吹和横吹的方式各有特点，不少断路器是采用纵横混合吹弧的方式，灭弧效果更好。

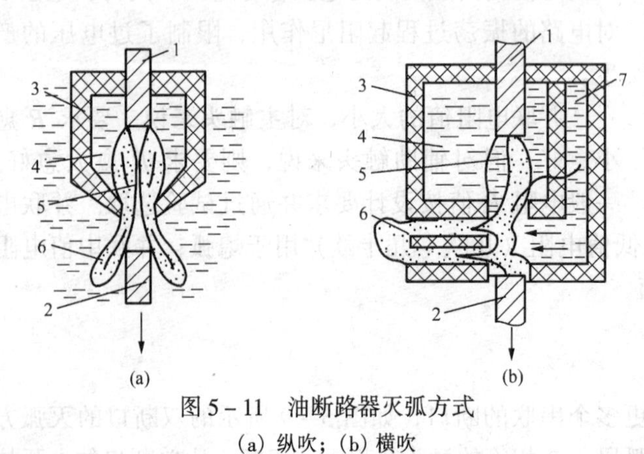

图 5－11 油断路器灭弧方式
(a) 纵吹；(b) 横吹
1—静触头；2—动触头；3—灭弧室；4—油；
5—电弧；6—气泡；7—空气垫

六氟化硫（SF_6）断路器是用 SF_6 压缩气体来吹弧。一般采用纵吹方式。由于 SF_6 气体具有较高的介电强度和较强的灭弧性能，所以气体压力可较低。纵吹灭弧室可分为单向和双向两种，双向纵吹的熄弧能力较强，能开断较大电流，但单向纵吹式的结构比较简单。

油断路器利用变压器油作为灭弧

介质，它的灭弧方式如图 5－11 所示。电弧在油中燃烧，由于电弧的温度很高，所以在电弧周围的油被加热，分解出大量气体，但是气体的体积因受到周围灭弧室的限制，所以使气体的压力增大。当触头逐步分离时，气体从喷口喷出，对电弧进行强烈的吹动。在灭弧室内预先设计好吹弧方向，形成纵吹，如图 5－11（a）所示；或横吹，如图 5－11（b）所示。在横吹灭弧室内设有空气垫，起着调节灭弧室的压力和贮存气压的作用。当电流在峰值时，灭弧室内压力大，原已贮存在空气垫内的气体受压缩，起贮能作用。当电流过零时，利用贮在气垫内的高压气体把油和气吹向电弧，进行吹弧。采用这种方法，利用电弧本身的能量，产生高气压，实现强烈吹弧，以提高熄弧能力。

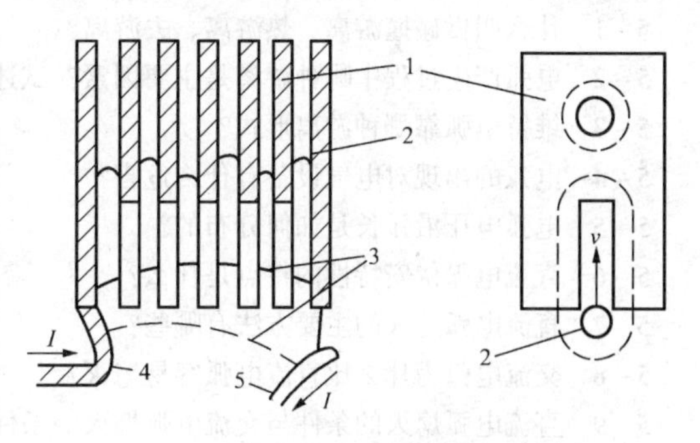

图 5－12 电弧在灭弧栅内熄灭
1—灭弧栅片；2—灭弧；3—灭弧移动；4—静触头；5—动触头

4. 利用狭缝灭弧装置

这种灭弧装置的构造原理如图 5－12 所示。灭弧室内装有很多有钢板冲成的金属灭弧栅片，栅片为铁磁性材料。当触头间发生电弧后，由于电弧电流产生的磁场与铁磁物质间产生的相互作用力，把电弧吸引到栅片内，将长弧分割成一串短弧。当电弧过零时，由于阴极效应使每个短弧的阴极附近立即出现 150～250V 的介质强度。如果作用于触头间的电压小于各个间隙介质强度的总和时，电弧必将熄灭。

小 结

在开关触头分开时，几乎不可避免地出现电弧。开关切断短路电流是开关最艰难的任务。熄灭电弧能力的强弱，灭弧时间的长短，对开关电器的特性影响极大，所以电弧理论是开关电器中基本理论之一。

电弧是一种气体放电现象，它的形成主要靠碰撞游离。游离的主要形式是热游离，热游离是维持电弧的主要因素。电弧是否能存在，取决于游离与去游离二个矛盾因素的对比，若游离大于去游离，带电粒子增加，电弧不断发展；若二者相等，相对平衡，则电弧稳定燃烧；若去游离大于游离，带电粒子不断减少，电弧趋向熄灭。

稳定的直流电弧可分阴极区、弧柱区和阳极区三部分，且各有其特点。熄灭直流电弧的基本方法有利用短弧原理，即将长电弧分割为若干个短电弧、增大弧柱的长度、利用狭缝灭弧装置等方法。

交流电弧的稳定燃烧，是不断熄灭和复燃的过程。在电流为零时电弧自动熄灭，这是熄灭交流电弧的良好时机。从另一角度看，交流电弧熄灭条件也是去游离大于游离。当交流电弧自动熄灭后，是否重燃，取决于触头间隙的介质强度恢复过程与间隙的电压恢复过程之间的对比。如果弧隙电压的恢复速度慢时，交流电弧完全熄灭。

在电弧理论的指导下，开关的灭弧装置不断改进，灭弧性能不断提高，使开关的开断容量不断增大。现代交流开关电器中，都是采用尽快恢复弧隙绝缘强度和抑止弧隙恢复电压的方法来熄灭电弧的。

习　题

5-1　什么叫做碰撞游离、热游离、去游离？

5-2　电弧产生过程中哪种游离是主要因素？试述电弧的形成过程？

5-3　维持电弧靠哪种游离形式？

5-4　电弧的出现对电气设备有什么危害？

5-5　电弧电压沿弧长是如何分布的？

5-6　直流电弧伏安特性的特点是什么？

5-7　直流电弧熄灭的主要方法有哪些？

5-8　交流电弧为什么比直流电弧容易熄灭？

5-9　直流电弧熄灭的条件与交流电弧熄灭的条件有什么不同？

5-10　什么叫介质强度的恢复过程？什么叫弧隙电压的恢复过程？

5-11　交流电弧熄灭的主要方法有哪些？

第二篇　发电厂和变电所的一次系统

发电厂和变电所从电气上可分为一次系统和二次系统。构成电能产生、输送、分配和使用装置和设备组成的系统，称为一次系统；对一次设备进行保护、监控、测量、控制装置和设备等组成的系统，称为二次系统。本篇主要介绍一次系统，包括一次设备、一次接线等。二次系统将在下一篇中介绍。

第六章

发电厂和变电所的一次设备

发电厂和变电所的一次设备，电机学中已讲述了变压器、发电机等，本章重点讲述高压开关电器、互感器和母线、绝缘子、电力电缆等设备。低压电器在用电方面使用较多，并且可以在实习中讲述，所以这里就不再赘述。

第一节　高 压 断 路 器

高压断路器是电力系统中非常重要的控制和保护设备，是用于接通或开断电路的电气设备。比如，发电厂中运行的发电机、变压器、进出线等回路，经常需要投入或退出运行，并在设备出现故障时及时切除，这些都需要高压断路器来实现。高压断路器对维持电力系统的安全、经济和可靠运行起着非常重要的作用。

一、高压断路器的用途要求和分类

1. 高压断路器的用途

高压断路器是高压电器中最重要的设备，无论在空载、负载或短路故障状态，都应可靠地工作。

高压断路器在电网中起两方面的作用。一是控制作用，即根据电网运行的需要，将部分电气设备或线路投入或退出运行；二是保护作用，即在电气设备或电力线路发生故障时，继电保护自动装置发出跳闸信号时，启动断路器跳闸，将故障设备或线路从电网中迅速切除，确保电网中无故障部分的正常运行。

2. 高压断路器的基本要求

断路器在正常工作时接通和切断负荷电流，短路时切断短路电流，并受装设地点环境变化的影响，应满足以下要求。

(1) 工作可靠。高压断路器在厂家给定的技术条件下工作时，应能够可靠地长期正常工作。

(2) 应具有足够的断路能力。由于电网发生短路时产生很大的短路电流，所以当断路器在断开电路时，要有很强的灭弧能力才能可靠断开电路，并保证具有足够的热稳定和动稳定。

(3) 具有尽可能短的切断时间。当电网发生短路故障时，要求断路器能迅速切断故障电路，可以缩短电力网的故障时间和减轻短路电流对电气设备的损害。在超高压电网中，快速切除故障还可以提高电力系统的稳定性。

(4) 实现自动重合闸。架空输电线路的短路故障，大多数是瞬时性的。为了提高供电可靠性并增强电力系统的稳定性，线路保护多采用自动重合闸方式。当发生瞬时性短路故障时，继电保护装置使断路器跳闸，经很短时间后断路器又自动重合恢复供电。

(5) 结构简单、价格低廉。在满足安全、可靠的同时，还应考虑到经济性。故要求断路器结构简单、尺寸小、重量轻、价格低廉。

3. 高压断路器的分类

高压断路器一般按灭弧介质的不同进行分类。

(1) 油断路器，指采用变压器油作灭弧介质的断路器。它又可分为多油断路器和少油断路器。多油断路器的油除了作灭弧介质和触头开断后触头之间绝缘外，还作为带电部分对地绝缘使用。少油断路器的油只作为灭弧介质和触头开断后的绝缘，而带电部分对地绝缘采用瓷件或其他介质。

(2) 压缩空气断路器（简称空气断路器），指利用压缩空气作为灭弧介质的断路器。压缩空气除了作灭弧介质外，还作为触头开断后的绝缘介质。

(3) 真空断路器，指利用真空的高介质强度来灭弧的断路器。

(4) 六氟化硫（SF_6）断路器，指利用具有优良的绝缘性能和灭弧性能的六氟化硫气体作为灭弧介质和绝缘介质。还可发展成六氟化硫组合电器。

此外，高压断路器按其安装地点的不同，分为户内式和户外式两种。

二、高压断路器的技术参数和型号含义

1. 高压断路器的技术参数

(1) 额定电压，指断路器长时间运行能承受的正常工作电压。它不仅决定了断路器的绝缘水平，而且在相当程度上决定了断路器的总体尺寸和灭弧条件。

(2) 最高工作电压，考虑输电线路有电压降，线路供电端母线电压高于受电端母线电压，使断路器可能在高于额定电压下长期工作，因此，规定了断路器有一最高工作电压。按国标，220kV 及其以下设备，其最高工作电压为额定电压的 1.15 倍；对于 330kV 及其以上设备，规定为 1.1 倍。

(3) 额定电流，指断路器在额定容量下允许长期通过的工作电流。它决定了断路器触头及导电部分的截面，并且在某种程度上也决定了它的结构。

(4) 额定开断电流，指在额定电压下，断路器能可靠切断的最大周期分量电流。它表明断路器的断路能力。当电压不等于额定电压时，断路器能可靠切断的最大电流，称为该电压下的开断电流。当电压低于额定电压时，开断电流比额定开断电流有所增大，但有一最大值，称其为极限开断电流。

(5) 额定断流容量，表明断路器的切断能力。在三相电路中，其大小等于额定电压与额定开断电流乘积的$\sqrt{3}$倍。

(6) 动稳定电流。它是断路器在合闸状态或在关合瞬间，允许通过的电流最大峰值。它

表明断路器在冲击短路电流的作用下，承受电动力的能力。其值由导电和绝缘等部件的机械强度决定。

(7) 热稳定电流，指断路器在某一规定时间范围内允许通过的最大电流。它表明断路器承受短路电流热效应的能力。

(8) 合闸时间，是指从发出合闸命令（合闸线圈通电）起至断路器接通时为止所经过的时间。

(9) 分闸时间，是指从发出分闸命令（分闸线圈通电）起至断路器开断三相电弧完全熄灭时所经过的时间。它为断路器固有分闸时间和电弧熄灭时间之和，一般为 0.06～0.12s。分闸时间小于 0.06s 的断路器，称为快速断路器。

固有分闸时间是指发出分闸命令起到灭弧触头刚刚分离时所经过的时间。灭弧时间指触头分离到各相电弧完全熄灭所经过的时间。

2. 高压断路器型号的含义

断路器型号主要由以下 7 个单元组成。

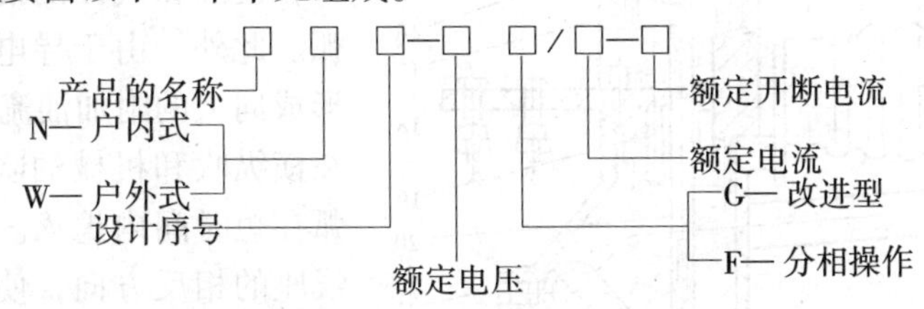

第一单元产品名称有：S—少油断路器；D—多油断路器；K—空气断路器；L—六氟化硫断路器；Z—真空断路器；Q—自产气断路器；C—磁吹断路器。

例如：型号为 SN4—20G/8000—30 的断路器，其含义表示为：少油断路器、户内式、设计序号 4，额定电压 20kV，改进型，额定电流为 8000A，额定开断电流 30kA。

三、高压断路器的基本结构和灭弧过程

从断路器的使用看，以往多采用少油断路器，现在少油断路器逐步被真空和 SF_6 断路器所代替。所以这里简单介绍少油断路器，重点讲述真空和 SF_6 断路器。

（一）少油断路器的结构和灭弧过程

少油断路器导电部分间的绝缘是空气和陶瓷绝缘材料或有机绝缘材料，它的灭弧室装在绝缘筒或不接地的金属筒中，变压器油只用作灭弧和触头间的绝缘，用油量少，体积小，重量轻，运输安装方便，有利于防火。

1. SN10—10 系列少油断路器

结构如图 6-1 所示。该系列断路器可配用 CD10 直流电磁操作机构或 CT8 型弹簧储能操作机构，也可配用其他操作机构。

SN10—10Ⅰ、Ⅱ、Ⅲ断路器的机构基本相似，由框架、传动系统和箱体三部分构成。如图 6-1 所示，框架上装有分闸弹簧 31、支持绝缘子 30、分闸限位器 28 和合闸缓冲器 25；传动系统包括主轴 27、绝缘拉杆 29 和轴承座 26；箱体的下部是基座，基座内装有转轴、拐臂和连板组成的变直机构。当断路器合分时，操作机构通过主轴 27、绝缘拉杆 29 和基座内的变直机构，使导电杆上下运动，实现断路器的合分闸。基座下部装有油缓冲器 23 和放油螺栓 24。分闸时油缓冲器起缓冲作用。导电杆的端部和静触头的弧触指 14 上均装有耐弧铜钨合金，以提高寿命和短路开断能力。箱体中间部位是灭弧室，采用纵横吹和机械油吹联合

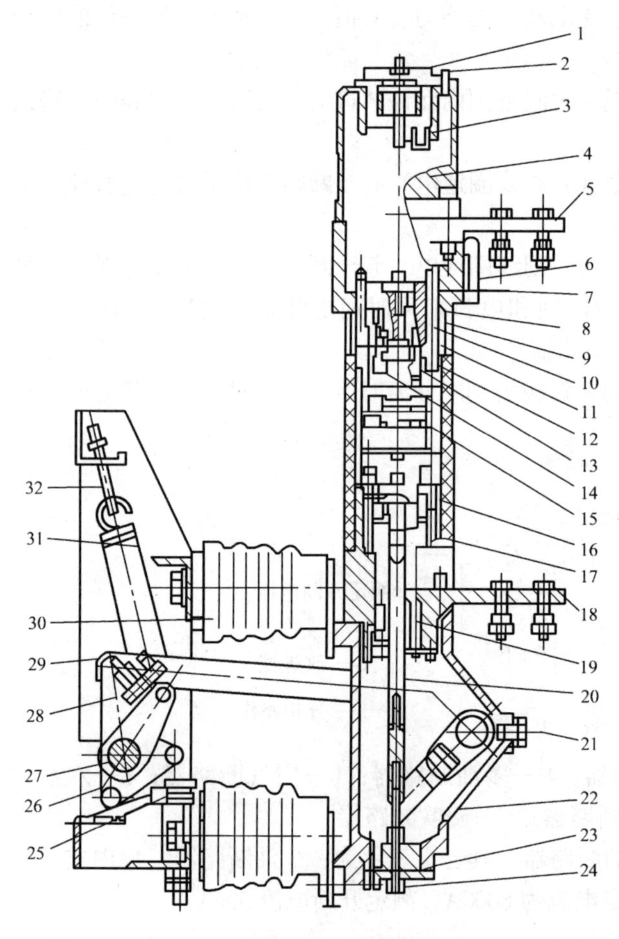

图 6-1 SN10—10Ⅰ断路器结构

1—排气孔盖；2—注油螺栓；3—回油阀；4—上帽装配；5—上接线座；6—油标指示器；7—静触座装配；8—逆止阀；9—弹簧片；10—绝缘套筒；11—上压环；12—绝缘环；13—触指；14—弧触指；15—灭弧室装配；16—下压环；17—绝缘筒装配；18—下接线座装配；19—滚动触头；20—导电杆装配；21—特殊螺栓；22—基座装配；23—油缓冲器；24—放油螺栓；25—合闸缓冲器；26—轴承座；27—主轴；28—分闸限位器；29—绝缘拉杆；30—支持绝缘子；31—分闸弹簧；32—框架装配

作用的灭弧装置，有三级横吹、一级纵吹。横吹采用了扁喷口，配合快速分闸使燃弧时间很短。

开断电流时，在动静触头分离而产生电弧的高温作用下，绝缘油被分解成气体和油蒸气，形成紧密包围电弧的气泡，并使灭弧室内压力增高，由于压力的作用，首先使静触座中心逆止阀内钢球迅速上升堵塞中心孔。电弧在密封的空间内燃烧，灭弧室内压力继续增高。随着动触头向下运动，依次打开第一、二、三横吹口和纵吹口，使油和气体的混合体强烈吹向电弧。此外，由于导电杆快速向下运动形成向上的附加油流，产生机械油吹。在横纵吹和机械油吹的作用下，使电弧在短时间内熄灭。弧触指装在上接线座的相反方向，使断路器分断电流时，在电动力的作用下，把电弧吹至弧触指上，避免烧伤主触头。从弧道排出的高压油气冲向上帽的缓冲空间并立即膨胀，并通过一个直径 3.5mm 的斜孔进入小室，并沿着小室内壁切线方向旋转，使油和气体分开，油流回箱体内，少量气体通过分离器顶盖排气孔逸出。采用这种惯性膨胀式油气分离器，油气分离效果好，排出油气少，在开断满容量的情况下油位基本不下降。

2.SW_6—220 型少油断路器

图 6-2 所示为 SW_6—220 少油断路器一相的外型及一个灭弧室的结构。

灭弧室由六块灭弧片和五块衬环相叠而成。由于衬环的作用，使灭弧片之间形成油囊。静触头空腔内装有压油活塞、弹簧及活塞杆。

分闸时，压油活塞在弹簧力的作用下，顺着动触头的移动方向而压油，绝缘油由设置好的油孔喷出。同时，动、静触头间形成电弧，使油汽化，形成气泡向上运动，导电杆向下运动。当导电杆的顶端（活动触头）遇油囊时，油被汽化，从而对电弧形成纵吹，使电弧冷却而熄灭。也恰是在分闸的一瞬，压油活塞移动形成油的有序流动，所以这种断路器既可断开小电流形成的较弱电弧，又可避免开断电容电流电弧重燃造成的过电压。

（二）真空断路器

1. 原理

在真空容器中进行电流开断与关合的电器叫真空断路器，它利用真空度为 6.6×10^{-2}Pa 以上的高真空作为内绝缘和灭弧介质。所谓真空是相对而言的，指的是绝对压力低于 1 个大气压的气体稀薄的空间。气体稀薄的程度用真空度表示。真空度就是气体的绝对压力与大气压的差值。气体的绝对压力值愈低，真空度就愈高。真空度为 6.6×10^{-2}Pa 的空间，其气体相对大气压下的空间来说比较稀薄，其绝缘强度很高，电弧很容易熄灭。真空的绝缘强度比变压器油、1 个大气压下的 SF_6 和空气的绝缘强度高的多，真空间隙的气体稀薄分子的自由行程大，发生碰撞游离的机会少。因此，真空间隙击穿产生电弧，是在触头电极蒸发出来的金属蒸汽中形成的。

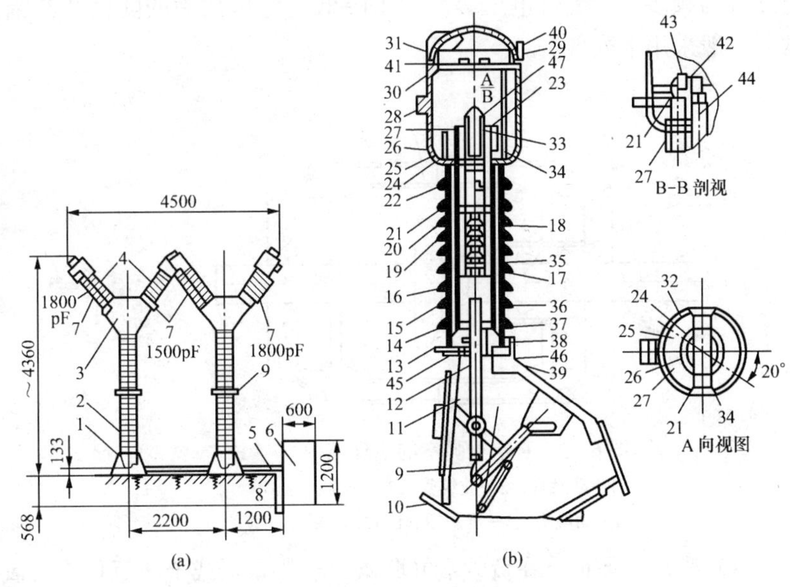

图 6-2　SW_6—220 型少油断路器

(a) 一相的外形尺寸（相间中心距离为 300mm）；(b) 灭弧室（断口）剖面图

1—座架；2—支持绝缘子；3—三角形机构箱；4—灭弧装置；5—传动拉杆；6—操动机构；7—均压电容器；8—支架；9—卡固法兰；10—直线机构；11—中间机构箱；12—导电杆；13—放油阀；14—玻璃钢筒；15—下衬筒；16—调节垫；17—灭弧片；18—衬环；19—调节垫；20—上衬筒；21—静触头；22—压油活塞；23—密封垫；24—铝压圈；25—逆止阀；26—铁压圈；27—上法兰；28—接线板；29—上盖板；30—安全阀片；31—帽盖；32—铝帽；33—铜压圈；34—通气管；35—瓷套，36—中间触头；37—毛毡垫；38—下铝法兰；39—导电板；40—M10 螺丝；41—M12 螺母；42—导向件；43—M14 螺丝；44—压油活塞弹簧；45—M12 螺丝；46—胶垫；47—压油活塞装配

2. 基本结构和灭弧过程

真空断路器的总体结构，一般分为悬臂式和落地式两种，主要由真空灭弧室、支架和操作机构三部分组成。

真空灭弧室的性能主要取决于触头材料和结构，并与屏蔽罩的结构，材质以及灭弧室的制造工艺有关。典型的真空灭弧室如图 6-3 所示，动静触头分别焊在动静导电杆上，用波纹管实现密封。动触头在机构驱动力的作用下，能在灭弧室沿轴向移动，完成分闸和合闸。

真空灭弧室的触头，一般采用磁吹对接式。如图 6-4 所示，其触头的中间是一接触面的四周开有三条螺旋槽的吹弧面，触头闭合时，只有接触面相互接触。当开断电流时，最初在接触面上产生电弧，在电弧磁场作用下，驱使电弧沿触头四周切线方向运动，即在触头外缘上不断旋转，避免了电弧固定在触头某处而烧损触头。电流过零时，电弧即熄灭。

3. 真空断路器的操作过电压

真空断路器具有较强的截流作用和很强的开断高频电流的能力，因此很容易产生截流过电压及高频多次重燃过电压等。为了降低过电压波头的陡度及其幅值，达到保护负载的目的，一般采用下列方法。

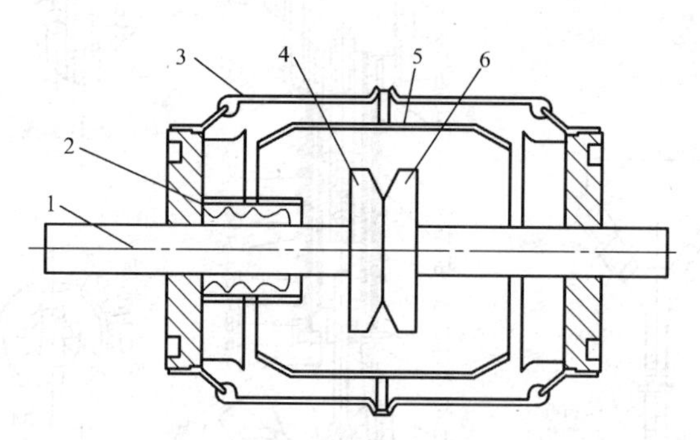

图 6-3 真空灭弧室的原理结构

1—动触杆；2—波纹管；3—外壳；
4—动触头；5—屏蔽罩；6—静触头

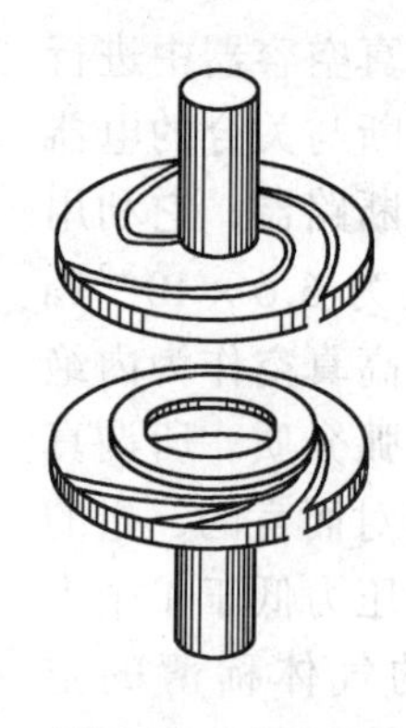

图 6-4 内螺槽触头

(1) 避雷器保护。在负载端并联碳化硅避雷器或金属氧化物（氧化锌）避雷器，当避雷器加有额定工作电压时，呈高阻状态，对地相当断路。当线路上出现过电压时，阻值迅速降低（例如氧化锌避雷器的响应时间为 μs 数量级），将产生过电压的能量泄放入地。过电压消失后，避雷器对地电流近似截止状态。这种方法多用于保护变压器，如图 6-5（a）所示。

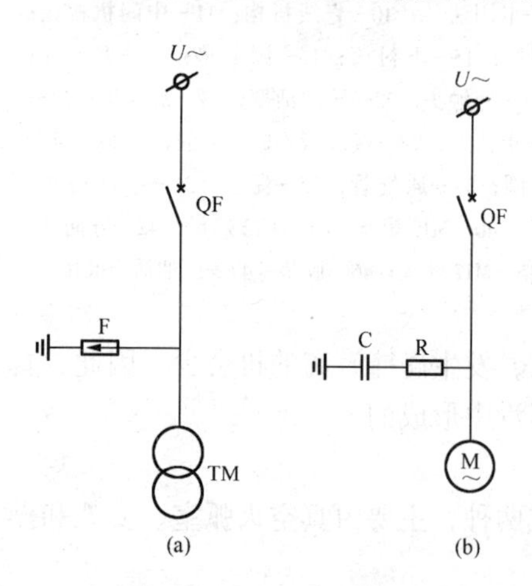

图 6-5 过电压保护方案

(a) 避雷器保护；(b) R-C 保护
M—电动机；TM—变压器；QF—断路器；F—避雷器

(2) R-C 保护。氧化锌避雷器的响应时间很短，所以能对过电压的幅值进行有效的限制，但不能降低过电压的上升陡度。而过高的电压上升速率，可能在电动机绕组中引起电压不均匀分布，从而使绕组端部的匝间绝缘被击穿（电动机绝缘水平一般远低于变压器），所以常采用 R-C 保护装置，用以保护电动机，其接线图如图 6-5（b）所示，按星形联结，中性点直接接地。

电容 C 可以限制电压的上升陡度，也可以降低过电压的幅值（能把过电压降低到 1.5 倍额定电压以下）。在高频复燃时，电阻 R 吸收负载回路中的能量，使高频振荡过程很快衰减，因而可限制电弧多次重燃所引起的过电压。C 与 R 的数值一般可选为 0.1~0.2pF 和 100~200Ω。

4. 真空断路器的优点及存在问题

利用真空灭弧是从 1893 年开始研究的，现在真空断路器已广泛用于电力、冶金、矿山及林业中。它在配电系统（35kV 及其以下）中，逐渐取代少油断路器。因为它具有以下优点：

(1) 寿命长，适于频繁操作。真空开关的触头不氧化，烧损量小，满容量开断次数可达 30 次以上，而少油断路器满容量开断最多 3 次即需检修。ZN—10 型真空断路器额定电流开断次数为 10000 次，远高于 SN10—10Ⅰ型少油断路器。

(2) 触头开距与行程小，仅为油断路器开距的1/10左右，这不仅减小了灭弧室体积，而且大大减少了操动机构的合闸功，并且分合闸速度大，操作噪声及机械振动均小。

(3) 燃弧时间短，一般不超过20ms，燃弧时间基本上不受分断电流大小和负载性质的影响。

(4) 可以无油化，防火防爆。由于触头密封在灭弧室内，灭弧过程与外界隔绝，既不受外界污秽的影响，也不污染外界。

(5) 体积小，重量轻，10kV级重量约为少油断路器的一半。

(6) 检修间隔时间长，维护方便。

真空断路器目前存在的弱点和问题有：

(1) 真空灭弧室的真空度保持和有效的指示尚待改进。在通常情况下，真空度在20年内能保持在1.3×10^{-2}Pa以上，但真空度可因某些意外（如外壳破裂、波纹管疲劳而漏气等）而降低，并且尚无很可靠的检测方法。

(2) 价格较昂贵，约为相同额定参数的少油断路器价格的4～5倍。

(3) 容易产生危险的过电压。这个问题正从改进触头材料和结构方面逐步解决。

现在，真空断路器正向更高电压及更大容量方向发展。每相采用一个灭弧室的三相交流真空断路器的额定电压和额定开断电流已达84kV、31.5kA以及13.8kV、100kA。

近年已制成额定电压80kV、额定开断电流为5000A的直流真空断路器，这对高压直流输电的发展具有重大意义。

利用真空灭弧室具有高频过零时能切断电弧的特点，结合电流转移原理组成的强电流直流高压真空断路器已用于核聚变研究装置。

(三) 六氟化硫断路器

由于输变电设备趋向高电压、大容量、高特性，用六氟化硫取代原来的油和空气作为灭弧介质及绝缘介质，具有独特的优越性，成为当前输变电设备的主要开关电器。

许多国家输电电压分别进入500kV、750kV和800kV级水平，额定开断电流达到80～100kA水平。到目前为止，SF_6断路器在不检修的满容量下连续开断80kA的次数已达20次，为SF_6断路器目前的最高水平，即可保证25年以上的不检修满容量连续开断的需要。

我国已生产的63～500kV六氟化硫断路器，额定开断电流已达50kA以上。500kV的六氟化硫全封闭式组合电器（GIS）也已在变电所挂网运行。

1. 六氟化硫的特性

(1) 物理性质

六氟化硫（SF_6）为无色、无味、无毒、不可燃且透明的惰性气体，分子量为146.07，比空气重5倍。SF_6气体在不同的压力下，其液化温度不同。在常压下，液化温度为-63.8℃，而在常温（10～20℃）下，其液化压力为1.5～2.0MPa。SF_6在水和油中的溶解度很低。

SF_6的热导率随温度不同而变化，如图6-6所示，它在2000～3000K时，具有极强的导热能力，而在5000K左右时热导率极低。正是由于这种特性，对熄灭电弧起重要作用。

(2) 化学性质

SF_6在常温下是极为稳定的化合物，其惰性远远超过氮气，它与氧气、氢气、铝及其他许多物质不发生作用。

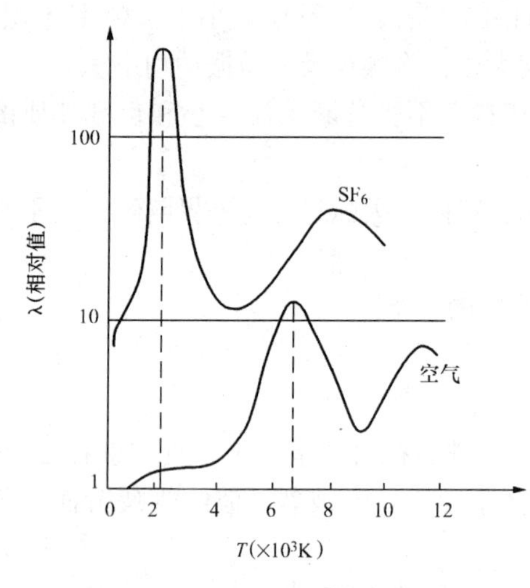

图 6-6　SF_6 热导率 λ 与温度 T 的关系

在大气压力下，至少在 500℃以下保持高度的化学稳定性。只是在 2000K 以上才有较强烈的分解，当温度升到 3700K 以上时，大部分可分解为硫和氟的单原子（$SF_6 \rightarrow S + 6F$），但一旦促使它们分解的能量消除（温度降低），分解物将迅速在小于 10^{-5}s 时间内再结合成 SF_6。

在有水分混入时，在电弧高温下会生成有严重腐蚀性的氢氟酸，因此，控制 SF_6 气体中的含水量是很重要的。SF_6 在电晕、电弧或高温加热下分解，发生化学反应，产生极少量对人体有剧毒的微量物质，可破坏眼、鼻等处粘膜组织，引起呼吸系统疾病如肺气肿，应给予充分重视，可用吸附剂如活性氧化铝、分子筛、SE—1 和 FO_3 等物质过滤以除去有毒物质。用于电器内部的结构材料应避免含有硅元素，如含有硅的陶瓷、玻璃等，因为 F、HF 等分解物对硅有强烈腐蚀作用，以氧化铝为填料的环氧树脂等是比较好的材料。

(3) 绝缘性能

SF_6 分子直径比空气中的氧、氮等分子大得多，所以电子在 SF_6 气体中的平均自由行程很短，它经常要与中性分子发生弹性碰撞，并将积累起来的动能消耗掉，所以发生碰撞游离的几率是很小的。

再者，SF_6 为强电负性气体，即 SF_6 气体及由它分解出的氟原子，在 103K 以下对电子有很大的亲和力，能吸附电子生成负离子，使空间的自由电子减少，而负离子活泼性很差，易与正离子复合形成中性粒子，基于上述原因，使绝缘强度大为提高。

由实验知，在三个大气压下，SF_6 气体与变压器油的绝缘强度相同。压力增高，绝缘强度有所上升，但渐呈饱和趋势。压力超过一定限度，SF_6 气体会液化，因此不便用它作为传动介质。

在均匀电场及相同压力下，SF_6 的绝缘性能为空气的 2~3 倍，所以采用 SF_6 作为绝缘介质可以大大减小绝缘间隙的尺寸和缩小电器设备的体积。例如充有 SF_6 气体的全封闭组合电器，较之利用空气绝缘的敞开式分立电器，体积大为减小。

影响 SF_6 气体绝缘性能下降的因素有电极间电场不均匀、水分含量超过规定值、SF_6 气体中含有导电微粒及灰尘等。因此，需仔细设计零部件的外形及提高零件表面粗糙度等级。

(4) 灭弧性能

SF_6 气体具有很强的灭弧能力，在静止的 SF_6 气体中，其开断能力要比空气大 100 倍。当用 SF_6 气体吹弧时，采用不高的压力和不太高的速度，就能在高电压下开断相当大的电流。

SF_6 气体灭弧性能优越的主要原因是：

1）散热能力强。SF_6 气体的散热主要靠对流与传导。由于 SF_6 分子质量大，比热也大，所以对流散热能力为空气的 2.5 倍。

SF_6 气体的分解温度（2000K）比空气（主要是氮气，分解温度约 7000K）的低，而需要的分解能（22.4eV）又比空气（9.7eV）为高，因此 SF_6 气体在分解为 S、F 元素或低氟化硫时所吸收的能量多，对弧柱的冷却作用比空气强。由于气体分子的分解，在温度 2000K 左右出现 SF_6 气体热导率的高峰，如图 6－6 所示。

2）SF_6 气体中电弧的弧柱细、弧压降也较小。由于 SF_6 奇异的热传导性能，在 5000K 附近热导率很低，所以弧心部分的热量难以传导出来。并且 SF_6 在高温下分解出来的硫、氟原子及正、负离子和电子所构成的等离子体，与其他灭弧介质相比，在同样的高温时具有较高的游离度，因此弧柱中热游离充分，电导率高，在相同的电流时，电弧电压降较小（只有少油断路器的 1/10 左右，压缩空气的 1/3 左右），燃弧时能量较少，对灭弧有利。

在电弧周围温度约 2000K 处，相当于 SF_6 气体热导率的高峰，使 SF_6 气体中弧径远小于其他介质中的弧径。由于弧柱细小，含热量少，弧柱冷却得快，弧隙介电强度恢复率也快，即电弧时间常数很小，灭弧能力强。当整个弧柱温度都下降到 2000K 左右时，温度下降越快，介质强度恢复越迅速。

SF_6 还有另一特点，在 SF_6 气体中开断交流电弧时，由于弧心区导热性能差，温度高，随着电流瞬时值的减小，纤细型的弧柱可以维持到很小的电流（1A 以下），并不突然断裂。

3）SF_6 气体电负性能强。SF_6 气体分子和由它分解出的氟原子，在温度不太高的情况下（10^3K 以下），对电子有很大的亲和力，当电子接近它们时，被吸附粘合在一起成为负离子（$SF_6 + e \rightarrow SF_6^-$），使空间的自由电子减少。负离子的质量为电子的几千倍，其迁移率仅为电子的千分之一，因此负离子容易与正离子复合为中性分子。由于吸附和复合的综合作用，弧隙带电质点迅速减少，产生电场游离与热游离的几率亦降低，在电弧电流过零前后促使介质强度快速恢复。

在 SF_6 气体中的电弧，当电弧电流过零时，其介质强度恢复率可达每微秒数千伏，因而能在苛刻条件下开断电弧电流。SF_6 气体是目前所知的最理想的绝缘和灭弧介质，优于其他介质乃至真空。

2. 六氟化硫断路器的优缺点

（1）优点

1）灭弧室单断口耐压高（可达 400kV）

与压缩空气断路器和少油断路器的断口数目对于同一电压等级的产品，它的断口数目就少。例如 500kV 电压等级的产品，LW6—500 型六氟化硫断路器为 4 个断口串联，而 kW4—500 型空气断路器为 8 个断口串联。

2）开断能力大，通流能力强。因 SF_6 气体热导率高，对触头及导体冷却效果好。在 SF_6 气体中工作的触头，不与氧气接触，不会氧化，接触电阻保持稳定。所以额定电流可达 8000A 以上。

目前六氟化硫断路器的世界水平是 500kV 以上电压等级的，额定开断电流可达 80～100kA，800kV 的可达 63kA。

3）电寿命长，检修间隔周期长。因 SF_6 气体中触头烧损极为轻微，SF_6 分解后还可以还原。在电弧作用下的分解物不含有碳等影响绝缘能力的物质。在严格控制水分的条件下分解物无腐蚀性，因此不检修的满容量下开断 80kA 的次数已达 20 次，共计 1600kA。除满容量下不检修连续开断次数外，为考验触头和灭弧系统的电寿命还有累积开断电流值，目前世界水平已达 9000kA。

4）开断性能优异。SF_6气体中电弧能量较少，残余弧心截面小，介质恢复速度特别快，因此开断近区故障的性能特别好。所谓近区故障是指离断路器出口处0.5～8km范围内发生的故障，其恢复电压的起始陡度特别高，可达每微秒数千伏。

SF_6断路器除能开断很大的短路电流外，还能开断空载长线路（或电容器组）不发生电弧重燃现象，因而过电压小。

由于SF_6气体中的电弧电流减小时，弧心直径随电流减小而连续变细，并不突然消失，这样就使截流值很小，截流过电压也很小。

SF_6断路器在失步开断、异相接地短路等苛刻条件（过电压高）下亦能顺利开断电路。

5）无火灾危险，无噪声公害。

6）发展SF_6全封闭式组合电器（gas insulated switchgear），可以大大减少变电所占地面积，可以"下地"、"入洞"、"高压进城"，对负荷集中、用电量大的城市户内变电所或地下变电所特别有利。

（2）缺点

1）在不均匀电场中，气体的击穿电压下降很多，因此对断路器零部件加工要求高。

2）对断路器密封性能要求高，对水分与气体的检测与控制要求很严。

3）SF_6容易液化，－40℃时，工作压力不得大于0.35MPa；－30℃时，工作压力不得大于0.5MPa。

3．六氟化硫断路器的分类

利用SF_6气体作为绝缘及灭弧介质的断路器称为六氧化硫断路器。按其结构形式可分为绝缘子支柱式与落地罐式两类。

绝缘子支柱式类同常规的压缩空气断路器与少油断路器，只是用SF_6气体代替了压缩空气或油。这种断路器属积木式结构，系列性及通用性强，灭弧室可布置成T形或Y形。

落地罐式类同多油断路器的形式，但气体被密封在一个罐内，灭弧装置装在罐内，导电部分借助绝缘套管引出，套管的底部可装电流互感器。这种结构的整体性强，机械稳固性好，防振能力强，但系列性差。

SF_6断路器按其触头动作方式可分为定开距式与变开距式。变开距式在开断过程中开距随动触头（连同喷嘴）运动而不断增大，电弧熄灭后动、静触头保持一定的绝缘距离，例如LW6—500型六氟化硫断路器。定开距式则是将两个喷嘴的距离固定不动。以保持最佳熄弧距离。动触头与压气罩一起运动，使压气罩与固定活塞间空腔内的SF_6气体被压缩，将电弧吹灭，例如LW—220/3150型六氟化硫断路器。

SF_6断路器的灭弧室可分为双压式、单压式和旋弧式三种。双压式为早期发展的一种灭弧室，SF_6断路器内部有两种压力区，低压力区主要作为断路器的内部绝缘用；高压力区用以吹弧，因结构复杂，现已淘汰。单压式结构简单，SF_6断路器内部只有一种压力（一般为0.3～0.6MPa）。灭弧室开断电弧过程中的吹弧压力由压气活塞产生，例如LW6—500型六氟化硫断路器。旋弧式利用磁场驱动电弧在SF_6气体中旋转的方法灭弧，其合闸功较小，为中压SF_6断路器的发展开辟了道路。

4.LW6—500型六氟化硫断路器

LW6—500型六氟化硫断路器属于LW6系列断路器（该系列包括LW6—500、LW6—220、

LW6—110 及 LW6—63 型等断路器）之一种，是我国目前最高电压等级的产品，全部元器件均已国产化，按国家标准及 IEC 国际标准在国内外试验合格。该断路器在 500kV 电力系统中作为对输变电线路和变压器等电气设备的控制与保护之用。

(1) 结构简述

LW6—500 型 SF_6 断路器为三相分装结构，由三个独立的单极组成，见图 6-7。

每极为双柱四断口，每极公用一台液压操动机构，可进行三相联动或分相操作。每个单柱由灭弧单元、支柱和支架组成。每个灭弧单元包括两个灭弧室、两只电容器（与断口并联，用于均压）、两个合闸电阻（用于降低电力线路合闸时产生的过电压）和一个五联箱（箱内装有传动机构，将液压操动机构活塞的上下运动转变为灭弧室动触头的上下运动）。

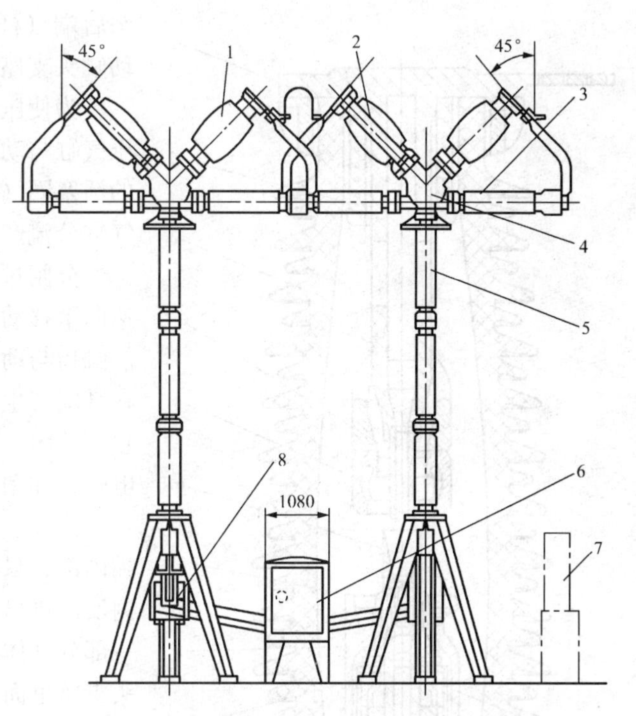

图 6-7 LW6—500 型 SF_6 断路器的单极外形图

1—灭弧室；2—并联电容器；3—合闸电阻；4—五联箱；5—支柱（内有拉杆）；6—液压柜；7—汇控柜；8—液压动力元件（工作缸、控制阀等）

合闸电阻与断路器主触头并联，断路器合闸时，合闸电阻通过机械方法提前于主触头 7~11ms 先接通。在主触头接通后，合闸电阻立即自行分闸。断路器分闸时，合闸电阻不动作。

(2) 灭弧室结构及工作原理

灭弧室为单压式双向外喷变开距型，其结构见图 6-8 与图 6-9。

1）灭弧室及触头结构。静触头系统：全部静触头系统零件均固定在静触头支座 1 上面，其前面中间装有静弧触头 4。静触指 5 是用 28 个触指及弹簧围成圈组成的。分子筛 2 用作吸附剂。灭弧室及动触头系统：喷嘴 6 位于动触头系统最前端，它固定在动触头 11 上。在动触头上还装有动弧触头 7。在动触头杆部位套有滑动触头 10，它分为 12 瓣，外面用触指弹簧压紧。动触头 11 的前端同时是动主触头，并且用螺纹与压气缸 8 连接。13 为动触头支座，在它的前端固定有逆止阀 9，逆止阀内装有可活动的阀片。动触头 11 后部装有拉杆装配件 12，拉杆可顺导轨 14 移动。鼓形瓷套 3 与触头支座相连，形成一个灭弧室整体。

2）工作原理。合闸过程：图 6-9 所示为分闸位置。当断路器合闸时，由传动机杆带动拉杆向上运动，使动触头、压气缸、动弧触头、喷嘴等同时向上运动，运动到一定位置时，静弧触头首先插入动弧触头中，即弧触头先合闸。紧接着动触头的前端便插入静触指（即主静触头）中，直到拉杆行进 150mm 完成合闸动作。在动触头和压气缸快速向上行进过程中，逆止阀片打开，由于负压，使灭弧室内 SF_6 气体迅速进入压气缸内。

合闸后电流的通路：合闸后，电流由静触头支座进入，经过静触指及动触头前端、动触

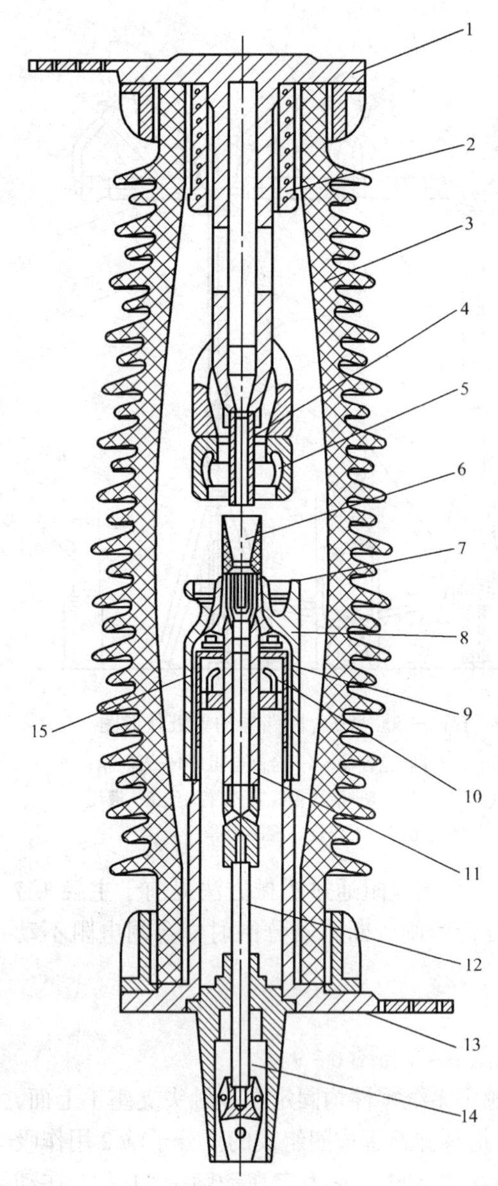

图 6-8 LW6—500 型 SF_6 断路器的灭弧室结构图（分闸位置）

1—静触头支座；2—分子筛；3—瓷套；4—静弧触头；5—静触指；6—喷嘴；7—动弧触头；8—压气缸；9—逆止阀；10—滑动触头；11—动触头；12—拉杆装配件；13—动触头支座；14—导轨；15—活塞圈

头后端（杆）、滑动触头到动触头支座，然后从动触头支座引出。

为使压气缸动作可靠及减少气体的泄漏，在压气缸与动触头支座间装有一个用绝缘材料制成的活塞圈（见图 6-9 中 15），它还可以防止因压气缸分流产生的火花。

分闸过程：分闸时，拉杆带动动触头系统快速向下移动，先是动主触头与静主触头分开（即静触指与动触头前端分开），而后是弧触头分开，在其间产生电弧。在拉杆向下移动的过程中，逆止阀关闭，压气缸内腔的 SF_6 气体被压缩，吹向电弧，如图 6-9（b）所示。

当动、静弧触头刚分离，这时电弧尚处于喷嘴内部，只有少量的 SF_6 气体从动、静弧触头管内反向排出，从而吹拂弧根并带走金属蒸气（即一部分气体，通过动触头空心部分，而排向动触头支座里面，再从动触头支座根部排出；另一部分气体通过静弧触头的空心部分，排向静弧触头支座里面，再从根部排出）。

当静弧触头离开喷嘴喉部时，被压缩到一定压力的 SF_6 气体从喷嘴迅速喷出，在喷嘴的喉部强烈地吹拂电弧，加强散热和去游离。此时一部分气体可从静触头支座所开的孔中排出，如图 6-9（b）所示。随着开距不断增大，喷口的开启截面增大，气流截面也逐渐增大，气吹效果更加增强，从而保证断路器有很强而且稳定的开断能力。

该灭弧室压气缸的容积虽小（带来的好处是操作功小），但利用喷口堵塞效应可节约使用压气缸内的 SF_6 气体和提高压力比。

气吹压力主要由气缸的压缩得到，但在开断短路电流时，电弧导致聚四氟乙烯材料分解出高温的聚四氟乙烯气体，这些气体与 SF_6 灭弧介质的等离子体混合在一起，促使喷口上游压力升高。当电弧电流超过某一数值，电弧的能量显著增大，电弧还可能将喷口堵塞。喷口上游区的压力将大于压气室的压力，倒流也就产生了，高温混合气体进入压气室后将进一步提高其压力，并可节约使用压气缸内的 SF_6 气体，有利于峰值电流过后（压气室的压力变大而弧电流在减小）电弧的开断。

分闸完毕，动触头总行程 150±1mm，主触头开距 118±4mm。（主触头超程 20mm，弧触

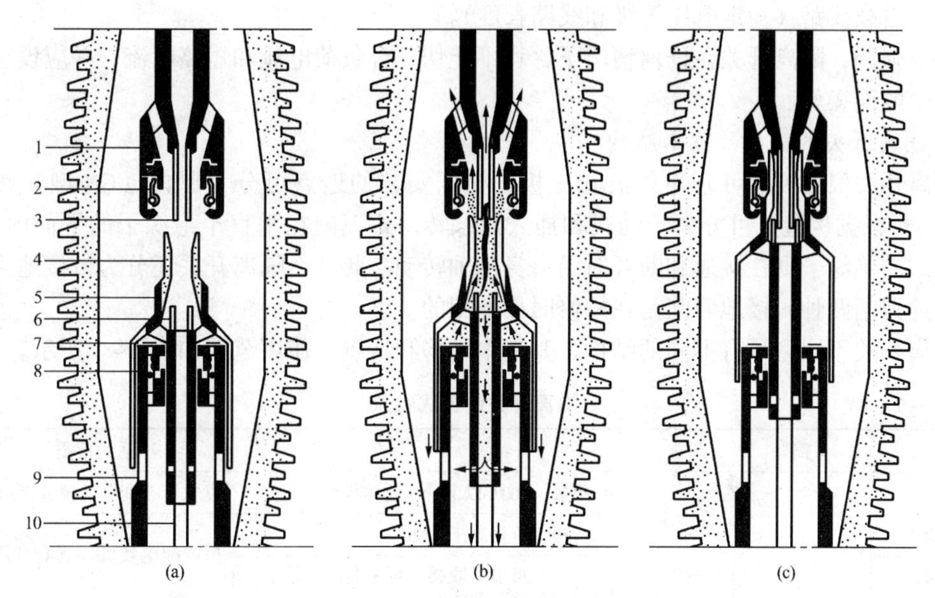

图 6-9　LW6—500 型 SF_6 断路器灭弧室动作原理示意图

（a）分闸状态；（b）分闸过程；（c）合闸状态

1—触头支座；2—静触指；3—静弧触头；4—喷嘴；5—主动触头；6—动弧触头；7—逆止阀；8—滑动触头；9—动触头支座；10—灭弧室操动拉杆

头超程 43±4mm）

此灭弧室设计了有效的喷嘴及适时的吹喷特性，使得灭弧室结构与断路器的机械运动特性有良好的配合，实现了在最有利的熄弧区间具有最好的熄弧效果，这样不仅缩小了灭弧室的体积、节省了 SF_6 的消耗、减少了操作功，而且为提高断路器的机械稳定性、机械寿命、电寿命等性能创造了很好的条件。

第二节　隔离开关

隔离开关是在高压电气装置中保证工作安全的开关电器，结构简单，没有灭弧装置。不能用来接通和断开有负荷电流的电路。

一、隔离开关的用途分类及基本结构

1. 隔离开关的用途

隔离开关的重要用途是保证电压在 1000V 以上的高压装置中检修工作的安全，用隔离开关将高压装置中需要检修的部分，与其他带电部分可靠地隔离。这样，工作人员可以安全地进行作业，而不影响其余部分正常工作。

隔离开关经常用来进行电力系统运行方式改变时的倒闸操作。例如，发电厂或变电所的主接线为双母线时，与母线相连的隔离开关将用来进行倒母线操作。

隔离开关也可以接通或切断小电流电路。例如，可以用隔离开关接通和断开下列电路。

（1）电压互感器和避雷器电路。

（2）母线和直接与母线相连设备的电容电路。

（3）空载变压器（一定电压等级和容量）电路。

(4) 空载线路（一定电压等级和线路长度）。

特别强调，隔离开关在任何情况下，均不能切、合负荷电流和短路电流，并应设法避免可能发生的误操作。

2. 隔离开关的分类及基本结构

隔离开关根据极数可分为单极和三极；根据安装的地点可分为屋内（GN型）和屋外（GW型）；根据构造又可分为转动式和插入式，转动式刀闸在垂直于绝缘子的平面内转动，而插入式的绝缘子则在接通和断开时沿自身的轴转动。此外，隔离开关还分为带接地刀闸和不带接地刀闸两种，接地刀闸是在检修时接地用的。

隔离开关不同型号有不同的结构，其基本结构和特点、使用范围如表6-1所示。

表6-1　隔离开关的型式特点

型式		简图	特点	适用范围
屋内	GN1、GN5		单极，600A以下，用钩棒操作	发电厂、变电所较少使用
	GN2		三极，价格高于GN6	屋内配电装置，成套高压开关柜
	GN6 GN19		三极，可前后联接，可平装、立装、斜装、价格较便宜	
	GN8		在GN6基础上，用绝缘套管代替支柱绝缘子	大电流回路 发电机回路
	GN10		单极，大电流3000~13000A，可手动、电动操作	
	GN11		三极，15kV，200~600A，用手动操作	
	GN18 GN22		三极，10kV，大电流2000~3000A，机械锁紧	
	GN14		单极插入式结构，带封闭罩，20kV，大电流10000~13000A，电动操作	
屋外	GW1、GW3		单极，10kV绝缘钩棒操作或手动操作	发电厂变电所目前已较少采用
	GW2		三相操作，仿苏产品，110kV及其以下，闸刀可旋转	
	GW4		220kV及其以下，系列较全，双柱式，可高型布置，重量较轻，可手动，电动操作	220kV及其以下各型配电装置常用
	GW5		35~110kV，V型，水平转动，可正装、斜装	常用于高型、硬母线布置及屋内配电装置

续表

型式		简图	特点	适用范围
屋外	GW6	GW6—220 偏折 GW6—330 对称折	220～500kV，单柱，钳夹，可分相布置，220kV为偏折，330kV为对称折	多用于硬母线布置或作为母线隔离开关
	GW7		220～500kV，三柱式，中间水平转动，单相或三相操作，可分相布置	多用于330kV及其以上屋外中型配电装置
	GW8		35～110kV，单极	专用于变压器中性点

二、隔离开关的技术参数

技术参数是对隔离开关工作性能的基本描述，它对隔离开关的选择和使用有重要的意义。其主要技术参数如下：

(1) 额定电压：指隔离开关长期运行时承受的工作电压。与安装点电网的额定电压等级对应。

(2) 最高工作电压：由于电网电压的波动，隔离开关所能承受的超过额定电压的电压。它不仅决定了隔离开关的绝缘要求，而且在相当程度上决定了隔离开关的外部尺寸。

(3) 额定电流：指隔离开关可以长期通过的工作电流，即长期通过该电流，隔离开关各部分的发热不超过允许值。

(4) 热稳定电流：指隔离开关在某规定的时间段内，允许通过的最大电流。它表明了隔离开关承受短路电流热稳定的能力。

(5) 极限通过电流峰值：指隔离开关所能承受的瞬时冲击短路电流。这个值与隔离开关各部分的机械强度有关。

对于隔离开关的额定电压和额定电流可以从其型号中表示出来，如GN6—10T/400隔离开关，额定电压为10kV、额定电流为400A。其他各部分的含义是

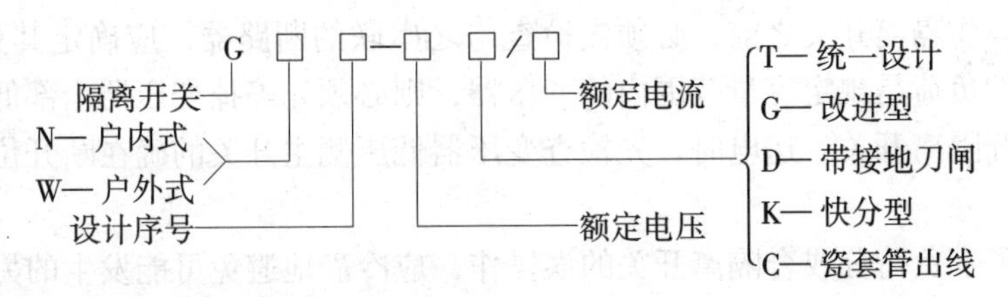

表6-2给出了部分隔离开关的技术参数。

表 6－2　　　　部分隔离开关的技术参数

型　号	额定电压（kV）	最高工作电压（kV）	额定电流（A）	热稳定电流（kA）			极限通过电流（kA）	
				4s	5s	10s	有效值	峰值
GW4—35			600	15.8				50
	35	40.5	1000	23.7				80
GW4—35D			2000	46				104
GW4—35G	35	40.5	600			10		50
GW4—35GD			1000			15		80
			600		18		29	50
GW5—35GD	35	40.5	1000		18		29	50
			1600		29		46	80
			400		14		30	52
GN2—35T	35		600		25		37	64
			1000		27.5		40.5	70
GN6—10T			200		10		14.7	25.5
	10		400		14		30	40
GN8—10T			600		20		30	52
			1000		30		43	75
GN19—10			400	12				30
	10	11.5	600	20				52
GN19—10C			1000	30				75
GN6—6T			200		10		14.7	25.5
	6		400		14		30	40
GN8—6T			600		20		30	52

三、隔离开关的操作原则

隔离开关都配有手动操作机构，一般采用 CS6—1 型。操作时要先拔出定位销，分、合闸动作要果断、迅速，结束时注意不可用力过猛，操作完毕一定要用定位销销住，并目测其动触头位置是否符合要求。

用绝缘杆操作单极隔离开关时，合闸应先合两边相，后合中间相。分闸时，顺序与此相反。

不管合闸还是分闸操作，都应在不带负荷或负荷在隔离开关允许的操作范围之内时才能进行。为此，操作隔离开关之前，必须先检查与之串联的断路器，应确定其处于断开位置。如隔离开关带的负荷是规定容量范围内的变压器，则必须先停掉变压器全部低压负荷，令其空载之后再拉开隔离开关。送电时，先检查变压器低压侧主开关的确在断开位置，方可合隔离开关。

如果发生了带负荷分或合隔离开关的误操作，应冷静地避免可能发生的另一种反方向的误操作，就是当发现带负荷误合闸后，不得再立即拉开，或者是当发现带负荷分闸后，不得再合（若刚拉开一点，发现有火花产生时，可立即合上）。

第三节 高压熔断器

熔断器是一种最简单的保护电器，它串接在电路中，当电路发生短路或过负荷时，熔断器自动断开电路，使其他电气设备得到保护。熔断器分为低压熔断器和高压熔断器，这里主要介绍高压熔断器。

一、高压熔断器的基本结构工作原理和技术参数

1. 基本结构和熔件材料

熔断器主要由金属熔件（也叫熔体）、支持熔体的载流部分（触头）和外壳构成。有些熔断器内还装有特殊的灭弧物质，如产气纤维管、石英砂等用来熄灭熔件熔断时形成的电弧。

熔件是熔断器的主要部件。要求熔件的材料熔点低、导电性能好、不易氧化和易于加工。一般采用铅、铅锡合金、锌、铜、银等金属材料。

铅、铅锡合金和锌的熔点较低，分别为320℃、200℃和420℃，但导电性能差，所以用这些材料制成的熔件截面相当大，熔断时产主的金属蒸气太多，对灭弧不利。故仅用于500V及其以下的低压熔断器中。

铜和银的导电性能好，热传导率较高，可以制成截面较小的熔件。因此铜熔件广泛应用于各种电压的熔断器中，而银熔件的价格较高只使用于高压小电流的熔断器中。铜、银熔件的缺点就是熔点较高，分别为1080℃和960℃。当熔断器长期通过略小于熔件熔断电流的过负荷电流时，熔件不能熔断而发热，使温度升高损坏其他部件。为了克服上述缺点，可采用冶金效应来降低熔件的熔点，即在难熔的熔件上焊上铅或锡的小球，当温度达到铅或锡的熔点时，难熔金属与熔化了的铅或锡形成电阻大、熔点低的合金，结果熔件在小球处熔断，然后电弧使熔件全部熔化。

2. 工作原理

熔断器是串联在电路中的，当电路中的电流增加到一定数值时，例如电路过负荷或发生短路时，过负荷电流或短路电流对熔件加热，熔件在被保护设备的温度未达到破坏其绝缘之前熔断，使电路断开，设备得到了保护。熔件熔化时间的长短，取决于通过的电流和熔件熔点的高低。当电路中通过很大的短路电流时，熔件将爆炸性地熔化并气化，迅速熔断；当通过不是很大的过电流时，熔件的温度上升得较慢，熔件熔化的时间也就较长。熔件材料的熔点高，则熔件熔化慢、熔断时间长；反之，熔断时间短。

熔断器的工作过程大致可分为以下四个阶段：

(1) 熔断器的熔件因过载或短路而加热到熔化温度；

(2) 熔件的熔化和气化；

(3) 触头之间的间隙击穿和产生电弧；

(4) 电弧熄灭，电路被断开。

显然，熔断器的动作时间为上述四个过程所经过时间的总和。熔断器的开断能力决定于熄灭电弧能力的大小。

3. 技术参数

表征熔断器技术特性的主要参数如下：

（1）额定电压：熔断器长期能够承受的正常工作电压。此电压应等于安装处电力网的额定电压。

（2）额定电流：熔断器壳体部分和载流部分允许通过的长期最大工作电流。长期通过此电流时，熔断器不会损坏。

（3）熔件的额定电流：熔件允许长期通过而不熔断的最大电流。熔件的额定电流可以和熔断器的额定电流不同。同一熔断器可装入不同额定电流的熔件，但熔件的最大额定电流不应超过熔断器的额定电流。

（4）极限断路电流：熔断器所能断开的最大电流。若被断开的电流大于此电流时，有可能使熔断器损坏，或由于电弧不能熄灭引起相间短路。

高压熔断器型号的含义为：

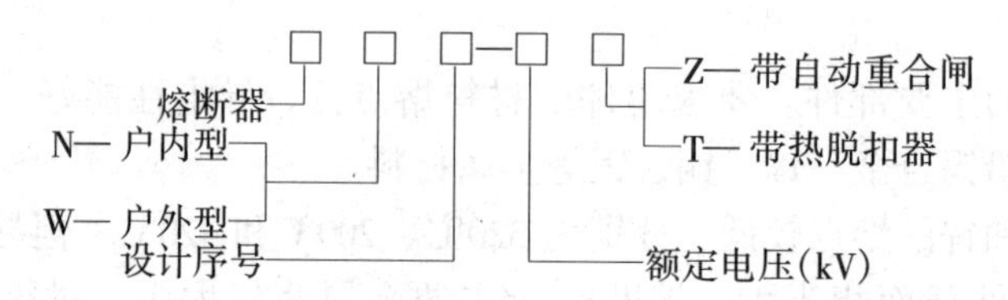

例如，RW2—35 型熔断器中，R—熔断器；W—户外型；2—设计序号；35—额定电压为35kV。

二、高压熔断器的分类

高压熔断器可分为户内型和户外型，用于户内或户外的又有不同型号。高压熔断器的电压等级有 3、6、10、35、60、110kV 等。若按是否有限流作用又可分为限流式和非限流式，限流式高压熔断器就是在短路电流没有达到最大值之前熔断器熔断。

1. 分类及用途

（1）RN1 型：户内管式，供电力线路短路和过流保护之用，充石英砂。

（2）RN2 型：户内管式，供电压互感器短路保护之用，充石英砂。

（3）RW1 型：户外式，与负荷开关配合可代替断路器。RW1—35Z（或 60Z）型户外自动重合闸熔断器，具有一次自动重合闸功能。

（4）RW2 型：RW2—35 型与 RD1—35 附加电阻配合，可作为 35kV 电压互感器短路保护，现已被 RW9—35 型代替。

（5）RW3 ~ RW6 型：户外自动跌落式，可作为电气设备、输电线路和电力变压器的短路和过负荷保护。

（6）RW9—35 型：新型产品，下面将详细介绍。

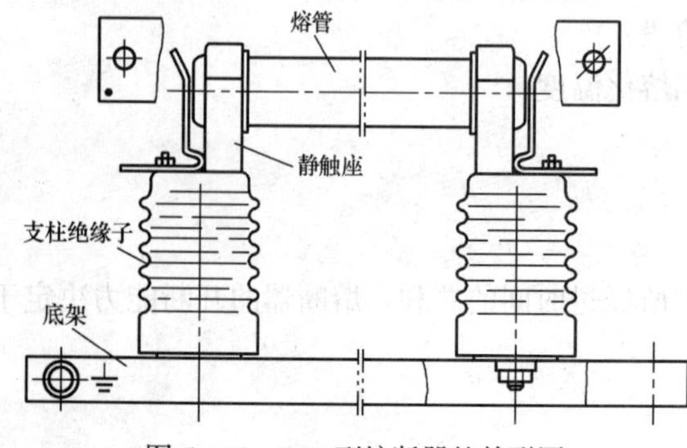

图 6 - 10　RN1 型熔断器的外形图

2. 户内高压熔断器

如图 6 - 10 所示为 RN1 型熔断器外形图。图 6 - 11 为熔件管的结构示意图，熔件装在充满石英砂的密封管内。根据额定电流的大小，每相熔丝有一、二、四根三种（RN2 型均为单根）。

当过负荷时，熔件先在焊有小锡球处

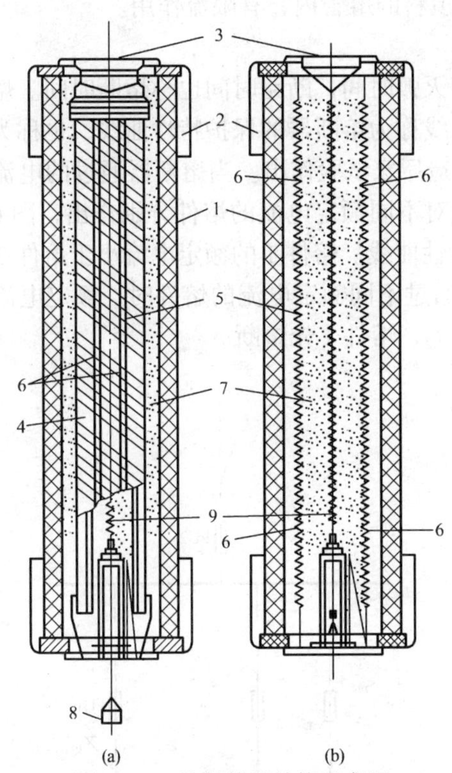

图6-11　熔件管的结构示意图

(a) 额定电流小于7.5A；(b) 额定电流大于7.5A

1—熔管；2—端盖；3—顶盖；4—陶瓷芯；5—熔件；6—小锡球；7—石英砂；8—指示熔件；9—弹簧

熔断，随之电弧使熔件沿全长熔化，电弧在电流为零时熄灭。当短路电流通过时，细熔丝几乎全熔化并蒸发，沟道压力增加，金属蒸气向四周喷渗，渗入石英砂凝结，同时由于狭缝灭弧原理而使电弧熄灭，此种熔断器属限流熔断器。

3. 户外高压熔断器

(1) RW3—10型跌落式熔断器，如图6-12所示，主要用于6～10kV配电变压器。其熔件焊在编织导线上，并穿过熔件管用螺

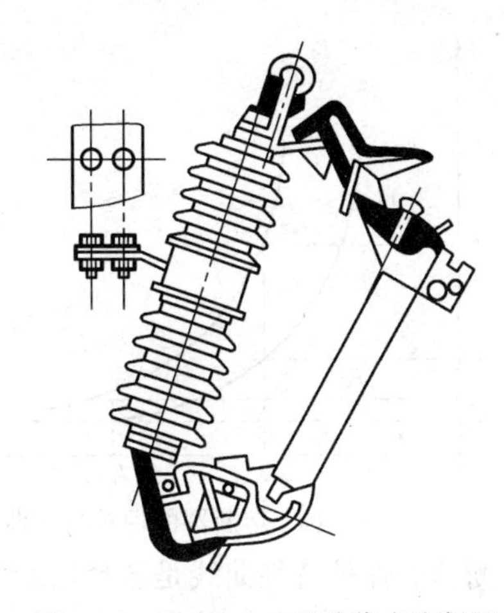
图6-12　RW3—10型跌落式熔断器

丝固定在上、下部的触头上，此时编织导线处于拉紧状态，使熔件管上的活动关节锁紧，熔断器可以合闸。当熔件熔断时，编织导线失去拉力，使熔件管活动关节释放，熔件管由其本身重量自动绕轴跌落，电弧被拉长熄灭。

此型熔断器还有RW9—10及新型产品RW7—10，二者结构相似，此型熔断器要经过几个周波才能熔断，所以称为无限流作用熔断器。

(2) RW9—35熔断器。此型为高压限流型新型熔断器，它具有体积小、重量轻、灭弧性能好、限流能力强、断流容量大等优点，从而大大提高了可靠性。同时，由于维护简单，熔件熔断后可以更换，故将取代旧型产品。如图6-13所示，它由熔管1、瓷套2、紧固法兰3及棒形支持绝缘子4、拉线立帽

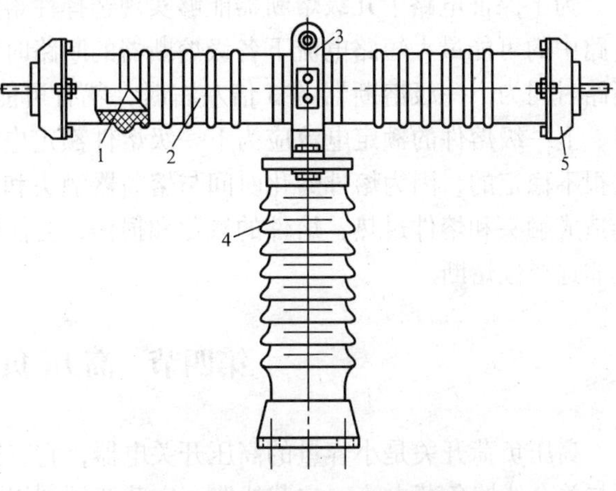

图6-13　RW9—35型熔断器

1—熔管；2—瓷套；3—紧固法兰；4—棒形支持绝缘子；5—接线立帽

5 等组成。熔管装于瓷套内，熔件放在装满石英砂填料的熔管内，有限流作用。

三、高压熔断器的保护特性

熔断器的断路时间，决定于熔件的熔化时间和灭弧时间，断路时间也称熔断时间。熔断时间与通过熔断器使熔件熔断的电流之间的关系曲线称为熔断器的保护特性曲线，也称为安秒特性曲线，如图 6－14 所示。保护特性曲线由制造厂家试验作出。当熔断器通过的电流小于最小熔断电流时，熔件不会熔断。保护特性曲线对不同额定电流的熔件分别作出，图 6－14 所示为额定电流不同的两个熔件 1 和 2 的保护特性曲线。熔件 1 的额定电流小于熔件 2 的额定电流，熔件 1 的截面也小于熔件 2。同一电流通过不同额定电流的熔件时，额定电流小的熔件先熔断，例如，当通过短路电流 I_{k1}时，$t_1 < t_2$，熔件 1 先熔断。

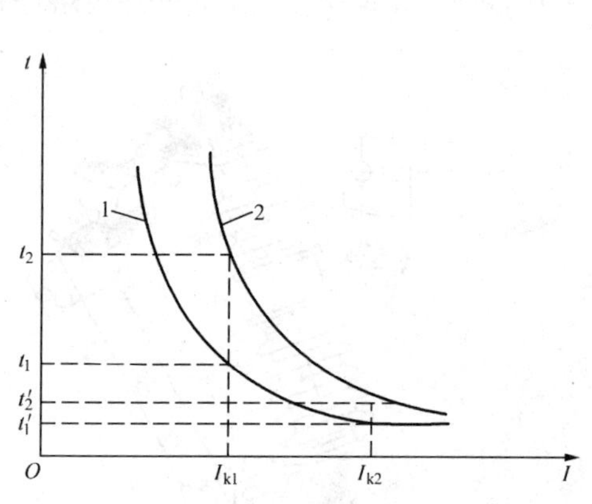

图 6－14　熔断器的保护特性曲线

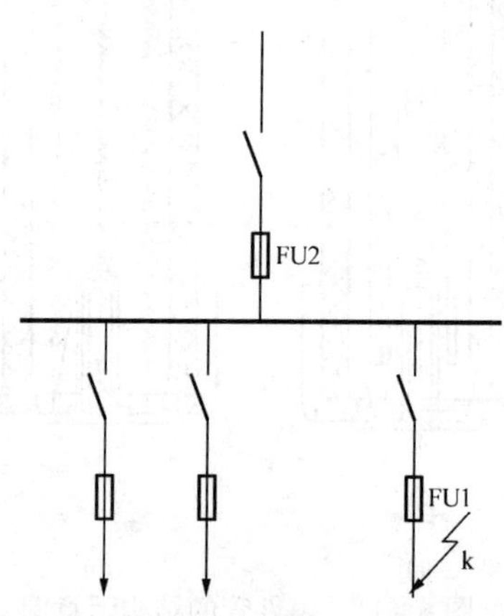

图 6－15　低压配电电路熔断器的配置

熔断器的保护特性曲线是选择熔断器的重要依据。例如，当电网中有几级熔断器串联，分别保护各电路中元件，当某元件发生过负荷或短路故障时，保护该元件的熔断器应该熔断，即为选择性熔断；如果保护该元件的熔断器不熔断，而上一级熔断器熔断，即为非选择性熔断。当发生非选择性熔断时，必将扩大停电范围，造成不应有的损失。如图 6－15 所示电路中，当 k 点发生短路时，FU1 应该先熔断，FU2 不应该熔断。

为了保证电路中几级熔断器能够实现选择性熔断，应根据它们的保护特性曲线，检查在电路中的可能最大短路电流下各级熔断器的断路时间。在通常情况下，如果上一级熔断器的断路时间为下一级熔断器的 3 倍左右时，就有可能保证选择性熔断。如果熔件为同一材料时，上一级熔件的额定电流应为下一级熔件额定电流的 2～4 倍。但是，熔断器的保护特性是很不稳定的，因为熔件熔化时间与熔断器触头和熔件本身状况有关。例如触头接触不良，会造成触头和熔件过热，熔件的氧化和损伤，会使熔件有效截面减小等，这些因素都可能造成非选择性熔断。

第四节　高压负荷开关

高压负荷开关是小容量的高压开关电器，它有灭弧机构，但灭弧能力较弱。通常用于切断与关合线路负荷电流、空载线路、空载变压器以及电容器等，并能通过规定的短路电流。有的高压负荷开关在分闸状态有明显的断口，可起到隔离开关的作用。在大多数情况下，负荷开关和高压熔断器配合使用，熔断器作为短路保护。有的高压负荷开关能进行频繁操作。

一、高压负荷开关的分类工作原理及型号含义

1. 高压负荷开关的分类

按装设地点负荷开关可分为户内型和户外型；按灭弧方式的不同，可分为产气式、压气式、压缩空气式、油浸式、真空式、SF_6 式等多种形式；按是否带熔断器可分为带熔断器和不带熔断器。

2. 工作原理

高压负荷开关的工作原理，主要是分闸时的灭弧过程。压气式负荷开关的灭弧，是利用分闸时主轴带动活塞压缩空气，使压缩空气从喷嘴中高速喷出以吹熄电弧。产气式负荷开关的灭弧系统采用固体产气元件，在分闸时电弧产生的高温，使产气固体分解出大量气体，沿喷嘴高速喷出，形成强烈的纵吹作用，使电弧很快熄灭。对于其他类型的负荷开关，其灭弧装置利用了不同材料的绝缘介质和灭弧装置来熄灭电弧。

负荷开关只能开合负荷电流，不能切断短路电流，只能通过和熔断器一起来切断短路电流、保护其他电器。

3. 负荷开关型号的含义

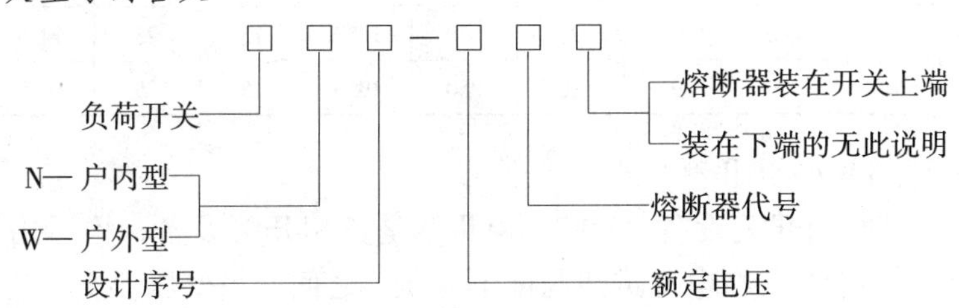

例如，FN2—10R/400 的含义是：负荷开关，户内型，设计序号为 2，额定电压为 10kV，带熔断器（装在开关的下端），额定电流为 400A。

二、典型高压负荷开关的用途结构及技术参数

1. FN3—6、FN3—10 型户内负荷开关

这两种负荷开关为压气式，额定电压分别为 6kV 和 10kV。一般用于配电系统中，开、合带有正常负荷电流及过负荷电流的电路，也可开合空载线路、空载变压器及电容器组。开关上配有 RN3 型熔断器的负荷开关，还可以通过熔断器切断短路电流，用作保护电器。

该类型开关配接 CS2—T、CS3—T、CS4—T 型手动操作机构。

该负荷开关由框架 1、传动机构 2、支持绝缘子 3、刀形触头 4、灭弧装置等组成，见图 6－16 所示。六只绝缘子的上部中的三只（图 6－16 中 5）兼做气缸用，活塞装在其内，由轴带动；下部的三只仅起支持作用。

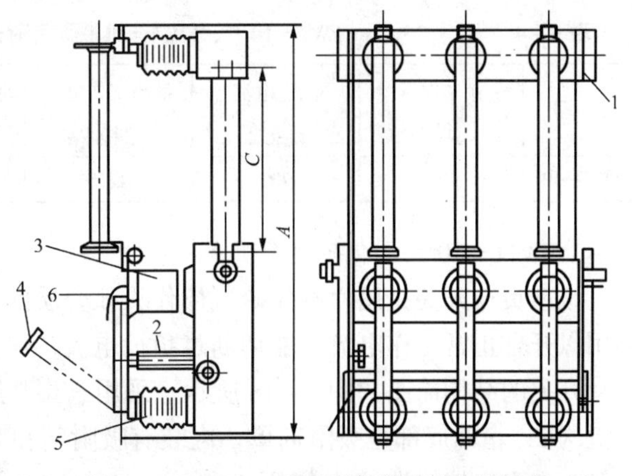

图 6－16　FN3—10RS 型负荷开关的外形图

1—框架；2—传动机构；3—支持绝缘子；4—刀形触头；5—兼做气缸用的绝缘子；6—喷嘴

六只绝缘子的顶部均装有触座，下触座装有刀闸，靠六片蝶形弹簧片紧固。

触头上装有弧动触头。开关打开时，主回路先断开，弧动触头后断开，喷嘴6喷出压缩气吹断电弧。

负荷开关框架上设有跳扣、凸轮与合闸弹簧，可形成快速合闸动作。

该负荷开关有以下三种组合方式：

（1）无熔断器的FN3—10负荷开关。

（2）有熔断器的FN3—10RS负荷开关，熔断器位于开关的上面。

（3）有熔断器的FN3—10（R）负荷开关，熔断器位于开关的下面。

FN3—6、FN3—10型负荷开关的主要技术参数见表6-3。

表6-3 FN3—6、FN3—10型负荷开关的主要技术参数

型号	额定电压（kV）	最大工作电压（kV）	额定电流（A）	额定开断容量（MV·A）（不同功率因数0.15、0.7）		最大开断电流（A）（不同功率因数0.15、0.7）		合闸电流峰值（kA）	极限通过电流（kA）		热稳定电流有效值（kA）	
				0.15	0.7	0.15	0.7		峰值	有效值	1s	5s
FN3—10	10	11.5	400	15	25	850	1450	15	25	14.5	14.5	8.5
FN3—6	6	6.9	400	9	20	850	1950	15	25	14.5	14.5	8.5

2.FW7—10Ⅰ、FW7—10Ⅱ型户外负荷开关

FW7—10Ⅰ型是两相开关设备、FW7—10Ⅱ型是三相开关设备，均适用于额定电压为10kV的电力系统，一般安装在电源进线与配电变压器之间。当变压器空载运行时，负荷开关能自动分闸，从而达到节电的目的。

该负荷开关由开关本体和控制盒两部分组成，如图6-17所示。开关本体由导电刀板1、动触头2、静触头3、拉杆绝缘子4、支持绝缘子5、底座6及转动部分7构成。控制盒与本体通过电缆线连接。控制盒内有监视器、缓冲器、闭锁器、延时器及电源等。

FW7—10Ⅰ型和FW7—10Ⅱ型仅是相数有差别，其他均相同。

FW7—10Ⅰ、FW7—10Ⅱ型负荷开关的主要技术参数见表6-4。

表6-4 FW7—10Ⅰ、FW7—10Ⅱ型负荷开关的主要技术参数

型号	额定电压（kV）	额定电流（A）	最高工作电压（kV）	动稳定电流峰值（kA）	4s热稳定电流（kA）	脱扣器额定操作电压（V）
FW7—10	10	200	11.5	4	1.6	220（交流）

3.FW11—10六氟化硫负荷开关

该型负荷开关是用六氟化硫气体作灭弧介质的户外型开关，适用于10kV交流配电系统，可用以开合正常工作电流、能切断过负荷电流，作为控制及保护电器。

开关的结构简图如图6-18所示。采用三相共用一个箱体4的结构，一侧端盖1安装操作机构2，箱筒底部是吸附剂罩，内装有吸附剂和充气阀门。瓷套管3起对地绝缘、支持动静触头和引出接线端子的作用。

静触头为梅花形结构，动触头是铜钨合金。采用旋弧式原理灭弧，因而灭弧效果好。

FW11—10六氟化硫负荷开关的主要技术参数见表6-5。

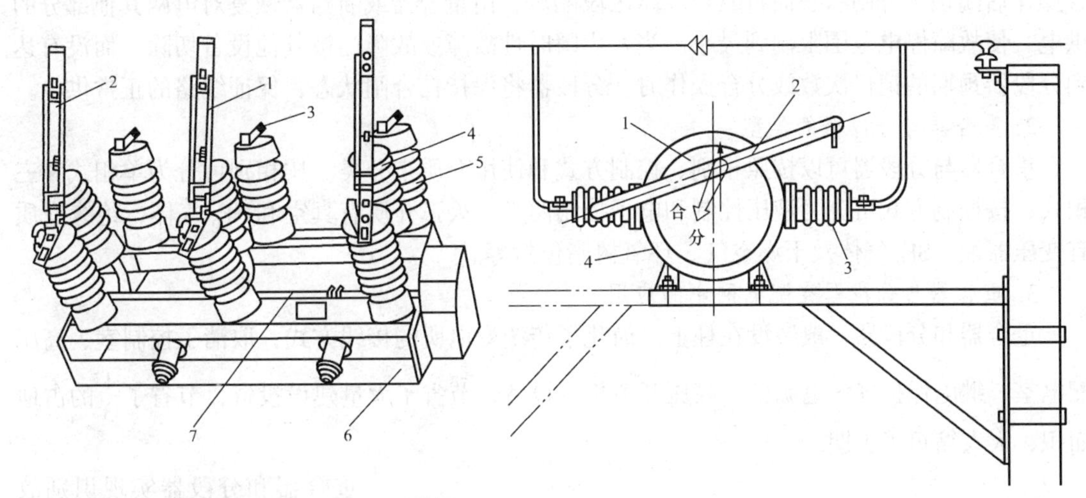

图 6-17 FW7—10Ⅰ、FW7—10Ⅱ型负荷开关的外形图

1—导电刀板；2—动触头；3—静触头；4—拉杆绝缘子；5—支持绝缘子；6—底座；7—传动部分

图 6-18 FW11—10 六氟化硫负荷开关的外形图

1—端盖；2—操作机构；3—绝缘子；4—箱体

表 6-5　　FW11—10 六氟化硫负荷开关的主要技术参数

额定电压（kV）	额定电流（A）	额定热稳定电流（kA）		额定动稳定电流峰值（kA）	额定关合电流峰值（kA）	额定工作压力（MPa）	最低工作压力（MPa）	机械寿命次数（次）	零表压时耐压（kV/min）	年漏气率
		1s	4s							
10	400	12.5	6.3	31.5	16	0.4	0.3	3000	15	2%

第五节　重合器与分段器

随着我国电力工业的发展，对电网的改造在不断深入，配电网络逐步实现自动化。自动重合器与自动分段器是实现配网自动化的重要开关设备。本节主要介绍重合器和分段器的作用、类型、在配电网中的应用，以及重合器、分段器的结构。

一、重合器与分段器的一般知识

在配电网自动化中，必须要有故障识别与恢复功能，要做到这点，所采用的开关电器就必须实现智能化，重合器和分段器就是具备这种功能的智能化开关电器。

1. 重合器与分段器的作用

重合器是具有多次重合功能和自具功能的设备。所谓自具功能，是指重合器本身具备故障电流（包括过电流及接地电流）检测和操作程序控制与执行功能，而无需附加继电保护装置和提供操作电源。一般断路器只具有一次重合功能，而重合器具有多次重合功能，它能有效的排除瞬时性故障。

分段器是一种与电源侧上级开关设备相配合，在无电压或无电流的情况下自动分闸的开关设备。它串联于重合器或断路器的负荷侧，当发生永久性故障时，在预定的记忆次数或分合操作后闭锁于分闸状态而将故障线路区段隔离，由重合器或断路器恢复对电网其他部分的供电，使故障停电范围限制到最小。当发生瞬时性故障或故障已被其他设备切除，而没有达到分段器预期的记忆次数或分合操作时，分段器将保持在合闸状态，保证线路的正常供电。

2. 重合器与分段器的类型

重合器与分段器可以按照相别、控制方式和使用介质来分类。按相别可分为单相式和三相式；按控制方式可分为液压控制和电子控制两类。灭弧介质有真空和 SF_6 气体，绝缘介质有变压器油、SF_6 气体及干燥空气、环氧树脂包封等。

3. 重合器与分段器在配电网中的应用

重合器和分段器一般装设在柱上，简化了传统变电所的接线方式，取消了控制室、高压配电室、继电保护屏、电源柜、高压开关柜等设备，节省了大量建设投资，节省了$\frac{1}{3}$的占地面积，大大缩短了工期。

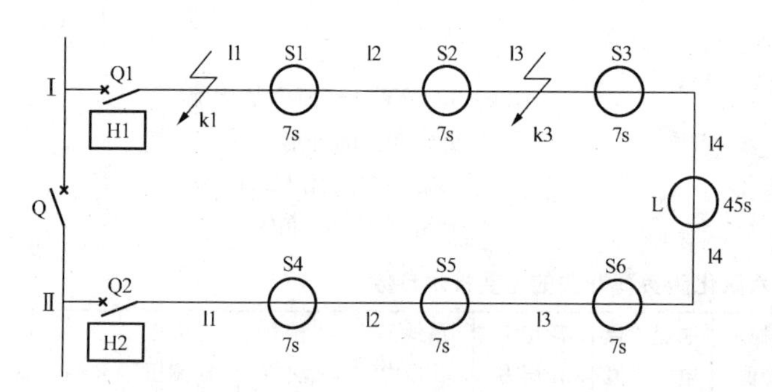

图 6－19　架空单环网方案

Q1、Q2—变电所内重合器，闭合，具备二次重合功能；
Q—变电所内母线联络断路器

重合器和分段器实现识别故障与恢复功能有多种方案，其中主要有两种。一种是电流型方案，就是利用智能开关的电流—时间特性曲线，根据重合闸动作判断故障区段，并自动隔离永久故障区段，恢复对非故障区的供电。另一种是电压型方案，就是检测开关两侧的电压，根据电压信号来决定开关投入或闭锁。这两种方案都不需要信号通道，适合我国中小城市电网和农村电网的现状。

在这里介绍重合器与电压型分段器配合用于架空单环网的方案，如图 6－19 所示。

柱上自动分段器在每个分段点有一套，S 为分段点，正常运行时处于闭合状态；L 为联络作用，正常时为断开状态。H1 和 H2 为故障区段指示器，该装置能自动识别故障，进行故障定位、隔离故障以及进行电源自动转供，并可以指示故障段。全部过程在 1～2min 内即可完成。由于线路逐段送电，减小了合闸涌流。若任一段线路永久性故障，所内第一次重合闸可立即识别并隔离故障、指示故障区段，第二次重合只是恢复送电操作，无需多次重合。无需信号通道即可实现上述功能，符合智能电器的要求，开关可实现手动和自动操作。

系统工作原理为：设变电所第一次重合闸时间为 15s，第二次重合闸时间为 5s，分段器使用短延时，整定为 7s（7s 为自动配电开关的延时合闸时间）。

当永久性故障发生在 Q1 所带线路 l3 段 k3 点时，Q1 动作跳闸，15s 后 Q1 第一次重合，l1 段恢复供电，7s 后 S1 自动合闸，l2 段恢复供电，再经过 7s 后 S2 自动合闸于 l3 段时，Q1 再次断开，第一次重合失败。此时 S2 检测信号的时间低于整定时间，而 S3 只检测到故障点的残压，因此 S2 和 S3 同时闭锁，将 l3 段两端隔离，又经过 5s，Q1 第二次重合，7s 后 S1 合闸，l2 段恢复供电，以上共用时 41s。在 Q1 第一次断开的同时，联络点 L 只检测到单测信号，于是记时开始，经过 45s，L 自动合闸，将 l4 段的供电转至 Q2。

当永久性故障发生在Q1所带线路11段k1点时，Q1动作跳闸，15s后Q1第一次重合，由于故障仍然存在，再次断开，此时S1由于检测信号时间低于整定时间，S1闭锁，将11段隔离。在Q1第一次断开时L计时，45s后L合闸送电，将Q2电源自动转供至14段，经过7s，S3闭合恢复13段的供电，再经过7s，S2合闸送电至12段，上述过程所需时间最长共需59s。

二、重合器的结构

目前国内以ZW1型断路器为本体的CHZ—12型油绝缘真空重合器、以ZW8型断路器为本体的CHZ—12型干式真空重合器和以LW3为本体的CHL—12型SF_6重合器为主流产品。其中C表示重合器，H表示高压，Z为真空式，额定电压为12kV。

图6-20为CHZ—12型油绝缘真空重合器的本体结构图。它由真空开关本体、电子控制系统和快速储能弹簧操动机构等三部分组成。开关本体为三相共箱式结构，箱体由导电回路、绝缘系统、传动系统和密封体等组成。导电回路是由进出线导电杆、动静端支座9和12、导电夹13与真空灭弧室11连接而成。外绝缘是通过套在进出线导电杆上的高压瓷套实现的。内绝缘为复合材料，主要是通过箱体内变压器油及绝缘隔板等来实现的，同时也解决了凝露的问题。

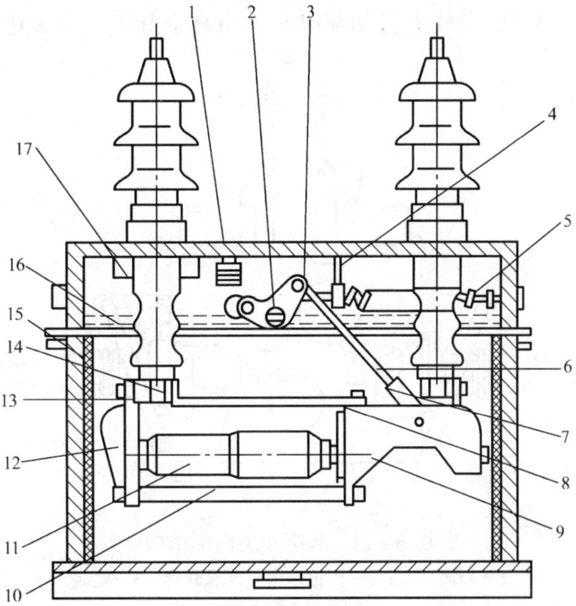

图6-20　CHZ—12型油绝缘真空重合器的结构图

1—分闸缓冲装置；2—三相主轴；3、7—拐臂；4—支撑件；5—分闸弹簧；6—绝缘操作杆；8—绝缘板；9—动端支座；10—绝缘杆；11—真空灭弧室；12—静端支座；13—导电夹；14—夹板；15—绝缘纸板；16—变压器油；17—电流互感器

重合器主回路三相进线侧分别装设电流互感器，用来获取主回路电流信号提供给电子控制器进行检测和判别。电子控制器以单片机为核心，自带控制与保护，自备操作电源，采用长期充电方式，可以实现“三遥”控制功能，便于稳定安全可靠运行。

智能测控系统—电子控制器在一个小箱内安装后用电缆连接，固定在开关本体的下端。电子控制器采用微处理器结构，全户外运行设计，抗电磁干扰能力强，防雷电冲击、耐腐蚀、防尘、防水、适应低温环境与交变湿热的条件。

当重合器的负荷侧线路发生故障时，故障电流通过装在开关本体内主回路上的电流互感器而送入电子控制器，控制器对此电流信号进行处理和判别，如果判定此电流大于预先整定的最小动作电流时，控制电路启动，按预先整定的动作程序，自动向操动机构发出指令进行分合闸操作。在程序进行的过程中，每次完成重合闸动作后，控制器都要检测故障信号是否仍然存在，如故障已消除，控制器将不再发出分闸命令，直到预先整定的复位时间到来时自动复位，处于预警状态，而开关本体保持在合闸状态，线路恢复供电；如故障仍然存在，那么控制器将继续按程序动作，直至完成整定的动作次数后闭锁，开关本体最终保持在分闸状态。

当手动合闸于故障回路时，控制器只发出一次分闸命令而闭锁，这是对开关本体的特别保护措施，可以避免重合器进行不必要的开断与闭合，同时提醒操作人员，线路故障尚未排除。

三、分段器的结构

分段器和重合器同样是一种有自具功能的开关设备，它与重合器最主要的区别是分段器没有短路开断能力，它只根据“记忆”的过电流脉动次数而动作。这里介绍 VSP5 型柱上自动配电开关，它在线路上可起分段器的作用。其识别故障和恢复供电的方式为电压型，用真空灭弧而用 SF_6 绝缘。额定电压 15.5kV，额定电流 630A，关合电流 31.5kA，电寿命 10000 次。VSP5 型柱上自动配电开关由真空开关、开关电源变压器和故障检测装置三部分组成。

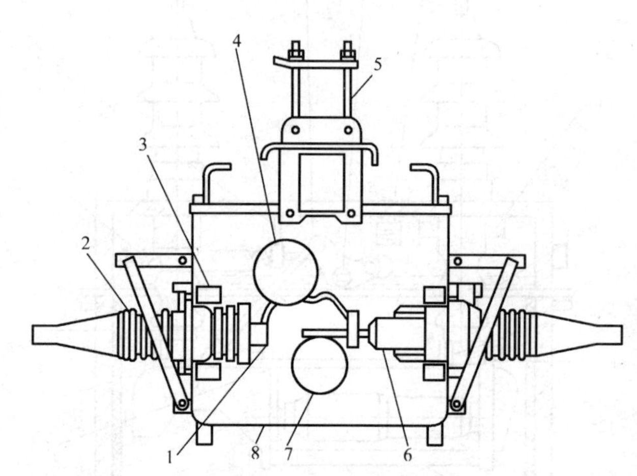

图 6-21 真空开关内部结构
1—隔离断口；2—圆锥形模主绝缘套管；3—电流互感器；4—绝缘轴（隔离断口驱动）；5—悬挂；6—真空灭弧室；7—绝缘轴（真空灭弧室驱动）；8—密封箱体

真空开关主要对线路进行分合操作，具有手动及电动操作功能。电动操作时，失压自动分闸，无需另外施加分闸电源。具有关合短路电流、合分负荷电流的能力，可单独作为频繁操作型负荷开关使用。其内部结构如图 6-21 所示，它由开断元件、支撑元件、传动元件、基座箱体和操动机构等基本部分组成。箱体采用模压钢板焊接组装而成，形成一个气密结构。内分主回路和操动机构两部分，由金属板隔开，既保证不受气候环境的影响，又能增强内部绝缘性能。所配操动机构为电磁弹簧机构，采用低压合闸电源，具有很高的安全性和灵活性。

开关电源变压器主要为开关提供操作电源，并为故障检测装置及柱上遥控终端单元提供检测信号，连接于开关的两侧，便于在多电源网络中应用。

故障检测装置是它的大脑，能根据线路的情况对开关进行智能化操作，故障的定位、隔离和电源自动转供均由其实时自动完成。故障检测装置单独悬挂在柱上，不怕暴雨和强风。内部采用专用微处理器，利用存储器中预置的各种故障判据及调度命令，结合硬件电路实现开关的智能控制。对故障的判定不依赖于流经线路的电流，而采用采集故障电压的特性，这样就可以与配电网的运行方式无关，不存在选择性问题，可较好地适用于各种网络。同一台故障检测装置既可作分段用，又可作联络用。

第六节 互 感 器

互感器包括电流互感器和电压互感器，是一次系统和二次系统之间的联络元件，将一次侧的高压、大电流变成二次侧标准的低电压（100V 或 $100/\sqrt{3}$V）和小电流（5A 或 1A），向二次电路提供交流电源，以正确反映一次系统的正常运行和故障情况。目前常用电磁式和电容式，随着电力系统容量的增大和电压等级的提高，光电式、无线电式互感器相继研究成功，并将使用于电力生产中。本节主要分析目前使用较广的电磁式互感器的工作特点、运行中的安全问题及常用的接线方式和使用范围。

一、互感器的连接与作用

（一）互感器与系统的连接

互感器是一种特殊的变压器，其一、二次绕组与系统的连接方式如图 6-22 所示。

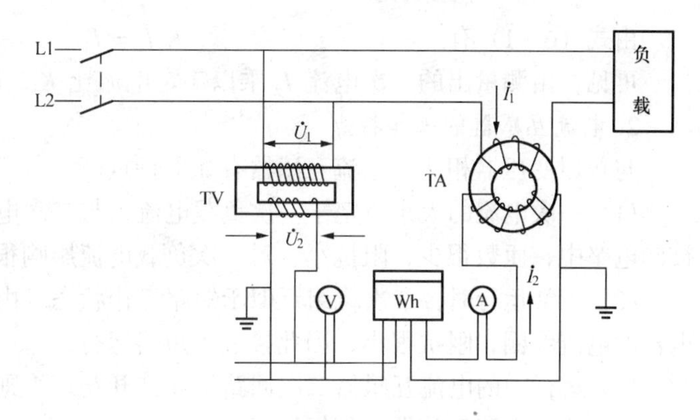

图 6-22　互感器与系统连接图

电流互感器 TA 用于各种电压的交流装置中，其一次绕组串联于被测量电路内，二次绕组与二次测量仪表和继电器的电流线圈串联连接。电压互感器 TV 用于 380V 及其以上的交流装置中，其一次绕组与一次被测电力网并联，二次绕组与二次测量仪表和继电器的电压线圈并联连接。

（二）互感器的作用

互感器的作用有以下几个方面：

1. 在技术方面，互感器将一次系统的高电压变成低电压、大电流变成小电流，便于实现对一次系统的测量和保护作用，也易于实现自动化和远动化。

2. 在经济方面，互感器使二次测量仪表和继电器标准化和小型化，使其结构轻巧、价格便宜。二次连接可采用低电压、小截面的电缆，使屏内布线简单，安装调试方便，并可降低造价。

3. 在安全方面，互感器使测量仪表和继电器等二次设备与高压的一次系统在电气方面隔离，保证了人身和设备的安全。其次，一次系统发生短路时，能够保护测量仪表和继电器免受大电流的损害，保证了设备的安全。

互感器在使用中，二次侧必须可靠接地，以防止一、二次绕组绝缘损坏在二次侧出现高电压，危及人身和设备安全。

二、电流互感器

（一）电流互感器的工作特点

1. 电流互感器的工作原理

电流互感器的工作原理与普通变压器相似，是按电磁感应原理工作的。如图 6-22 所示接线中，当一次侧流过电流 $\dot{I}_1$ 时，在铁芯中产生交变磁通，此磁通穿过二次绕组，产生感应电势，在二次回路中产生电流 $\dot{I}_2$。

电流互感器的一、二次额定电流之比，称为额定电流比，用 K_i 表示，即

$$K_i = I_{N1}/I_{N2} \tag{6-1}$$

根据磁势平衡原理，忽略励磁电流时，可以认为有

$$K_i = I_{N1}/I_{N2} \approx I_1/I_2 = N_2/N_1 = K_N \qquad (6-2)$$

式中 I_{N1}、I_{N2}——一、二次绕组额定电流；

I_1、I_2——一、二次绕组工作电流；

N_1、N_2——一、二次绕组匝数；

K_N——匝数比。

由式（6-1）有 $K_i I_2 = I_1$

可见，由测量出的二次电流 I_2 乘以额定电流比 K_i，即可测得一次实际电流 I_1。

2. 电流互感器的工作特点

与普通变压器相比，电流互感器有如下特点。

（1）一次电流的大小决定于一次负载电流，与二次电流大小无关。因为一次绕组串联于被测电路中，匝数很少，阻抗小，对一次负载电流影响很小（可以忽略）。

（2）正常运行时，二次绕组近似于短路工作状态。由于二次绕组的负载是测量仪表和继电器的电流线圈，阻抗很小，因此接近于短路运行。

（3）运行中的电流互感器二次回路不允许开路，否则会在开路的两端出现高电压危及人身安全，或使电流互感器发热损坏。

正常运行时，二次电流 $\dot{I}_2$ 在铁芯中产生的二次磁势 $\dot{I}_2N_2$ 对一次磁势起去磁作用，因此励磁磁势 $\dot{I}_0N_1$ 及合成磁通很小，其中 I_0 为空载时励磁电流，使二次绕组感应出的电势很小，一般不会超过几十伏。当二次回路开路时，二次电流 $\dot{I}_2$ 变为零，失去了去磁作用的一次磁势全部用于激磁，则有 $\dot{I}_1N_1 = \dot{I}_0N_1$，合成磁通 $\dot{\Phi}_0$ 突然增大很多倍，使铁芯的磁路高度饱和。此时的磁通由原来的低幅正弦波变成高幅值的交流平顶方波，而二次电势 $\dot{E}_2$ 决定于磁通的变化率 $d\Phi/dt$，磁通过零时变化率最大，将在开路的两端出现交流高幅值的尖顶脉冲波电压，达几千伏甚至上万伏，危及人身安全，如图6-23所示。另外，由于磁路的高度饱和，使磁感应强度骤增，铁芯中磁滞和涡流损耗急骤上升，会引起铁芯过热甚至烧毁电流互感器。所以，运行中当需要检修、校验二次仪表时，必须先将电流互感器二次绕组或回路短接，再进行拆卸操作。

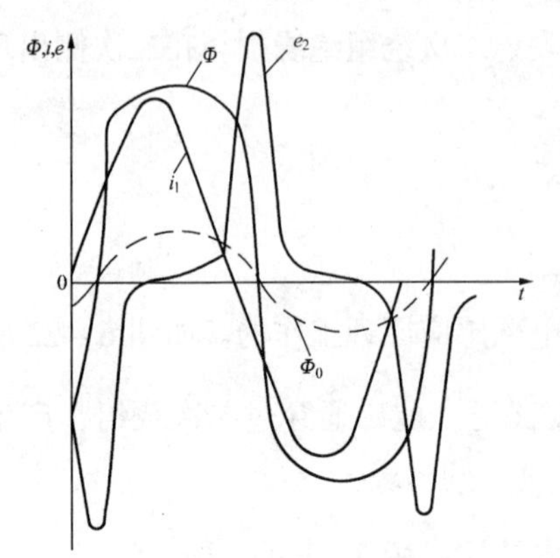

图6-23 电流互感器二次回路开路时磁通电势波形图

另外，为了防止电流互感器二次侧开路，二次侧不允许装设熔断器，且二次连接导线应采用截面积不应小于 $2.5mm^2$ 的铜芯材料。

（二）电流互感器的误差

由于电流互感器本身存在励磁损耗和磁饱和（励磁电流的影响），使测量出来的二次电流（折算后的）与实际一次电流在大小和相位上都不可能完全相等，即测量结果存在误差，并分别用电流误差（比差）和相位误差表示。

电流互感器的测量误差，不仅与铁芯质量、本身结构及尺寸、制造工艺等有关，而且与运行过程中的一次侧电流的大小和二次负载有关。

(1) 一次电流 I_1 的影响

一次侧电流比一次额定电流小得多时，由于 I_1N_1 较小，不足以建立激磁，则误差较大；当一次电流增大至一次额定电流附近时，电流互感器运行在设计的工作状态，误差最小；当一次电流增大，大大超过一次额定电流时，I_1N_1 很大，使磁路饱和，其误差很大。为此，正确使用电流互感器，应使一次额定电流与一次电路电流相配套。

(2) 二次负载阻抗 Z_2 的影响

如果一次电流不变，则二次负载阻抗 Z_2 及功率因数 $\cos\varphi_2$ 直接影响误差的大小。当二次负载阻抗 Z_2 增大时，二次输出电流将减小，即 I_2N_2 下降，对一次 I_1N_1 的去磁程度减弱，电流误差和角误差都会增加；二次功率因数角 φ_2 变化时，电流误差和相位误差会出现不同的变化。因此，要保证电流互感器的测量误差不超过规定值，应将其二次负载阻抗和功率因数限制在相应的范围内。

(三) 电流互感器的准确度级和额定容量

1. 电流互感器的准确度级

电流互感器测量误差，可以用其准确度级来表示，根据测量误差的不同，划分出不同的准确级。准确度级是指在规定的二次负荷变化范围内，一次电流为额定值时的最大电流误差。电流互感器的电流误差超过使用场合的允许值，使测量仪表的读数不准确，而相位误差过大，会对功率型测量仪表和继电保护装置产生不良的影响。我国电流互感器准确度级和误差的限值如表 6-6 所示。

表 6-6　电流互感器准确度级和误差限值

标准准确度	在下列额定电流时（%）	误差极限		使用条件
		电流误差（±%）	相位误差（±′）	
0.1	120	0.1	5	(25%～100%) S_{2N}
	100	0.1	5	
	20	0.2	8	
	5	0.4	15	
0.2	120	0.2	10	
	100	0.2	10	
	20	0.35	15	
	5	0.75	30	
0.5	120	0.5	30	
	100	0.5	30	
	20	0.75	45	
	5	1.5	90	
1	120	1.0	60	
	100	1.0	60	
	20	1.5	90	
	5	3.0	180	
3	120	3.0	无规定	(50%～100%) S_{2N}
	50	3.0		
5	120	5.0	无规定	
	50	5.0		
5P	50	1.0	60	S_{2N}
	120	1.0	60	
10P	50	3.0	60	S_{2N}
	120	3.0	60	

我国 GB1208—1997《电流互感器》规定：测量用电流互感器有 0.1、0.2、0.5、1、3、5 六个准确度级；继电保护用电流互感器按用途可分为稳态保护用（P）和暂态保护用（TP）两类。

电能产生、传输和使用过程中，不同的环节和场合，对测量的准确度级有不同的要求。一般0.1、0.2 级主要用于实验室精密测量和供电容量超过一定值(月供电量超过 100 万 kW·h)的线路或用户；0.5 级的可用于收费用的电度表；0.5～1 级的用于发电厂、变电所的盘式仪表和计量上用的电度表；3、5 级的电流互感器用于一般的测量和某些继电保护上；稳态保护用的 5P 和 10P 级，用于继电保护；暂态保护用有四种类型：TPX（不限制剩磁大小的互感器）、TPY（剩磁不超过饱和磁通 10% 的互感器）、TPZ（没有剩磁的互感器）和 TPS（低漏磁型的互感器）。

2. 电流互感器的额定容量

电流互感器的额定容量 S_{2N}，是指在额定二次电流 I_{2N}和在某一准确度级的额定二次阻抗 Z_{2N}下，二次绕组的输出容量，即

$$S_{2N} = I_{2N}^2 Z_{2N} \tag{6-3}$$

由于二次额定电流 I_{2N}已标准化（5A 或 1A），式（6-3）中 I_{2N}^2仅为一常数，所以二次侧额定容量 S_{2N}有时可以用二次负载阻抗 Z_{2N}代替，称为二次额定阻抗，单位为欧姆（Ω）。通常，互感器制造厂提供电流互感器的二次额定负载阻抗，供使用者在设计计算时参考。

不同的二次负载阻抗，直接影响着电流互感器的误差和准确度级，同一台电流互感器使用在不同的准确度级时，规定有相应的额定容量。例如 LMZ1—10—3000/5 型电流互感器，0.5 级对应的二次额定负载 Z_{2N}为 1.6Ω（40V·A）；1 级时，Z_{2N}为 2.4Ω（60V·A）。换言之，当该电流互感器使用于向收费用电度表供电时，应控制二次负载阻抗数不大于 1.6Ω，否则会降低准确度级，使测量的电能数不准确，这是互感器使用中要注意的。

（四）电流互感器的接线

1. 电流互感器的极性

电流互感器的极性，用减极性原则，一次绕组用 L1、L2，二次绕组用 K1、K2 注明，L1，K1 和 L2，K2 为两对同名端子，当一次电流 I_1从 L1 流入时，同时二次电流从 K1 流出。

电气装置在安装接线时，同名端子不可接错，否则会造成功率型测量仪表和继电保护装置运行中的紊乱。

2. 电流互感器的接线

电流互感器的常用接线方式，如图 6-24 所示。

（1）单相式连接。单相式连接只能测量一相的电流以监视三相运行，故通常用于三相对称的电路中，例如电动机回路。

（2）星形连接。星形连接可测三相电流，故用于可能出现三相不对称的电路中，以监视三相电路的运行情况。

（3）不完全星形连接。不完全星形连接只用两台电流互感器，一般测量两相的电流，但通过公共导线，可测量第三相的电流。由图 6-24（c）可见，通过公共导线上的电流是所测量两相电流的相量和，即 $-\dot{I}_v = \dot{I}_u + \dot{I}_w$。该接线方式通常用于发电厂、变电所 6～10kV 馈线回路中，用来测量和监视三相系统的运行情况。

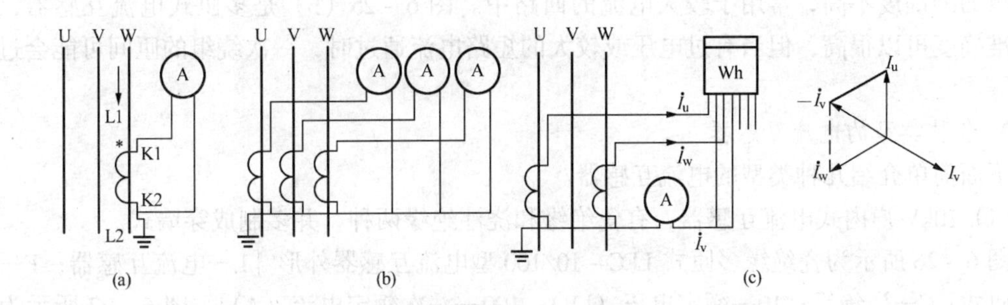

图 6-24 电流互感器常用的接线方式

(a) 单相式连接；(b) 星形连接；(c) 不完全星形连接

（五）电流互感器的类型和结构

1. 电流互感器的类型

(1) 按安装地点，可分为屋内式和屋外式。一般 20kV 及其以下的制成屋内式的，35kV 及其以上的制成屋外式的。

(2) 按绝缘，可分成干式、浇注式、油浸式、串级式、电容式等。干式用绝缘胶浸渍，用于低压的屋内配电装置中；浇注式以环氧树脂作绝缘，用于 3 ~ 35kV 的电压等级中；油浸式和串级式用变压器油作绝缘，用于 10 ~ 220kV 的电流互感器中；电容式用电容器作绝缘，用于 110kV 及其以上的电压等级中。

(3) 按安装方式，可分为支持式、装入式和穿墙式等。支持式安装在平面和支柱上；装入式（套管式）可以节省套管绝缘子而套装在变压器导体引出线穿出外壳处的油箱上；穿墙式主要用于室内的墙体上，可兼作导体绝缘和固结设施。

(4) 按一次绕组的匝数，可分为单匝式和多匝式（复匝式）。

(5) 按电流互感器的工作原理，可分为电磁式、电容式、光电式和无线电式。

2. 电流互感器的结构原理

电流互感器的结构原理如图 6-25 所示。

互感器的基本组成部分是绕组、铁芯、绝缘物和外壳。在同一回路中，要满足测量和继电保护的要求，一个回路往往需要很多的电流互感器，为了节约材料和降低投资，一台高压电流互感器常安装有相互间没有磁联系的独立的铁芯环和二次绕组，并共用一次绕组。这样可以形成变比相同、准确度级不同的多台电流互感器。为了适应一次电流的变化和减少产品规格，常将一次绕组分成几组，通过切换接线改变一次绕组的串并联，可以获得多种电流比，如图 6-25 所示。

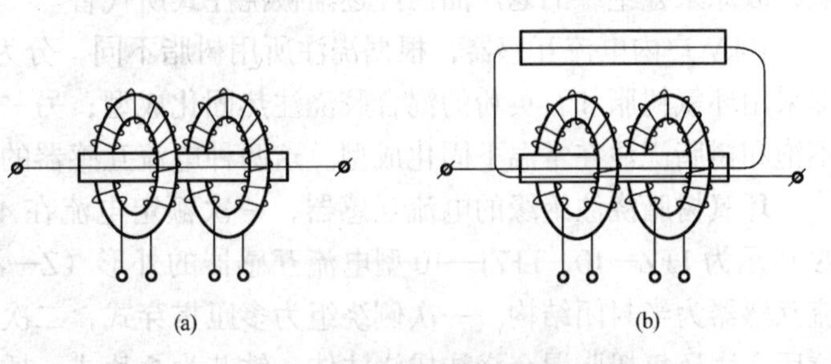

图 6-25 电流互感器的结构原理图

(a) 单匝式；(b) 多匝式

1— 一次绕组；2—绝缘套管；3—铁芯；4—二次绕组

图 6-25（a）所示为单匝式电流互感器。穿过环形铁芯的一次绕组载流导体根据工程需要截面形状可制成圆形、管形、槽形等多种形式。单匝式电流互感器结构简单、尺寸较小、价格便宜，

但测量的准确度不高，常用于较大电流的回路中。图 6-25（b）是多匝式电流互感器，其测量准确度可以很高，但当有过电压或较大的短路电流通过时，一次绕组的匝间可能会过电压。

3. 各种类型的电流互感器

下面简单介绍几种类型的电流互感器。

（1）10kV 户内式电流互感器，有瓷绝缘和浇注绝缘两种，并多制成穿墙式。

图 6-26 所示为瓷绝缘多匝式 LFC-10/100 型电流互感器外形［L—电流互感器；F—贯穿复匝式；C—瓷绝缘；10—额定电压（kV）；100——次额定电流（A）］。图 6-27 所示为瓷绝缘单匝式 LDC—10/1000 型电流互感器外形（D—贯穿单匝式）。

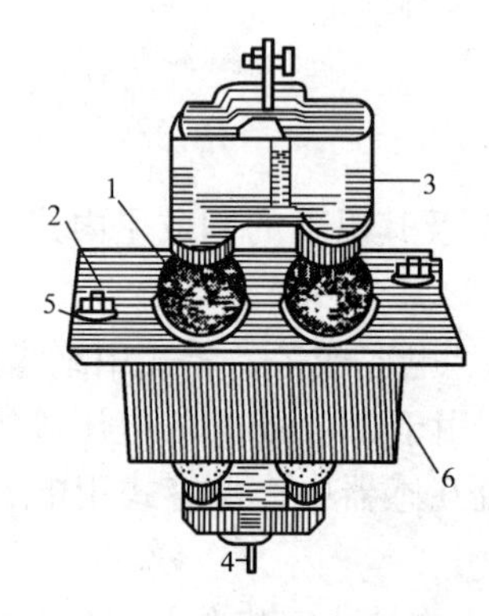

图 6-26 LFC—10/100 型电流互感器外形

1—瓷套管；2—法兰盘；3—铸铁接头盒；4— 一次侧绕组接线端子；5—二次绕组接线端子；6—封闭外壳

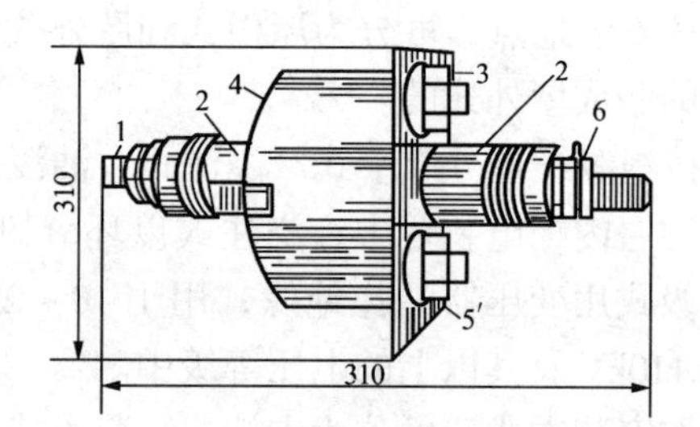

图 6-27 LDC-10/1000 型电流互感器外形

1——次导电杆；2—瓷套管；3—法兰盘；4—封闭外壳；5、5′—二次绕组接线端子；6—螺帽

图 6-28 所示为瓷绝缘母线式 LMC—10/3000 型电流互感器外形（M—母线式）。

瓷绝缘的电流互感器，是用瓷套管作为主绝缘，其一次绕组的导体穿过瓷套管，瓷套管穿过绕有二次绕组的铁芯，铁芯装在封闭外壳中。这种电流互感器体积大、重量大、耗费材料多，目前我国 10kV 户内电流互感器，多为浇注式。其主要特点是采用环氧树脂或不饱和树脂浇注绝缘。铁芯采用优质硅钢片，因此具有体积小、重量轻、性能好、节省原材料等优点，故原来瓷绝缘的老产品已经逐渐被浇注式所代替。

10kV 户内电流互感器，根据浇注所用树脂不同，分为两种。一种是环氧树脂浇注绝缘，即采用环氧树脂和石英粉的混合胶浇注热固化成型；另一种是不饱和树脂浇注绝缘，即采用不饱和树脂浇注在常温下固化成型。这两种电流互感器的结构形式相似，但型号不同。

环氧树脂浇注绝缘的电流互感器，一次额定电流在 400A 以下时，制成多匝式。图 6-29 所示为 LFZ—10、LFZJ—10 型电流互感器的外形（Z—浇注绝缘；J—加大容量）。该型电流互感器为半封闭结构。一次侧绕组为多匝贯穿式，二次绕组绕在骨架上，二者在模具中定位后，用环氧树脂混合浇注成浇注体。铁芯为叠片式，插装入浇注体上预留孔内，然后将铁芯和安装板夹装在浇注体上，安装板上有铭牌和安装孔等，互感器可以垂直或水平安装。一次额定电流在 400～1500A 时制成单匝式。图 6-30 所示为 LDZ—10、LDZJ—10 型电流互感器的外形，该型电流互感器为全封闭结构，一次绕组为一根铜棒或铜管，铁芯为优质硅钢带卷成的环形，二次绕组沿环形铁芯径向均匀绕制。每台互感器都有两个铁芯，对称地扎在支持件上，一次侧导电杆穿过铁芯在模具中定位后，用环氧树脂混合胶浇注成型，浇注体装在安装板上。因为绕组和铁芯都浇注在绝缘体内，可避免受潮而降低绝缘质量。

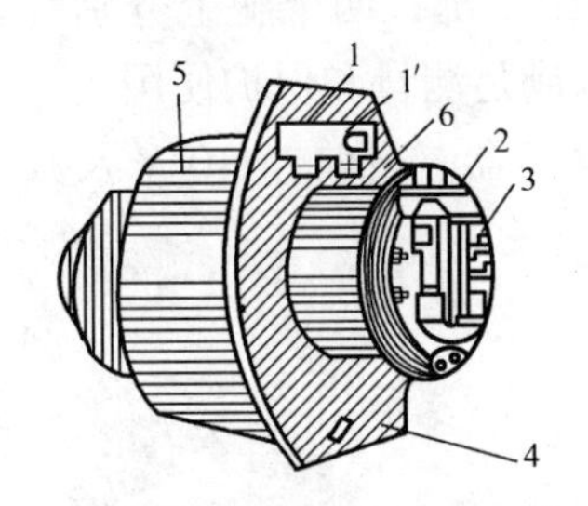

图 6-28　LMC—10/3000 型电流互感器外形

1、1′—二次绕组接线端子；2—母线支持板；3—引入母线的孔；4—法兰盘；5—封闭外壳；6—绝缘瓷套管

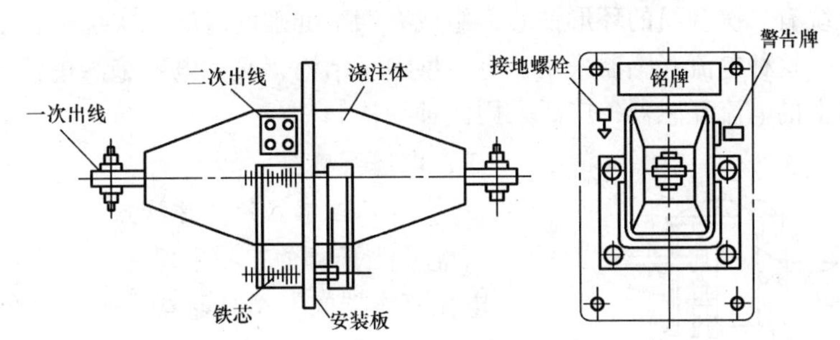

图 6-29　LFZJ—10 型电流互感器外形

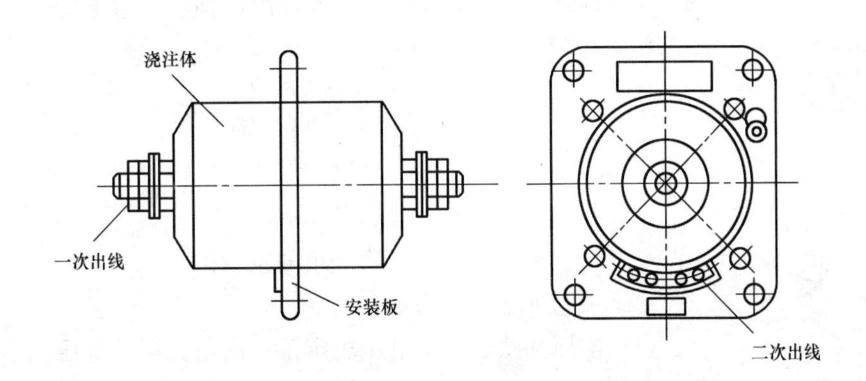

图 6-30　LDZ—10、LDZJ—10 型电流互感器外形

图 6-31 所示为母线式 LMZ—10、LMZJ—10 型电流互感器外形，为全封闭结构，铁芯为环形，二次绕组沿铁芯周围均匀绕制。环氧树脂浇注绝缘，中间留有孔，供一次侧母线通过或电缆缠绕用。一次额定电流为 300～3000A。

不饱和树脂浇注的电流互感器，型号为 LA—10、LAJ—10 型，多匝式、单匝式和母线式电流互感器的外形，分别与图 6-29、图 6-31 所示相似。

(2) 35kV 及其以上户外式电流互感器，多为支持式瓷箱油浸绝缘。

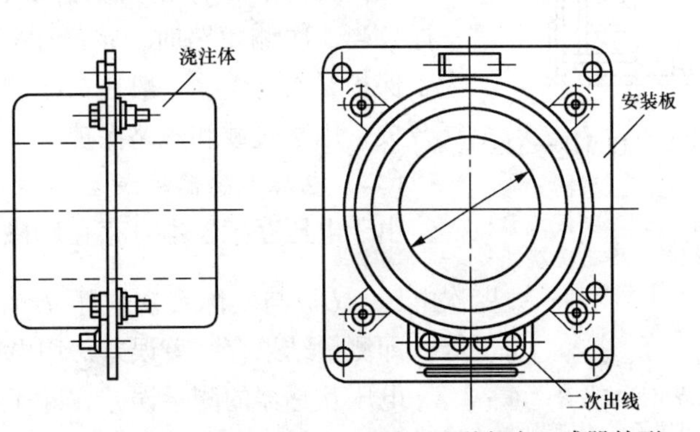

图 6-31　LMZ—10、LMZJ—10 型电流互感器外形

图 6-32 所示为 $LCLWD_2$—220 型电流互感器，其结构特点

是一次绕组由扁铝线弯成U字形，主绝缘用多层电缆纸与很薄的铝箔每层交替间隔开制成电容型绝缘，全部包绕在U字形的一次绕组上。铝箔形成层间电容屏，内屏与一次绕组连接，外屏接地，构成一个同心圆柱形的电容器串。这样，如果电容屏各层的电容量相等，则沿主绝缘厚度各层的电压分布均匀，从而使绝缘得到充分利用，减小了绝缘的厚度。

一次绕组制成四组，可进行串、并联换接。在U字形一次绕组下部，两个腿上分别套上绕有二次绕组的环形铁芯，组成有四个准确度级的二次绕组，以满足测量和保护使用。

这种电流互感器采用了电容型绝缘结构，又称电容绝缘电流互感器。目前，110kV及其以上的电流互感器，广泛采用此种结构。

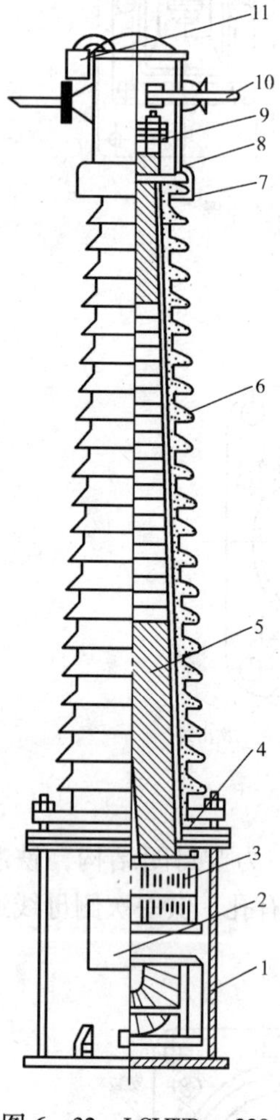

图6-32　LCLWD$_2$—220型电流互感器

1—油箱；2—二次接线盒；3—环形铁芯及二次绕组；4—压圈式卡接装置；5—U字形一次绕组；6—瓷套；7—均压护罩；8—贮油柜；9—一次绕组换接装置；10—一次绕组端子；11—呼吸器

三、电压互感器

（一）电压互感器的工作特点

1. 电压互感器的工作原理

电压互感器的工作原理与普通电力变压器相同，结构原理和接线也相似，但二次电压低、容量很小，只有几十伏安或几百伏安，且多数情况下其负荷是恒定的。

电压互感器一次绕组和二次绕组额定电压之比称为电压互感器的额定电压比，用 K_U 表示，不考虑激磁损耗，就等于一、二次绕组的匝数比为

$$K_U=\frac{U_{1N}}{U_{2N}}\approx\frac{N_1}{N_2}=\frac{U_1}{U_2}=K_N$$

式中　U_{1N}、U_{2N}——一、二次绕组的额定电压；

N_1、N_2——一、二次绕组的匝数；

K_N——一、二次绕组的匝数比。

2. 电压互感器的工作特点

（1）电压互感器一次电压决定于一次电力网的电压，不受二次负载的影响。

（2）正常运行时，电压互感器二次绕组近似工作在开路状态。电压互感器的二次负载是测量仪表、继电器的电压线圈，匝数多、电抗大，通过的电流很小，二次绕组接近空载运行。

（3）运行中的电压互感器二次绕组不允许短路。与电力变压器一样，当二次侧短路时，将产生很大的短路电流损坏电压互感器。为了保护二次绕组，一般在二次侧出口处安装熔断器或快速自动空气开关，用于过载和短路保护。

（二）电压互感器的误差

由于电压互感器本身存在励磁电流和内阻抗，使测量出来的二次电压 $-\dot{U}'_2$ 与实际一次电压 $\dot{U}_1$ 在大小和相位上都不可能完全相等，即测量结果存在着误差，用电压误差和相位误差表示。

电压互感器的测量误差，除了与互感器本身铁芯、绕组的质量有关外，运行中主要决定于一次电压和二次负载等参数。

1. 一次电压的影响

电压互感器一次额定电压已标准化，将一台电压互感器用于高或低的电压等级中，或运行中电压与额定电压偏离太远，电压互感器的误差都会增大。故正确地使用电压互感器，应使一次额定电压与电网的额压相适应。

2. 二次负载的影响

如果一次电压不变，则二次负载阻抗及其功率因数直接影响误差的大小。当带的负荷过多，二次负载阻抗下降，二次电流增大，在电压互感器绕组上的电压降上升，使误差增大；二次负载的功率因数过大或过小时，除影响电压误差外，相位误差也会相应地增大，或 ΔU 在正、负之间变化。因此，要保证电压互感器的测量误差不超过规定值，应将其二次负载阻抗和功率因数限制在相应的范围内。

（三）电压互感器的准确度级和额定容量

1. 电压互感器的准确度级

电压互感器的测量误差，以其准确度级来表示。电压互感器的准确度级，是指在规定的一次电压和二次负荷变化范围内，负荷的功率因数为额定值时，电压误差的最大值。我国规定的电压互感器的准确度级和误差限值如表 6－7 所示。

表 6－7　电压互感器的准确度级和误差限值

标准准确度级	误差限值		使用条件
	电压误差（±%）	相位误差（±′）	
0.2	0.2	10	在额定频率下，二次负荷在额定值的 25%～100%范围内，其功率因数为 0.8
0.5	0.5	20	
1.0	1.0	40	
3.0	3.0	无规定	
3P	3.0	120	使用条件与 0.2～3.0 级时的相同
6P	6.0	240	

电压互感器的测量精度有 0.2、0.5、1、3、3P、6P 六个准确度级，同电流互感器一样，误差过大，影响测量的准确性，或对继电保护产生不良的影响。0.2、0.5、1 级的使用范围同电流互感器，3 级的用于某些测量仪表和继电保护装置，继电保护用电压互感器有 3P 和 6P。

2. 电压互感器的额定容量

电压互感器的误差与二次负荷有关，因此对应于每个准确度级，都对应着一个额定容量，但一般说电压互感器的额定容量是指最高准确度级下的额定容量。例 JDZ－10 型电压互感器，各准确级下的额定容量为：0.5 级的为 80V·A，1 级的为 120V·A，3 级的为 500V·A，则该电压互感器的额定容量为 80V·A。同时，电压互感器按长期工作允许的发热条件出发，还规定有最大容量，JDZ—10 型电压互感器的最大容量为 500V·A，该容量是某些场合用来传递功率的，例如给信号灯、断路器的分闸线圈供电等。

与电流互感器一样，要求在某准确度级下测量时，二次负载不应超过该准确度级规定的容量，否则准确度级下降，测量误差是满足不了要求的。

（四）电压互感器的类型和结构

1. 电压互感器的类型

电压互感器可分为以下几种类型：

（1）按安装地点可分为户内式和户外式。

（2）按相数可分为单相式和三相式，只有 20kV 以下才制成三相式。

（3）按每相绕组数可分为双绕组和三绕组式。三绕组电压互感器有两个二次侧绕组，分别为基本二次绕组和辅助二次绕组。辅助二次绕组供接地保护用。

（4）按绝缘可分为干式、浇注式、油浸式、串级油浸式和电容式等。干式多用于低压；浇注式用于 3～35kV；油浸式主要用于 35kV 及其以上的电压互感器。

2. 电压互感器的结构

图 6－33 所示为单相户内油浸式 JDJ—10 型电压互感器的外形结构，其中，J—电压互感器；D—单相；J（第三字母）—油浸式；10—一次额定电压（kV）。电压互感器的器身固定在油箱盖上，浸在油箱内，绕组的引出线通过固定在盖上的瓷套管引出。

图 6－34 所示为浇注绝缘 JDZ－10 型电压互感器外形（Z—浇注式）。该型电压互感器为半封闭结构，一、二次绕组同心绕在一起（二次绕组在内侧），连同一、二次引出线，用环氧树脂混合成浇注体。铁芯采用优质硅钢片卷成（或叠装）成日字型，露在空气中，浇注体下面涂有半导体漆，并与金属底板及铁芯相连，以改善电场的不均匀性。

JDZJ—10 型电压互感器，每相有三个线圈，外形与 JDZ—10 型相同，只是二次绕组引出端子共有四个，基本二次绕组有两个引出端子，额定电压为 $100/\sqrt{3}$V；辅助二次绕组有两个引出端子，额定电压为 100/3V。

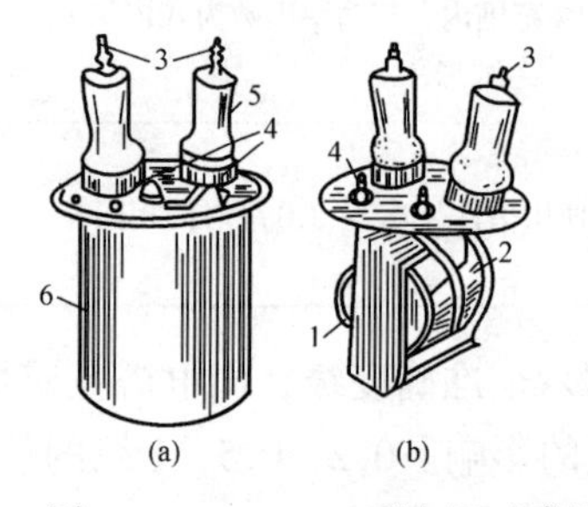

图 6－33 JDJ—10 型电压互感器
(a) 外形；(b) 器身与盖箱组装
1—铁芯；2—一次绕组；3— 一次绕组引出端；4—二次绕组引出端；5—套管绝缘子；6—油箱

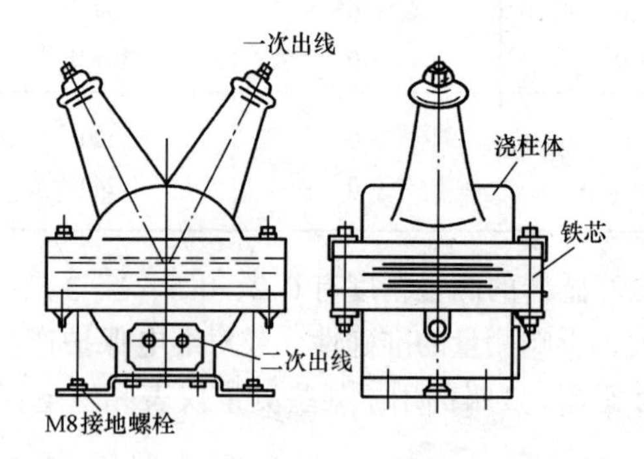

图 6－34 JDZ—10 型电压互感器

图 6－35 所示为油浸三相五柱式 JSJW—10 型电压互感器外形（S—三相式；W—五柱铁芯三绕组）。

（五）电压互感器的接线方式

在三相电力系统中，通常需要测量的有线电压、相对地电压和发生单相接地故障时的零序电压。为了测量这些电压，图 6－36 所示列举出了几种常见的电压互感器接线。

图 6－36（a）所示为一台单相电压互感器的接线，可测量某一相间电压（35kV 及其以下的中性点非直接接地电网）或相对地电压（110kV 及其以上中性点直接接地电网）。

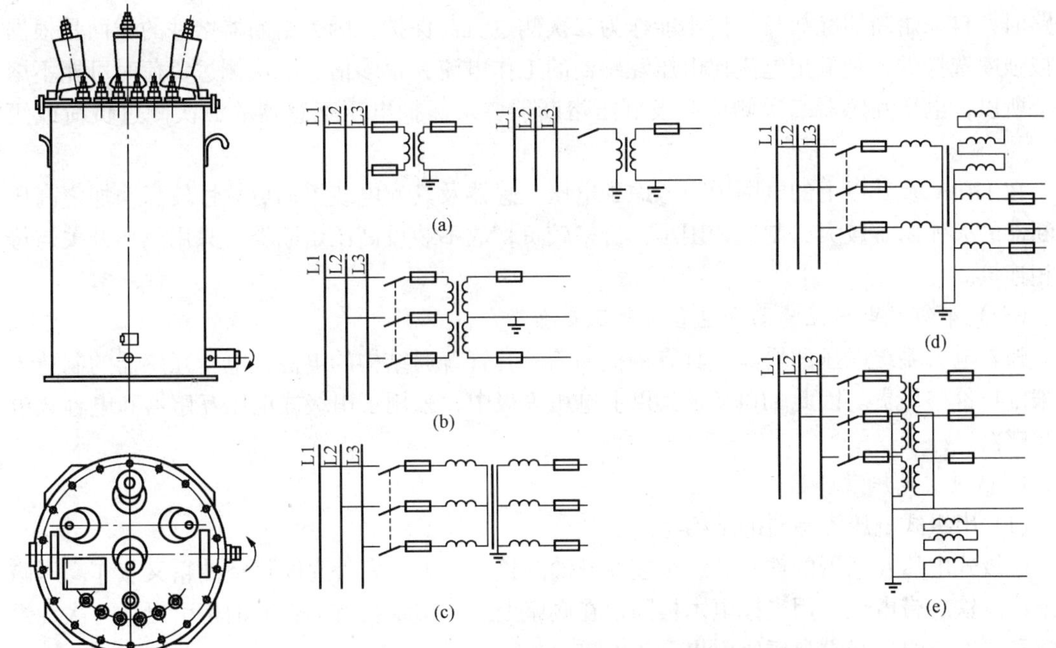

图 6-35　JSJW—10 型电压互感器外形

图 6-36　电压互感器的接线方式

(a) 单相接线；(b) V，v 接线；(c) 三相三柱式接线；(d) 三相五柱式接线；(e) 三台单相式电压互感器接线

图 6-36（b）所示两台单相电压互感器接成 V，v 形连接。广泛用于 20kV 及其以下中性点不接地或经消弧线圈接地的电网中，测量线电压，不能测相电压。

图 6-36（c）所示为一台三相三柱式电压互感器接成 Y，y0 形接线，只能用来测量线电压，不许用来测量相对地电压，因为它的一次绕组中性点不能引出，故不能用来监视电网对地绝缘。其原因是中性点非直接接地电网中单相接地时，非故障相对地电压升高$\sqrt{3}$倍，三相对地电压失去平衡，在三个铁芯柱中将出现零序磁通。由于零序磁通是同相位的，不能通过三个铁芯柱形闭合回路，而只能经过空气间隙和互感器外壳构成通路。因此磁路磁阻很大，零序励磁电流很大，会引起电压互感器铁芯过热甚至烧坏。

图 6-36（d）所示为一台三相五柱式电压互感器接成的 Y0，y0，△形接线。其一次绕组、基本二次绕组接成星形，且中性点均接地，辅助二次绕组接成开口三角形。这种接线可用来测量线电压和相电压，还可用作绝缘监察，故广泛用于小接地电流电网中。如图 6-36（d）所示，当系统发生单相接地时，三相五柱式电压互感器内出现的零序磁通可以通过两边的辅助铁芯柱构成回路。辅助铁芯柱的磁阻小，零序励磁电流也小，因而不会出现烧毁电压互感器的情况。

图 6-36（e）所示为三台单相三绕组电压互感器接成的 Y0，y0，△形接线，广泛应用于 35kV 及其以上电网中，可测量线电压、相对地电压和零序电压。这种接线方式发生单相接地时，各相零序磁通以各自的电压互感器铁芯构成回路，因此对电压互感器无影响。该种接线方式的辅助二次绕组接成开口三角形，对于 35～60kV 中性点非直接接地电网，其相电压为 100/3V，对中性点直接接地电网，其相电压为 100V。

在 380V 的装置中，电压互感器一般只经过熔断器接入电网。在高压电网中，电压互感器经过隔离开关和熔断器与电网连接。一次侧熔断器的作用是当电压互感器及其以内出线上短路时，自动熔断切除故障，但不能作为二次侧过负荷保护。因为熔断器熔件的截面是根据机械强度选择的，其额定电流比电压互感器的工作电流大很多倍，二次侧过负荷时可能不熔断。所以，电压互感器二次侧应装设低压熔断器，来保护电压互感器的二次侧过负荷或短路。

在110kV及其以上的电网中，考虑到电压互感器及其配电装置的可靠性较高，加之高压熔断器的灭弧困难较大，制造较困难，价格较贵，故不装设高压熔断器，只用隔离开关与母线相连接。

（六）串级式电压互感器和电容式电压互感器

随着电力系统电压的增高，具有钢板油箱磁套管普通结构的电磁式电压互感器的制造十分笨重且价格昂贵。因此110kV及其以上电压等级中，采用了串级式电压互感器和电容式电压互感器。

1. 串级式电压互感器

(1) 串级式电压互感器的结构特点

串级式电压互感器的铁芯和绕组装在充油的瓷外壳内，瓷外壳既代替油箱又兼作高压磁套绝缘。铁芯带电位，用支撑电木板固定在底座上。一次绕组首端自贮油柜引出，一次绕组末端和二次绕组出线端自底座引出。

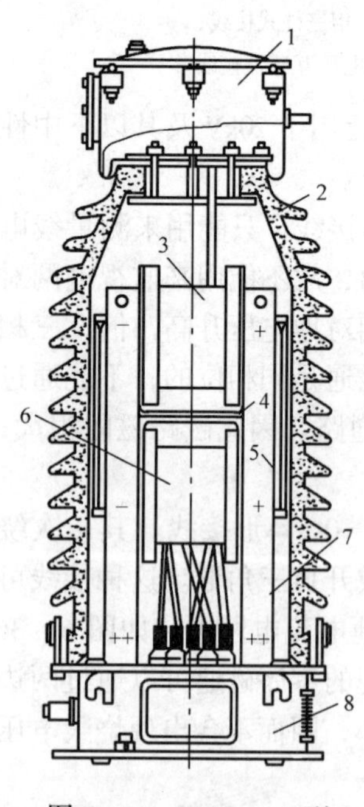

图6-37　JCC1—110型电压互感器的结构图

1—储油柜；2—瓷柜；3—上柱绕组；4—隔板；5—铁芯；6—下柱绕组；7—支撑绝缘板；8—底座

在普通结构的电压互感器中，一次绕组与铁芯和二次绕组之间是按装置的全电压绝缘的，而串级式电压互感器是分级绝缘的，每一级只处在装置的一部分电压之下，大量地节约了绝缘材料，减小了重量和体积。图6-37所示为单相串级式JCC1—110型电压互感器的结构图。

(2) 串级式电压互感器的工作原理

110kV串级式电压互感器的工作原理如图6-38所示。

图6-38（a）为原理电路图，其一次绕组被分成匝数相等的Ⅰ、Ⅱ两段，绕成圆筒式套装在上、下铁芯柱上并相互串联，中间连接点与铁芯相连。基本二次绕组和辅助二次绕组在铁芯的下柱上。

当二次绕组开路时，铁芯上、下柱中磁通$\Phi 1$相等，Ⅰ、Ⅱ段上电压相等，为一次绕组电压的1/2。由于Ⅰ、Ⅱ段绕组的连接点与铁芯相连，因此绕组两端线匝对铁芯的绝缘只需按电压U的1/2设计，而普通结构的电压互感器则按全电压U设计。

当二次绕组与测量仪表等负荷接通后，二次绕组中的电流$\dot{I}_2$将产生去磁磁通。由于二次绕组只装在下铁芯柱上，因漏磁不同，使上、下铁芯柱内的合成磁通不一样，从而造成电压分布不均匀，造成测量结果误差较大，准确度降低。为解决此问题，在上、下铁芯柱上加装匝数相等而绕向相反的平衡绕组，并接成环路，如图6-38（b）

所示。当上、下铁芯柱内的磁通不相等时，将在平衡线圈中感应出电动势 e_1、e_2，在电动势差作用下平衡绕组中产生平衡电流 I_{ph}，使磁通较多的上铁芯柱去磁，磁通较少的下铁芯柱助磁，于是铁芯上、下柱中的合成磁通基本相等，一次绕组Ⅰ、Ⅱ段上的电压分布趋于均匀，使测量准确度提高。

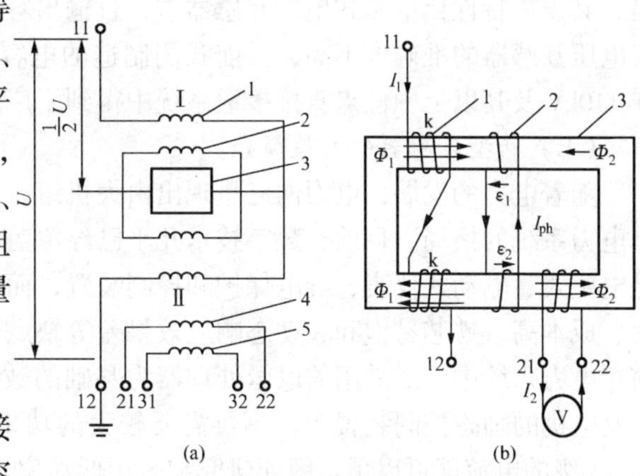

图 6-38　110kV 串级式电压互感器工作原理
(a) 原理电路图；(b) 平衡绕组作用原理图
1—一次绕组；2—平衡绕组；3—铁芯；
4—基本二次绕组；5—辅助二次绕组

2. 电容式电压互感器

图 6-39 为电容式电压互感器原理接线图。电容式电压互感器实质是一个电容分压器，在被测装置和地之间有若干相同的电容器串联。

为便于分析，将电容器串分成主电容 C_1，和分压电容 C_2 两部分。设一次侧相对地电压为 U_1，则 C_2 上的电压为

$$U_{C2}=\frac{C_1}{C_1+C_2}U_1=KU_1$$

$$K=C_1/(C_1+C_2)$$

式中　K——分压比。

改变 C_1 和 C_2 的比值，可得到不同的分压比。由于 U_{C2} 与一次电压 U_1 成正比，故测得 U_{C2} 就可得到 U_1，这就是电容式电压互感器的工作原理。

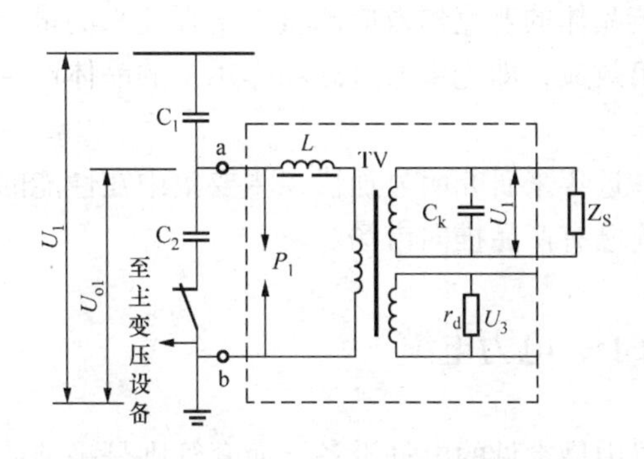

图 6-39　电容式电压互感器原理接线

但是，当 C_2 两端接入普通电压表或其他负荷时，所测得的值小于电容分压值 U_{C2}，且负载电流越大，测得的值越小，误差也越大。这是由于电容器的内阻抗 $1/j\omega(C_1+C_2)$ 所引起的。为减小误差，在电容分压器与二次负载间加一变压器 TV，即中间变压器（实际就是一台电磁式电压互感器）。

中间变压器 TV 中的电感 L 是为了补偿电容器的内阻抗的，因此称为补偿电感。当 $\omega L=1/\omega(C_1+C_2)$ 时，内阻抗为零，使输出电压 U_{C2} 与二次负载无关。实际上，由于电容器，电感 L 中有损耗存在，接负载时仍存在误差。

在 TV 的二次绕组上并联一补偿电容 C_k，用来补偿 TV 的励磁电流和负载电流中的电感分量，提高负载功率因数，减少测量误差。

阻尼电阻 r_d 的作用，是防止二次侧发生短路或断路冲击时，由铁磁谐振引起的过电压。补偿电抗器 L 及中间变压器 TV 不致被过电压损坏。

电容式电压互感器与电磁式电压互感器相比，具有冲击绝缘强度高、制造简单、重量轻、体积小、成本低、运行可靠、维护方便并可兼作高频载波通信的耦合电容等优点。但

是，其误差特性比电磁式电压互感器差，且输出容量较小，影响误差的因素较多。过去电容式电压互感器的准确度不高，目前我国制造的电容式电压互感器，准确度已提高到0.5级，在110kV及其以上中性点直接接地系统中得到了广泛应用。

（七）新型互感器的发展简介

随着电力的发展，电力网已呈现出由大机组、超高压、特高压、远距离输变电的超大容量电力系统的格局。目前，数字技术几乎已经覆盖电力系统二次系统的各个领域。以往为满足电磁式、电动式仪表、继电保护和控制装置，而使用的电磁式互感器由于绝缘复杂、体积大、成本高、铁芯易饱和、动态响应效果差等缺点已满足不了技术和经济、安全的要求。当前在电力系统中广泛采用的以微处理器为基础的数字式保护、测量、运行监视和控制系统，及发电机的励磁控制装置等，不再需要较大的功率来带动，仅需要±5V的电压信号和mA或μA级的电流就可以了，因此研究和采用低功率、紧凑型电压和电流测量装置代替常规的TV、TA，将高电压、大电流变换成数字装置所需的低电压、小电流，都成为电力系统技术创新的重要课题。

新型互感器的研制是光电子、光纤通信和数字信号处理技术的发展和应用。新型的测量系统（即数字光电测量系统）由电压、电流变换器、数字信号处理器、以及连接它们的电缆和光缆组成。光电式互感器的原理是利用石晶材料的磁电效应和电场效应，将被测的电压、电流信号转换成光信号，经光通道传播，由接收装置进行数字化处理而进行测量的，其中电压和电流的变换是测量系统的关键，按变换原理的不同，新型电压、电流变换器可分为半常规电压及电流变换器和光电变换器两种，而后者最具有发展前景。

半常规电压变换通常采用电阻或电容分压，电流变换采用带铁芯的微型TA或不带铁芯的罗柯夫斯基线圈实现。

在数字光电测量系统中，电压变换是利用石英晶体的普克尔效应测量电场强度来测量导体的对地电压；电流变换是利用石英晶体的法拉第效应，即光束通过磁场作用下的晶体产生旋转、测量光线旋转角来测量电流。

数字光电测量系统的研制在国外已进行多年，近年来研究明显加快，主要集中在性能的改进和样品的现场试验，并取得了运行经验，目前已有产品推向市场。

第七节　母线、绝缘子、电力电缆

母线、绝缘子及电力电缆是电力系统配电装置中最常见的电气设备，而套管则是一种特殊的绝缘子。在本节中我们主要讲述母线、绝缘子及电力电缆的用途、构成材料、型号及其分类，并简要阐述其安装方法和适用范围。

一、母线

（一）母线的作用

在发电厂和变电所的各级电压配电装置中，将发电机、变压器等大型电气设备与各种电器之间连接的导线称为母线。母线的作用是汇集、分配和传送电能。母线是构成电气主接线的主要设备。

（二）母线的分类及特点

母线按所使用的材料可分为铜母线、铝母线和钢母线。不同材料制作的母线具有各自不同的特点和适用范围。

1. 铜母线

铜的电阻率低，机械强度高，抗腐蚀性强，是很好的母线材料。但它在工业上有很多重要用途，而且储量不多，是一种贵重金属。因此，除在含有腐蚀性气体或有强烈振动的地区（如靠近化工厂或海岸等）应采用铜母线之外，一般都采用铝母线。

2. 铝母线

铝的电阻率约为铜的1.7~2倍，而重量只有铜的30%，所以在长度和电阻相同的情况下，铝母线的重量仅为铜母线的一半。而且铝的储量较多，价格也较低。总的来说，用铝母线比用铜母线经济。因此目前我国在屋内和屋外配电装置中都广泛采用铝母线。

3. 钢母线

钢的优点是机械强度高，价格便宜。但钢的电阻率很大，为铜的6~8倍，用于交流时产生很强烈的集肤效应，并造成很大的磁滞损耗和涡流损耗，因此仅用在高压小容量电路（如电压互感器回路以及小容量厂用、所用变压器的高压侧）、工作电流不大于200A的低压电路、直流电路以及接地装置回路中。

母线按截面形状可分为矩形、圆形、槽形和管形等。母线的截面形状应保证集肤效应系数尽可能小，同时使散热条件好，机械强度高。

1. 矩形截面

矩形截面母线常用在35kV及其以下的屋内配电装置中。矩形母线的优点（与相同截面的圆形母线比较）是散热条件好，集肤效应小，安装简单，连接方便。在相同的截面积下，矩形母线比圆形母线具有更大的周长和散热面，因而散热条件好，在相同的截面和相同的容许发热温度下，矩形截面母线要比圆形母线的容许工作电流大。

为增强散热条件和减小集肤效应的影响，同时兼顾机械强度，矩形截面母线的边长比通常约为1:12~1:5。单条母线的截面积不应大于$10 \times 120 = 1200mm^2$。当工作电流超过最大截面的单条母线之允许电流时，每相可用两条或三条矩形母线固定在支持绝缘子上，每条间的距离应等于一条的厚度，以保证较好的散热。但每相条数增加时，其允许电流并不成正比地增加，而是随条数的增加而增加得较少。当每相有三条时，中间一条电流约为总电流的20%，两边的二条各占40%。每相矩形母线的条数不宜超过三条。

2. 圆形截面

在35kV以上的户外配电装置中，为了防止产生电晕，大多采用圆形截面母线。一般情况下，母线表面的曲率半径越小，则电场强度越大。因此，矩形截面的四角处在电压等级较高时，易引起电晕现象，而圆形截面不存在电场集中的部位。因此，在110kV及其以上电压的户外配电装置中，一般都采用钢芯铝绞线或管形母线。

3. 槽形截面

槽形母线的电流分布较均匀，与同截面的矩形母线相比，具有集肤效应小、冷却条件好、金属材料的利用率高、机械强度高等优点。当母线的工作电流很大，每相需要三条以上的矩形母线才能满足要求时，一般采用槽形母线。

4. 管形截面

管形母线是空芯导体，集肤效应小，且电晕放电电压高。在35kV以上的户外配电装置中多采用管形母线。

母线还可分为软母线和硬母线，软母线指多股铜绞线或钢芯铝绞线，应用于较高（35kV以上）的户外配电装置。过去硬母线主要应用于电压较低（35kV及其以下）的户内配电装置，现在较高电压、尤其是超高压也多用硬母线。

（三）母线的布置方式

母线的散热条件和机械强度与母线的布置方式有关。以矩形截面母线为例，最为常见的布置方式有两种，即水平布置和垂直布置。

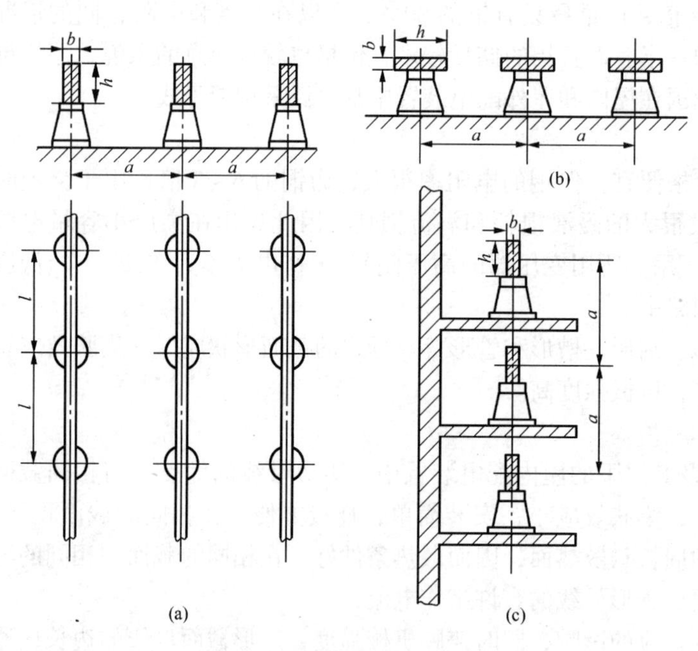

图6-40 母线布置方式
(a) 水平布置；(b) 水平布置；(c) 垂直布置

1. 水平布置

如图6-40（a）、（b）所示，三相母线固定在支持绝缘子上，具有同一高度。各条母线之间既可以竖放，也可以平放。竖放式水平布置的母线散热条件好，母线的额定允许电流较其他放置方式要大，但机械强度不是很好。对于载流量要求不大，但机械强度有较高要求的场合可采用平放式水平布置的结构。

2. 垂直布置

垂直布置方式的特点是三相母线分层安装，如图6-40（c）所示，图中母线采用竖放式垂直布置。这种布置方式不但散热性强，而且机械强度和绝缘能力都很高，克服了水平布置存在的不足之处。然而垂直布置增加了配电装置的高度，需要更大的投资。

槽形截面母线布置方式与矩形母线是相似的，这里不再重述。应当指出的是，槽形母线的每相均由两条组成一个整体，构成所谓的双槽式，如图6-41所示，整个断面接近正方形，槽形母线均采用竖放式，两条同相母线之间每隔一定距离，用焊接片进行连接，构成一个整体。这种结构形式的母线其机械性能相当强，而且能节约金属材料。

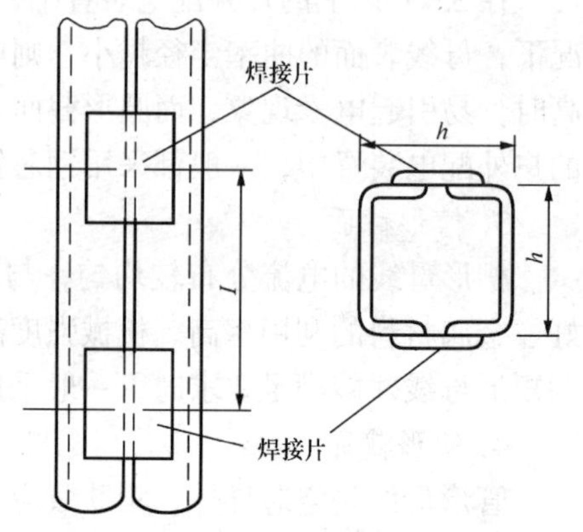

图6-41 槽形母线布置断面图

（四）母线在绝缘子上的的固结和着色

1. 母线在绝缘子上的固结

矩形截面母线和槽形截面母线都是通过衬垫安置在支柱绝缘子上，并利用金具进行固结，如图6-42所示。在交流装置中由于铁耗等原因，会造成母线金具的发热。为减小发热程度，在1000A以上的大工作电流装置中，通常母线金具上边的夹板用非磁性材料铝制成，而其他零件采用镀锌铁。

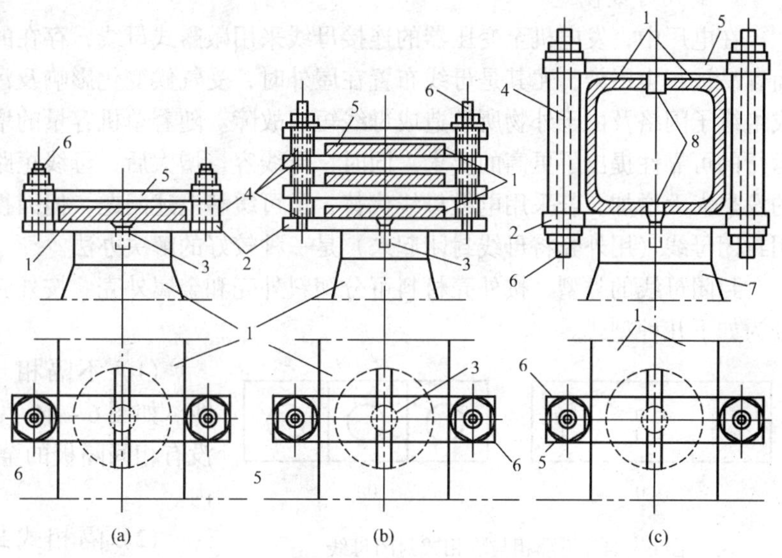

图6－42　母线在支柱绝缘子的固结

(a) 单条矩形母线；(b) 三条矩形母线；(c) 槽形母线

1—母线；2—钢板；3—螺钉；4—间隔钢管；5—铁板；6—拧入钢板2的螺栓；7—绝缘子；8—撑杆

母线用金具固结在瓷瓶上，必须考虑到母线热效应而产生的纵向自由伸缩，以免支柱瓷瓶受到很大的应力。为此，在固结铝板的螺栓上套以间隔钢管，使母线与上夹板之间保持一定的空隙。

圆形截面的母线是利用卡板固结在支柱上，多股绞线则利用专门的线夹固结在悬式绝缘子串上。

当矩形截面的长度大于20m时，一般在母线上装设伸缩补偿器，如图6－43所示。图中盖板上有圆孔，以供螺栓之用。根据螺栓直径的大小，在母线上也凿有长圆孔，以保证螺栓在其中自由伸缩。为便于母线自身的自由伸缩，一般都不允许将螺栓拧紧。

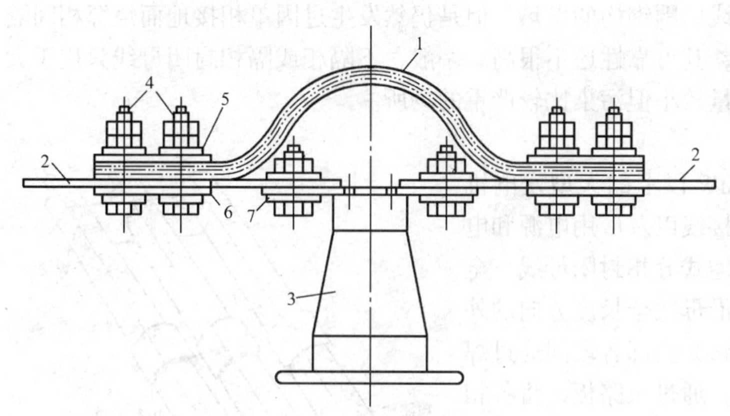

图6－43　半圆形母线伸缩补偿器

1—补偿器；2—母线；3—支持绝缘子；4—螺栓；5—垫圈；6—衬垫；7—盖板

伸缩补偿器通常是用与母线材料相同的许多厚度约0.2～0.5mm的薄片叠成，以薄铜片为最好，薄片的数量应与母线的截面相适应。当母线的厚度在8mm以下时，也可以用母线本身弯曲的办法，使母线得以自由伸缩。

2. 母线的着色

对室内放置母线进行着色有其实际意义，它可以增强热辐射能力，有利于母线的散热，母线着色后允许负荷电流提高12%～15%。钢母线着色还可防止生锈。同时，为了使工作人员便于识别直流的极性及交流的相别，母线可涂以不同的颜色标志。

直流装置：正极——红色；负极——蓝色。

交流装置：U相——黄色；V相——绿色；W相——红色。

中性线：不接地中性线——白色；接地中性线——紫色。

（五）分相封闭母线

1. 封闭母线概述

在电厂中，发电机至变压器的连接母线采用敞露式母线，存在的主要缺点是：绝缘子表面容易被灰尘污染，尤其是母线布置在屋外时，受气候变化影响及污染更为严重，很容易造成绝缘子闪络及由于外物所致造成母线短路故障。随着单机容量的增大，对发电机出口母线运行的可靠性提出了更高的要求。同时，母线容量增大后，母线短路电动力和母线附近钢构的发热大大增加。若采用电缆母线代替，虽可缓解上述问题，但因投资太大，很少采用。采用封闭母线（用外壳将母线封闭起来）是一种较好的解决办法。

封闭母线的类型，按外壳材料可分塑料外壳和金属外壳。按外壳与母线间的结构型式可分为如下几种型式。

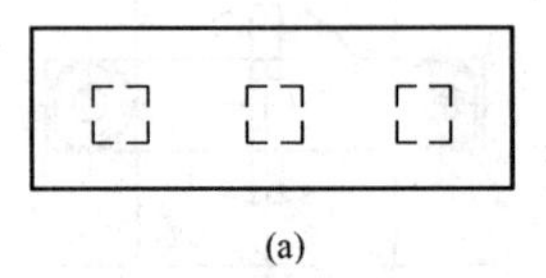

(a)

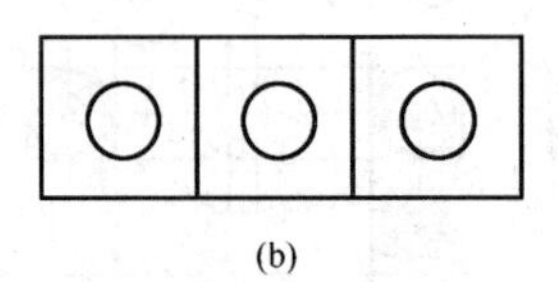

(b)

图 6－44　不隔相与隔相式封闭母线

（a）不隔相式；（b）隔相式

（1）不隔相（亦称共箱）式封闭母线。如图 6－44（a）所示，三相母线设在没有相间隔板的金属（或塑料）公共外壳内。

（2）隔相式封闭母线。如图 6－44（b）所示，三相母线布置在相间有金属（或绝缘）隔板的金属外壳内。

（3）分相封闭母线。其每相导体分别用单独的铝制圆形外壳封闭。分相封闭母线根据金属外壳各段的连接方法，又可分为分段绝缘式和全连式（段间焊接）两种。

不隔相的封闭母线只能起防止绝缘子免受污染和外物所造成的母线短路，而不能减少母线相间电动力和减少钢构的发热。隔相式封闭母线虽然可较好地防止相间故障，在一定程度上能减少母线电动力和减少母线周围钢构的发热，但是仍然发生过因单相接地而烧穿相间隔板造成相间短路的事例，因此，其可靠性还不很高。一般，不隔相或隔相封闭母线只用于大容量机组的厂用电系统，或容量较小但污染比较严重的场所。

2. 全连式分相封闭母线

目前对于单机容量在 200MW 以上的大型发电机组，发电机与变压器之间的连接线以及厂用电源和电压互感器等分支线，均采用全连式分相封闭母线。全连式分相封闭母线的特点是，沿母线全长度方向的外壳在同一相内（包括各分支回路）全部各段间通过焊接连通。在封闭母线的各终端，通过短路板，将各相的外壳连接成电气通路，见图 6－45。从工程安装方便等原因考虑，在上述全连式的基础上再将从发电机至变压器之间的封闭外壳分为 2～3 大段，在每段两端装置短路板，称为分段全连式。分相式封闭母线的结构主要由三部分组成：

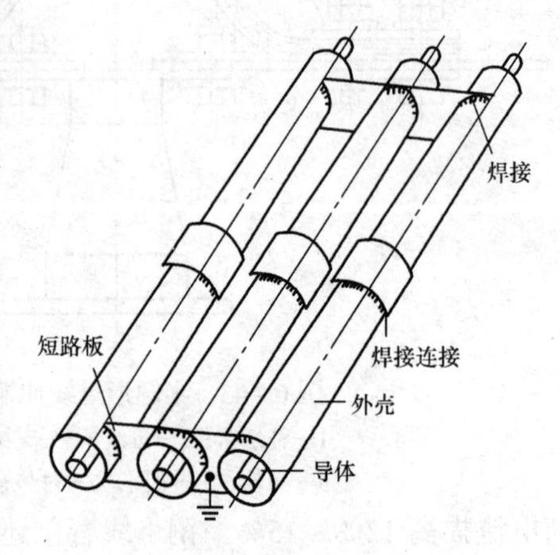

图 6－45　全连式分相封闭母线

（1）载流导体

一般用铝制成，采用空心结构以减小集肤效应，当工作电流很大时，还可采用水内冷圆管母线。

(2) 支柱绝缘子

采用多棱边式结构以加长漏电距离，每个支持点可用1~4个支持绝缘子，较多的情况是用一个或三个，绝缘子与封闭外壳之间的连接应具有一定的弹性。单个绝缘子支持的结构如图6-46所示。三个绝缘子支持的结构如图6-47所示，其具有结构不复杂、受力好、安装检修方便，且可采用轻型绝缘子等优点。一般分相封闭母线都采用三个绝缘子支持的结构。

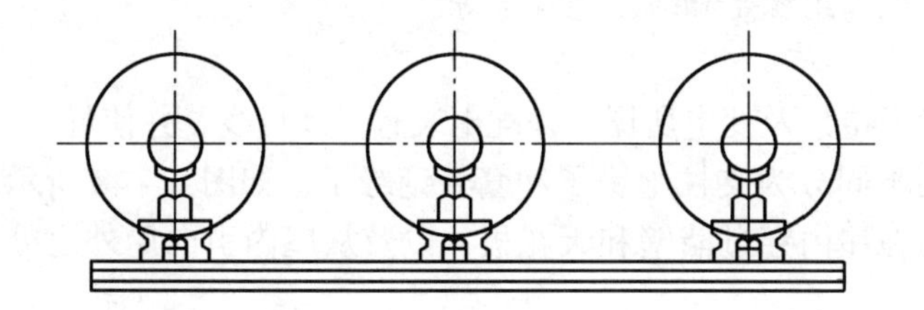

图6-46　单个绝缘子支持的分相封闭母线结构示意图

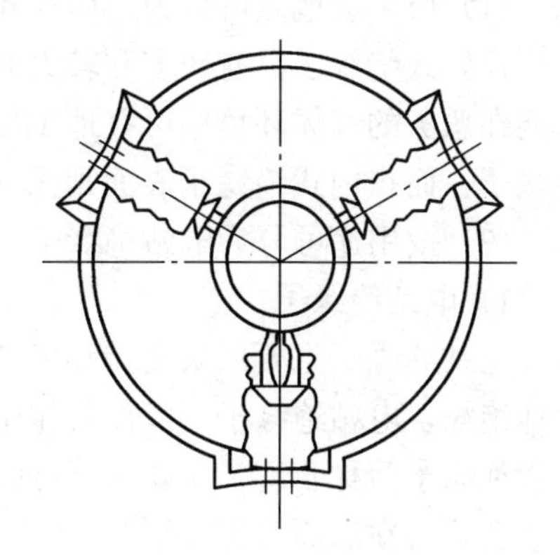

图6-47　三个绝缘子支持的分相封闭母线结构示意图

(3) 保护外壳

由5~8mm厚的铝板制成圆管形，为便于检修维护母线接头或绝缘子，在外壳上设置检修与观察孔。封闭母线的外壳和载流导体，它们与电气设备的连接处，都应该设可拆卸的伸缩接头。当直线段长度在20m左右时，一般设置成焊接式的伸缩接头，以充分保证封闭母线的伸缩。

全连式分相封闭母线，其三相的外壳在端部通过短路板连通形成闭合回路，当载流导体通过电流时，便在外壳上感应出与载流导体大小相近而方向相反的环流，使壳外磁场几乎为零，载流导体间的短路电动力也大大减小，附近钢构件发热几乎完全消失，因此外壳起到了较好的屏蔽作用。为保证安全，外壳采用多点接地，并在短路板处设置可靠的接地点。

全连式分相封闭母线与敞露母线相比有以下优点。

1) 运行可靠性高。封闭母线防尘,不受自然环境和外物的影响,且各相间的外壳又相互分开,因而减低了相间短路的可能性。一般采用外壳多点接地,可保障人体接触时的安全。

2) 外壳环流的屏蔽作用，显著减小了母线附近钢构中的损耗和发热，可不用考虑附近钢构的发热问题。

3) 短路电流通过时，由于外壳环流和涡流的屏蔽作用，使母线之间的电动力大大减小，可加大绝缘子间的跨距。外壳之间的电动力也不很大，不会带来问题。

4) 由于母线和外壳可兼作强迫冷却的管道，因此母线载流量可做到很大。

全连式分相封闭母线有如下缺点：

1) 有色金属消耗约增加一倍。

2) 母线功率损耗约增加一倍。

3) 母线导体的散热条件（自然散热时）较差，相同截面下的母线载流量减小。

二、绝缘子

(一) 绝缘子的作用

绝缘子俗称瓷瓶，绝缘子广泛地应用在发电厂和变电所的配电装置中以及输电线路上，用来支持和固定载流导体，并使导体与地绝缘，或使装置中处于不同电位的载流导体之间绝缘。绝缘子必须具有足够的绝缘强度和机械强度，并能耐热和耐潮湿。

（二）绝缘子的分类

（1）按装设地点可分为户内式和户外式两种。

户外式绝缘子具有较多和较大的伞裙，以增长沿面放电距离，并能在雨天阻断水流，使其能在恶劣的气候环境中可靠地工作。在多灰尘或有害气体的地区，应采用特殊结构的防污绝缘子。而户内式绝缘子表面则无伞裙。

（2）按用途可分为电站绝缘子、电器绝缘子和线路绝缘子等。

1）电站绝缘子

电站绝缘子主要用来支持和固定发电厂及变电所屋内外配电装置的硬母线，并使母线与大地绝缘。电站绝缘子一般按其作用不同分为支柱绝缘子和套管绝缘子，如图 6－48 所示。套管绝缘子简称套管，主要用于母线在屋内穿过墙壁和天花板，以及从屋内引向屋外之处。关于套管将在后面着重介绍。

2）电器绝缘子

电器绝缘子主要用来固定电器的载流部分，也可分为支持和套管绝缘子两种。电器绝缘子如图 6－49 所示。支柱绝缘子用于固定没有封闭外壳电器的载流部分，如隔离开关的静、动触头等。套管绝缘子用来使有封闭外壳的电器（如断路器、变压器等）的载流部分引出外

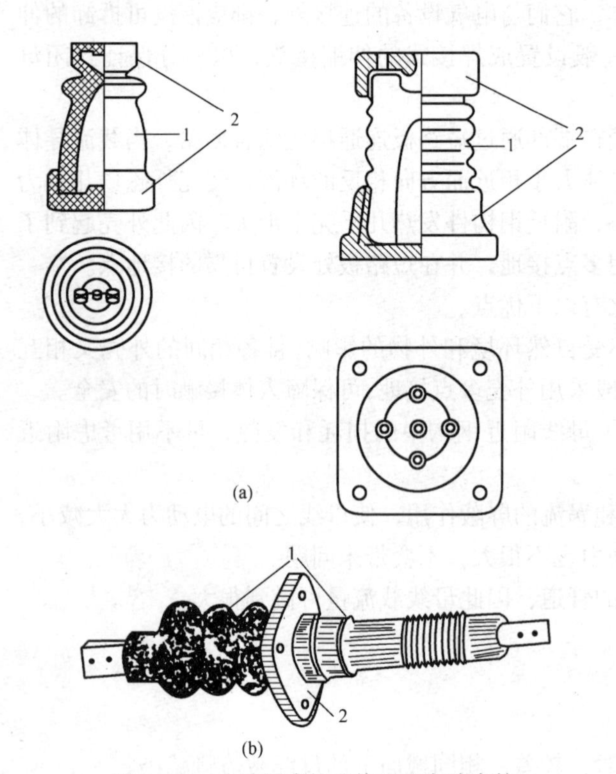

图 6－48　电站用支柱绝缘子和穿墙套管

（a）ZA—6Y 型和 ZLD—10F 型支柱绝缘子；

（b）CWLB—10 型户外穿墙套管

1—瓷体；2—法兰

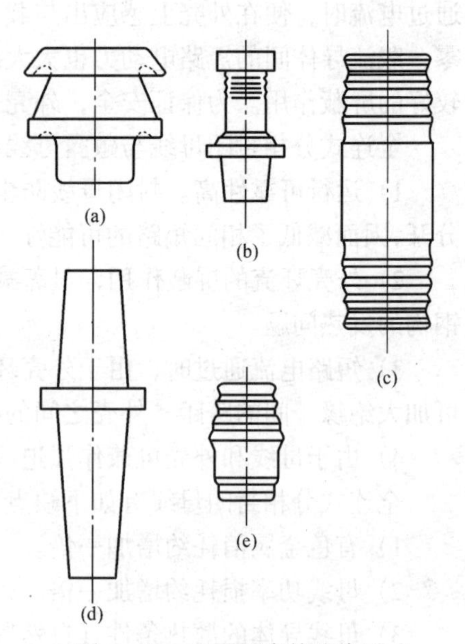

图 6－49　电器用套管绝缘子

（a）变压器瓷套；（b）开关瓷套；

（c）互感器瓷套；（d）电容器瓷套；

（e）电缆瓷套

壳。有些电器绝缘子具有特殊形状，如柱形、牵引杆形和杠杆形等，以使其具有优良特性，并更能与电器相配合。

3）线路绝缘子

线路绝缘子主要用来固结架空输、配电导线和屋外配电装置的软母线，并使它们与接地部分绝缘。目前主要由针式、悬式、蝴蝶式和瓷横担四种。如图6-50、图6-51所示。

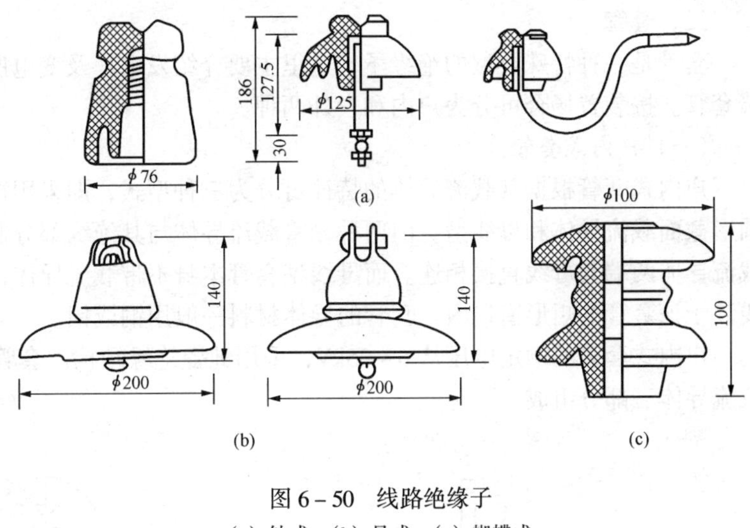

图6-50　线路绝缘子

(a) 针式；(b) 悬式；(c) 蝴蝶式

（三）绝缘子的结构

高压绝缘子主要由电瓷作绝缘体，具有结构紧密均匀、表面光滑、不吸水、绝缘性能稳定和机械强度高等优点。绝缘子也可用钢化玻璃制成，它具有尺寸小、重量轻、机械强度高、价格低及制造工艺简单等优点。绝缘瓷件的外表面涂有一层棕色、白色或天蓝色的硬质瓷釉，以提高绝缘子的绝缘性能和机械性能。

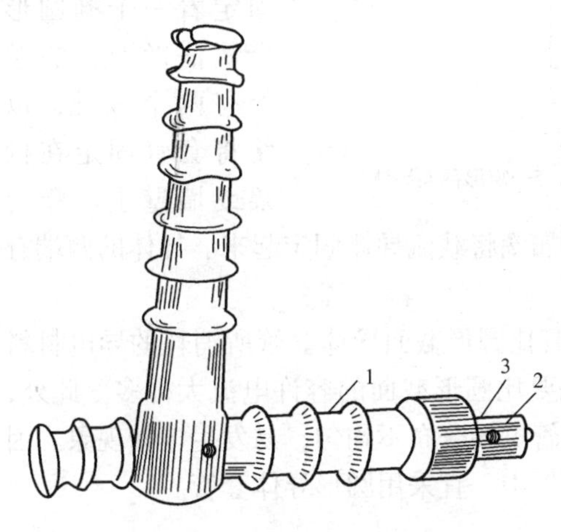

图6-51　CD—10型瓷横担绝缘子

1—瓷件；2—附件；3—水泥胶合物

为了把绝缘子固定在支架，以及把载流导体固定在绝缘子上，绝缘子除瓷件以外，还有牢固地固定在瓷件上的金属配件。金属配件与瓷件大多用水泥胶合剂胶合在一起。在金属附件和瓷件胶合处表面涂以防潮剂。金属配件皆镀锌处理，以防其氧化生锈。

依金属配件及瓷件胶装方式不同，绝缘子可分为外胶装、内胶装和联合胶装。外胶装是将铸铁底座和圆形铸铁帽均用水泥胶合剂胶装在瓷件的外表面，铸铁帽上有螺孔，用来固定母线金具，圆形底座的螺孔用来将绝缘子固定在构架或墙壁上。内胶装是将绝缘子的上、下金属配件均胶装在瓷件孔内。联合胶装是指绝缘子的上金属配件采用内胶装结构，而下金属配件则采用外胶装结构的一种胶装形式。

内胶装支柱绝缘子可以减低绝缘子的高度，在绝缘有效高度相同的情况下，内胶装绝缘子高度要比外胶装的高度低40%，从而相应地可缩小电器和配电装置的体积。又因内胶装支柱绝缘子使金属配件和水泥胶合剂的重量减少，所以其重量一般要比外胶装支柱绝缘子减少一半，价格也较便宜。但因金属配件安放在瓷件内部，对绝缘子的机械强度有影响，通常情况下不能承受扭矩。因此，对机械强度要求较高时，应采用外胶装或联合胶装。

三、套管

套管是一种特殊类型的绝缘子，这里主要介绍发电厂及变电所配电装置中所用的高压穿墙套管。按装置场合可分为户内和户外两种。

（一）户内式套管

户内式套管根据其载流导体的特征可分为三种型式，即采用矩形截面的载流导体、采用圆形截面载流导体和母线型。前两种套管载流导体与其绝缘部分制做成一个整体，使用时由载流导体两端与母线直接相连。而母线型套管本身不带载流导体，安装使用时，将原载流母线装于该套管的矩形窗口内。套管的导体材料一般用铜或铝。

户内式套管的额定电压从6～35kV，采用纯瓷绝缘结构。套管一般由瓷套、接地法兰及载流导体三部分组成。

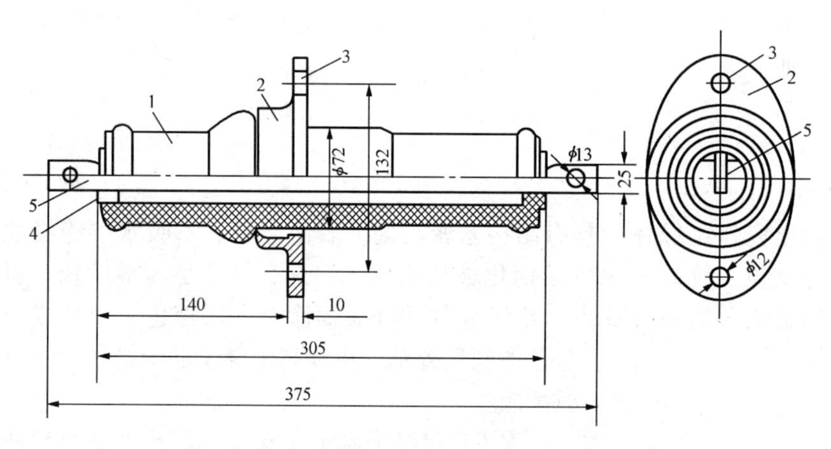

图6-52　CA—6/400型户内式套管

1—空心瓷壳；2—椭圆法兰；3—螺孔；4—矩形孔金属圈；5—矩形截面导体

1. 具有矩形截面载流导体的套管

图6-52所示为具有矩形截面导体的CA—6/400型套管的结构，它有一个空心瓷壳，在其中利用水泥胶合剂固定着一个椭圆形金属法兰盘，法兰上有两个螺孔，以便将套管固定在构架或墙壁上。瓷套内穿过矩形截面导体，并利用两个具有矩形孔的金属圈将载流导体固定起来。导体的两端有孔，以便与配电装置的载流导体相连接。

通常情况下，6～10kV的矩形截面载流导体套管比圆形截面导体套管所消耗的导电材料少。这是因为在相同截面时，矩形截面的容许电流要比圆形截面的容许电流大得多。此外，矩形截面导体与矩形母线连接方便。但矩形导体套管电场分布不均匀，易发生电晕现象。因此，当额定电压等级较高时，特别是在某些高压电器中，宜采用圆形导体套管。

2. 母线型套管

在额定电压等级为20kV及其以下的户内配电装置中，当电流达几千安时，设备载流容量相当大，则应广泛采用母线形套管，如图6-53所示。由于这种套管出厂时不带载流导体，所以安装时需将配电装置的母线穿过套管。

母线型套管的两端具有特殊的帽形结构，每一帽上都有一个矩形口，以便穿过母线。矩形口的尺寸决定于穿过套管的每相母线的尺寸和数目。当将几条矩形截面母线穿过套管时，各条母线之间要垫衬垫，其厚度一般与母线的厚度相同。

（二）户外式套管

户外式套管主要用于户内配电装置的载流导体与户外的载流导体进行连接的地方（线路的引出端），以及户外电器的载流导体由壳内向壳外引出的地方。因此，户外式套管两端的

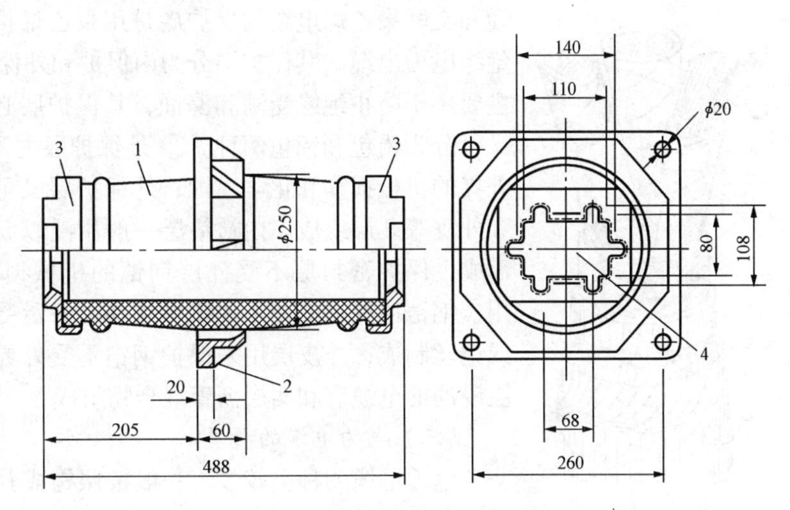

图 6－53　CME—10 型母线式套管绝缘和结构示意图
1—瓷体；2—法兰盘；3—帽；4—矩形口

绝缘分别按户内外两种要求设计：一端为户内式套管安装在户内；另一端则为有较多伞裙的户外式套管，以保证户外部分的绝缘要求。套管的导体材料一般也为铜或铝。户外式套管的额定电压从 6～500kV。

图 6－54 为 10kV CWC—10/1000 型圆形母线户外式穿墙套管的结构图。法兰盘左侧部分放在户外，右侧部分放在户内。这两部分在结构上有所不同，户外端有较大和较多的伞裙，以提高闪络电压；户内端表面平滑，无伞裙。

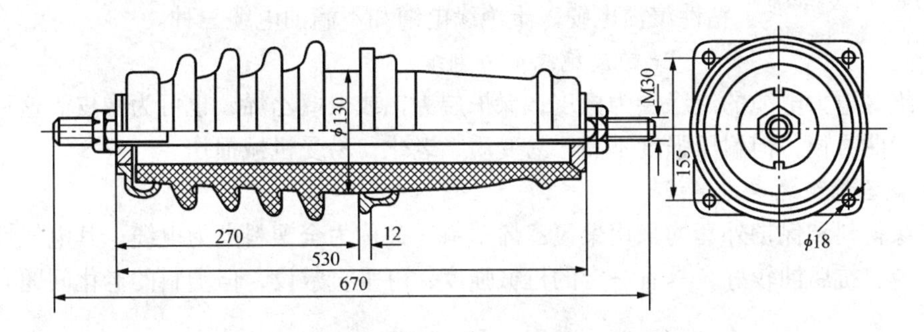

图 6－54　CWC—10/1000 型圆形母线户外式穿墙套管的结构图

四、电力电缆

（一）电力电缆的作用

电力电缆是传输和分配电能的一种特殊电线。它被大量地应用于发电厂及变电所的接线中。它具有防潮、防腐和防损伤等特点，但价格昂贵，敷设、维护和检修较为复杂。由于电缆线路不需占地，在城市或厂区使用电缆，可使市容和厂区整齐美观，并增加出线走廊。

（二）电力电缆的结构

电力电缆主要由电缆线芯、绝缘层和保护层三部分组成。图 6－55 为 ZQ20 型三芯油浸纸绝缘电力电缆结构图。

1. 电缆线芯

电缆线芯是由铜或铝绞线组成，其截面形状有圆形、弓形和扇形等几种，如图 6－56 所示。

2. 绝缘层

绝缘层作为相间及对地的绝缘，材料有油浸纸、塑料、橡皮等。

3. 保护层

保护层的作用是避免电缆受到机械损伤，防止绝缘受潮和绝缘油流出。聚氯乙烯绝缘电

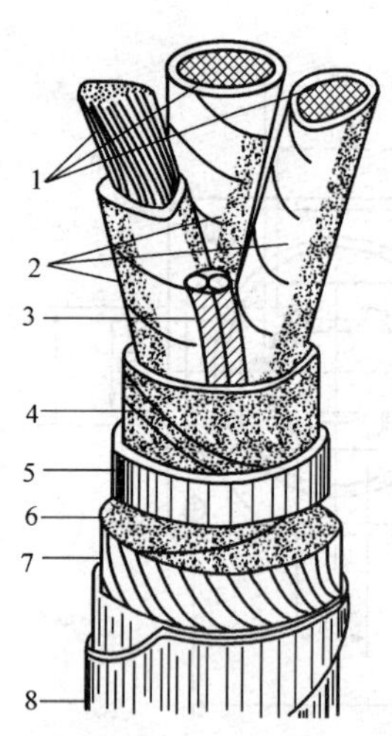

图6-55 具有扇形线芯油浸纸绝缘电力电缆

1—线芯；2—电缆纸绝缘；3—黄麻填料；4—束带绝缘；5—铅包皮；6—纸带；7—黄麻保护层；8—钢铠

缆和交联聚乙烯电缆的保护层是用聚乙烯护套做成的。对于油浸纸绝缘电力电缆，其保护层分为内保护和外保护层两种：① 内保护层主要用于防止绝缘受潮和漏油，其保护层必须严格密封；内保护层又可分为铅包和铝包两种。② 外保护层主要用于保护内保护层不受外界的机械损伤和化学腐蚀；外保护层又可细分成衬垫层，钢铠层和外皮等几层组成。内衬垫层一般用浸以沥青的黄麻或电缆纸包绕而成，保护密封层不受外层钢铠的机械损伤和周围介质的化学作用；钢铠层保护电缆不受机械损伤，并承受外力，钢铠可以用钢带或钢丝制成；外皮层用来保护钢铠不受外界腐蚀，普遍情况下由一层浸油的电缆麻和两层沥青混合物组成。

（三）电力电缆的种类

电力电缆的种类较多，一般按照构成其绝缘物质的不同可分为如下几类：

1. 油浸纸绝缘电力电缆

其绝缘性能好，耐热能力强，承受电压高，使用年限长，因此被广为采用。按绝缘纸浸渍剂浸渍情况，油浸纸绝缘电缆又可分为粘性浸渍电缆、干绝缘电缆和不滴油电缆三种。

2. 橡皮绝缘电力电缆

橡皮绝缘电力电缆的绝缘层为橡皮，保护层为铝或聚氯乙烯，也可为橡皮。这种电缆性质柔软，弯曲方便，但耐压强度不高，易变质、老化，易受机械损伤。

3. 聚氯乙烯绝缘电力电缆

其绝缘材料和保护外套均采用聚氯乙烯塑料，又称为全塑料电力电缆。其电气性、耐水性、抗酸碱、抗腐蚀较好，具有一定的机械强度，可垂直敷设，但塑料的老化问题有待进一步解决。

4. 交联聚氯乙烯绝缘电力电缆

这种电缆的绝缘材料采用交联聚氯乙烯，但其内护层仍然采用聚氯乙烯护套。这种电缆不但具有全塑料电缆的一切特点，而且缆芯长期允许工作温度高，机械性能好，耐压强度高。

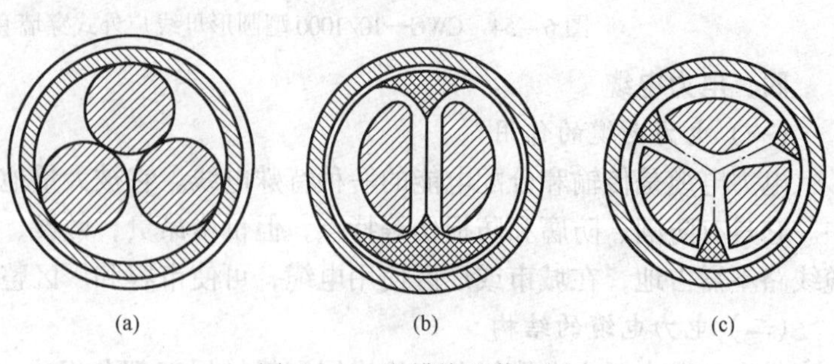

图6-56 电缆线芯截面图

（a）圆形线芯；（b）弓形线芯；（c）扇形线芯

5. 高压充油电力电缆

当额定电压超过35kV时，纸绝缘的厚度加大，制造困难，而且质量不易保证。目前已生产出充油、静油、充气和压气等形成的新型电缆来取代老产品，最具代表性的是额定电压等级为110～330kV的单芯充油电缆。充油电缆的铅包内部有油道，里边充满粘度很低的变压器油，并且在接头盒和终端盒处均装有特殊的补油箱，以补偿电缆中油体积因温度变化而引起的变动。

五、控制电缆

控制电缆主要用于交流500V及其以下、直流1000V及其以下的配电装置的二次回路中，其线芯标称截面有0.75、1.0、1.5、2.5、4.0、6.0、10mm²等几种。控制电缆的线芯材料用铜或铝制成。控制电缆属于低压电缆，其绝缘形式有橡皮绝缘、塑料绝缘及油浸纸绝缘等。控制电缆的绝缘水平不高，一般只用摇表检查绝缘情况，不必作耐压试验。

六、电力电缆的敷设和连接

（一）电缆的敷设

在大型发电厂和变电所中，为使电缆不受外界损伤并安全可靠地运行和维修方便，应根据具体情况确定电缆的敷设方法，通常将其敷设在电缆沟或电缆隧道中。目前，敷设电缆还有一种形式，即用电缆桥架敷设，特别适用于架空敷设全塑电缆，具有容积大、外形美、可靠性高、利于工厂化生产等特点。

敷设电缆时，为避免绝缘和保护层受到损坏，电缆弯曲处的曲率半径 R 与电缆外径 D 应保持一定的数值关系，即：

（1）具有钢铠和没有钢铠的油浸纸绝缘电缆，单芯时满足 $R>25D$，多芯时满足 $R>15D$；

（2）对于铅包橡皮绝缘电缆和聚氯乙烯护套电缆，有钢铠时满足 $R>10D$，无钢铠时满足 $R>6D$。

（二）电缆的连接

当两条电缆相互连接，或将电缆接到电器及架空线路时，必须把电缆端部的包皮剥去。此时若不采用特殊措施，空气中的水分和酸类物质便会从连接处侵入电缆的绝缘中，使绝缘层的绝缘强度降低，电缆中的绝缘油也可能由端部渗出。因此，需要采用专门的设备，如接头盒、封端盒等，将电缆的端部密封好。

两条电缆相互连接时，一般采用接头盒。电压为1kV以下的电缆，常采用铸铁接头盒。更高电压等级的电缆，则采用铅接头盒。当电缆与电器或架空线路相连接时，一般采用封端盒，即电缆头。电缆头的耐压强度要高于电缆本身，连接安全运行的时间也应高于电缆本身，且应具有足够的机械强度。同时，电缆头的结构必须简单，紧凑和轻巧，便于现场施工，一般应选用吸水性和透气性小，介质耗损低且电气稳定性能好的材料。

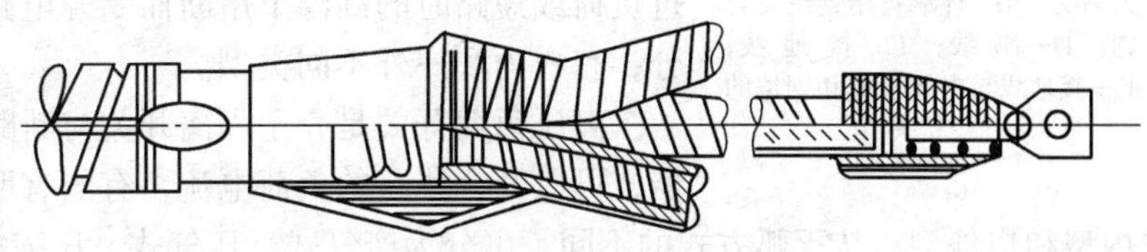

图6-57　聚氯乙烯带干包电缆头

1. 干包电缆头

电缆末端用绝缘漆和包带来密封，称为干包电缆头，其基本形式有包涂式及手套干包式两类。图6-57所示为聚氯乙烯带干包电缆头，此电缆头具有体积小、重量轻、成本低、施工简单等优点，且能防止漏油。但由于聚氯乙烯耐油以及耐热性能差、易老化、机械性能差，当头部发生短路时易造成缆芯分叉处开裂，而且在三芯分支处可能存在小空气间隙，易产生电晕现象。目前干包式电缆头只用在6kV电力电缆及控制电缆中，对于10kV及其以上电缆，一般采用环氧树脂电缆头。

2. 环氧树脂电缆头

环氧树脂电缆头是将环氧树脂加入硬化剂混合后，浇灌入模具内，因此成型。其结构如图 6-58 所示。它具有较高的耐压强度和机械强度，吸水率甚微，化学性能稳定，与金属粘结力强，有极好密封性，从根本上解决了电缆头的漏油问题。目前，由于新型常温硬化剂适用成功，不但使工艺简化，而且也提高了电缆头的质量。环氧树脂电缆头经过多年来的运行经验证明，性能良好。

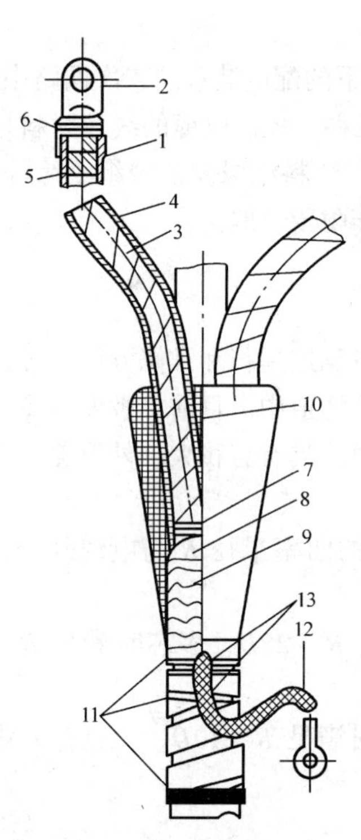

图 6-58 环氧树脂电缆头
1—电缆线芯；2—线芯鼻子；3—线芯绝缘；4—缠绕涂环氧树脂的三层绝缘带；5—附加缠绕；6—细绳绑带；7—棉质绑带；8—腰部绝缘；9—电缆包皮上的刀刻纹；10—环氧树脂绝缘复合物；11—绑线；12—接地线；13—接地线与电缆包皮和钢铠的焊接头

小 结

开关电器是发电厂和变电所的重要电气设备。

高压断路器不仅能开断正常的负荷电流，而且在系统发生故障时，与继电保护一起切除故障。在使用中，以前多采用油断路器（如 SN10、SW6 等），现在更多的使用真空断路器或 SF_6 断路器、超高压中一般采用 SF_6 组合电器（GIS）。

隔离开关主要是起隔离的作用，当其打开时使电路中有明显的断开点，便于检修人员安全工作。需要特别注意的是隔离开关不能对负荷电流进行开断，必须与断路器一起对电路进行控制。

高压熔断器是一种保护电器，主要用于电路过负荷或短路时使电路自动切断。其原理是利用金属熔件（或称熔体），在过负荷或短路时的高温下熔断而断开电路。它有高压和低压之分，有户内和户外不同类型。

高压负荷开关是介于隔离开关与断路器之间的一种开关电器，可以开合线路的负荷电流，有的有明显的断口。它可分为户内型和户外型；从灭弧方式的不同，可分为产气式、压气式、压缩空气式、油浸式、真空式、SF_6 式等型式；按是否带熔断器可分为带熔断器和不带熔断器。

自动重合器与自动分段器是实现配网自动化的重要开关设备。重合器是一种智能化的开关，它本身具备有控制及保护的功能。当线路发生短路故障时，它能按事先所整定的操作顺序及时间间隔进行开断及重合的操作。分段器是配电网中用来隔离线路区段的自动开关，它与重合器、断路器或熔断器相配合，串联于重合器与断路器负荷侧。

互感器分为电流互感器和电压互感器，是发电厂变电所中一次和二次回路的联络元件。目前大多采用电磁式互感器，其工作原理与电力变压器相似。

电流互感器将大电流变为小电流，向二次仪表和继电保护供电，其一次绕组串联于电路中，二次绕组与测量仪表和继电器的电流线圈串联。正常工作时电流互感器二次侧相当于短路，运行中其二次侧绝不允许开路。

电压互感器将高电压变为低电压，其一次绕组并联于一次电路中，二次绕组向测量仪表和继电器的电压线圈供电。正常工作时其二次侧相当于开路，运行中二次侧不允许短路。

由于励磁电流等因素影响，使互感器在测量中存在误差。误差与铁芯的材料、截面，一次电压、电流及二次负荷等有关。其准确度级根据误差大小划分，使用中为了获得规定的准确度级，二次负载不得超过互感器的额定容量。

电流互感器的接线有单相接线、不完全星形接线和完全星形接线三种方式。电压互感器有五种接线形式，即单相式接线，两台单相电压互感器的 V，v 接线，三台单相电压互感器的 Y0，y0，△接线，三相五柱式的 Y0，y0，△的接线。可根据测量的不同要求，采用上述接线形式。

母线的作用是汇集、分配和传送电能。母线材料有铜、铝和钢三类。母线截面形状有矩形、圆形、槽形和管形。矩形母线布置方式有平放式水平布置、竖放式水平布置和竖放式垂直布置。矩形和槽形母线是用金具固定在支持绝缘子上的。为了增加母线的热辐射能力，便于工作人员识别交流相序和直流极性，并防止钢母线生锈，通常对母线进行着色。全连式分相封闭母线运行可靠性高，减小了母线附近钢构中的损耗和发热，使母线之间的电动力大为减小，但增加了有色金属消耗。

绝缘子是用来支持、固定载流导体，并使载流导体对地绝缘。绝缘子分为电站绝缘子、电器绝缘子和线路绝缘子三种。

电缆分为电力电缆和控制电缆两大类。电力电缆主要由电缆线芯、绝缘层和保护层三部分组成。电缆通常敷设在电缆隧道或电缆沟中，或者电缆桥架上。常见的电缆头有干包电缆头和环氧树脂电缆头两大类。

习　题

6-1　高压断路器的作用是什么？对其有哪些基本要求？

6-2　高压断路器有哪几类？其技术参数有哪些？

6-3　对断路器操作机构的要求有哪些？操作机构有哪些类型？

6-4　隔离开关的用途是什么？对它是如何分类的？

6-5　断路器型号的含义是什么？隔离开关型号的含义是什么？

6-6　当发生带负荷拉合开关的误操作时，应如何做？

6-7　断路器的基本结构是什么？试简述熔断器的熔断过程。

6-8　熔断器有哪些技术参数？其型号的含义是什么？

6-9　熔断器与熔体的额定电流有何区别？能否装入大于熔断器额定电流的熔体？为什么？

6-10　高压负荷开关的作用是什么？其型号的含义是什么？

6-11　什么是自动重合器与自动分段器？其作用是什么？

6-12　什么是互感器？互感器与一、二次系统如何连接？

6-13　电流互感器的作用有哪些？

6-14　运行中电流互感器的二次侧为什么不允许开路？电流互感器二次侧实行接地可以防止开路所造成的危害吗？

6-15　如何防止运行中的电流互感器二次侧开路？

6-16　电压互感器的作用有哪些？

6-17　运行中的电压互感器二次侧为什么不允许短路？电压互感器二次侧实行接地为什么不会造成短路？

6-18　什么是互感器的误差、准确度级和额定容量？它们之间的关系如何？

6－19 互感器的工作原理与变压器相同，但作为测量变压器，其运行特点有哪些？
6－20 画出互感器常见的接线图，并简述其适用范围。
6－21 带有二次辅助绕组的电压互感器，开口角形接线的作用是什么？试分析。
6－22 试叙串级式电压互感器和电容式互感器的工作原理。
6－23 母线在配电装置中起什么作用？各种不同材料的母线在技术性能上有什么区别？
6－24 母线最常见的截面形状有哪些？各种截面形状有什么特点？
6－25 常见的母线布置方式有哪几种？应考虑哪些因素？对母线进行着色有什么好处？
6－26 试简要说明全连式分相封闭母线结构特点和作用。
6－27 绝缘子和套管的作用是什么？可分为几大类？各有什么特点？
6－28 电缆的作用是什么？其基本结构和各组成部分的作用是什么？
6－29 电缆的敷设有哪些方法？

第七章

发电厂变电所的一次接线

发电厂、变电所的一次接线是由直接用来生产、汇集、变换、传输和分配电能的一次设备构成的，通常又称为电气主接线。电气主接线图就是用规定的图形符号和文字符号来描绘电气主接线的专用图。

第一节 概 述

电气主接线表明了各种一次设备的数量、作用和相互间的连接方式，以及与电力系统的连接情况。

电气主接线图一般绘制成单线图（即用单相接线表示三相系统），但在三相接线不完全相同的局部（如各相中电流互感器的配备情况不同）则绘制成三线图。在电气主接线全图中，除了上述主要电气设备外，还应将互感器、避雷器、中性点设备等也表示出来，并注明各设备的型号和参数。图 7－1 所示是某 110/10kV 降压变电所电气主接线图。

一、对电气主接线的基本要求

电气主接线应满足以下基本要求。

1. 必须满足电力系统和电力用户对供电可靠性和电能质量的要求

发、供电的安全可靠，是对电力系统的第一要求。因此，电气主接线应首先给予满足。但是，电气主接线的可靠性不是绝对的。同样的主接线对某些发电厂和变电所来说是可靠的，但对另一些发电厂和变电所就不一定能满足其对可靠性要求。

一般地，可以从以下几个方面来衡量电气主接线的可靠性。

(1) 断路器检修时是否会影响对用户的供电；

(2) 设备和线路故障或检修时，停电线路的多少（停电范围的大小）和停电时间的长短，以及能否保证对重要用户的供电；

(3) 是否存在发电厂、变电所全部停止工作的可能性等。

现在，不仅可以定性分析电气主接线的可靠性，而且还可以对电气主接线进行定量的可靠性计算。

2. 应具有一定的灵活性

主接线不仅在正常情况下，能够按调度的要求灵活地改变运行方式，而且在各种不正常或故障状态下和设备检修时，能够尽快地切除故障或退出设备，使停电的时间最短、影响的范围最小，并且还要保证工作人员的安全。

3. 操作要力求简单、方便

电气主接线应该简单、清晰、明了，操作方便。复杂的电气主接线不仅不利于操作，还容易造成误操作而发生事故。但接线过于简单，又可能给运行带来不便，或者造成不必要的停电。

4. 经济合理

在保证安全可靠、操作灵活方便的前提下，电气主接线还应尽可能地减少占地面积，以节省基建投资和减少年运行费用，让发电厂变电所尽快地发挥社会和经济效益。

5. 具有发展和扩建的可能性

除了满足前述技术经济条件的要求外，发电厂变电所的电气主接线还应具有发展和扩建的可能，以适应电力工业的不断发展，满足社会各方面高速发展对电力的需求。

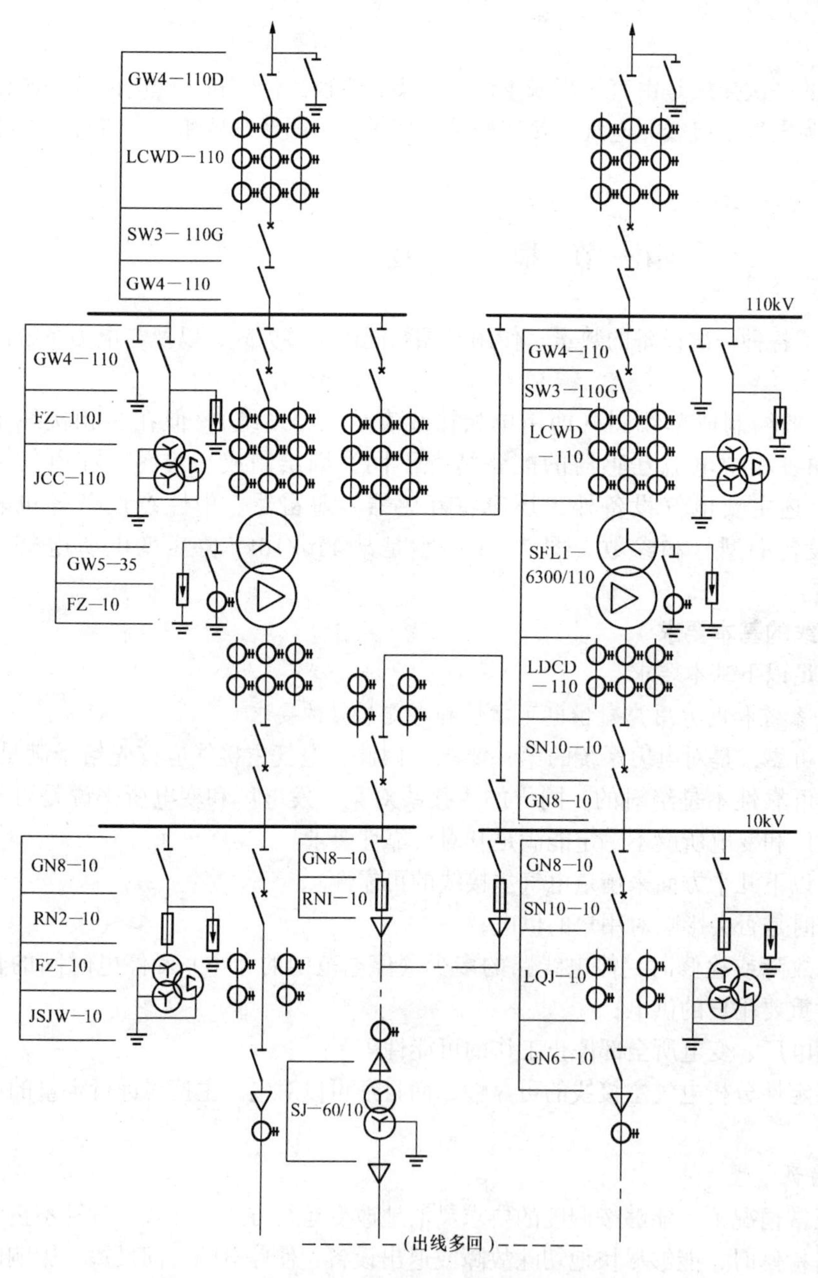

图 7-1　某 110/10kV 降压变电所的电气主接线图

二、电气主接线的作用及基本类型

1. 电气主接线的作用

电气主接线是整个发电厂、变电所电气部分的主干，它将各个电源点送来的电能汇聚并分配给广大的电力用户。

电气主接线方案的确定，对发电厂变电所电气设备的选择，配电装置的布置，二次接线、继电保护及自动装置的配置，运行的可靠性、灵活性、经济性和安全性等都有着重大的影响，而且也直接关系到电力系统的安全、稳定和经济运行。

电气主接线是电气运行人员进行各种操作和事故处理的重要依据之一。在发电厂、变电所的主控制室内，通常设有电气主接线的模拟图板，以表明主接线的实际运行状况。运行时，模拟图板中各种电气设备所显示的工作状态必须与实际运行状态相一致。每次操作完成后，都必须立即将图板上的有关部分相应地更改成与操作后的运行情况相符合的状态，以便运行人员随时了解设备的运行状态。

2. 电气主接线的基本类型

母线是电气主接线和配电装置最重要的设备之一。同一电压等级配电装置中的进出线回路数较多时，通常需要设置母线，以便进行电能的汇集和分配。所以，典型的电气主接线可分为有母线和无母线两大类。有母线类的主接线包括单母线、双母线及其变形接线；无母线类的主接线主要包括桥形、多角形和单元等接线。

第二节 有母线的电气主接线

发电厂、变电所的电气主接线，常常因建设条件、一次能源的种类、系统状况、负荷需求等多种因素而有所不同。但是，各种电气主接线通常又都是由若干种最基本的接线形式组合而成，深入地了解和分析它们，对于电气主接线的设计和运行都是十分重要的。

一、单母线接线

（一）单母线接线

单母线接线如图7－2所示。这种接线的特点是只有一组母线WB，所有电源进线及出线回路，都经过相应的开关电器连接在同一条母线上并列运行。各个回路中的断路器QF用于投入和退出该回路以及切除该回路上的短路故障；母线侧隔离开关及线路侧隔离开关QS，用来在断开该回路时形成可见的空气绝缘间隙（断开点），使电源与停运设备可靠地隔离开来，以保证检修工作的安全。当该回路投入运行时，必须先合上断路器两侧的隔离开关，然后合上断路器；退出运行时，必须先断开断路器，后断开断路器两侧的隔离开关。这个断路器与隔离开关之间的操作顺序必须严格遵守，严禁因带负荷拉隔离开关等误操作而造成严重的事故。

单母线接线的优点是接线简单、清晰，所用的开关设备少，操作方便，配电装置造价较低。主要缺点是只能提供一种运行方式，对运行方式变化的适应能力差；母线或母线侧隔离开关故障或检修时，整个配电装置必须退出运行（有条件进行带电检修的例外）；而任一断路器检修时，其所在回路也必须退出运行。总之，不分段的单母线接线的供电可靠性和灵活性都较差，只能用于某些出线回路数较少、对供电可靠性要求不高的小容量发电厂和变电所中。

（二）单母线分段接线

为了提高单母线接线的运行可靠性，我们可装设分段断路器QF_d将母线分段，形成如图7－3所示的分段的单母线接线。当对可靠性要求不高时，也可以用分段隔离开关进行分段。

母线分段的数目，取决于电源的数目及容量、出线的回路数、运行要求等，一般可分为2～3段。分段时应尽量将电源与负荷均衡地分配于各母线段上，以减少各母线段间的功率交换。重要用户可以由从不同母线段上分别引出的两个及其以上回路供电，从而提高了供电的可靠性。

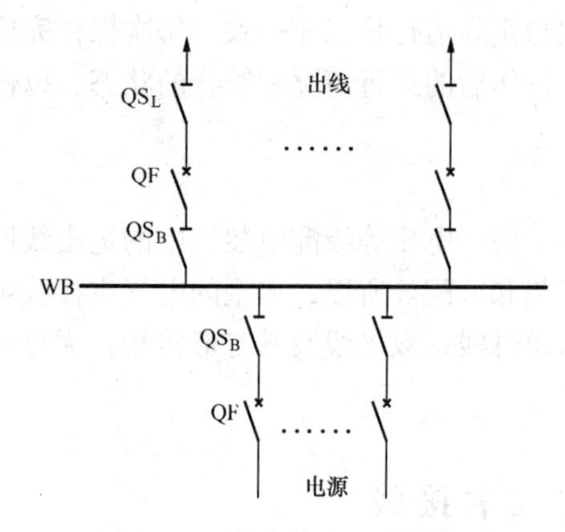

图 7-2　不分段的单母线接线
WB—母线；QF—断路器；QS_B—母线侧隔离开关；QS_L—线路侧隔离开关

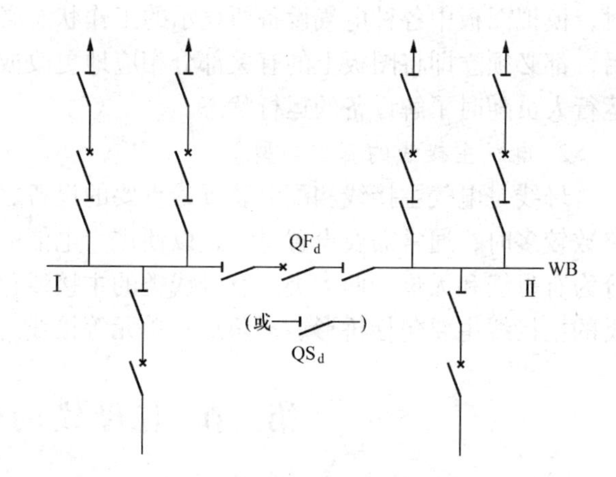

图 7-3　分段的单母线接线
QF_d—分段断路器；QS_d—分段隔离开关

分段的单母线接线可以有各母线段并列或各母线段分列两种运行方式，而且便于分别对各母线段进行检修，减小了母线检修时的停电范围。由于各母线段同时发生故障的可能性很小，显然提高了运行的灵活性与供电可靠性。当任一母线段故障时，继电保护装置可使分段断路器自动跳闸，将故障母线段隔离，保证正常母线段的继续运行。若分段断路器运行时是断开的，那么当任何一段母线失去电源时，可由备用电源自动投入装置使分段断路器自动合闸，恢复该母线段的电源，以继续保持该母线段的运行。单母线分段接线的主要缺点是在任何一段母线故障或检修期间，该母线段上的所有回路必须停电；而任何一台断路器检修时，该断路器所在的回路也必须停电。

单母线分段接线，可应用于电压等级为 6～220kV 的配电装置中。

（三）*单母线分段带旁路母线接线*

如果要求在任一出线断路器检修时不中断对该回路的供电，可以采用如图 7-4 所示的单母线分段带旁路母线的接线。

这种接线增设了一组旁路母线 WP 以及各出线回路中相应的旁路隔离开关 QS_P，分段断路器 QF_d 兼作旁路断路器 QF_P，并设有分段隔离开关 QS_d。

正常运行时旁路母线不带电，QS1、QS2 及 QF_P 处于合闸状态，QS3、QS4 及 QS_d 断开，QF_P 作分段断路器 QF_d，主接线按单母线分段的方式运行。当需要检修某一出线断路器（如 1QF）时，可通过倒闸操作，将分段断路器改作旁路断路器，使旁路母线经 QS4、QF_P、QS1 接至Ⅰ段母线；或经 QS2、QF_P、QS3 接至Ⅱ段母线而带电运行，并经过被检修断路器所在回路的旁路隔离开关（如 $1QS_P$）构成向该回路供电的旁路通路。此时即可断开该出线断路器（如 1QF）及其两侧的隔离开关进行检修，并不会中断对该回路的供电。此时，两段母线可通过分段隔离开关 QS_d 并列运行，也可以分列运行。

现以检修 1QF 为例，简述其倒闸操作步骤。

第一步，合上 QS_d，断开 QF_P 和 QS2，合上 QS4，再合上 QF_d。若旁路母线存在短路等故障，QF_d（即 QF_P）在继电保护装置的作用下会自动跳闸。如果 QF_d 没有自动跳闸，则说明旁路母线是完好的，可以进行下一步的操作。这一步操作的目的是为了检查旁路母线是否完好。

第二步，合上 $1QS_P$，将线路 1WL 切换至旁路母线上运行。断开 1QF 及其两侧的隔离开关，做好安全措施，即可退出 1QF 进行检修。

此时，线路 1WL 从 Ⅰ 段母线出发，经过 QS1、QF_P、QS4、旁路母线、$1QS_P$ 继续向用户供电。

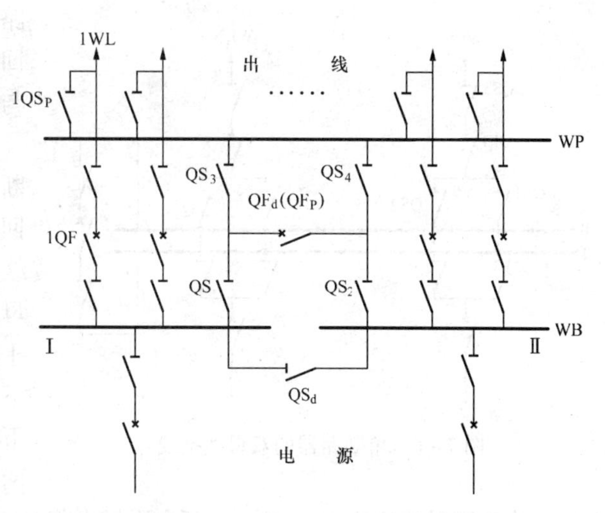

图 7－4　单母线分段带旁路母线接线

WP—旁路母线；QS_p—旁路隔离开关；QF_d（QF_p）—分段断路器（兼作旁路断路器）

在工程实际中，除采用图 7－4 所示的接线外，还可以选用图 7－5 所示的一些变形接线。

图 7－5（a）所示的接线形式是略去了母线分段隔离开关，当旁路母线投入运行时，Ⅰ、Ⅱ段母线将不能并列运行。图 7－5（b）、（c）、（d）所示的接线也都少用了一组隔离开关。图 7－5（b）所示的接线在正常运行时，旁路母线不带电；但旁路母线运行时只能接至Ⅰ段母线，配电装置布置稍微复杂一些。图 7－5（c）所示接线的配电装置布置方便，但在正常运行时旁路母线带电；当旁路母线投入运行时，也只能接至两段母线中的Ⅰ段。图 7－5（d）所示接线的特点与图 7－5（c）所示的接线相似。旁路母线投入时，两段母线不能并列运行，但旁路母线可接至任何一段母线上。

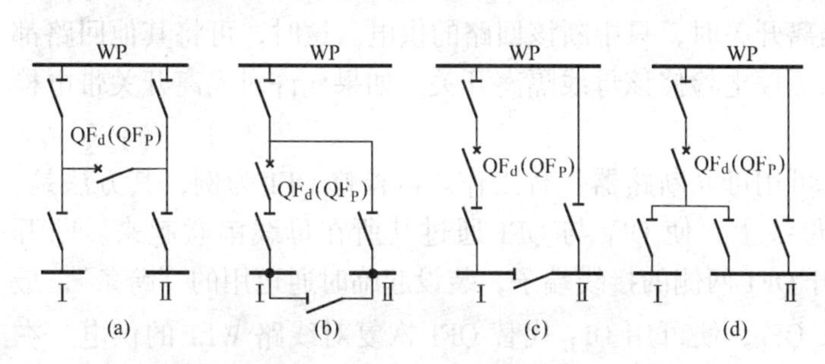

图 7－5　分段断路器兼作旁路断路器的其他接线方式

（a）略去母线分段隔离开关时的；（b）正常运行时旁路母线不带电的；（c）正常运行时旁路母线带电的；（d）旁路母线投入时可接任一段母线的

单母线分段带旁路母线的接线方式具有相当高的供电可靠性和运行灵活性，广泛应用于出线回路数不多，但负荷较为重要的中小型发电厂及 35～110kV 的变电所中。

二、双母线接线

（一）单断路器的双母线接线

在图 7－6 所示的接线形式中，设置有Ⅰ、Ⅱ两组母线，两组母线可以通过母线联络断路器 QF_L 相联络；每一回进出线都通过一台断路器和两组母线隔离开关分别接至两组母线上。正是由于每个回路都设置了两组母线隔离开关，可以在两组母线之间切换，从而大大地改善了这种接线形式的供电可靠性和运行灵活性。

双母线接线的主要优点有：

（1）运行灵活。可以采用将电源和出线均衡地分配在两组母线上，母联断路器合闸的双母线当作单母线分段的运行方式。也可以采用任意一组母线工作，另一组母线备用，母联断

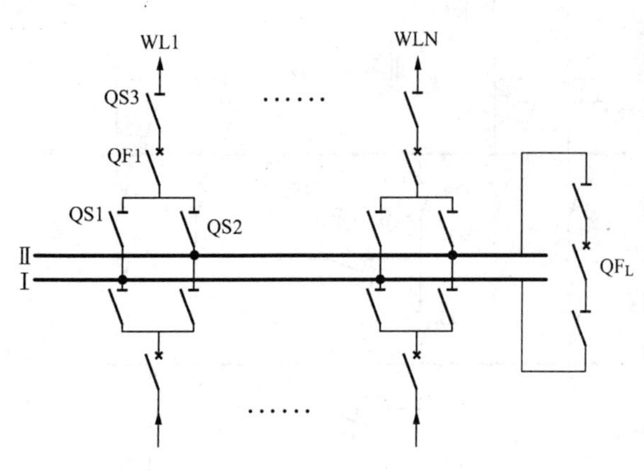

图7-6 单断路器的双母线接线

路器分闸的单母线运行方式，这时，所有回路与工作母线连接的隔离开关都合闸，与备用母线连接的隔离开关都断开。

(2) 一组母线检修时所有回路均不中断供电。这时只需将待检修母线上的所有回路经过倒闸操作后全部切换至另一组母线上，可不中断对用户的供电而对待检修母线进行检修。如图7-6所示的接线，在Ⅰ组母线工作、Ⅱ组母线备用的运行方式下，欲检修Ⅰ组母线时的倒闸操作步骤如下：①检查备用母线是否完好，合上QF_L两侧的隔离开关，再合上QF_L向备用母线充电。若备用母线完好时，则QF_L不会因继电保护动作而跳闸，可继续进行操作。②将所有回路切换至备用母线上。例如，先合上QS2、再断开QS1，可将线路WL1从工作母线Ⅰ切换至备用母线Ⅱ上，其他回路的操作步骤与此相同。③断开QF_L及其两侧的隔离开关，恢复正常运行。

与此相似，当任一组母线故障时，只需将接于该母线上的所有回路都切换至另一组母线上，便可迅速地恢复整个装置的供电。

(3) 检修任一回路的母线侧隔离开关时，只中断该回路的供电。这时，可将其他回路都切换至另一组母线上继续运行，然后停电检修该母线隔离开关。如果允许对隔离开关带电检修，则该回路也可不停电。

(4) 检修任一回路断路器时，可用母联断路器代替工作。以检修QF1为例，其方法是：将其他所有回路均切换至另一组母线上，使QF_L与QF1通过其所在母线串联起来。断开QF_L、QF1及其两侧隔离开关，解开QF1两侧的接线端子，装设起临时通道用的“跨条”，最后合上“跨条”两侧的隔离开关及QF_L，便可用QF_L代替QF1恢复对线路WL1的供电。在这个过程中，WL1仅在装设“跨条”期间出现短时停电。但是在整个QF1检修期间，主接线系统将按单母线接线的方式运行，从而降低了装置的可靠性。

当任一回路断路器故障、拒动或不允许操作时，也可仿照上述方法，利用母联断路器来断开该回路。

双母线接线的主要缺点有：

(1) 运行方式改变时，需要用母线隔离开关进行倒闸操作，操作步骤较为复杂，容易出现误操作，导致人身或设备事故。

(2) 任一回路断路器检修时，该回路仍需停电或短时停电。

(3) 增加了大量的母线侧隔离开关及母线的长度，配电装置结构较为复杂，占地面积与投资都有所增加。

采用双断路器的双母线接线可以解决以上缺点，但因其投资更大，仅在国外一些特别重要的发电厂、变电所中使用。

(二) 工作母线分段的双母线接线

在发电厂、变电所中，母线发生故障时的影响范围很大。采用工作母线不分段的双母线接线，当一组母线故障时，会造成约半数甚至全部回路停电或短时停电。大型发电厂、变电所对运行可靠性与灵活性的要求非常高，必须注意避免母线故障及限制母线发生故障时的影响范围，防止全厂或全所停电事故的发生。为此可以考虑采用工作母线分段的双母线接线。

在图7－7所示的接线中，通常将一组母线（如母线Ⅰ）用分段断路器QF_d分为两段作为工作母线，而另一组母线（如母线Ⅱ）作为备用母线。正常运行时母联断路器QF_{L1}及QF_{L2}都断开。若将两组母线都用分段断路器分为两段，则构成双母线四分段接线。

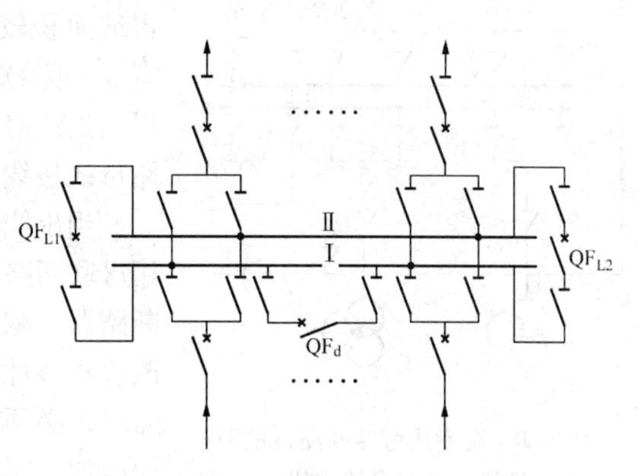

图7－7　工作母线分段的双母线接线

工作母线分段的双母线接线具有更高的供电可靠性与运行灵活性，但所使用的开关设备更多，配电装置也将更为复杂。

图7－8所示为中、小型发电厂6～10kV配电装置中，较多采用的是用叉接电抗器分段的双母线接线。为限制发电厂6～10kV系统中的短路电流，装设有母线分段电抗器L_B，并经分段断路器QF_d及隔离开关QS1、QS2、QS3、QS4交叉接至各段（组）母线上。

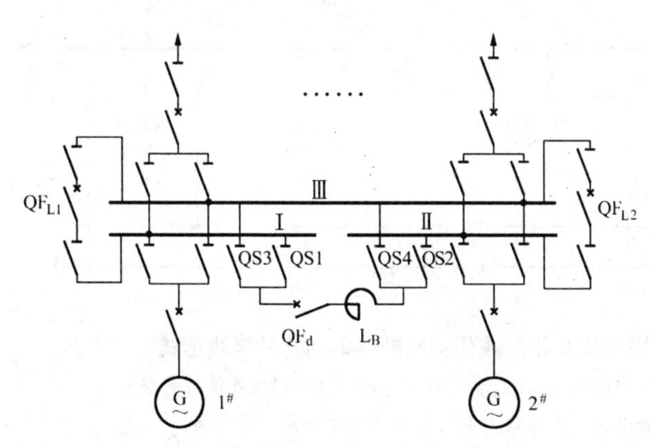

图7－8　用叉接电抗器分段的双母线接线

正常运行时，Ⅰ、Ⅱ两段母线经L_B、QF_d及QS1、QS2并列运行。当任一段母线发生短路故障时，分段电抗器都将起着限制短路电流的作用。检修母线Ⅰ（或Ⅱ）时，仍可通过倒闸操作使母线Ⅱ（或Ⅰ）、Ⅲ两段经过L_B、QF_d保持并列运行。当一台或更多台发电机退出运行时，母线系统的短路电流减小，不需用电抗器限流时，可利用母联断路器QF_{L1}（或QF_{L2}）将母线Ⅰ（或母线Ⅱ）与备用母线并列运行，以消除分段电抗器中不必要的电压、功率损耗，并可以避免两段母线出现电压差。

（三）双母带旁路母线接线

图7－9所示的具有专用旁路断路器的双母线带旁路母线的接线中，除了两组主母线Ⅰ、Ⅱ之外，还增设了一组旁路母线WP及专用的旁路断路器QF_P回路。凡将要利用旁路母线的所有回路，都需装有可接至旁路母线的旁路隔离开关QS_P。若变压器高压侧的断路器回路不需接入旁路母线时，可将图7－9中的虚线部分取消，此虚线部分称为进线旁路。

现以检修线路WL1的断路器QF1为例，说明其操作步骤：首先合上旁路断路器QF_P两侧的隔离开关及QF_P，对旁路母线进行充电检查。若旁路母线完好时，合上旁路隔离开关$1QS_P$，构成从工作母线出发，经QF_P、WP及$1QS_P$向线路WL1供电的旁路通路。然后断开QF1及其两侧的隔离开关，做好安全措施后，即可对QF1进行检修。由于QF_P配备有继电保护装置，所以不仅可以用它来正常投入或退出线路，而且还能自动切除线路上的故障。

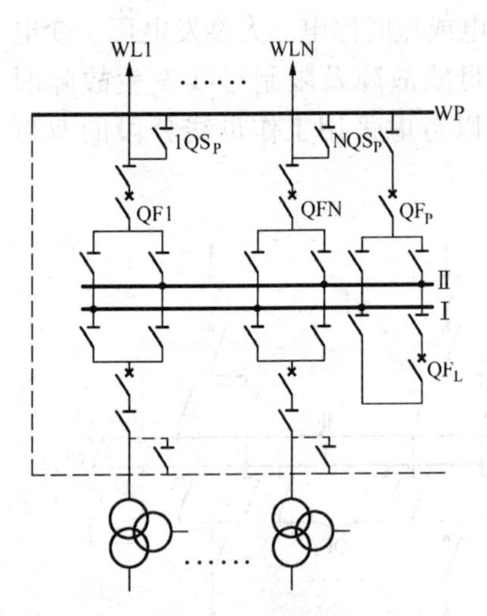

图 7-9 有专用旁路断路器的双母线带旁路母线接线

双母线带旁路母线的接线大大提高了主接线的可靠性。当电压等级较高、出线回路数较多时，每年断路器的检修累计时间较长，这一优点就显得更为突出。但是，这种接线所用的电气设备数量较多，配电装置结构复杂，占地面积较大，经济性较差。我国一般规定，当 220kV 有 5（或 4）回及其以上出线、110kV 有 7（或 6）回及其以上出线时，可采用具有专用旁路断路器的双母线带旁路母线接线。

当出线回路数较少时，可以采用如图 7-10 所示的用母联断路器兼作旁路断路器的简易接线形式，以节省断路器，减少配电装置间隔，减少投资和占地面积，来改善经济性。但它们的共同缺点是：每当检修线路断路器时，必须利用母联断路器来替代该断路器的工作，从而增加了隔离开关和继电保护整定值的更改次数。尤其是需将双母线同时运行方式更改为单母线运行方式时，更是降低了供电可靠性。应该特别指出的是旁路母线只是为检修出线断路器时不停止对该回路供电而设立的，它并不是为了替代主母线工作而设置的。

（四）一个半断路器的双母线接线

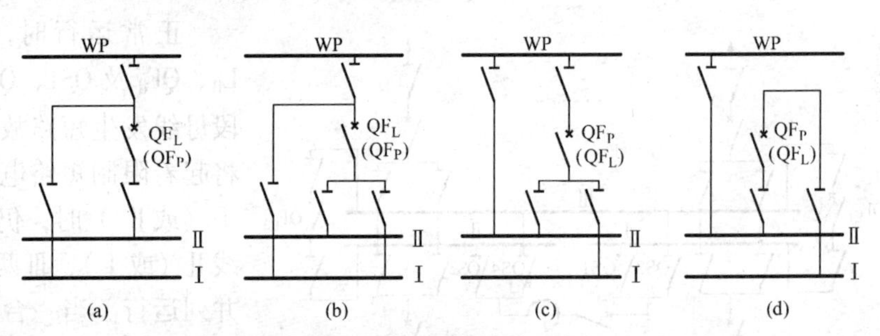

图 7-10 用母联断路器兼作旁路断路器的几种接线形式

(a) 母联兼做旁路的常用接线；(b) 母联兼旁路（两组母线均能带旁路）；(c) 旁路兼母联（以旁路为主）；(d) 母联兼旁路（设跨条）

如图 7-11 所示，在两组母线之间接有若干串断路器，每一串的三台断路器之间接入两个回路。处于每串中间位置的断路器称为联络断路器 QF_L。由于两个回路共装有三台断路器，平均每一个回路装设一台半（3/2）断路器，故称为一个半断路器接线，又称为二分之三断路器接线。

这种接线的主要优点有：

(1) 正常运行时，两组母线和所有断路器都同时投入，形成多环路的供电方式，运行调度十分灵活，运行灵活性好。

(2) 每一回路虽然只平均装设了一台半断路器，但却可经过两台断路器同时供电，任何一台断路器检修时，所有回路都不会停止工作。当一组母线故障或检修时，所有回路仍可通过另一组母线继续运行。即使是在某一台联络断路器故障、两侧断路器跳闸，以及检修与事故相重叠等严重情况时，停电的回路数也不会超过两回，不存在整个装置全部停电的危险，工作可靠性高。

(3) 隔离开关只用于检修时隔离电压用，免去了为改变运行方式的复杂倒闸操作。检修任一组母线或任一台断路器时，所有进出线都不需要进行切换操作，检修方便。

这种接线的主要缺点有：所用的断路器、电流互感器等设备较多，投资较高；由于每个回路都与两台断路器相连，而且联络断路器又连接着两个回路，使得继电保护及二次回路的设计、调试及检修等都比较复杂。

由于一个半断路器接线的突出优点，使得它在大容量、超高压配电装置中得到了广泛的应用，受到了运行单位的普遍欢迎。为了避免两台主变压器回路或去同一系统的两回线路同时停电，进一步提高这种接线的可靠性，应注意将上述的两回路分别布置在不同的串上，并尽量将特别重要的两个回路在不同的串中进行交叉换位，如图 7－11 中右边的两串。在我国，这种接线普遍应用在 500kV 的发电厂、变电所中。

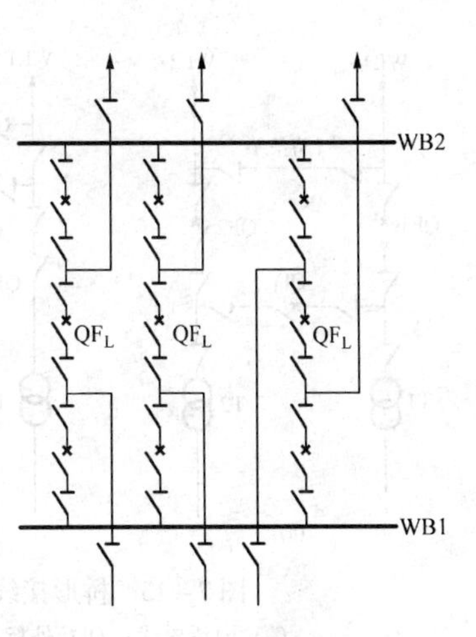

图 7－11 一个半断路器的双母线接线

（五）变压器—母线组的双母线接线

如图 7－12 所示，这种接线的特点是在可靠性极高、故障率极低的主变压器的出口不装设断路器，而直接经隔离开关接于母线上，两组母线间的各回出线采用如图 7－12（a）所示的双断路器接线或如图 7－12（b）所示的一个半断路器接线。当变压器故障时，和变压器接在同一组母线上的所有断路器都跳闸，但这并不影响其他回路的工作，然后，用隔离开关使故障变压器退出运行后，即可恢复该母线的运行。

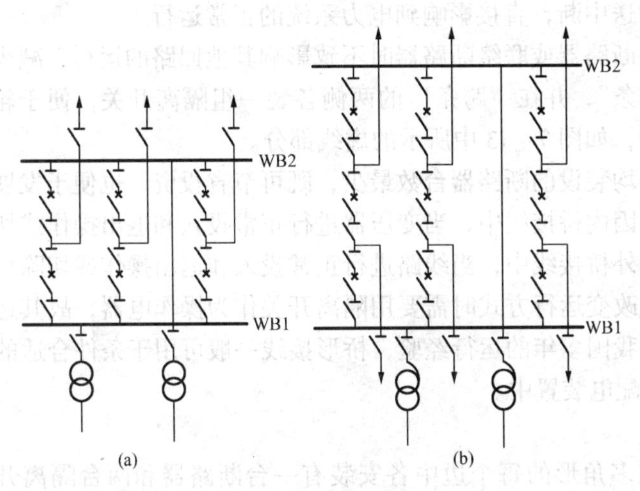

图 7－12 变压器—母线组的双母线接线

（a）出线为双断路器的接线；（b）出线为一个半断路器的接线

这种接线使用的断路器台数比双断路器的双母线接线或一个半断路器的双母线接线都少，投资较省。它也属于一种多环路的供电系统，若变压器质量有保证时，整个接线具有相当高的可靠性，运行调度灵活，且便于扩建，可用于 220kV 及其以上，如 500kV 的超高压变电所中。

第三节 无母线的电气主接线

当发电厂、变电所的母线发生故障时，与故障母线相连接的所有回路都将被迫退出运行。为了避免发生这种因为母线故障造成大面积停电的严重后果，于是，出现了没有母线的主接线的形式，下面就分别介绍。

一、桥形接线

当只有两台变压器和两回线路时，可以采用桥形接线，如图 7－13 所示。桥形接线有内桥接线和外桥接线两种。

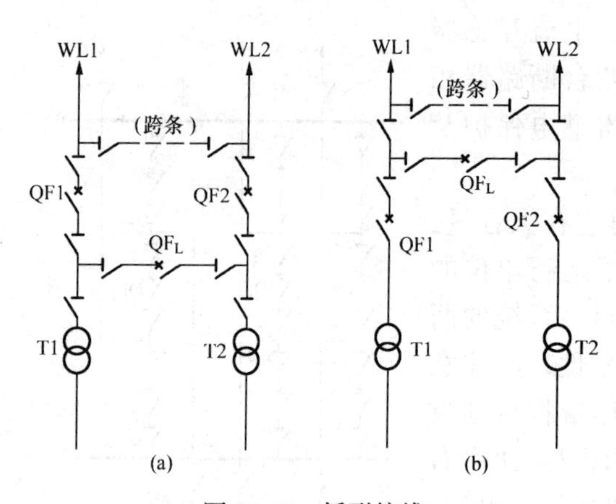

图 7-13　桥形接线
(a) 内桥接线；(b) 外桥接线
QF_L—联络断路器

内桥接线是将联络断路器（又称桥断路器）QF_L 接在线路断路器的内侧（变压器侧），便于线路的正常投入和退出操作以及切除线路上的短路故障。而当投入和退出变压器运行时，则需要操作两台断路器及相应的隔离开关。所以，这种接线适用于变压器不需要经常切换、输电线路较长、线路故障断开几率较高、穿越功率较小的场合。

外桥接线是将联络断路器 QF_L 接在主变压器断路器的外侧（线路侧），便于变压器的正常投入和退出操作及切除故障变压器。而线路的投入和退出及切除故障的操作较为复杂。这种接线适用于线路较短、故障几率较低、主变压器按经济运行的要求而需要经常切换，以及电力系统有较大的穿越功率通过桥断路器的情况。此时，若采用内桥接线时，穿越功率将通过全部的三台断路器，任何一台断路器的检修或故障都将使穿越功率的输送中断，直接影响到电力系统的正常运行。

在桥形接线中，为了在检修线路断路器或联络断路器时不致影响其他回路的运行，减少系统开环的机会，可以考虑增设“跨条”，并在“跨条”的两侧各装一组隔离开关，便于轮流停电检修，正常运行时跨条则断开，如图 7-13 中所示的虚线部分。

桥形接线简单清晰，每个回路平均装设的断路器台数最少，既可节省投资，也便于发展过渡为单母线分段或双母线接线。但因内桥接线中，当变压器进行正常投入和退出操作或切除变压器故障时将影响线路的运行；外桥接线中，当线路进行正常投入和退出操作或切除故障线路时将影响变压器的运行，而且改变运行方式时需要用隔离开关作为操作电器，故其运行的可靠性和灵活性都不够高。根据我国多年的运行经验，桥形接线一般可用于条件合适的中小型发电厂、变电所的 35～220kV 配电装置中。

二、多角形接线

多角形接线又称角形接线，即在多角形的每个边中各安装有一台断路器和两台隔离开关，多角形的各个边相互连接成闭合的环形，各进出线回路通过隔离开关，分别接到角形的各个顶点上，如图 7-14 所示。

多角形接线的主要优点：

（1）这种接线所用的断路器台数与进出线的回路数相等，平均每个回路只装设一台断路器。除桥形接线外，比其他任何形式的接线所使用的开关设备都少，投资

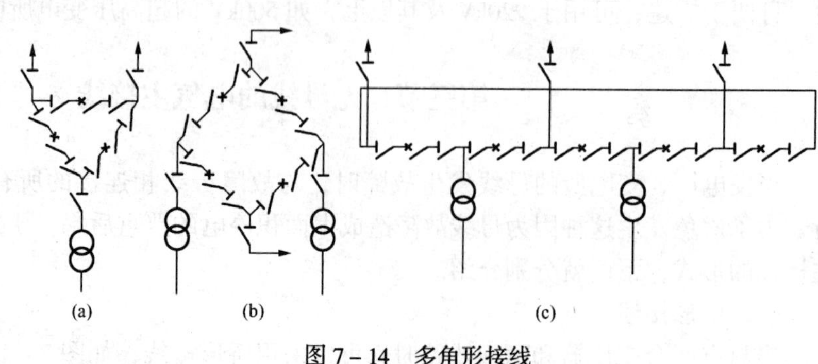

图 7-14　多角形接线
(a) 三角形；(b) 四角形；(c) 五角形

较省，经济性较好。

(2) 在多角形接线中，不存在母线以及相应的母线故障，每个回路都由两台断路器供电，任何一台断路器检修时，所有回路仍可继续正常工作；任何一个回路故障时，都不影响其他回路的运行。所有的隔离开关仅在停止运行或检修时隔离电压，并不作为操作电器，运行的可靠性与灵活性较高，易于实现远动或自动操作。

多角形接线的主要缺点：

(1) 运行方式改变时，各支路的工作电流的变化可能较大，使得相应的继电保护整定也比较复杂。

(2) 任何一台断路器检修时，多角形接线都将开环运行，供电可靠性明显降低。此时，不与该断路器所在边直接相连的其他任一设备若再发生故障时，就可能造成两个及其以上的回路停电，多角形接线将被分割成两个相互独立的部分，功率的平衡也将遭到破坏等。而且，当角形接线的角数越多，断路器检修的机会也越多，开环的时间越长，这个缺点也就越突出。此外，还应将同名回路（即两个电源回路或者向同一用户供电的双回线路）按照对角的原则进行连接，以减少设备（如断路器）故障时的影响范围。

(3) 多角形接线形成闭合的环，配电装置的扩建较难。

根据我国经验，在110kV及其以上配电装置中，当出线回路数不多，发展规模也比较明确时，可以采用多角形接线，一般以三角或四角形为宜，最多不要超过六角。

三、单元接线

发电机与变压器直接连接，中间没有或很少有横向联系的接线方式，称为单元接线，主要类型如图7-15所示。

图7-15（a）为发电机—双绕组变压器单元接线，发电机出口处除接有厂用分支外，没有设置母线，输出的电能都经过主变压器送到高压系统。由于发电机不可能单独运行，因此不需装设发电机出口断路器，但可以装设一组隔离开关，便于检修时单独对发电机进行有关试验。

图7-15（b）为发电机—三绕组变压器单元接线。发电机的出口装设有出口断路器及隔离开关，以便在变压器高、中压侧都运行的情况下，可以对发电机进行投入和退出的操作。

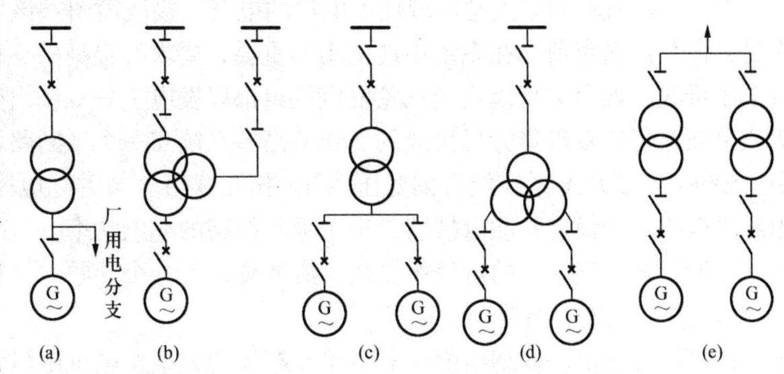

图7-15　单元接线

(a) 发电机—双绕组变压器单元；(b) 发电机—三绕组变压器单元；(c) 发电机—双绕组变压器扩大单元；(d) 发电机—分裂绕组变压器单元；(e) 发电机—变压器联合单元

采用图7-15（c）、(d) 所示的扩大单元接线，可减少变压器及高压侧断路器的台数，也相应减少了配电装置间隔，还减少了投资与占地面积。采用低压分裂绕组变压器时，可以限制主变低压侧的短路电流，但扩大单元的运行灵活性较差，例如检修变压器时，两台发电机都必须退出运行。扩大单元的组合容量应与电力系统的总容量和备用容量相适应，一般不超过系统总容量的8%～10%，以免因主变压器故障退出运行时影响系统的稳定。

有时由于主变容量的限制，大容量机组无法采用扩大单元接线时，也可以将两组发电机—变压器单元在高压侧组合为图7－15（e）所示的发电机—变压器联合单元接线，以减少昂贵的高压断路器的台数及配电装置的间隔。

各种单元接线都具有接线简单清晰、操作简便，使用设备和占地较少、经济性好。没有发电机电压母线，发电机电压侧的短路电流也同时减小，便于电气设备的选择。

第四节 发电厂变电所的电气主接线举例

一、发电厂电气主接线

各类发电厂的电气主接线，主要取决于发电厂装机容量的大小、系统中的地位、作用以及发电厂对运行可靠性灵活性的要求。例如，大容量的区域性发电厂是系统中的主力电厂，其电气主接线就应具有很高的可靠性。担任负荷峰谷变化的中、小型凝汽式发电机组和水轮发电机组的运行方式经常改变、起停频繁，就要求其电气主接线应具有较好的灵活性。

1.大型区域性发电厂的电气主接线

目前国内外大型发电厂，一般是指安装有单机容量为200MW及其以上的大型机组、总装机容量为1000MW及其以上的发电厂，包括大容量凝汽式电厂、大容量水电厂、核电厂等。

大型区域性发电厂通常都建在一次能源资源丰富的地方，与负荷中心距离较远，通常以高压或超高压远距离输电线路与系统相连接，在电力系统内地位重要。发电厂内一般不设置发电机电压母线，全部机组都采用简单可靠的单元接线直接接入220～500kV高压母线中，以1～2个的升高电压将电能送入系统。发电机组采用机—炉—电单元集中控制或计算机控制，运行调度方便，自动化程度高。

图7－16所示为某大型区域性火电厂的电气主接线简图。该发电厂位于煤矿附近，水源充足，没有近区负荷，在系统中地位十分重要，要求有很高的运行可靠性，因此，不设发电机电压母线。四台大型凝汽式汽轮发电机组都以发电机—双绕组变压器单元接线形式，分别接入单断路器的双母带旁母接线的220kV高压系统和一个半断路器接线的500kV超高压系统中。500kV与220kV系统经自耦变压器TA相互联络。与省际电网相联系的500kV超高压远距离输电线路装设有并联电抗器，用于吸收线路的充电功率。

大型区域性发电厂的电气主接线，应注意以下几个问题。

（1）发电机出口断路器的设置

在采用发电机—双绕组变压器组单元接线的大型发电机出口装设断路器时，便于机组的启停、并网与切除。启停过程中的厂用电源也可以由本单元的主变压器倒送，且便于采用扩大单元接线。但大容量发电机的出口电流大，相应的断路器制造困难、价格昂贵。我国目前200MW及其以上的大容量机组较多承担基本负荷，不会进行频繁的启停操作，也较少采用扩大单元、联合单元接线的实际情况，所以一般不考虑装设发电机出口断路器。不过，为了防止发电机引出线回路中发生短路故障，通常应选用分相式封闭母线。

（2）发电厂的启动电源与备用电源

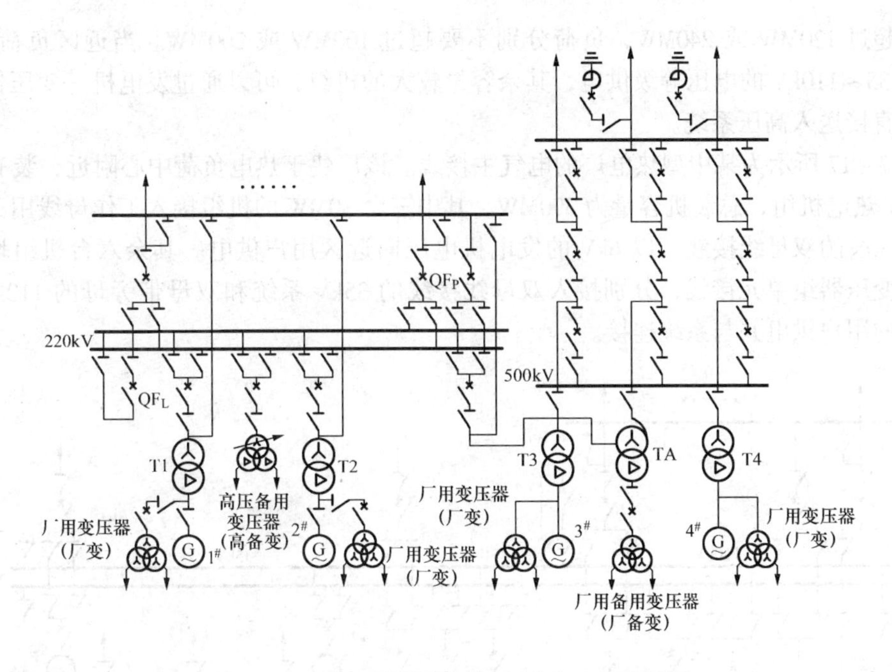

图 7-16　某大型区域型火电厂电气主接线简图

大型发电厂的厂用负荷容量大，可靠性要求高。当发电机出口不装设断路器时，无法经主变压器倒送进行机组启动所需要的启动电源，一般是从与系统相连接的高压主母线上引接启动变压器，兼作高压备用厂用变压器。当发电厂中装设有自耦联络变压器时，也可以由它的第三绕组作为本厂的启动电源和备用电源。

(3) 单元接线的形式与主变压器的选择

大型发电厂通常采用发电机—变压器组单元、扩大单元及联合单元接线。当采用发电机—变压器组单元接线时，单机容量为 200MW 及其以上的大机组一般都是与双绕组变压器组成单元接线，而很少采用与三绕组变压器组成的单元接线，以省去昂贵的发电机出口断路器。若发电厂具有两个升高电压时，则通过自耦联络变压器来联络两升高电压系统。联络变压器 TA 的第三绕组还可以作为本厂的启动或备用电源，以提高厂用电的可靠性，简化配电装置结构，节省投资。

应该指出，水电厂通常建设在水力资源丰富的江河湖泊处，建设规模明确，厂区较为狭窄，一般都远离负荷中心，没有发电机电压负荷，电厂的负荷曲线变化较大，机组启停频繁。因此，水电厂的电气主接线具有区域性火电厂的某些特点，但应尽量采用简单清晰、运行操作灵活、可靠性较高的主接线方式，以便减少电气设备数量，简化配电装置的布置。

2. 中小型地区性电厂的电气主接线

中型发电厂，一般是指总装机容量为 200～1000MW，单机容量为 50～200MW 的发电厂。小型电厂是指单机容量为 6～50MW，总装机容量在 200MW 以下的发电厂。

中小型地区性电厂大都建设在工业城市附近，距负荷中心近，近区负荷较多，有时还需兼供热能。因此，需设置发电机电压母线，让部分机组以 6～10kV 的发电机电压向附近用户供电，同时还以 1～2 个升高电压将剩余的电能送往较远的用户或系统。为了避免因发电机电压母线分段过多，造成短路电流过大，接入 6 或 10kV 发电机电压母线的发电机总容量分别不要超过 120MW 或 240MW，负荷分别不要超过 100MW 或 200MW。当近区负荷较大时，宜采用 35～110kV 的电压等级供电，其余容量较大的机组，可以通过发电机—变压器组的单元接线直接送入高压系统。

图 7-17 所示为某中型热电厂的电气主接线。该厂建于热电负荷中心附近，装有九台 30～50MW 热电机组，总装机容量为 390MW。其中三台 30MW 的机组接入工作母线用叉接电抗器分成三段的双母线接线，以 6kV 的发电机电压向近区用户供电。其余六台机组均采用发电机—变压器组单元接线，分别接入双母线接线的 35kV 系统和双母带旁母的 110kV 系统，向较远的用户供电并与系统连接。

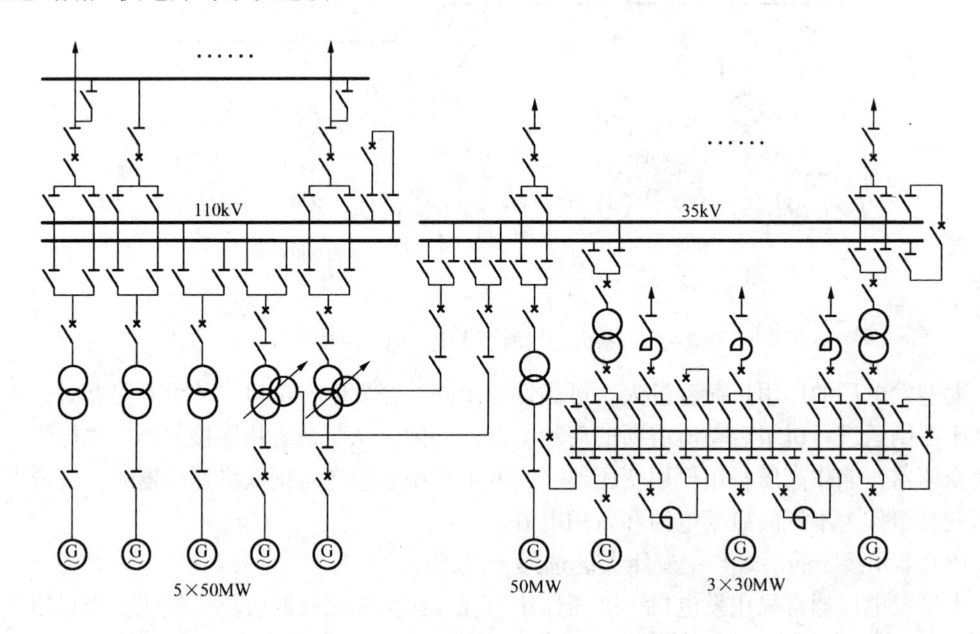

图 7-17 某中型热电厂电气主接线简图

二、变电所的电气主接线

按变电所在系统中的地位和作用、电压等级以及供电范围的大小，变电所可分为枢纽变电所、开关站（开闭所）、中间变电所、地区变电所、企业变电所、终端（或分支）变电所等六种。

1. 枢纽变电所

枢纽变电所的电压等级高，主变压器容量大，进出线回路数多，通常汇集着多个大电源及多回输送大功率的联络线，联系着几部分高压及中压电网，在系统中居于枢纽地位。

图 7-18 所示的枢纽变电所，电压等级为 500/220/35kV，有多个电源的汇聚，安装有两台大容量的自耦式主变压器。220kV 侧有大型工业企业及城市负荷，500kV 系统与 220kV 系统之间有功率交换。500kV 侧采用了交叉连接的一个半断路器的双母线接线，以提高供电可靠性。220kV 侧采用有专用旁路断路器的双母线带旁路母线的接线。主变压器 35kV 侧的第三绕组上接有无功补偿装置。

枢纽变电所的电压等级一般不宜超过三个，最好不要出现两个中压等级，以免造成主接线过分复杂。

2. 开关站（开闭所）

对于330～750kV远距离输电线路，常在主干线的中段或1/3或2/3处设置不装设变压器的开关站将线路分段，减小线路的长度，以便降低操作过电压，减小线路故障的影响范围，提高系统运行的稳定性。开关站内还可以装设必要的串联补偿装置等，以提高线路的输送能力和质量。

3. 中间变电所

中间变电所一般从高压、超高压主干线路或主要环状线路上破口引接（或称π接）。其作用是进行系统间的功率交换，将长距离输电干线分段，经降压后向附近的负荷供电。

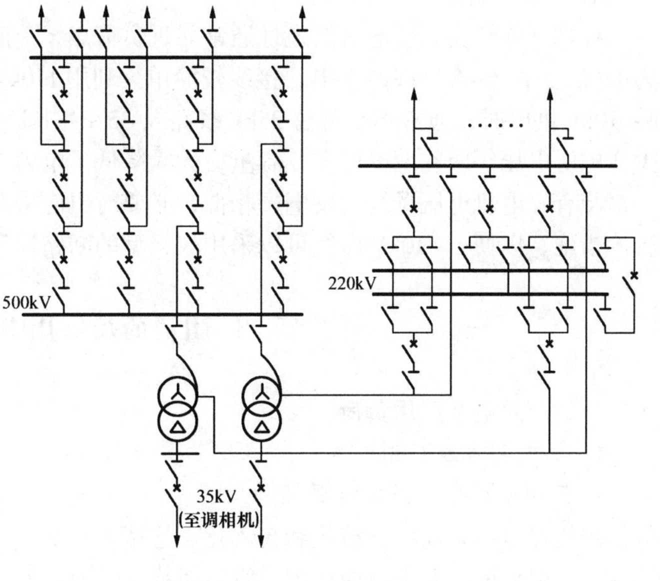

图7－18　某枢纽变电所的电气主接线简图

4. 地区变电所

地区变电所通常是某一个地区或城市的主要变电所，高压侧的电压等级一般为110～220kV。地区变电所主要承担地区性的供电任务。大容量地区变电所的主接线一般较复杂，6～10kV侧经常需要采取限制短路电流的措施；中、小容量地区变电所的6～10kV侧有时并不需要采用限制短路电流的措施，就可选用较轻型的设备，接线也较为简单。

图7－19所示的中型地区变电所电气主接线，110kV侧采用分段断路器兼作旁路断路器的单母线分段带旁路母线的接线。所有110kV出线及主变压器高压侧出口都可接入旁路母线，以提高供电可靠性。35kV系统采用双母线接线，10kV侧采用有专用旁路断路器的单母线分段带旁路母线的接线。一台10/0.4kV的所用变压器可以在两段10kV主母线之间切换。

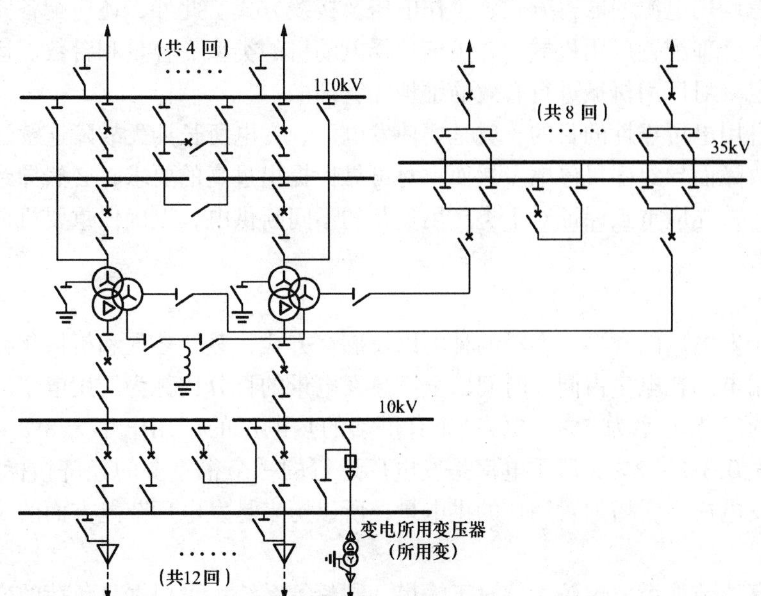

图7－19　某110kV中型地区变电所的电气主接线简图

5. 企业变电所

企业变电所通常是某一工矿企业自建的专用变电所。大型联合企业的总变电所，高压侧电压多为220kV，一般的企业变电所高压侧电压多优先选择110kV。

6. 终端（或分支）变电所

终端（或分支）变电所的地址通常靠近负荷点，一般只有两个电压等级，高压侧电压多为110kV，由1~2回线路供电，接线较简单。利用110kV终端（或分支）变电所直接降压至6~10kV供电时，通常不必再建35kV线路及35/6~10kV变电所，有利于简化电网结构，减少变电所电压等级和变电所重复容量，大大降低了电力系统的各种损耗。

与有发电机电压母线的发电厂相似，必要时也应采取限制降压变电所6~10kV侧短路电流的措施，以便6~10kV出线可以采用较轻型的断路器和截面较小的电力电缆。

第五节　厂用负荷及厂用电接线原则

一、厂用电及厂用负荷

（一）厂用电及厂用电率

1. 厂用电的作用及其重要性

现代发电厂是高度机械化和自动化、连续生产的工厂，使用着大量的由电动机拖动的机械，为发电厂的主要设备如锅炉、汽轮机或水轮机、发电机和辅助设备服务。这些电动机以及试验、修配、照明等用电设备构成了发电厂的厂用负荷，它们与厂用电供电系统及其配电装置一起统称为发电厂的自用电或厂用电。

自用电，包括发电厂的厂用电和变电所的所用电。自用电的供电电源、接线和设备，都必须高度可靠，以保证发电厂、变电所的正常运行。热电联产的供热电厂，厂用负荷尤为重要。自用电的耗电量应尽可能地少，以降低发、供电成本，提高发电厂、变电所的经济效益。所以，自用电是影响发电厂、变电所安全可靠、经济运行的最重要的因素之一。

运行中的发电厂，厂用电的可靠性必须得到保证。随着高参数大容量机组、双水内冷的冷却方式、计算机实时监控的采用以及核电厂的出现，对厂用电的可靠性和经济性都提出了更高的要求，必须认真考虑厂用电源的取得方式、工作电压及接线方式。此外，还应配备完善的继电保护与自动装置，合理配置厂用机械，并正确选择电动机的类型、容量和台数。运行中，还要按有关规程规定，对厂用机械进行有效的维护和管理。

提高发电厂、变电所自用电可靠性的目的，就是要使发电厂、变电所长期无故障连续运行，不会因自用电的局部故障而导致停机停电。然而，对可靠性提出过高的要求，必然导致投资的不合理增加。因此，首先应重点保证对Ⅰ类厂用负荷的不间断供电，以确保重要机械的连续运转。

2. 厂用电率

厂用电的耗电量取决于发电厂的类型、燃料的种类以及燃烧方式、蒸汽参数和机械化程度等因素。一定时间内厂用电的耗电量占同一时间内全厂总发电量的百分比称为厂用电率。

一般，凝汽式火电厂的厂用电率为5%~8%，兼有供热的热电厂的厂用电率为8%~12%，水电厂的厂用电率为0.3%~2%。厂用电率是发电厂运行的一个很重要的经济指标。降低厂用电率，可以降低发电成本，增加对用户的供电量，所以历来是发电厂节能方面的一项重要工作。

火电厂的厂用电率较高，节能潜力也较大。对于输煤、制粉等系统，可根据日负荷的变化，制定最佳运行方式。例如安排输煤、制粉系统在后半夜低负荷时满载运行，贮满煤仓和粉仓；当发电厂负荷较小时，可考虑少开循环泵、给水泵等设备的台数，使相应的工作设备处在满载的状态下运行；大型火电厂的厂用机械若选用同步电动机，既可以发出无功功率，就近供给异步电动机，提高功率因数，又可以降低电能的损耗。

(二) 厂用负荷及分类

1. 厂用负荷

(1) 火力发电厂的厂用机械包括：

1) 煤场及输煤系统的机械，如抓斗起重机、扒煤机、推煤机、碎煤机、提升机械、输煤皮带等。

2) 制粉系统，如磨煤机、给煤机、排粉机、螺旋输粉机等。

3) 锅炉辅机，包括给粉机、送风机、引风机、给水泵、除灰泵等。

4) 汽轮机辅机，有凝结水泵和循环水泵等。

5) 变压器冷却用通风机、强迫油循环冷却的油泵、水泵等。

6) 热电厂的热网给水泵和凝结水泵等。

7) 其他辅机，如油泵、消防泵、疏水泵、行车、电除尘器、直流系统的充电设备、备用励磁机、各种电动阀门等等。

8) 化学水处理车间、修配车间等的用电设备。

(2) 水力发电厂的主要厂用机械有：

1) 水轮发电机组的辅机，如调速及润滑系统的油泵，发电机冷却系统以及机组润滑系统的水泵、空气压缩机、行车等。

2) 变压器冷却用通风机、油泵、水泵等。

3) 大坝及船闸设备，如闸门启闭机、升船机、起重机、卷扬机、电梯等。

4) 其他辅机，如供水泵、排水泵、直流系统的充电设备、备用励磁机、修理厂设备以及厂房通风机等。

除此之外，还有常用的照明和事故照明设备。重要场所如主控制室装设的事故照明设备，平时由220V交流电源供电，当交流电源发生故障或全厂停电时，事故照明设备自动切换至直流系统，由蓄电池组继续供电。

2. 厂用负荷的分类

根据厂用设备在发电厂生产过程中的作用，厂用电供电中断时对人身、设备以及电能生产造成的危害程度，将厂用负荷分为以下几类。

(1) Ⅰ类厂用负荷

短时停电，即使用手动操作恢复供电所需的短时间停电，都会造成设备损坏、危及人身安全、主机停运或出力明显下降的厂用负荷，如给水泵、凝结水泵、循环水泵、吸风机、送风机、给粉机以及水电厂的调速器、润滑油泵、空压机等负荷。这些负荷都属于要求供电可靠性最高的厂用负荷，通常均设置有双套机械，互为备用，并分别接到有独立电源的不同母线段上，当失去一个电源后，另一个电源便立即自动投入。

(2) Ⅱ类厂用负荷

允许短时间如几分钟的停电，经运行人员及时操作后重新取得电源，不致造成生产混乱的厂用负荷，如工业水泵、疏水泵、灰浆泵、输煤设备以及化学水处理设备等负荷。水电厂中大部分厂用设备也属于这类负荷。对Ⅱ类厂用负荷，一般应由不同的两母线段供电，但可以采用手动进行切换。

(3) Ⅲ类厂用负荷

较长时间停电而不会直接影响电能生产的厂用负荷，如修配车间、实验室、油处理室等用电负荷，一般可由一个电源供电。

(4) 事故保安负荷

在主发电机停机过程及停机后的一段时间内，仍应保证供电，否则可能引起主要设备损坏、自动控制装置失灵以及危及人身安全的厂用负荷。事故保安负荷主要有实时控制用的计算机、发电机组的润滑油泵电动机、盘车电动机、事故照明设备等。

二、厂用电的接线原则

(一) 工作电源与备用电源

1. 厂用电的供电电压等级

确定厂用电电压等级，应从电动机的容量和厂用电供电电源这两个方面综合考虑，才能保证厂用电的供电可靠性和经济性。

发电厂中拖动各种机械的电动机容量相差很大，从数千瓦到数千千瓦，可以从投资和有色金属消耗量两个方面考虑厂用电的供电电压。随着单台电动机容量的增大，其额定电压也相应提高。因为大容量电动机采用较低的额定电压时，会使包括厂用供电系统在内的有色金属消耗量增大，功率损耗增大，投资和运行费用也相应增加。另一方面，高压电动机绝缘等级高，尺寸大，价格也高。因此，厂用电仅用一种电压供电显然是不合理的。实践表明容量在75kW以下的电动机采用380V的电压、220kW及其以上的电动机采用6kV的电压、1000kW以上的电动机采用10kV的电压供电比较经济合理。

电压等级过多，会造成厂用系统接线复杂，运行维护不方便，从而降低厂用电的可靠性。所以，大中型火力发电厂的厂用电，一般都用两级电压，且大多为6kV及380/220V两个等级。当发电机的额定电压为6.3kV时，高压厂用电压即定为6kV。当发电机额定电压为10.5kV或更高时，需要设置高压厂用变压器将10.5kV的电压降压至6kV后供电。有些中等参数热电厂的发电机额定电压为10.5kV，厂用电电压采用3kV及380/220V两级。这是由于在这类电厂中200kW以上的大容量电动机不多，而3kV的电动机以75kW为起点的原因。小型火电厂厂用电只设置380/220V母线，少量高压电动机直接接于发电机电压母线上。水电厂的厂用电动机容量都不大，通常只设置380/220V一个电压等级。大型水电厂在坝区和水利枢纽装设有大型机械如船闸或升船机、闸门启闭装置等，这些设备距主厂房较远，需在那里设置专用的变压器，采用6kV或10kV的电压等级供电。

2. 工作电源

发电厂正常运行时，向厂用电供电的电源称为厂用工作电源。厂用电的供电可靠性，很大程度上是由厂用电源的取得方式所决定的。

现代发电厂的厂用电一般都由主发电机供电。在设计发电厂电气主接线时，总是力求主发电机与电力系统有紧密的联系。由于制造技术和运行水平的不断提高，电力系统和主发电机的事故率都已大大降低，即便发生故障，继电保护与自动装置也能迅速将故障切除。其次，当厂内发电机全部停机时，也还可以方便地从系统得到电源。因此，由主发电机供电的方式有很高的可靠性，具有运行简单、调度方便、投资和运行费都较低等优点。而且，由于靠近电源，重要电动机的自启动也可得到保证。

由主发电机引接厂用电源的具体方案，取决于发电厂的电气主接线方式。当有发电机电压母线时，从各段发电机电压母线引接厂用工作电源，向接于同一母线段上机组（发电机、汽轮机、锅炉）的厂用负荷供电。当发电机与主变压器接成单元接线时，则从主变压器低压侧引接。厂用工作电源的两个引接方式如图 7－20 所示。

合理引接厂用电工作电源后，还不能忽视电力系统、主发电机以及厂用电自身的故障给整个厂用系统造成的严重后果。为此，必须进一步采取措施以提高供电可靠性。这些措施包括厂用电母线按炉分段、设置可靠的备用电源和装设备用电源自动投入装置。

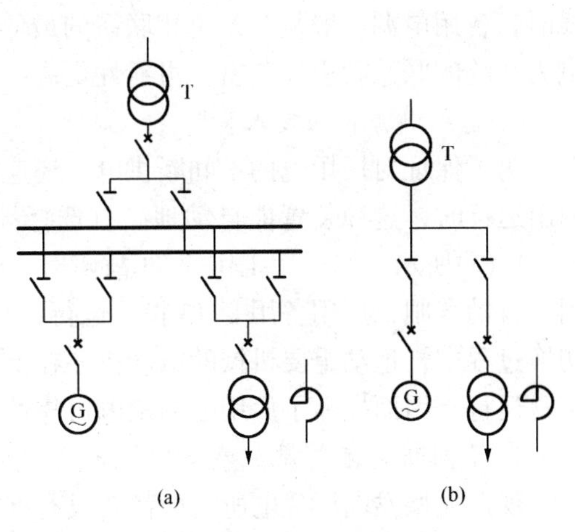

图 7－20　厂用工作电源的引接方式（发电机电压为 6.3kV 而厂用电压为 6kV 时用电抗器）
（a）从发电机电压母线引线；
（b）从主变压器低压侧引线

3. 备用电源

为了提高厂用电的可靠性，每一段厂用母线至少要由两个电源供电，其中一个为工作电源，另一个为备用电源。当工作电源故障或检修时，仍然能够不间断地由备用电源供电。厂用备用电源的备用方式有两种。

（1）明备用。所谓明备用，就是专门设置一台变压器（或线路），并经常处于热备用状态（停运），如图 7－21（a）中的 T3 变压器。正常运行时，断路器 QF1、QF2 和 QF3 都处在跳闸状态。当任何一台厂用工作变压器退出运行时，都可由 T3 替代工作。显然，备用变压器的容量应等于最大的一台厂用工作变压器的容量。

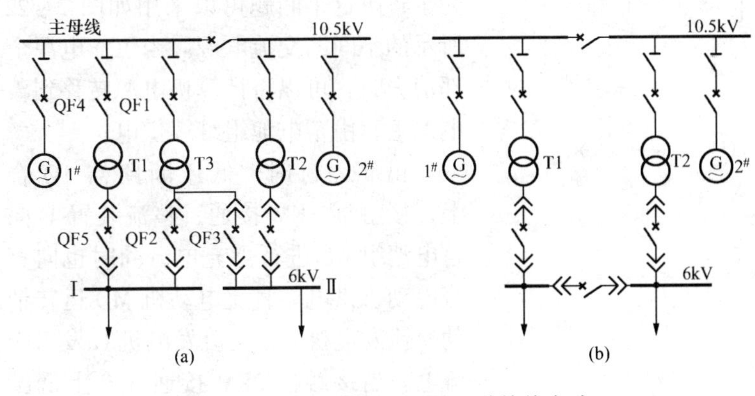

图 7－21　厂用备用电源的两种接线方式
（a）明备用；（b）暗备用

（2）暗备用。暗备用就是不设置专用的备用变压器，而是将每台工作变压器的容量加大。当任何一台厂用变压器退出运行时，失去电源的母线段可由另一台厂用工作变压器同时供电，如图 7－21（b）所示。正常工作时，每台厂用变压器只在一半负载下运行，因此这种备用方式投资较大，运行费用较高。

大中型发电厂特别是大型火电厂，由于每台机组的厂用负荷很大，为了不使每台厂用变压器的容量过大，通常都采用明备用方式。中小型水电厂和降压变电所，大多采用暗备用方式。

在确定厂用备用电源的取得时，既要求独立性，又要有足够的容量，并应从与系统联系最紧密处取得，以便在全厂停电的情况下，仍能从系统获得厂用电源。当有发电机电压母线时，厂用备用电源一般从发电机电压母线引接，这样既简单又经济。当所在段主母线故障时将失去厂用备用电源，但两个元件同时发生故障的概率很小，可以不用考虑。若需要两个厂用备用电源时，两备用电源不应都从发电机电压母线引接。而发电厂没有设置发电机电压母线时，备用电源一般从与系统相联系的最低一级的高压母线引接，这样发电厂的厂用系统与电力系统的联系就更加紧密，可靠性更高。

4. 备用电源自动投入装置

为了保证对厂用电的不间断供电，还应装设备用电源自动投入装置。当工作电源因故障退出运行时，这种装置能自动地、有选择地把备用电源迅速投入到停电的母线段上。如图7-21 (a)所示，当厂用工作变T1故障时，QF4、QF5自动跳闸，然后QF1、QF2在装置的作用下自动合闸，厂用备用变T3投入运行，从而替代厂用变T1向Ⅰ段厂用母线继续供电。在切换过程中，拖动重要机械的电动机还在惰性转动，母线电压恢复后，便可很快升速并进入正常运行，因而提高了厂用电的供电可靠性。

5. 不间断交流电源

现代大型发电厂变电所一般都装设有计算机实时监控系统。它具有数据处理、计算、调节和自动控制的功能，并能记录各种状态下发电厂变电所的运行数据，特别是各种形式的故障状态，有利于我们进行分析研究。但是，对计算机的供电，即使是短暂的中断也是不允许的。因为计算机的电源一旦消失，它将会出现数据丢失、控制出错等现象，可能导致电力系统发生严重的事故。所以，计算机的供电电源不能用一般的备用电源自动投入装置。若使用蓄电池的逆变装置供电，不但设备复杂，而且不经济、不方便。为了解决这个问题可以采用如图7-22所示的不间断交流电源。当工作电源全部消失时，可以将计算机电源转移到蓄电池上，由蓄电池组继续供电。

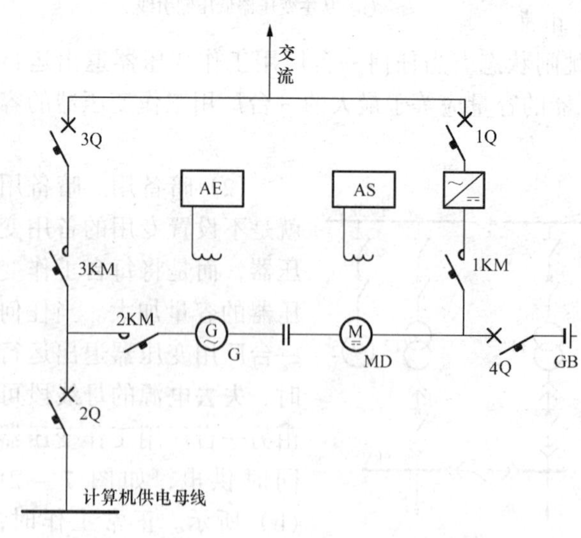

图7-22 不间断交流电源

1Q~4Q—低压断路器；1KM~3KM—接触器；U—整流装置；AE—自动调节励磁装置；AS—自动调速装置；GB—蓄电池；G—交流发电机；MD—直流电动机

正常运行时，低压断路器1Q合上，接触器1KM接通，整流装置U向蓄电池组GB进行浮充电，同时也向直流电动机供电。直流电动机MD运转带动交流发电机G，交流发电机G发出交流电。当接触器2KM接通并合上低压断路器2Q时，计算机的用电由发电机提供。直流电动机MD和交流发电机G装有自动调速（AE）和自动调压（AS）装置，可以保证交流电压的稳定。

当交流系统发生故障、电压消失时，1Q便自动断开，直流电动机MD利用蓄电池组的电能继续运转，交流发电机G仍然可向计算机供给交流电源，不会中断对计算机的供电。

当直流系统发生故障时，直流电源消失，因直流电动机MD和交流发电机G有足够的惯性，仍然可以在短时间内继续运转，计算机不会失去供电，直到低压断路器 3Q 及接触器 3KM 自动接通后，由交流系统直接向计算机提供电源。

如果要检修直流电动机 MD 和交流发电机 G，可先合上 3Q 及 3KM，计算机由交流系统供电，然后再断开 2KM 和 1KM。投入直流电动机 MD 和交流发电机 G 时可先合上 2KM 和 1KM，然后再断开 3Q 及 3KM。整个过程，计算机都不会有片刻失去交流电源。

（二）厂用电的接线

1. 对厂用电接线的基本要求

厂用电的供电可靠性主要取决于厂用电接线，厂用电接线应该满足下列基本要求：

（1）供电可靠、运行灵活

根据发电厂的装机容量和重要性，厂用电接线除了应保证对厂用负荷的连续供电外，还应能在正常运行、检修、事故等各种状态下都能够满足厂用机械的供电要求。在发电机组启停、事故、检修等状态下的切换操作要方便、快捷。发生全厂停电时，还应能尽快地从系统取得电源。

（2）接线简单、清晰、投资少、运行费用低

由可靠性分析可知，过多的元件反而会使接线复杂，运行操作繁琐，故障率上升，投资和运行费用也会相应增加。

（3）厂用工作电源的对应性

各机组的厂用工作电源由相应该机组的发电机提供，这样厂用系统发生故障时，只影响一台发电机的运行，事故范围小，接线也简单。

（4）接线的整体性

厂用电接线应与发电厂电气主接线密切配合，整体性强。

（5）发电厂分期建设时厂用电接线的合理性

厂用电接线不会因为发电厂的分期建设而破坏整个厂用电接线的可靠性、灵活性以及简单方便等特点，尤其对备用电源的接入和公用负荷的分配，更要进行全面规划、便于过渡。

2. 厂用母线的分段原则

火电厂中锅炉的辅助设备多，功率大，消耗电量也大，因此，高压厂用母线都遵循按炉分段的原则进行设计的，即将高压厂用母线按照锅炉的台数，分成若干独立段，凡属同一台锅炉的厂用负荷都接于同一母线段上，与锅炉同一发电机组的汽轮机的厂用负荷也接于这一母线段上，由该机组向该母线段供电。锅炉的一些重要辅机如吸风机、送风机等都装设两台，在锅炉满负荷时，必须同时投入运行，所以可以将它们接在同一母线段上。通常每台汽轮机都装设有两台循环水泵和凝结水泵，其中的一台纯属备用，故允许分别接在不同母线段上。全厂公用性负荷应根据负荷功率的大小及对可靠性的要求，分别接到各母线段上。各母线段上的负荷应尽可能地均匀分配。当公用负荷较大时，可另设公用母线段。对于 400t/h 及其以上的大型锅炉，每台锅炉设两段高压厂用母线。

按炉分段的方式具有明显的优点，就是当一段母线故障时只影响一台锅炉的运行。厂用系统发生短路时，短路电流也较小，便于厂用电气设备的选择。将同一机一炉的厂用负荷接于同一母线段上，还便于运行的管理和检修安排。

低压厂用母线一般也按炉分段，电源则由相应的高压厂用母线供给。为了限制 380/220V 系统的短路电流，单台低压厂用变压器的容量一般不要超过 1000kV·A。

厂用电各级电压均采用单母线按炉分段接线，配电装置由成套开关柜构成，可以使系统清晰、可靠，便于运行与检修。

(三) 厂用电动机的自启动

前面主要是从厂用电系统和厂用机械设备等方面就如何提高厂用电的可靠性进行分析的。其实，还有一项可以提高厂用电运行可靠性的措施，就是发电厂重要厂用电动机群的自启动。

厂用母线电压下降或消失经常是短时的。当厂用电电压消失时，为了不使主机因此而退出运行，一些重要机械的电动机并不立即与电源断开。电动机在机械负载的带动下会具有一定的惰性，经过约0.5~1.5s，电动机还未完全停转时，当厂用母线电压恢复或备用电源自动投入后，电动机又会自动接入电源，转速迅速上升，并逐渐恢复到正常的运行状态，这个过程我们称之为电动机的自启动。

伴随电动机的自启动，可能会出现两个问题。其一是同时参加自启动的电动机数量过多，容量过大时，总的启动电流将很大，在厂用变压器或电抗器等元件上产生较大的电压降，致使厂用母线电压明显降低，危及厂用系统的稳定运行；其二是当厂用母线电压降低时，自启动的时间过长，可能引起电动机定子绕组和转子过热，严重的会被烧毁，当电压降低至某一数值时，电动机甚至不能重新启动，发生堵转，严重影响电动机的安全和使用寿命。

通过学习电机学的知识可以知道，电动机的转矩与外加电压的平方成正比，自启动时厂用母线电压越低，对电动机的自启动就越不利。当自启动时厂用高压母线电压低于额定电压的60%~70%，低压母线电压低于额定电压的55%~60%时，电动机的自启动就不能得到保证。同时，参加自启动的电动机总启动电流越大，厂用变压器的阻抗越大，厂用母线的电压就越低。为了保证Ⅰ类厂用负荷重要电动机的自启动，必须限制同时参加自启动电动机的数量。通常对不重要的电动机加装低电压保护装置，当发生事故时，这些电动机立即与电源断开，不参加自启动；对重要的电动机，可加装低电压保护和自动重合闸装置，分批进行自启动，使其自启动得到保证。

(四) 事故保安电源

对于200MW及其以上的发电机组，当厂用电源完全消失时，为确保在事故状态下机组能够安全停机，必须设置事故保安电源，并且在厂用电源完全消失时能够自动投入，保证事故保安负荷的用电。事故保安电源包括直流和交流两种。

由蓄电池组组成的直流事故保安电源，向发电机组的直流润滑系统、事故照明等负荷供电。事故照明，由装在主控制室的专用事故照明屏或事故照明箱供电。事故照明屏顶设置有事故照明小母线，分布在全厂各处的事故照明电源都从小母线引出，小母线上同时接有交流电源和直流电源。正常运行时由交流电源供电，直流电源断开；当交流电源消失时，在自动装置作用下实现自动切换，即交流电源断开，直流电源投入，由直流电源供电。直流电源通常采用单回路供电。

交流事故保安电源，一般采用快速启动的柴油发电机组，或是从发电厂外部引接的可靠交流电源。此外，还应设置交流不停电电源。交流不停电电源，宜采用接于直流母线上的电动机—发电机组或静止逆变装置，目前多采用静止逆变装置。静止逆变装置的核心部分是晶闸管逆变器，如图7-23所示。可控硅组成的逆变装置有单相的和三相的两种，关键在于要有正确、可靠的触发回路，使晶闸管能迅速准确地导通。晶闸管逆变装置体积小、重量轻、开关时间短、功率增益大，在大型发电厂变电所中得到广泛的应用。图 7-24 为交流事故保安电源的接线示意图。

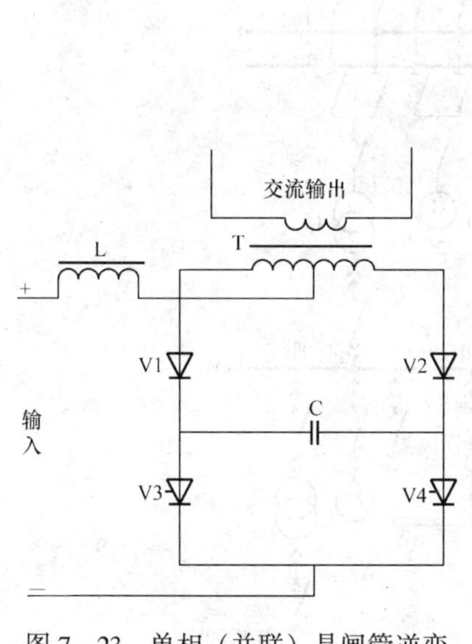

图 7-23　单相（并联）晶闸管逆变装置原理简图

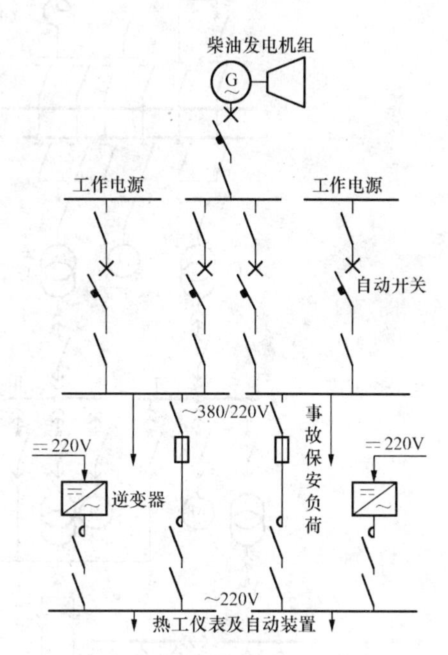

图 7-24　交流事故保安电源接线示意图

第六节　发电厂变电所自用电接线举例

一、火电厂的厂用电接线

图7-25 所示为中型热电厂厂用电接线，该厂共装设有二机三炉。因此高压厂用母线按锅炉台数分为三段，厂用高压为 6kV，由发电厂主母线的两组工作母线通过 T3、T4、T5 三台高压厂用工作变供电。由于机组容量不大，低压厂用母线分为两段。备用电源采用明备用方式，即专门设置高压厂用备用变压器 T6 和低压厂用备用变压器 T9 作为备用电源。为了提高厂用系统运行的可靠性，在运行方式上，可将发电厂的一台升压变压器如 T2 与高压厂用备用变压器 T6 都接到备用主母线上，将所在段的母联断路器 QF2 合闸，这样可使高压厂用备用变压器与系统的联系更加紧密，而且受主母线故障的影响也较小。

对厂用电动机的供电，有分别供电和成组供电两种方式。图 7-25 中所示的高压（6kV）电动机的供电属于分别供电方式。即对每台电动机各敷设一条电缆线路，通过专用的高压开关柜或低压配电盘进行供电。5.5kW 及其以上的Ⅰ类厂用负荷和 40kW 以上的Ⅱ、Ⅲ类厂用重要机械的电动机，应采用分别供电方式。图 7-25 所示的低压（380/220V）Ⅰ、Ⅱ段的其他馈线表示去往车间的专用盘，是成组供电方式，即数台电动机用同一条线路送到车间的专用盘后，再分别引接到各电动机。对一般不重要机械的小电动机和距离厂用配电装置较远的车间（如中央水泵房）的电动机，这种供电方式最为适宜，可以节省电缆，简化厂用配电装

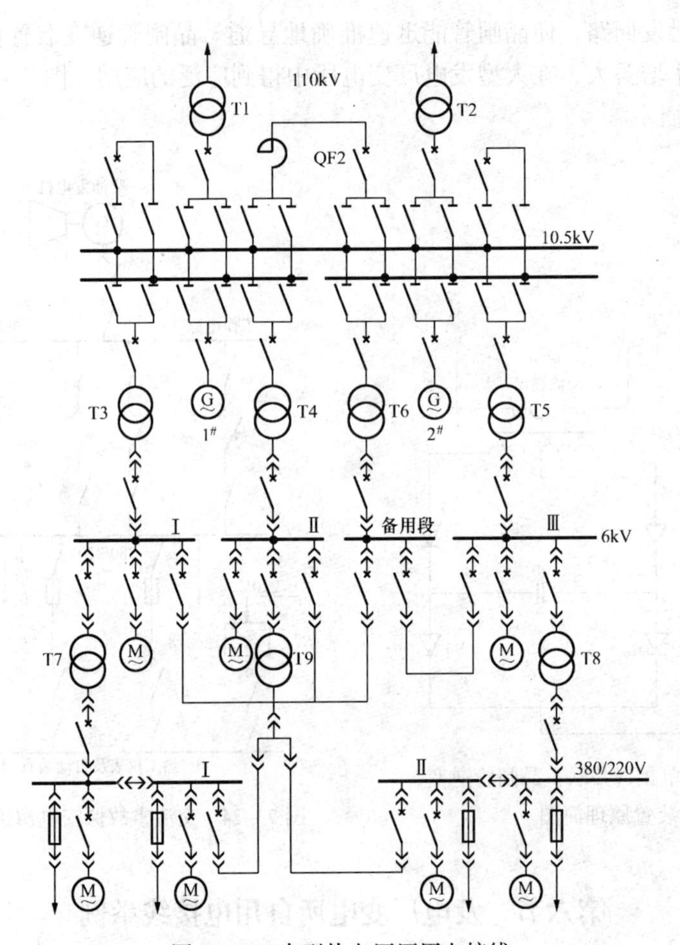

图 7-25 中型热电厂厂用电接线

置。

图 7-26 所示为装有 2×200MW 发电机组的大型火电厂的厂用电接线。厂用电工作电源分别从各自的发电机出口引接，经两台分裂绕组高压厂用工作变压器 3T 供电给高压厂用 6kV 的Ⅰ、Ⅱ和Ⅲ、Ⅳ段母线，高压厂用变压器的高压侧不装设断路器。发电机、主变压器之间以及厂用变压器高压侧之间的连接采用封闭母线。厂用备用电源引自与系统联系较紧密的 110kV 母线，即发电厂升高电压中较低的一级，经高压厂用备用变压器 4T 分别接到四段高压厂用工作母线上，形成对两台机组厂用电的明备用。应该指出，选择大型火电厂的厂用变压器时，应注意其接线组别。升压变压器的接线组别为YN, d11，因此升高电压与发电机电压的相位相差为 30°。运行中需要投入高压厂用备用变时，为了避免厂用电停电，厂用备用变压器与工作变压器总有一段时间并联运行，为此，当高压厂用备用变压器的接线组别为 YN, d11 时，高压厂用工作变压器必须是 Y，y0 接线。

高压厂用备用变压器同时也兼作全厂的启动变压器，当全厂停止运行而重新启动时，首先投入高压厂用备用变压器，向各厂用工作母线段和公用母线段送电，一般应选用有载调压的变压器作为高压厂用备用变压器。

二、水电厂的厂用电接线

水电厂的厂用机械的数量和容量都要比同容量的火电厂小得多，因此厂用电系统也比较

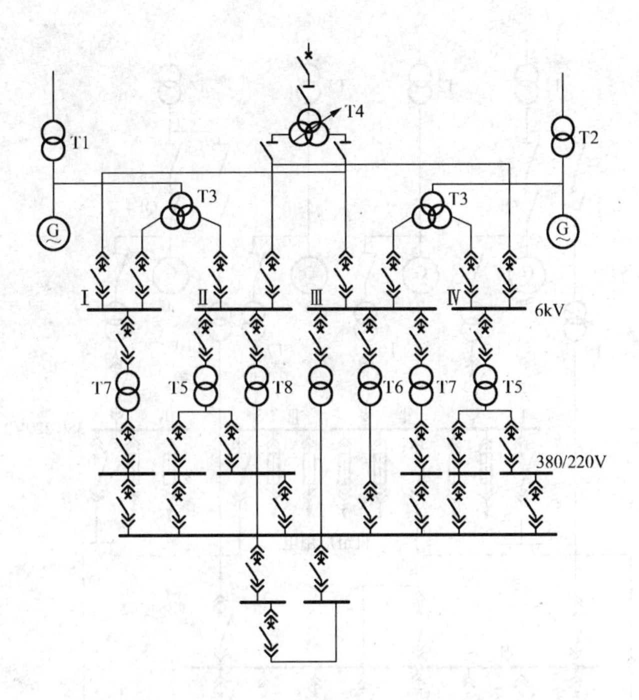

图 7－26　大型火电厂厂用电接线

G—发电机；T1、T2—主变压器；T3—高压厂用变压器；T4—高压厂用备用变压器；T5—低压厂用工作变压器；T6—低压厂用备用变压器；T7—低压厂用公用变压器；T8—输煤变压器

简单。但是，水电厂仍有重要的Ⅰ类厂用负荷如调速系统和润滑系统的油泵、发电机的冷却系统等，仍应认真考虑其供电可靠性。中小型水电厂一般只有 380/220V 一个电压等级，厂用母线采用单母线分段，并且全厂只设两段，两台厂用变压器以暗备用方式供电。对于大型水电厂，380/220V 厂用母线是按机组分段的，每段均由单独的厂用变压器从各自的发电机出口引接供电，并设置明备用的厂用备用变压器。距主厂房较远的坝区负荷以 6kV 或 10kV 的电压供电。

图7－27 所示为大型水电厂的厂用电接线，它的特点是发电机组的厂用负荷与全厂性公用负荷分别由不同的厂用变压器供电。各发电机组的厂用负荷采用 380/220V 电压，分别由 T5、T6、T7 和 T8 四台厂用变供电，并从各自的发电机出口处引接工作电源。各段的厂用备用电源采用明备用方式，从公用段引接。6kV 厂用公用系统为单母线分段接线，由高压厂用变压器 T9、T10 供电，暗备用方式。此外，还在两台发电机的出口装设了断路器 QF1、QF4，这样即使在全厂停电时，仍然可以从系统取得电源，即从 T1 或 T4 的低压侧取得电源。

三、变电所的自用电接线

变电所的所用负荷比发电厂厂用负荷小得多。变电所所用负荷主要有主变压器的冷却设备、蓄电池的充电设备或硅整流设备、油处理设备、照明、检修器具以及供水水泵等。其中，重要的负荷有主变压器的冷却风扇或强迫油循环冷却装置的油泵、水泵、风扇以及整流操作电源等。因此，变电所的所用电接线很简单，中小型变电所只用一台所用变压器即可，

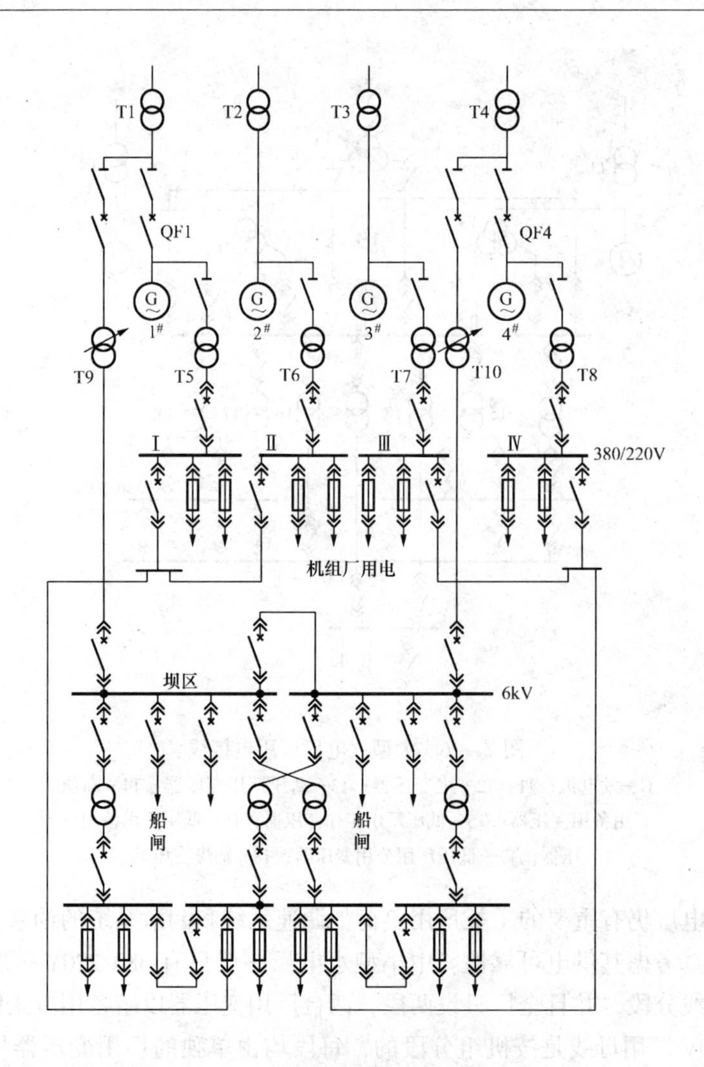

图 7-27 大型水电厂的厂用电接线

从变电所低压侧的主母线引接，所用变压器的二次侧为 380/220V 中性点直接接地的三相四线制。在中等容量变电所中，所用电的重要负荷为主变压器冷却风扇。所用电停电时，由于冷却风扇停转，会使主变压器的负载能力下降，但仍能保证向重要负荷供电，因此允许只装设一台所用变压器，并应能在变电所两低压母线段上进行切换。

大型枢纽变电所，大多装设强迫油循环冷却的主变压器和同步调相机。为了保证供电可靠性，应装设两台所用变压器，并分别接到变电所低压侧不同的母线段上，如图 7-28（a）所示。

在一些中小型变电所中，采用了复式整流装置来替代价格昂贵、维护工作量大的蓄电池组。变电所的控制、信号、保护装置，断路器操作电源等都由整流装置供电。由于没有了蓄电池组这一独立电源，所以所用交流电源就显得尤为重要。因此，应装设两台所用变压器，而且要求将其中的一台接到与系统有联系的高压进线端，如图 7-28（b）所示。

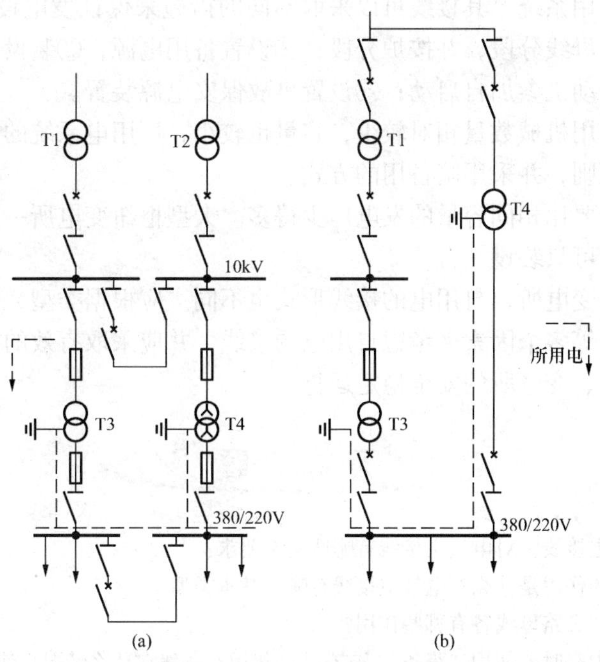

图 7－28　降压变电所自用电接线
（a）大型变电所自用电接线；（b）无蓄电池变电所自用电接线

小　结

电气主接线是发电厂、变电所的主体，是由一次设备按一定的要求和顺序连接成的电路。它直接影响到发电厂、变电所的安全、可靠和经济运行。电气主接线应满足供电的安全可靠性，并具有一定的灵活性，力求操作简单、运行检修方便、节省投资和减少年运行费用，以及具备发展和扩建的可能。

电气主接线一般按母线分类，可分为有母线和无母线两大类。有母线的主接线形式包括单母线和双母线两种。单母线接线又可分为单母线不分段、单母线分段、单母线分段带旁路母线等接线形式。双母线接线又可分为单断路器的双母线、双断路器的双母线、工作母线分段的双母线、二分之三断路器也称一个半断路器接线的双母线以及带旁路母线的双母线接线等形式。无母线的主接线主要有桥形接线和多角形接线、单元和扩大单元接线等。不同的主接线有它们各自的优缺点，以及相应的适用范围。

发电厂、变电所的具体主接线应综合考虑各种因素，按照国家的有关政策，根据具体情况，经过技术经济比较后确定。一般来说，热电厂具有发电机电压母线和升高电压母线；大型火电厂和水电厂，由于距离负荷中心较远，没有发电机电压母线，仅有升高电压母线。各类变电所的主接线则根据它们在系统中的地位和作用不同而不同。不同电压等级的主接线，根据负荷的性质、电压等级的高低、出线回路数的多少来确定具体的主接线形式。

自用电是指发电厂和变电所自身的用电。对于发电厂，尤其是火力发电厂，其自身的用电量占发电量很大的比重，并且是最重要的负荷。发电厂的自用电率是发电厂的重要经济指标。

火力发电厂的厂用系统，其接线可以采取不同的措施来保证发电设备的连续运行则有：①厂用电接线采用单母线分段，并按炉分段；②设置备用电源；③装设备用电源自动投入装置；④重要机械的电动机参加自启动；⑤设置事故保安电源装置。

水力发电厂的厂用机械数量相对较少，容量也较小，厂用电系统的接线比较简单。一般采用按机组分段的原则，并采用暗备用的方式。

变电所的自用电要比相同容量的发电厂少得多。大型枢纽变电所一般装设有两台所用变压器，中小型变电所可只装设一台。

不同的发电厂和变电所，自用电的接线形式也不同。应根据类型、容量的大小、电压等级的高低、地理环境等多个因素来考虑自用电的接线，并应采取有效的措施提高自用电的可靠性，以保证发电厂、变电所的安全稳定运行。

习 题

7-1 什么是电气主接线？对电气主接线有哪些基本要求？

7-2 电气主接线的作用是什么？电气主接线有哪些基本类型？

7-3 母线的分段和旁路母线各有哪些作用？

7-4 在倒闸操作中有时要使用“跨条”，它有什么作用？一般在什么情况下使用？

7-5 举例说明带旁路母线接线中，出线断路器检修时该回路不停电的倒闸操作顺序。

7-6 一个半断路器的双母线接线有哪些优缺点？

7-7 在发电机—变压器组单元接线中，怎样确定是否装设发电机出口断路器？

7-8 在桥形接线中，内桥接线和外桥接线各适合在哪些场合使用？

7-9 多角形接线有何优缺点？

7-10 对于大型区域性电厂的主接线，应注意哪些问题？

7-11 变电所一般分为哪些类型？

7-12 自用电的作用和意义是什么？

7-13 什么是厂用电率？不同类型的发电厂的厂用电率各为多少？

7-14 厂用电负荷可分为哪几大类？

7-15 发电厂变电所为什么要设置备用电源？什么是明备用？什么是暗备用？

7-16 备用电源自动投入和不间断交流电源的作用是什么？

7-17 对厂用电接线有哪些基本要求？

7-18 厂用电接线为什么要按炉分段？

7-19 发电厂和变电所的自用电在接线上有哪些区别？

第八章

配电装置和接地装置

第一节 概 述

配电装置是按主接线的要求，由开关设备、保护和测量电器、母线装置和必要的辅助设备组建而成，用来接受和分配电能的电工建筑物，它是发电厂和变电所的重要组成部分。

一、配电装置的类型及其特点

配电装置按电气设备装置地点的不同，可分为屋内和屋外型配电装置。按其组装的方式又可分为电气设备在现场组装的装配式配电装置，以及在工厂预先将开关电器、互感器等安装在柜（屏）中，然后成套运至安装地点的成套配电装置两种。

1. 屋内配电装置的特点

1）由于允许安全净距小，且可以分层布置，故占地面积较小。

2）维修、操作、巡视在室内进行，比较方便，且不受气候影响。

3）外界污秽空气对电气设备影响很小，维护工作可以减轻。

4）需建造房屋建筑，投资较大。但35kV及其以下电压等级可采用价格较低的户内型设备，减少一些设备投资。

2. 屋外配电装置的特点

1）土建工程量和费用较少，建设周期短。

2）扩建较方便。

3）相邻设备之间的距离较大，便于带电作业。

4）占地面积大。

5）设备露天运行，受外界污秽影响较大，使得设备运行条件较差，所以须加强绝缘。

6）外界气候变化对设备维护和操作有较大影响。

3. 成套配电装置

一般布置在屋内，其特点是结构紧凑、占地面积小、建造期短、运行可靠、维护方便，便于扩建和搬迁，但耗用钢材较多、造价较高。

配电装置型式的选择，应考虑所在地区的地理情况和环境条件，因地制宜、节约用地，并结合运行及检修要求，通过技术经济比较确定。

在发电厂和变电所中，一般35kV及其以下的配电装置采用屋内型，110kV及其以上的采用屋外型。但110～220kV配电装置在严重污秽地区，如海边、化工厂区或大城市中心，当技术经济合理时，也可采用屋内配电装置。目前我国生产的3～110kV各种成套配电装置在发电厂和变电所中已广泛应用，我国生产的110～220kV SF_6 全封闭组合电器也得到了应用。

二、配电装置的基本要求

无论选用哪种型式的配电装置，都应满足如下基本要求。

（1）配电装置的设计和建造，应认真贯彻国家的技术经济政策和有关规程的要求，因地制宜，特别应注意节约用地，争取不占或少占地。

（2）保证运行安全和工作可靠，按照系统和自然条件，对设备进行合理选型。布置应力求整齐、清晰。在运行中必须满足对设备和人身的安全距离，并应有防火、防爆措施。

(3) 巡视、操作和检修设备安全方便。

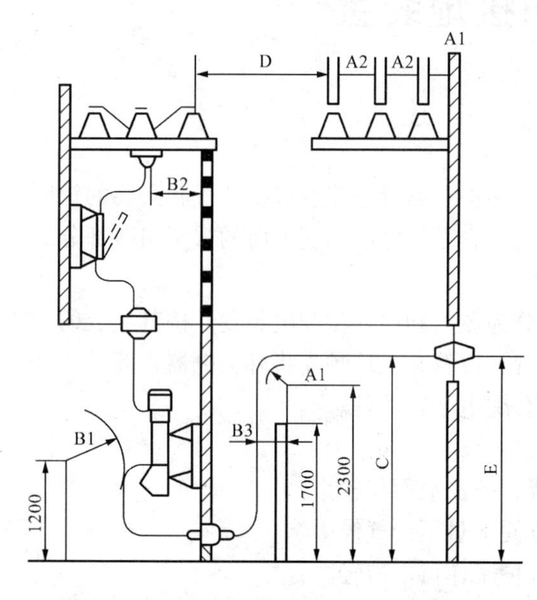

图 8-1 屋内配电装置安全净距校验图

(4) 在保证上述条件要求下，布置紧凑，力求节约材料、减少投资。

(5) 考虑施工、安装和扩建（水电厂考虑过渡）的方便。

三、配电装置的安全净距

配电装置的整个结构尺寸，是综合考虑到设备外形尺寸、检修维护、搬运的安全距离、电气绝缘距离等因素决定的。对于敞露在空气中的配电装置，在各种间隔距离中，最基本的是带电部分对接地部分之间和不同相的带电部分之间的空间最小安全净距，即GBJ 5—1985《高压配电装置设计技术规程》中所规定的 A1 和 A2 值。保持这一距离时，无论在正常或过电压的情况下，都不致使空气间隙击穿。

我国《高电压配电装置设计技术规程》规定的屋内、屋外配电装置的安全净距，如表8-1、表 8-2 所示，其中，B、C、D、E 等类电气距离是在 A1 值的基础上再考虑一些其他实际因素决定的，其含义如图 8-1、图 8-2 所示。

表 8-1 屋内配电装置的安全净距 单位：mm

序号	适用范围	额定电压(kV)									
		3	6	10	15	20	35	60	110J	110	220J
A1	带电部分至接地部分之间，网状和板状遮栏向上延伸线距地 2.3m 处、与遮栏上方带电部分之间	75	100	125	150	180	300	550	850	950	1800
A2	不同相的带电部分之间，断路器和隔离开关的断口两侧带电部分之间	75	100	125	150	180	300	550	900	1000	2000
B1	栅状遮栏至带电部分之间，交叉的不同时停电检修的无遮栏带电部分之间	825	850	875	900	930	1050	1300	1600	1700	2550
B2	网状遮栏至带电部分之间	175	200	225	250	280	400	650	950	1050	1900
C	无遮栏裸导体至地（楼）面之间	2375	2400	2425	2450	2480	2600	2850	3150	3250	4100
D	平行的不同时停电检修的无遮栏裸导体之间	1875	1900	1925	1950	1980	2100	2350	2650	2750	3600
E	通向屋外的出线套管至屋外通道的路面	4000	4000	4000	4000	4000	4000	4500	4500	5000	

注 J是指中性点直接接地系统。

表 8-2　**屋外配电装置的安全净距**　单位：mm

符号	适用范围	额定电压（kV）								
		3～10	15～20	35	60	110J	110	220J	330J	500J
A1	带电部分至接地部分之间，网状遮栏向上延伸线距地 2.5m 处、与遮栏上方带电部分之间	200	300	400	650	900	1000	1800	2500	3800
A2	不同相的带电部分之间，断路器和隔离开关的断口两侧引线带电部分之间	200	300	400	650	1000	1100	2000	2800	4300
B1	设备运输时其外廓至无遮栏带电部分之间，交叉的不同时停电检修的无遮栏带电部分之间，栅状遮栏至绝缘体和带电部分之间，带电作业时的带电部分至接地部分之间	950	1050	1150	1400	1650	1750	2550	3250	4550
B2	网状遮栏至带电部分之间	300	400	500	750	1000	1100	1900	2600	3900
C	无遮栏裸导体至地面之间，无遮栏裸导体至建筑物、构筑物顶部之间	2700	2800	2900	3100	3400	3500	4300	5000	7500
D	平行的不同时停电检修的无遮栏带电部分之间，带电部分与建筑物、构筑物的边沿部分之间	2200	2300	2400	2600	2900	3000	3800	4500	5800

注　J是指中性点直接接地系统。

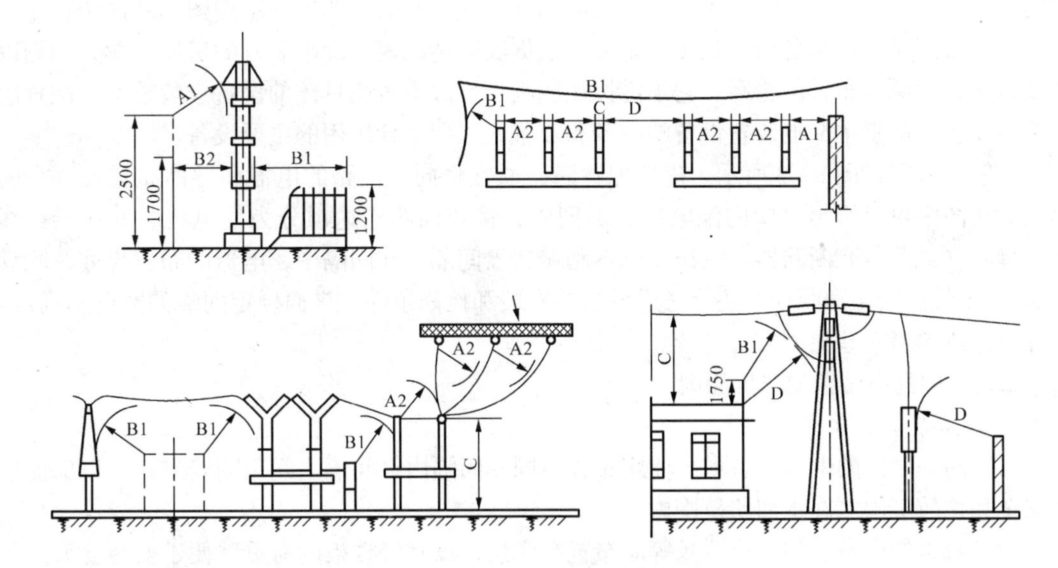

图 8-2　屋外配电装置安全净距校验图

设计配电装置，选择带电导体之间和导体对接地结构架的距离时，应考虑减少相间短路的可能性及减少电动力、软绞线在短路电动力、风摆、温度等因素作用下使相间及对地距离的减少，以及减少大电流导体附近的铁磁物质的发热。35kV 以上要考虑减少电晕损失、带电检修因素等。工程上所采用的各种实际距离，通常要大于表 8-1、表 8-2 的数据。

第二节 屋内配电装置

一、屋内配电装置概述

1. 屋内配电装置的类型及其特点

屋内配电装置的结构形式，不仅与电气主接线型式、电压等级和采用的电气设备型式等有着密切关系，还与施工、检修条件、运行经验和习惯有关。随着新设备和新技术的采用，运行、检修经验的不断丰富，配电装置的结构和形式将会不断发展、更新。

屋内配电装置按其布置形式的不同，可分为单层、二层和三层式。

发电厂6~10kV屋内配电装置因多采用少油或真空断路器，体积较小，所以配电装置结构形式主要和有无出线电抗器有关。目前，无出线电抗器的配电装置多为单层式，该方式是将所有电气设备布置在一层建筑中，占地面积大，通常采用成套开关柜，以减少占地面积。其主要用在中小容量的发电厂中和发电厂的厂用配电装置中。有出线电抗器的配电装置多为二层式，它是将母线、母线隔离开关等较轻设备放在第二层，将电抗器、断路器等较重设备布置在底层，与单层式相比占地面积小，但造价较高。35kV屋内配电装置多采用二层式，110kV屋内配电装置有单层和二层式两种。三层式我国已很少采用。

2. 配电装置图

为了表示整个配电装置的结构，以及其中设备的布置和安装情况，通常用平面图、断面图和配置图三种图说明。平面图是按比例画出房屋及其间隔、走廊和出口等处的平面布置轮廓。平面图上的间隔只是为了确定间隔数及其排列位置，并不画出其中所装设备。断面图是表明配电装置某间隔所取断面中，各设备的相互连接及其具体布置的结构图，断面图按比例画出。配置图是一种示意图，是按一定方式根据实际情况表示配电装置的房屋走廊，间隔以及设备在各间隔内布置的轮廓。它不需按比例画出，故不表明具体的设备安装情况。配置图主要是便于了解整个配电装置设备的内容和布置，以便统计采用的主要设备。

一般配置图如图8-3所示。进行配置时，通常将同一回路的电器和导体布置在一个间隔内。从图中可以看出，屋内配电装置的间隔，按照回路用途可分为发电机、变压器、线路、母联（或分段）断路器、电压互感器和避雷器间隔。在间隔中，电器的布置尺寸，除满足表8-1最小安全净距外，还要考虑设备的安装和检修条件，进而确定间隔的宽度和高度。设计时，可参考一些典型方案进行。

二、屋内配电装置的布置原则

1. 整体布局要求

（1）同一回路的电器设备和导体应布置在同一间隔内，间隔之间用隔墙隔开，以保证检修安全和把故障限制在本回路范围内。

（2）较重的设备（如电抗器）等应布置在底层，以减轻楼板的荷重并便于安装。

（3）尽量将电源布置在每段母线的中部，使母线截面通过较小的电流。

（4）布置应清晰，力求对称，并便于运行人员记忆和操作，整个配电装置要易于扩建。

2. 母线及母线隔离开关的布置

母线通常装在配电装置的上部。三相母线的布置一般有三种方式，即水平、垂直和三角形（品字型）布置。水平布置不如垂直布置便于观察，但可降低房屋高度，容易安装，多在

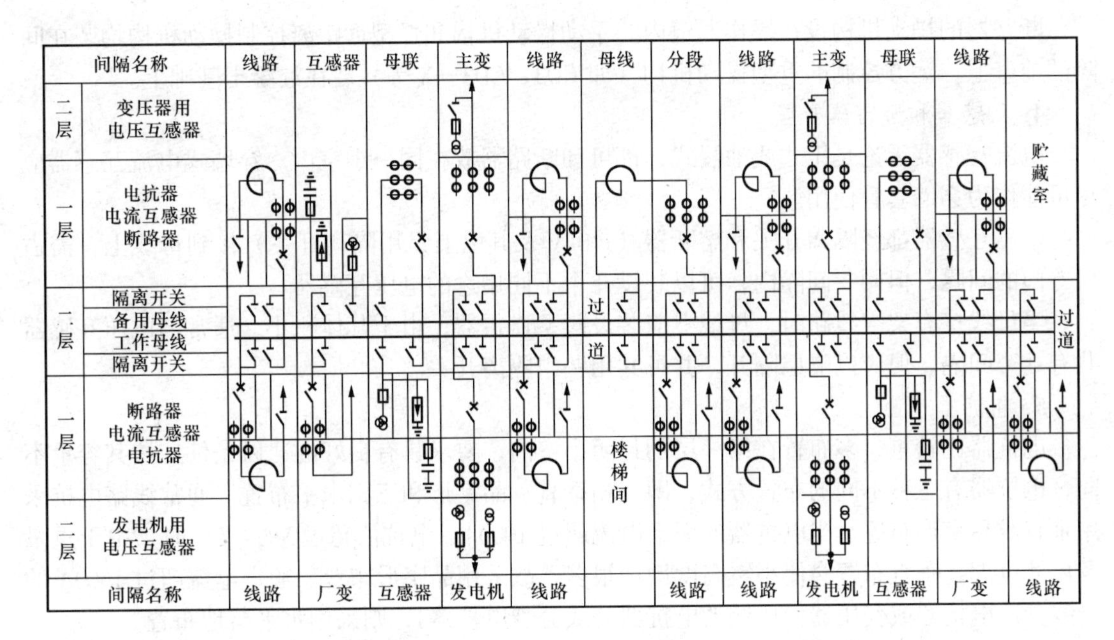

图 8-3　二层二通道双母线分段、出线带电抗器的 6～10kV 配电装置配置图

中、小容量的发电厂中应用。垂直布置时，母线支持绝缘子装在水平隔板上，绝缘子之间的跨距可以取较小值，因此母线可获得较高的机械强度。但该结构复杂，增加房屋高度，一般用于短路电流较大的配电装置中。三角形布置方式结构紧凑，可充分利用间隔的高度和深度，但三相非对称布置，外部短路时，各相母线和绝缘子受力均不相同，故常用于 6～35kV 大、中容量的配电装置中。

母线相间距离 a 决定于相间电压、并考虑短路时的电动力稳定及安装条件等。6～10kV 配电装置中，母线水平布置时，a 约为 250～350mm；垂直布置时，a 约为 700～800mm；35kV 母线水平布置时，a 约为 500mm。

双母线或分段母线布置中，应将两组或两段母线用垂直隔板分开，保证一组母线故障或检修时，不影响另一组母线的正常工作。

母线隔离开关一般装在母线的下方。为了防止在带负荷误拉隔离开关时形成电弧短路，并延烧至母线，在 3～35kV 双母线布置的屋内配电装置中，母线与母线隔离开关之间宜装设耐火隔板。两层式的配电装置中，母线隔离开关宜单独布置在一个小室内。

3. 断路器及其操动机构的布置

断路器通常设在单独的小室内。断路器小室的形式，按照油量的多少及防爆的要求，可分为敞开式、封闭式和防爆式。四壁用实体墙壁、顶盖和无网眼的门完全封闭起来的小室称为封闭小室；如果小室完全或部分使用非实体的隔板或遮栏，则称为敞开小室；当封闭小室的出口直接通向屋外或专设的防爆通道，称为防爆小室。

一般 35kV 以下屋内断路器和油浸式互感器，宜安装在开关柜或两侧有隔板的间隔内；35kV 及其以上则应安装在有防爆隔墙的小室内，而且为避免事故向上方母线扩展，也需设置隔板。

为了防火，总油量超过 100kg 的屋内油浸设备，应安装在单独的防爆间内，并应有灭火设施。当间隔内单台电器设备总油量在 100kg 以上时，应设置贮油设施或挡油设施。

断路器的操动机构设在操作通道内。手动操动机构和轻型远距离控制操动机构均装在间隔的前壁上，远方控制的重型操动机构（如CD3、CD3—X等）装在混凝土基础上。

4. 互感器和避雷器布置

电流互感器无论是干式或油浸式，都可和断路器放在同一小室内。穿墙式电流互感器应尽可能作为穿墙套管使用。

电压互感器都经隔离开关和熔断器（110kV及其以上只用隔离开关）接到母线上，需占用专门的间隔，但同一间隔内，可以装设几个不同用途的电压互感器。

当母线接有架空线路时，母线上应装设阀型避雷器，由于其体积小，通常与电压互感器共有一个间隔，但应以隔层隔开，并可共用一组隔离开关。

5. 电抗器布置

电抗器比较重，多布置在第一层的封闭小室内，要求具有良好的通风条件。按其容量不同，电抗器有三种不同的布置方式，即三相垂直、品字形和三相水平布置。通常线路电抗采用垂直或品字形布置。当电抗器的额定电流超过1000A、电抗值超过5%~6%时，由于重量及尺寸过大，垂直布置会使小室高度增加很多，故采用品字形布置。额定电流超过1500A的母线分段电抗器或变压器低压侧的电抗器（或分裂电抗器），则采用水平落地布置。

安装电抗器必须注意：在垂直和品字形布置时，不能使U、W相电抗器叠装在一起。因为V相电抗器线圈的绕向与U、W相相反，这样在外部短路时，电抗器相间的最大作用力是吸力，而不是排斥力，以便利用瓷绝缘子抗压强度比抗拉强度大得多的特点（制造厂是按受压计算的）。

6. 配电装置的通道和出口

配电装置的布置应便于设备操作，检修和搬运，故要求设维护通道、操作通道和防爆通道。凡用来维护和搬运设备的通道，为维护通道；通道内设有断路器、隔离开关的操动机构或就地控制屏的通道，为操作通道；仅与防爆小间相通的通道称为防爆通道。

屋内配电装置内各种通道的最小宽度为：维护通道0.8~1m，操作通道1.5~2.0m，防爆通道1.2m。

为保证工作人员安全和工作方便，屋内配电装置设有不同数目的出口。长度小于7m的配电装置设一个出口，长度大于7m的设有两个出口，长度大于60m时再增加一个出口。配电装置门应向外开，并装弹簧锁。

7. 配电装置室的采光和通风

配电装置室可以开窗采光和通风，但应采取防止雨雪、风沙、污秽和小动物进入室内的措施。配电装置室应按事故排烟要求，装设足够的事故通风装置。

三、屋内配电装置实例

1. 二层式配电装置

图8-4为双母线出线带电抗器的6~10kV二层二通道式配电装置布置图。

母线和母线隔离开关布置在第二层，两组母线用墙隔开，三相母线垂直排列，相间距离为0.75m。母线隔离开关装在母线下面的敞开式小室内，用防火隔板与母线隔开，以防止事故蔓延。第二层有两个维护通道，并用网状遮栏与母线隔离开关小室分开，以便于巡视。

断路器和电抗器等较重设备布置在第一层，呈双列布置。中间为操作通道，断路器和隔离开关的操动机构集中在操作通道内，操作较方便。出线电抗器垂直布置在电抗器小室内，

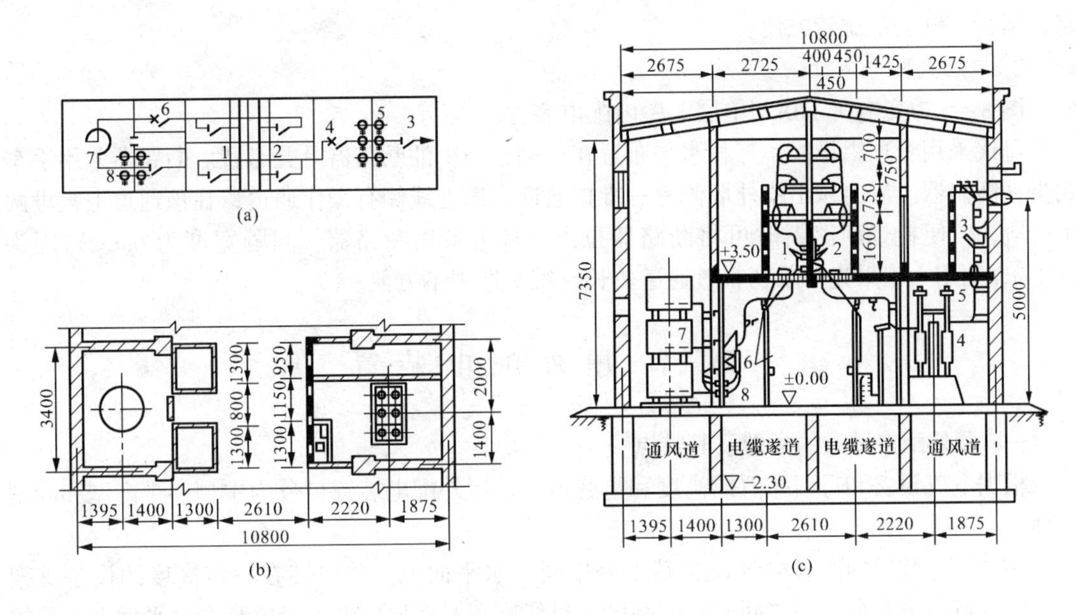

图 8-4　二层二通道、双母线、电缆出线带电抗器的 6～10kV 屋内配电装置（单位：mm）

(a) 解释性配置图；(b) 平面图；(c) 断面图

1、2、3—隔离开关；4—少油断路器（SN10—10）；5、8—电流互感器；6—少油断路器（SN4—10G）；7—电抗器

为了改善冷却条件，在电抗器小室地板下面设有通风道，引入冷空气，而热空气自电抗器室上部的百叶窗排出室外。出线回路的电流互感器采用穿墙式，兼作穿墙套管。变压器回路采用架空引入，出线采用电缆经电缆隧道引出。

为了能在操作通道上观察到第二层母线隔离开关的工作状态，在母线隔离开关下方的楼板上开有较大的观察孔。但发生故障时，这会使两层相互影响。

二层二通道式配电装置，操作地点集中，巡视路线短。断路器都布置在第一层，对于检

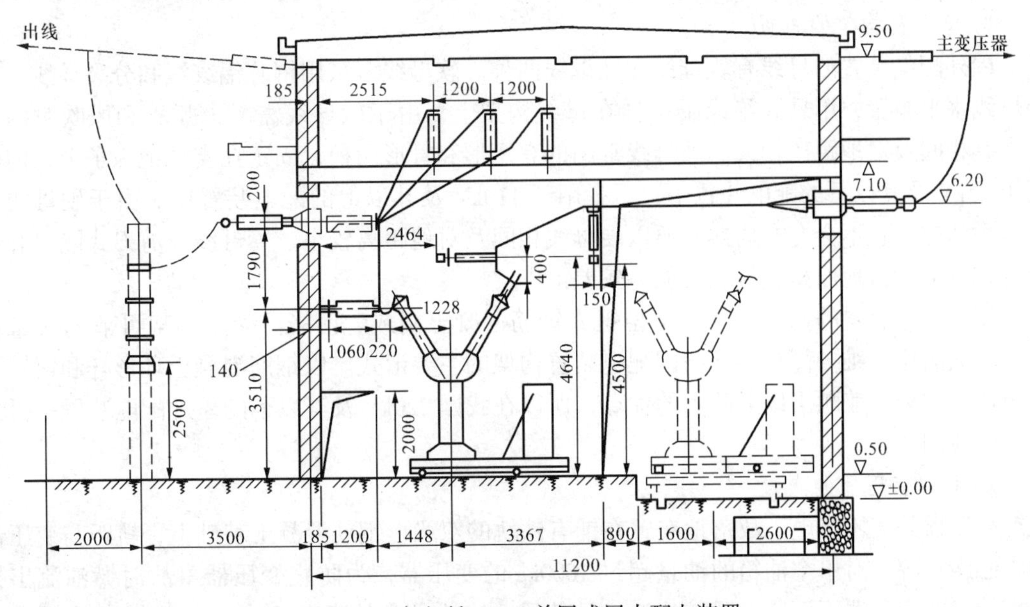

图 8-5　变电所 110kV 单层式屋内配电装置

修、运行、维护都比较方便。

2. 单层式配电装置

图 8－5 为变电所 110kV 单层式屋内配电装置。

母线采用管形铝母线，三相水平布置在上侧，与少油断路器重叠布置。断路器采用手车式少油断路器。屋内靠出线外墙侧有一维护通道。靠进线侧有操作通道，在该通道上敷设两条钢轨，以便检修断路器时可将断路器拉出，换上备用断路器。间隔宽度为 6m，跨距为 11.2m，利用人工采光。单列布置通道较长，维护巡视不方便。

第三节　屋外配电装置

一、屋外配电装置的类型及其特点

根据电气设备和母线布置的高度和重叠情况，屋外配电装置可分为中型、半高型和高型三种。

中型配电装置的所有电气设备基本处于同一水平面上，并安装在一定高度的设备支架上，以保持带电部分与地之间必要的高度。母线则布置在比电气设备略高的水平面上，母线和各种电器设备均不能上、下重叠布置。所以无论施工、运行和检修都比较方便、可靠，但是占地面积过大。

高型和半高型屋外配电装置是将母线布置抬高，母线和电器设备布置在几个不同高度的水平面上，并上、下重叠。凡两组母线及母线隔离开关上下重叠布置就称为高型配电装置。若仅将母线与断路器、电流互感器等设备上、下重叠布置则为半高型配电装置。高型配电装置可节省占地面积 50%左右，但耗用钢材多，投资增大，操作和维护条件较差。半高型配电装置介于中型和高型之间，其占地面积比普通中型减少 30%。由于高型和半高型配电装置可大量节省占地面积，所以在 110kV 和 220kV 系统中得到了较广泛的应用。

二、屋外配电装置的布置原则

1. 母线及构架的布置

屋外配电装置的母线有软母线和硬母线两种。软母线多采用钢芯铝绞线和分裂导线，三相母线水平布置，用悬式绝缘子串挂在母线构架上。由于软导线需考虑弧垂和风吹时的摆动，其相间及对地距离较大。硬母线常用的有矩形和管形两种，固定在支柱绝缘子上，前者用于 35kV 及其以下的配电装置中，后者用于 110kV 及其以上的配电装置中。由于硬母线没有弧垂和拉力且不会左右摇摆，所以硬母线相间及对地距离较小。管母线与剪刀式隔离开关配合，可节省占地面积，但抗震能力较差。

屋外配电装置的构架，一般由型钢或钢筋混凝土制成。钢筋混凝土构架可节约大量钢材、经久耐用、维护简单，是我国配电装置构架的主要形式。以钢筋混凝土环形杆和镀锌钢梁组成的构架，兼顾了以上两者的优点，所以在我国 220kV 及其以下的屋外配电装置中得到广泛的应用。

2. 电力变压器的布置

变压器外壳不带电，故落地布置在铺有铁轨的双梁形钢筋混凝土基础上，轨距与变压器的中心距相等。对单个油箱的油量超过 1000kg 的变压器，为防止变压器事故时燃油流出扩大事故，在变压器下面应设置贮油池，且其尺寸应比设备外廓大 1m，并在贮油池内铺设厚度不小于0.25m的卵石层。

主变压器与建筑物的距离不应小于1.25m，且在距变压器5m以内的建筑物上，在主变压器总高度以下及外轮廓两侧各3m范围内，不应有门窗。两台油重均超过2500kg的变压器布置在一起时，其间净距不小于5~10m或设防火隔墙。

3. 电气设备的布置

按照断路器在配电装置中所占据的位置，可分为单列布置和双列布置。其排列方式的确定必须根据主接线、场地地形条件、总体布置和出线方向等多种因素合理选择。

少油（或空气、SF_6）断路器有低式和高式两种布置。低式布置的断路器安装在0.5~1m的混凝土基础上，使检修较方便，抗震性好，但需设围栏，影响道路的畅通。中型配电装置的断路器一般采用高式布置，即安装在约2m高的混凝土基础上。

隔离开关和电流、电压互感器均采用高式布置，其要求与断路器相同。

避雷器也有高式和低式两种布置。110kV及其以上的阀型避雷器由于器身细长，多落地安装在0.4m的基础上，四周加围栏。磁吹避雷器及35kV阀型避雷器形体矮小，稳定度较好，一般采用高式布置。

4. 电缆沟和通道

屋外配电装置中电缆沟的布置，应使电缆所走的路径最短。有纵向和横向两种布置方向。横向电缆沟一般布置在断路器和隔离开关之间。纵向电缆沟为主干电缆沟，大型变电所因电缆数量较多，一般分为两路。

为了运输设备和消防需要，应在主要设备附近铺设行车道路。大、中型变电所内一般应铺设3m宽环形道路，还设置0.8~1m宽的巡视小道。

三、屋外配电装置实例

普通中型屋外配电装置是我国较多采用的一种类型，但由于占地面积过大，近年来逐步限制了它的使用范围。随着配电装置电压的增高，出现了分相中型、高型和半高型配电装置，并得到了广泛的应用。以下介绍几种屋外配电装置布置实例。

1. 中型配电装置

中型配电装置按照隔离开关的布置方式，分为普通中型和分相中型两种。

（1）普通中型配电装置。图8-6所示为220kV双母线进出线带旁路、合并母线架、断路器单列布置的配电装置。

采用GW4—220型隔离开关和少油断路器，除避雷器外，所有电器都布置在2~2.5m高的基础上。主母线及旁路母线的边相距隔离开关较远，故在引下线设支柱绝缘子15。本方案将两组主母线、电压互感器和专用旁路断路器合并在一间隔内以节约占地面积。搬运设备的环形道路，设在断路器和母线架之间，检修和搬运设备比较方便，道路还可兼作断路器的检修场地。采用钢筋混凝土环形杆三角钢梁，母线构架17与中央门型架13合并，使结构简化。

普通中型的优点是：布置比较清晰，不易误操作，运行可靠，施工和维修较方便，构架高度较低，造价低。经过多年的实践，已积累了丰富的经验。但其最大的缺点是占地面积较大。

（2）中型圆管分相布置。将隔离开关分相直接布置在母线的正下方，这种方式就是分相布置。图8-7为500kV、三分之二断路器三列布置的进出线断面图。

本方案断路器采用三列布置，所有出线都从第一、二列断路器之间引出，所有进线均从

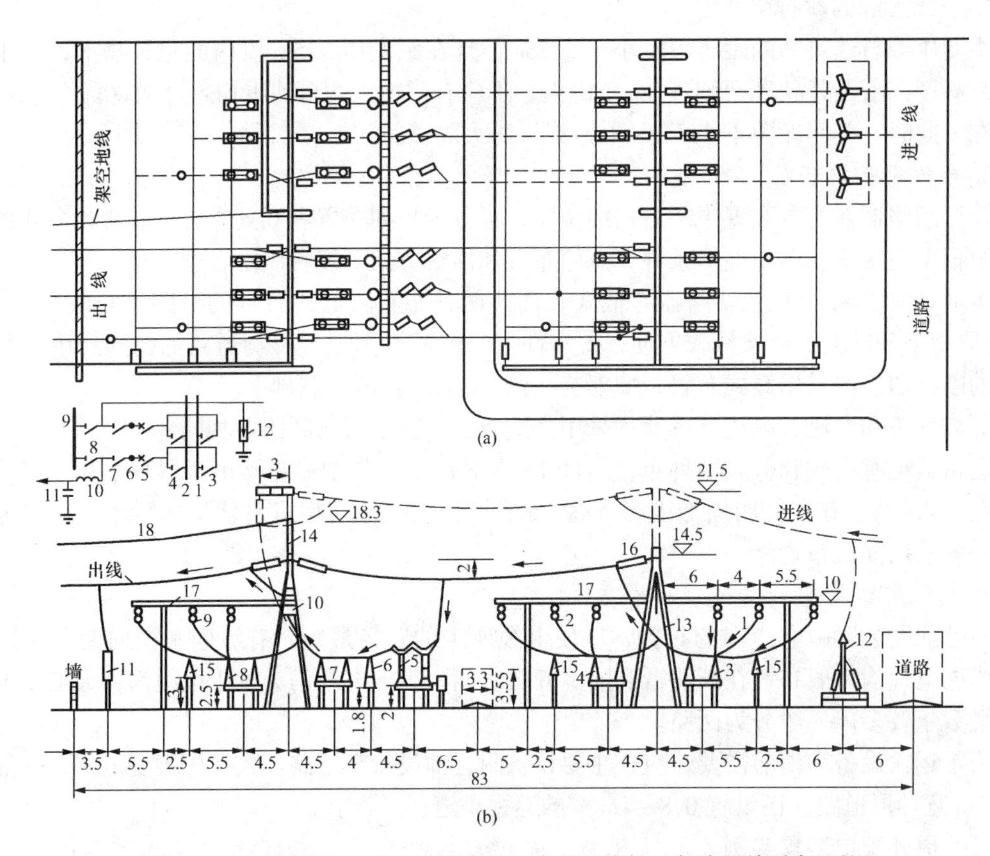

图 8－6　220kV 双母线进出线带旁路、合并母线架、断路器单列布置的中型配电装置（尺寸单位：m）

(a) 平面图；(b) 断面图

1、2、9—母线Ⅰ、Ⅱ和旁路母线；3、4、7、8—隔离开关；5—少油断路器；6—电流互感器；10—阻波器；11—耦合电容器；12—避雷器；13—中央门形架；14—出线门形架；15—支柱绝缘子；16—悬式绝缘子串；17—母线构架；18—架空地线

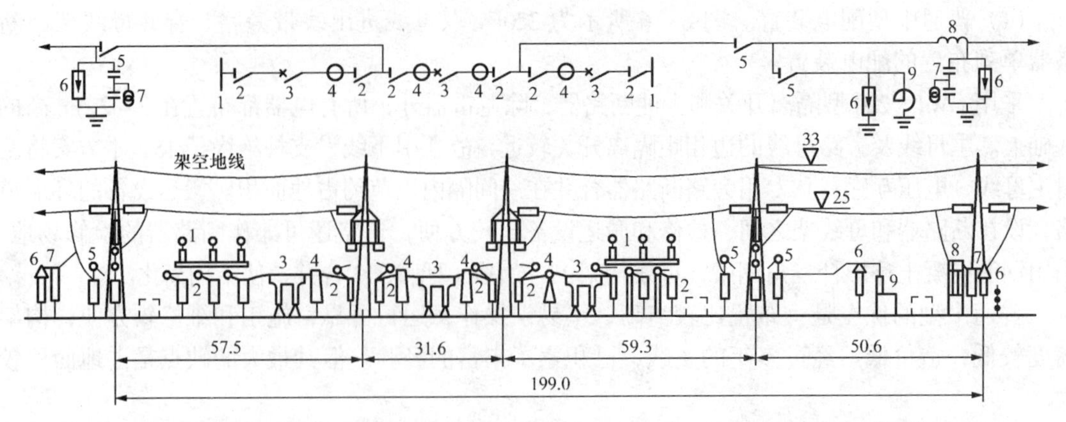

图 8－7　500kV、三分之二断路器接线、断路器三列布置的进出线断面图（尺寸单位：m）

1—管形硬母线；2—单柱式隔离开关；3—断路器；4—电流互感器；5—双柱伸缩式隔离开关；6—避雷器；7—电容式电压互感器；8—阻波器；9—高压并联电抗器

第二、三列断路器间引出，布置清晰，占地面积小。当只有两台变压器时，应将其中一台主变压器与出线交叉布置，以提高接线的可靠性。为了不使交叉引线多占间隔，可与母线电压互感器及避雷器共占两个间隔，以提高场地利用率。

采用管形硬母线及伸缩式隔离开关，可降低构架高度，减小母线相间距离，节约占地面积。并联电抗器布置在线路侧，可减少跨线。

2. 高型配电装置

高型配电装置按其结构的不同，可分为单框架双列式、双框架单列式和三框架双列式三种类型。图 8-8 所示为高型布置的 220kV 双母线进出线带旁路、三框架、双列断路器布置的进出线间隔断面图。该方案的特点是将两组母线和两组母线隔离开关上、下重叠布置，再将旁路母线布置在主母线的两侧，旁路母线及其隔离开关与双列布置的断路器和电流互感器上、下重叠布置。该布置方式特别紧凑，可以两侧出线，能充分利用空间位置，占地面积仅为普通中型的 50%。此外，母线、绝缘子串和控制电缆的用量也比中型少。但和中型布置相比钢材消耗量多，操作和检修设备条件差，特别是上层设备的检修不方便。

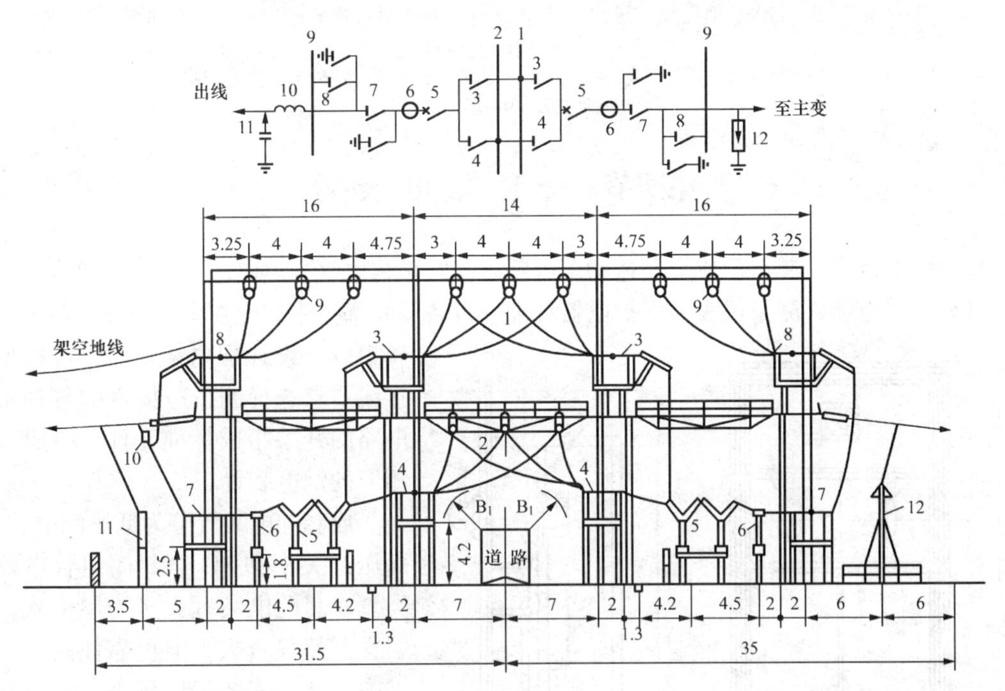

图 8-8　高型布置的 220kV 双母线、进出线带旁路、三框架、双列断路器布置的进出线间隔断面图（尺寸单位：m）

1、2—主母线；3、4—隔离开关；5—断路器；6—电流互感器；7、8—带接地刀闸的隔离开关；9—旁路母线；10—阻波器；11—耦合电容；12—避雷器

3. 半高型配电装置

图 8-9 所示为 110kV 单母线、进出线均带旁路、半高型布置的进出线间隔断面图。该方案的特点是将旁路母线架抬高为 12.5m，与出线断路器、电流互感器重叠布置，而主母线及其他电器与普通中型相同，这种布置既保留了中型配电装置在运行、维护和检修方便方面的大部分优点，又使占地面积比中型布置节约约 30%。

由于旁路母线与主母线采用不等高布置，实现进出线均带旁路很方便。

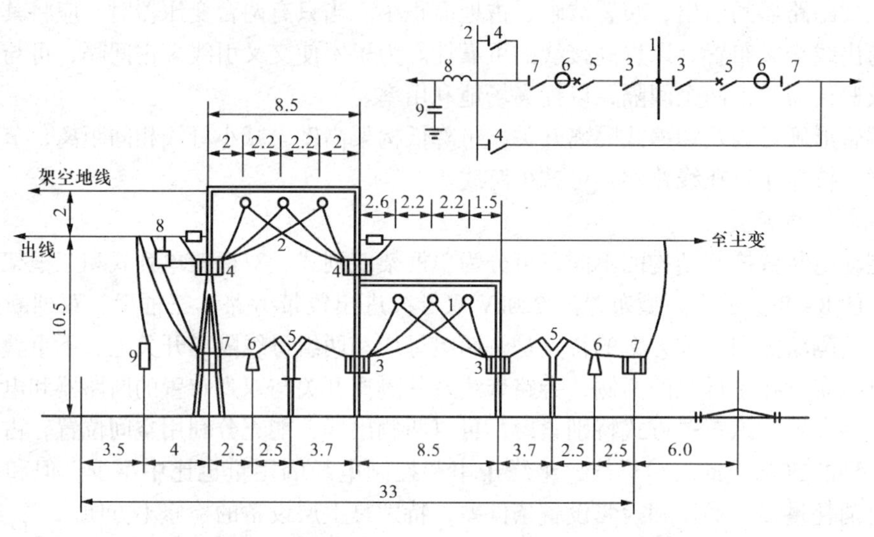

图 8-9 110kV 单母线、进出线均带旁路、半高型布置的进出线间隔断面图（尺寸单位：m）

1—主母线；2—旁路母线；3、4、7—隔离开关；5—断路器；6—电流互感器；8—阻波器；9—耦合电容器

第四节 成套配电装置

成套配电装置是制造厂成套制造的配电装置。它是将电气主电路中同一个回路内的所有设备（如开关电器、测量仪表、保护电器和辅助设备等）都集中装配在全封闭或半封闭的金属柜内。设计配电装置时，可根据主接线要求选择制造厂提供的各种不同电路的开关柜或标准元件，组成一套相应的配电装置。

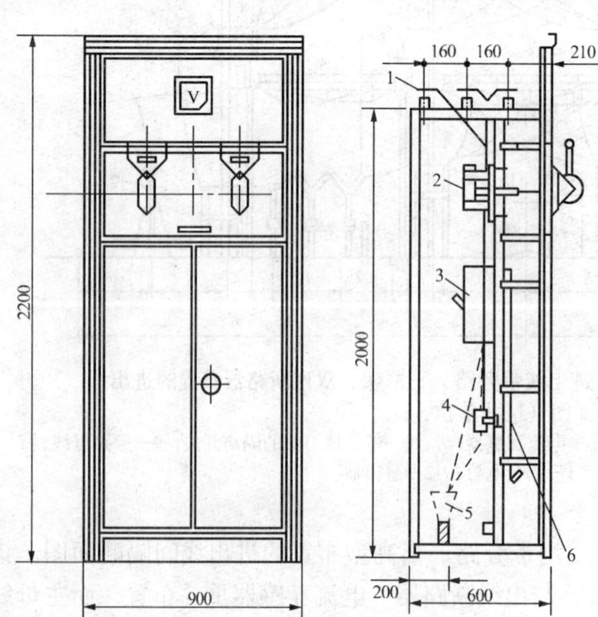

图 8-10 PGL—1 低压配电屏结构示意图

1—母线及绝缘框；2—闸刀开关；3—低压断路器；4—电流互感器；5—电缆头；6—继电器

成套配电装置分为低压配电装置、高压开关柜和 SF_6 全封闭组合电器三类。成套配电装置大多为屋内式。该装置虽然投资大，但可靠性高，运行维护方便，安装工作量小，所以被广泛使用。

一、低压成套配电装置

低压成套配电装置是指电压为 1000V 及其以下的屋内成套配电装置，有固定式低压配电屏和抽屉式低压开关柜两种。

固定式低压配电屏主要为离墙安装。图 8-10 所示为 PGL 系列低压配电屏。配电屏的钢架用角钢焊成，用薄钢板做正面面板。面板上部装有测量仪表，中部设有闸刀开关的操作手柄，屏面下部为两扇向外开启的门，内有继电器和二次线端子排，母线布置在屏顶，闸刀开关、熔断器、自动空气开关和电流、电压互感器都装在屏后，后上部装有电度表。

固定式低压配电屏结构简单，价格便宜，并可从双面进行维护，检修方便，在发电厂和变电所中作低压厂（所）用配电装置。

抽屉式低压开关柜，为封闭式结构，具有密封性好，可靠性高的优点。由薄钢板和角钢焊接而成，主要低压设备均装在抽屉内或手车上，回路故障时，可立即换上备用抽屉或手车，迅速恢复供电，既提高了供电可靠性，又便于对故障设备进行检修。抽屉式开关柜布置紧凑，可节约占地面积，但结构较复杂，钢材消耗较多，价格比较高，将逐步取代固定式低压配电屏。

二、高压开关柜

我国目前生产的3～35kV高压开关柜，都采用空气和瓷（或塑料）绝缘子作绝缘材料，并选用普通常用电器组成。分为固定式和手车式两种。

1. 手车式高压开关柜

JYN系列为封闭手车式高压开关柜，如图8－11所示。这种系列的开关柜为单母线结构，其整体是由柜体和手车室两部分组成。

该装置中，断路器及其操动机构装在小车上，断路器通过上、下插头插入固定在柜中的插座内，从而连通一次回路，省去了通常必须的隔离开关。检修时，在断路器分闸后将小车从柜中沿滑道拖出(有闭锁，断路器未分闸手车拖不出)，使检修更为安全方便。为了减少停电时间，还可以将同型号的公共备用小车推入后立即恢复供电，提高供电的可靠性。

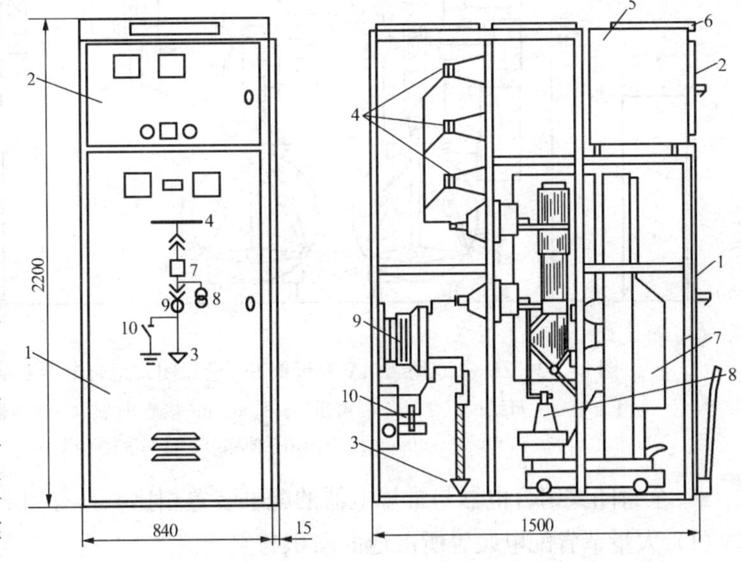

图8－11　JYN2—10型高压开关柜结构图（单位：mm）

1—手车室门；2—仪表板；3—电缆头；4—母线；5—继电器及仪表室；6—小母线室；7—断路器手车；8—电压互感器；9—电流互感器；10—接地开关

该封闭结构具有密封性好、可靠性高、维护工作量小、检修方便和供电可靠性高的优点，被广泛应用于发电厂6～10kV厂用配电装置中。

2. 固定式高压开关柜

XGN、KYN等系列为固定式高压开关柜，其断路器固定安装在柜内，与移开式相比较，其体积大，封闭性差，在现场安装，工作量大，检修不方便，但制造工艺简单，消耗钢材少，价格便宜。所以被广泛用在大、中型电厂和组成高压厂用电配电装置及变电所的6～

10kV屋内配电装置中。

三、SF_6全封闭式组合电器

SF_6全封闭式组合电器是一种以SF_6气体作为绝缘介质和灭弧介质，以优质环氧树脂绝缘子作支撑，将各电气设备按电气主接线的要求，依次连接密封于金属接地壳体内，组成一个整体的新型成套高压电器。

图8-12所示为ZF—220型220kV双母线SF_6全封闭式组合电器断面图。

为了便于支撑和检修，母线布置在下部。母线采用三相共箱式结构。配电装置按照电气主接线的连接顺序，成Ⅱ型布置，使结构更为紧凑，节省占地面积和空间。盆式绝缘子将装置分隔成相互隔离的不漏气的气室，这样可防止事故范围的扩大和便于各元件的分别检修与更换。

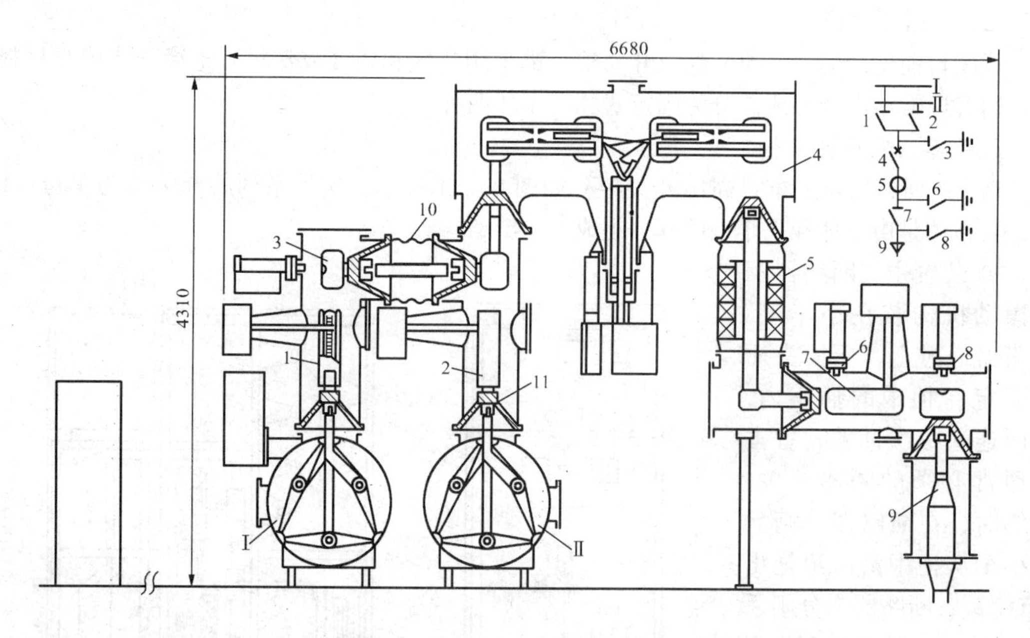

图8-12 ZF—220型220kV双母线SF_6全封闭式组合电器断面图（单位：mm）
Ⅰ、Ⅱ—主母线；1、2、7—隔离开关；3、6、8—接地开关；4—断路器；5—电流互感器；9—电缆头；10—伸缩节；11—盆式绝缘子

SF_6全封闭式组合电器与常规电器的配电装置相比，具有如下的特点：

（1）大量节省配电装置所占地的面积与空间。

（2）运行可靠性高。

（3）土建和安装工作量小，建设速度快。

（4）检修周期长，维护方便。

（5）金属外壳屏蔽作用强，解决了静电感应、噪声和无线电干扰及电动力稳定等问题。

（6）抗震性好。

（7）需专门的SF_6检漏仪来加强运行监视。

（8）金属耗量大，价格较贵。

SF_6全封闭式组合电器配电装置可用于工业区、市中心、险峻山区、地下、洞内以及需要扩建而缺乏土地的电厂和变电所。一般说来，电压在110kV以上节地效果更为显著，适用

于工业污秽、海滨、高海拔以及气象环境恶劣地区的变电所，也可用于军用变电设施。

第五节　接　地　装　置

一、地、接地和接地装置

大地是可导电的地层，其任何一点的电位通常取为零。电气装置中的某一部位经接地线和接地体与大地作良好的连接，称为接地。接地体是指埋入地下与大地直接接触的金属导体，接地线是指连接于接地体与电气装置必须接地部分之间的金属导体，接地体和接地线合称为接地装置。

发电厂、变电所的接地，根据所起作用的不同可分为工作接地和保护接地两种。

(1) 工作接地：为了保证电力系统在正常情况下和事故情况下能可靠地工作，而将系统中的某一点进行接地，如变压器中性点接地，电压互感器一次侧线圈的中性点接地，避雷器和避雷针的接地等。

(2) 保护接地：为了保证人身安全，防止触电，将正常工作时不带电，而由于绝缘损坏可能带电的金属构件或电气设备外壳进行接地。

接地装置的作用就是供工作接地和保护接地之用。

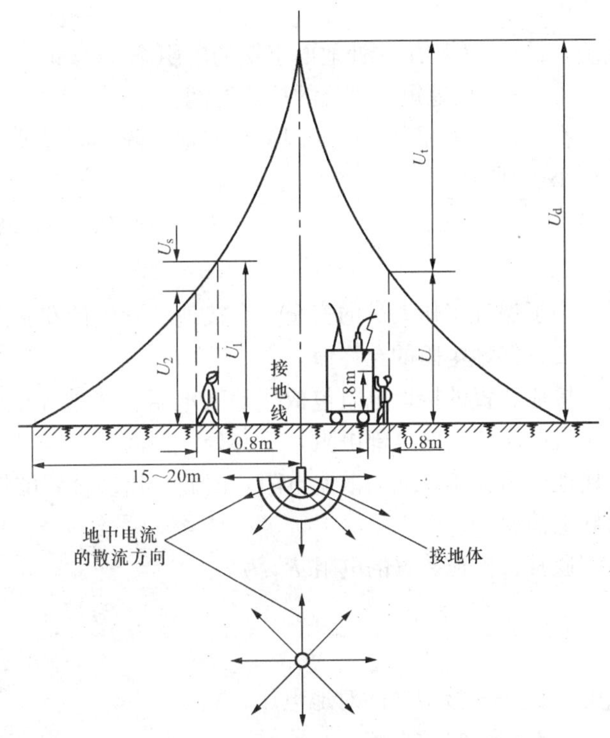

图 8-13　接地散流及接地体周围大地表面的电位分布（对地电压）

二、接触电压与跨步电压

当电气设备发生故障时，短路电流通过埋入地中的接地体流入大地后，形成以接地体为中心向大地作半球形扩散的散流场。由于半球形的表面积随着远离接地点而迅速增大，而与半球形表面积相对应的土壤电阻随之减小。一般距接地点 15～20m 处，土壤电阻已小到可以忽略不计，此时电流通过大地时不再产生电压降。接地体周围大地表面的电位分布如图8-13所示。在接地点处电位最高，随着与接地点距离的增大，电位逐渐降低，在半径 15～20m 处，地面电位近于零。从图 8-13 中可见，在接地体周围 20m 范围内，沿径向电位的分布是不相同的，愈接近接地体，电位值愈高；离接地体的水平距离愈远，电位值愈小；在离开接地体等距的圆周上各点电位相等。

处于电位分布区域的人，可能有两种方式触及不同电位点而受到电击。当人用手触及漏电设备的外壳时，加于手和脚之间的电位差称为接触电压 U_t（通常按人站在距设备外壳水平距离 0.8m、手触及设备外壳 1.8m 高处来计算）。当人在电位分布区域径向跨开一步时，两脚间（约取 0.8m）所受到的电压称为跨步电压 U_s。

若接触电压或跨步电压作用于人体，人体中有电流流过，将可能遭受不同程度的伤害。接触电压和跨步电压的允许值与人体所接触两点间的电位差值、通过人体的接地短路电流持续的时间及地面上土壤电阻率的大小有关。

在大接地电流系统中，接触电压和跨步电压的允许值为

$$U_t = \frac{250 + 0.25\rho}{\sqrt{t}} \quad (\mathrm{V})$$

$$U_s = \frac{250 + \rho}{\sqrt{t}} \quad (\mathrm{V})$$

式中 ρ——人脚站立处地面土壤的电阻率，Ω/m；

t——接地短路电流的持续时间，s。

在小接地电流系统中，因单相接地故障不必迅速切除，所以接触电压和跨步电压的允许值更小，则有

$$U_t = 50 + 0.05\rho \quad (\mathrm{V})$$

$$U_s = 50 + 0.2\rho \quad (\mathrm{V})$$

为了保证工作人员的安全，在接地装置设计和施工时，应使 U_t 和 U_s 在允许值以下。

三、接地电阻的允许值

接地装置的接地电阻包括接地线电阻，接地体电阻和大地的散流电阻（接地电流 I_{jd}在地中流散所遇到的全部电阻）三部分。因前二者电阻很小，可忽略不计，一般认为接地装置的接地电阻就是大地的散流电阻。因此，接地装置的接地电阻，主要决定于接地体周围土壤的导电情况。

通常，接地装置的电阻 R_d 为

$$R_d = \frac{U_d}{I_{jd}}$$

式中 U_d——接地体的对地电压，V；

I_{jd}——接地电流，A。

1. 大接地电流系统

在 110kV 及其以上的大接地短路电流系统中，当发生单相接地时，相应的继电保护动作，迅速将故障部分切除。因此，在接地装置上只是短时间出现接地电压，工作人员恰好在此时间内接触到电气设备的外壳的可能性是很小的。考虑到一般此系统的接地电流大于 4000A，规定接地电压 $U_d \leqslant 2000$V，接地电阻 R_d 不得超过 0.5Ω。

2. 小接地电流系统

在小接地电流系统中发生单相接地时，继电保护装置通常动作于信号，而不切除故障部分。因此，单相接地故障维持的时间较长，接地装置的接地电压存在的时间也较长，工作人员在此时间内，就有可能接触到设备的外壳。但其接地电流相对不大，对接地电压值的规定也较低。一般高压和低压电气设备共用的接地装置，接地电压 $U_d \leqslant 120$V；仅用于高压电气设备的接地装置，接地电压 $U_d \leqslant 250$V。但接地电阻 R_d 不宜超过 10Ω。

3. 三相四线制系统的接地电阻

在1000 V以下中性点直接接地三相四线制系统中，发电机和变压器中性点接地装置的接地电阻，一般不宜大于4Ω。当其容量不超过100kV·A时，接地电阻可不大于10Ω。

不同用途和不同电压的电气设备，在无特殊要求时，一般可使用一个总的公共的接地装置，接地电阻应符合其中最小值的要求。

四、接地装置

1. 电气装置的接地

为了保证维护人身安全，接地装置设计技术规程对发电厂、变电所的电气设备中必须进行保护接地和不需接地的部分作了明确的规定。

(1) 必须接地的部分

1) 电机、变压器、电器、携带式及移动式用电器具等的底座和外壳。

2) 电力设备传动装置。

3) 互感器的二次绕组。

4) 配电屏和控制屏的框架。

5) 屋内外配电装置的金属构架和钢筋混凝土构架、靠近带电部分的金属围栏和金属门。

6) 交直流电力电缆接线盒和终端盒的外壳、电缆的外皮、穿线的钢管等。

7) 装有避雷线的电力线路杆塔。

8) 在非沥青地面的居民区内，无避雷线的小接地短路电流系统中，架空电力线路的金属杆塔和钢筋混凝土杆塔。

9) 控制电缆的金属外皮。

10) 装在配电线路构架上的开关设备、电容器等电力设备外壳。

(2) 不需接地的部分

1) 安装在已经接地的金属构架上设备的金属外壳。

2) 安装在配电屏和控制屏以及配电装置上的电气测量仪表、继电器和其他低压电器外壳，以及当发生绝缘损坏时在支持物上不会引起危险电压的绝缘子金属底座等。

3) 在干燥场合，交流额定电压127V、直流额定电压110V及其以下的电力设备外壳，爆炸危险场所除外。

4) 在木质、沥青等不良导电地面的干燥房间内，交流额定电压380V及其以下、直流额定电压440V及其以下的电力设备外壳，但当维护人员可能同时触及电力设备外壳和接地物件时除外。

5) 额定电压220V及其以下的蓄电池室内的支架。

6) 发电厂、变电所区域的铁路轨道。

7) 与已接地的机床底座之间有可靠电气接触的电动机和电器的外壳，但爆炸危险场所除外。

2. 接地装置的敷设

接地装置的接地体可分为自然接地体和人工接地体。

电气设备的接地装置，应首先利用自然接地体，如敷设在地下的供水管道、井管、建筑物与地连接的金属结构、建筑物的钢筋混凝土基础等。在自然接地体的接地电阻达不到要求时，可敷设人工接地体。

人工接地体有垂直和水平敷设两种方式。垂直接地体一般是采用垂直埋入土中的长约2～3m的钢管或角钢。钢管或角钢埋入地中时，其上端离地面的深度为0.4～1.5m，这样可以使接地电阻不会由于冬季土壤表面冻结和夏季水分的蒸发而引起较大的变动。水平接地体多采用宽20～40mm，厚度不小于4mm的扁钢或直径不小于8mm的圆钢在地中水平敷设，埋于地下0.5～1.0m处。水平接地体可成放射形布置，也可成排或环形布置。

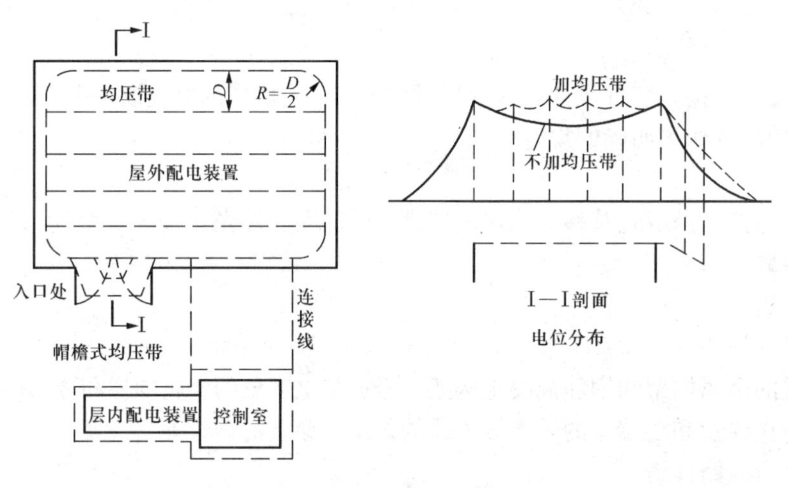

图8－14 发电厂环形接地网及其地面电位分布

对于大接地短路电流系统的发电厂和变电所，还应装设水平敷设的人工接地网。人工接地网应围绕设备区域连成环形，其面积大体与发电厂面积相同，为了使环形接地网中的电位分布均匀，在其中敷设若干水平接地体，即用扁钢形成均压带。均压带的距离一般取4～5m，环形接地网外沿的四角应成圆弧形，以减弱该处的电场。加均压带后地面电位的分布情况如图8－14中Ⅰ—Ⅰ断面图中虚线所示。可见，配电装置区域内的电位分布变得更均匀了，有利于降低接触电压和跨步电压。

在接地网边缘上经常有人出入的走道上，应在地下埋入两条不同深度而与接地网连接成整体的扁钢，形成帽檐式均压带。这样，可使该处的电位分布较为平坦。

接地线应尽量利用金属结构，如钢筋混凝土结构的钢筋、钢管等。同时为了减小接地电阻，接地线相互之间及与接地体之间的连接，均应采用焊接。对于有强烈腐蚀性的土壤，接地线的厚度和截面应适当加大，或采取镀锌、镀锡等防腐措施。

接地线与电气装置中应接地部分的连接，可采用螺栓连接或焊接。

小　结

配电装置是发电厂、变电所的重要组成部分。配电装置可分为屋内配电装置、屋外配电装置和成套配电装置。

配电装置中的各种尺寸，是综合考虑了设备外形、电气距离、设备搬运和检修等因素而确定的。

屋内配电装置分为单层、双层和三层式三类。屋外配电装置有中型、高型和半高型。成套配电装置有低压配电屏、高压开关柜和SF_6封闭式组合电器等。一般35kV及其以下采用屋内配电装置，在特殊情况下110～220kV也可采用屋内配电装置。屋外配电装置主要用于110kV及其以上电压等级。成套配电装置多用于屋内。

配电装置工程图主要有平面图、配置图和断面图。

思 考 题

8－1　配电装置有哪些类型？各有什么优缺点？应用在什么条件下？

8－2　配电装置应满足哪些基本要求？

8－3　配电装置的安全净距是如何确定的？

8－4　屋外中型、高型和半高型配电装置各有什么特点？应用在什么情况？

8－5　电气装置接地的种类及其作用是什么？

8－6　什么叫接触电压？什么叫跨步电压？怎样才能减少它们以确保人身安全？

8－7　发电厂和变电所配电装置中的接地网，一般是如何敷设的？均压带有什么作用？

第三篇　发电厂和变电所的二次系统

上一篇讲述了发电厂和变电所的一次系统，对一次系统及设备起控制、保护、调节、测量等作用的系统称为二次系统。二次系统中的设备称为二次设备，如控制与信号器具、继电保护及自动装置、电气测量仪表、操作电源等。二次设备及其相互间的连接电路称为二次回路或二次接线。

本篇发电厂和变电所的二次系统主要介绍二次回路的有关知识。

第九章

二次回路图的基本知识

二次回路是电力系统安全、经济、稳定运行的重要保障，是发电厂及变电所的重要组成部分。特别是随着机组容量和电力系统容量的增大及自动化水平的提高，二次回路及其设备将起到越来越大的作用。

第一节　二次回路的分类

一、按二次回路功能划分

二次回路是一个具有多种功能的复杂网络，包括高压电气设备和电力线路的控制、调节、信号、测量与监察、继电保护与自动装置、同期、操作电源等系统。

1. 控制回路

控制回路由各种控制器具、控制对象和控制网络构成。其主要作用是对发电厂及变电所的开关设备进行跳、合闸操作，以满足改变主系统运行方式及处理故障的要求。

2. 信号回路

信号回路由信号发送机构、接收显示元件及其网络构成。其作用是准确、及时地显示出相应一次设备的工作状态，为运行人员提供操作、调节和处理故障的可靠依据。

3. 测量监察回路

测量与监察回路由各种电气测量仪表、监测装置、切换开关及其网络构成。其作用是指示或记录主要电气设备和输电线路的运行参数，监察绝缘状况，作为生产调度和值班人员掌握主系统的运行情况、进行经济核算和故障处理的主要依据。

4. 继电保护与自动装置

继电保护与自动装置由互感器、变换器、各种继电器及自动装置、选择开关及其网络构成。其作用是保护主系统的正常运行，一次系统一旦出现故障或异常便自动进行处理，并发出相应信号。由于继电保护与自动装置已形成独立的专业技术，设有专门课程进行系统讲授，所以本教材仅将有关内容作简单讲述。

5. 调节回路

调节回路由测量机构、传输设备、执行元件及其网络构成。其作用是调节某些主设备的工作参数，以保证主设备及电力系统的安全、经济、稳定运行。

6. 同期回路

同期回路由电压互感器、同期开关、同期装置构成。其作用是保证各电源在满足同期条件下投入系统运行，在发电厂投运并列、电网联络时起关键作用。

7. 操作电源

操作电源由直流电源设备和供电网络构成。其作用是供给上述各二次系统的工作电源，及其他重要设备的事故电源。

二、按发展阶段划分

二次回路技术水平的高低是发电厂及变电所生产自动化程度的重要标志，发电厂及变电所的控制方式是二次回路技术发展的重要体现。同电力系统的发展一样，二次回路经历过从简单到复杂、从低级到高级的发展过程。发电厂及变电所的控制方式，经历了以下四个发展阶段。

1. 就地分散控制

就地分散控制是对每一个被控制对象设置独立的控制回路，在设备安装处一对一的控制。这种控制方式简便易行，但不便于各机组、设备间的协调配合，适用于小型发电厂及变电所。

2. 集中控制

集中控制是在发电厂或变电所内设置一个中央控制室（又称主控制室），对全厂（所）的主要电气设备（如同步发电机、主变压器、高压厂用变压器、35kV 及其以上电压的输电线路等）实行远方集中控制。采用集中控制时，相应的继电保护、自动装置也安装在中央控制室内，不但可以节省控制电缆，便于调试维护，而且会提高运行的安全性。

3. 单元控制

单元控制是单机容量在 200MW 及其以上发电机采用的控制方式。单元控制时，炉、机、电按单元制运行，设置数个单元控制室和一个网络控制室。每个单元控制室包括发电机或发电机—双绕组变压器组，高压厂用工作变压器及备用变压器，以及其他需要集中控制的设备。在网络控制室控制三绕组及自耦变压器，高压母线设备和 110kV 及其以上高压输电线路。运行实践表明，采用单元控制有利于运行人员协调配合，尤其是便于炉、机、电的统一指挥调度和事故处理，并可大大改善炉、机值班人员的工作条件，是目前我国大型发电厂主要采用的控制方式。

4. 综合控制

综合控制是以电子计算机为核心，同时完成发电厂及变电所的控制、监察、保护、测量、调节、分析计算、计划决策等功能，实现最优化运行。综合控制是电力生产过程自动化水平高度发展的重要标志。

第二节　二次回路图的阅读及绘制

图纸是工程的语言。二次回路图是用来详细表示二次设备及其连接的原理性电路图。它的用途是详细理解二次电路和设备的作用原理，为测试和寻找故障提供信息，用作编制二次接线图的依据，是发电厂及变电所的重要技术资料。

为了便于利用和管理，按用途和绘制方法的不同一般分为原理图、布置图、安装图和解释性图四类。原理图是二次接线的原始图纸，用以表达二次回路的构成、相互动作顺序和工作原理。在我国习惯上把原理图分为归总式和展开式两种形式。归总式原理图是一种将二次回路与有关一次设备画在一起，以整体图形符号表示二次设备，按电路实际连接关系绘制的图纸；展开式原理图是将二次设备的线圈与触点分别用图形符号表示，按回路性质的不同分为几部分（如交流电流回路、交流电压回路、直流回路、信号回路等）绘制的图纸。布置图和安装图将在后面讲述。解释性图是除了原理图、布置图和安装图以外，根据实际需要绘制的图。

一、二次回路图的基本知识

二次电路图中的元件和设备，都应用国家统一规定的图形符号表示。需要时可用简化外形来表示，元件和设备的布置可不符合实际位置。图形符号的旁边应标注项目代号，一般标注项目种类代号。项目种类代号用一个英文字母或两个英文字母表示，在字母前加前缀“—”，在不致引起混淆的情况下，前缀可以省略（本篇二次电路图中均省略）。

二次回路图常用的图形符号如表 9－1 所示，常用的项目种类代号如表 9－2 所示。为了区别同类的不同设备，可在字母后加数字，如 K1、K2 等。为了区别同一设备中同类的不同部件，如一个继电器有几对触点，第一对触点可用 K1.1 表示，第二对触点可用 K1.2 表示。

表 9－1　二次电路图常用的图形符号

序号	名　称	图　形	序号	名　称	图　形
1	操作器件一般符号		8	延时断开的动合触点	
2	具有两个绕组的操作器件		9	延时闭合的动断触点	
3	交流继电器线圈	~	10	延时断开的动断触点	
4	机械保持继电器线圈		11	按钮开关（常开）	E
5	动合（常开）触点		12	自动复归按钮	E
6	动断（常闭）触点		13	熔断器	
7	延时闭合的动合触点		14	指示仪表	*

续表

序号	名　称	图　形	序号	名　称	图　形
15	记录仪表	 [*]	19	电　铃	
16	积算仪表		20	电喇叭	
17	信号灯一般符号	⊗	21	电　阻	
18	蜂鸣器		22	电　容	

表 9-2　　二次电路图常用的项目种类代号

序　号	名　　称	字　母	序　号	名　　称	字　母
1	电容器	C	12	断路器	QF
2	保护器件	F	13	隔离开关	QS
3	熔断器	FU	14	电阻器	R
4	发电机	G	15	控制电路的开关（按钮）	S（SB）
5	信号器件	H	16	变压器	T
6	红色信号灯	HR	17	电流互感器	TA
7	绿色信号灯	HG	18	电压互感器	TV
8	继电器（接触器）	K（KM）	19	晶体管	V
9	电感器	L	20	控制电路用电源的整流器	VC
10	电动机	M	21	端　子	X
11	电力电路的开关	Q	22	电气操作的机械器件	Y

对于元件和设备的可动部分如触点，通常表示在非激励或不工作的状态和位置。例如，继电器和接触器在非激励状态，断路器和隔离开关在断开位置，事故报警等开关在设备正常使用的位置。

对于在驱动部分和被驱动部分之间采用机械连接的元件和设备，如继电器的线圈和触点，在二次电路图中有集中表示法、半集中表示法和分散表示法三种表示，三种表示法的画法如表 9-3 所示。

集中表示法是将设备的线圈和触点画在一起，并用虚线表示它们之间的机械连接，在线圈旁标注设备的项目种类代号。半集中表示法与集中表示法相似，只是部分触点可分散开画，表示机械连接的虚线允许折弯、分支和交叉。分散表示法是将同一设备的线圈和触点分散画在不同位置，为表示它们之间的机械连接，在线圈和触点旁都标注该设备的项目种类代号。

上述内容为二次回路图的基本知识，也是阅读二次回路图的基本依据。

表 9-3　　集中表示法、半集中表示法和分散表示法画例

序号	集中表示法	半集中表示法	分散表示法
1	K1 A1 A2 1 2 7 8	K1 A1 A2 1 2 7 8	K1 1 2 K1 7 8 K1 A1 A2
2	K2 A1 A2 13 14 23 24	K2 A1 A2 13 14 23 24	K2 A1 A2 K2 13 14 K2 23 24
3	K3 A1 A2 13 14 21 22 31 32	K3 A1 A2 21 22 13 14 31 32	K3 A1 A2 K3 31 32 K3 13 14 K3 21 22

二、二次回路图的绘制与阅读

二次回路图常见的绘制方法有两种。一种是二次元件和设备用集中和半集中表示法画出，另一种是二次元件和设备用分散表示法画出。用后一种画法绘制的二次回路图称为展开式电路图。

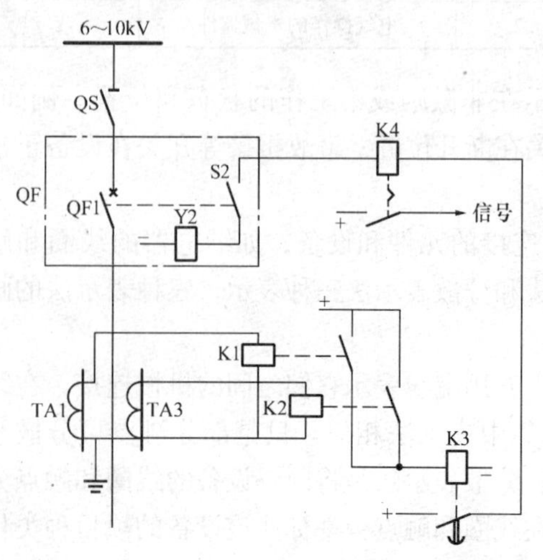

图 9-1　6~10kV 线路过电流保护电路图

图 9-1 为用集中表示法画出的 6~10kV 线路过电流保护电路图。可见，整套保护装置由四只继电器 K1、K2、K3、K4 组成。K1、K2 为电流继电器，其线圈分别接于电流互感器 TA1、TA3 的二次侧回路中。当一次电路发生相间短路时，电流互感器二次侧回路中的电流增大，当通过继电器 K1 或 K2 线圈中的电流超过其动作值时，其触点闭合，将直流电源的正极加到时间继电器 K3 的线圈上，线圈的另一端接在直流电源的负极，时间继电器 K3 启动，经一定时限后其

延时触点闭合，直流电源正极经信号继电器 K4 的线圈、断路器 QF 的辅助触点 S2 和分闸线圈 Y2 到负极。分闸线圈 Y2 通过电流时，使断路器自动分闸，将短路事故切除。信号继电器 K4 的线圈通过电流后继电器启动，其触点闭合，发出信号。注意：断路器自动分闸前是闭合的，所以其常开辅助触点 S2 处于闭合状态；当断路器自动分闸后，辅助触点 S2 断开，切断分闸线圈 Y2 中的电流。

用集中表示法画出的电路图能比较直观而清楚地说明保护装置的工作原理，而且图中将二次电路和有关的一次部分画在一起，所以这种电路图能给阅图者建立一个明确的整体概念。但是，图中线条较多，当二次电路较复杂时，不很清晰，故这种电路图仅用于简单的电路中。在工程中比较广泛地应用展开式电路图。

图 9－2 为 6～10kV 线路过电流保护展开式电路图，其中二次设备的线圈、触点以分散表示法画出。

展开式电路图中各二次元件分解为若干部分，按其动作顺序可分成交流电流回路展开图、交流电压回路展开图、直流控制回路和信号回路展开图等几部分。图 9－2 所示展开式电路图由交流电流回路、直流控制回路和信号回路三部分组成。属于某个回路中的设备部件应画在展开式电路图的该部分中，于是属于同一设备的不同部件可能会画在展开式电路图的不同的回路中。每种回路又有许多电路的支路，这些支路在绘制展开式电路图时可以垂直排列，如图 9－2（a）所示；也可以水平排列，如图 9－2（b）所示。各支路排列的顺序为：对交流回路按相序，对直流回路按动作顺序。垂直排列时各支路自左往右排列，水平排列时各支路自上往下排列。各支路中设备的部件按实际情况相互连接。垂直排列时自上往下画，水平排列时自左往右画。

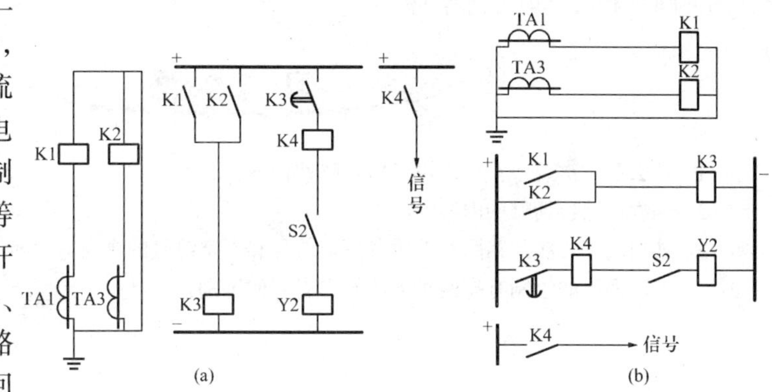

图 9－2　6～10kV 线路过电流保护展开式电路图
（a）支路垂直排列；（b）支路水平排列

根据展开图绘制的方法，可以得出阅读展开图要领，即先看交流后看直流、自左往右看、自上往下看。首先按列或行一个支路一个支路的依照顺序读通，有时性质不同的支路是交错画在一起的，要跳过无关支路，找到有关支路，把与这个支路有联系的所有支路都找到。在读具体支路时，首先找到继电器线圈的启动支路，然后寻找该继电器的触点支路。一个继电器往往有几对触点，所有与该继电器有关的触点支路都要找到，应该一个支路一个支路的找下去，一个继电器一个继电器地看通。

下面以图 9－2 为例，来阅读二次回路展开图。当一次电路发生短路时，电流互感器 TA1 或 TA3 二次侧电路中电流增大，达到其动作值时电流继电器 K1 或 K2 启动。在直流控制回路中找到 K1 或 K2 的触点，此时 K1 或 K2 的常开触点闭合，使时间继电器 K3 启动。经一定延时后 K3 触点闭合，一方面使断路器自动分闸，同时启动信号继电器 K4，K4 其常开触点闭合发出信号。

比较图9-1与图9-2可知，展开式电路图线条清晰，便于阅读和了解整个装置的动作程序和工作原理。尤其在复杂电路中更为突出，故得到广泛应用。

小　结

二次回路是一个多功能复杂网络，包括控制回路、信号回路、测量监察回路、继电保护与自动装置、调节回路、操作电源等。二次回路图中，各种设备都按国家统一规定的图形符号表示。二次回路一般分为原理图、布置图、安装图和解释性图四类，原理图分为归总式和展开式两种形式，工程中广泛应用展开图。展开图按交流电流、交流电压、直流控制和信号回路分别画出，元件的各部件分别画在它们所在的电路中，形成许多支路。这些支路遵循一定规律，可以垂直排列，也可以水平排列。阅读展开图时，应自上往下看，自左往右看。对展开图的画法和阅读应熟练掌握。

习　题

9-1　什么是二次设备？二次设备包括哪些内容？

9-2　二次回路包括哪些内容？

9-3　如何阅读二次回路图？熟悉各图形符号和文字符号的含义。

9-4　二次回路的绘制有哪两种方法？二者有何区别？

第十章

操 作 电 源

发电厂及变电所的操作电源，是为继电保护及自动装置、信号设备、控制及调节设备等供电的电源。在发电厂及大、中型变电所主要采用直流操作电源，所以本章主要讨论直流操作电源。

第一节 直流负荷及操作电源

一、直流负荷的分类

发电厂及变电所的直流负荷，按其用电特性的不同分为经常负荷、事故负荷和冲击负荷三类。

1. 经常负荷

经常负荷指在各种运行状态下，由直流电源不间断供电的负荷。主要包括经常带电的直流继电器、信号灯、位置指示器，经常点亮的直流照明灯，经常投入运行的逆变电源等。

2. 事故负荷

事故负荷指正常运行时由交流电源供电，当发电厂和变电所的自用交流电源消失后由直流电源供电的负荷。一般包括有事故照明、汽轮机润滑油泵、发电机氢冷密封油泵及载波通讯备用电源等。

3. 冲击负荷

冲击负荷是指直流电源承受的短时最大电流。它包括断路器合闸时的冲击电流和此时直流母线上所承受的其他负荷电流（经常负荷与事故负荷）。

由上述发电厂及变电所的直流负荷可知，这些负荷都非常重要，一旦出现故障将会造成严重后果。因此，操作电源必须满足在任何情况下都能保证可靠的不间断的向用电负荷供电。

二、操作电源的分类及作用

发电厂及变电所的操作电源可分为直流操作电源和交流操作电源两大类。

目前发电厂及变电所中常用的直流操作电源有：

（1）蓄电池组直流电源。

（2）复式整流直流电源。

（3）硅整流电容储能直流电源。

交流操作电源用于小型变电所，以所用变压器、电压互感器及电流互感器来供电。

1. 蓄电池组直流电源

蓄电池组是一种与电力系统运行方式无关的独立电源系统。在发电厂及变电所故障甚至交流电源完全消失的情况下，仍能在一定的时间内（通常为 2h）可靠供电，因此，它具有很高的供电可靠性。此外，由于蓄电池组电压平稳，容量较大，可以提供断路器合闸时所需要的较大的短时冲击电流，满足较复杂的继电保护和自动装置要求，并可作为事故保安负荷的备用电源。蓄电池组的主要缺点是运行维护工作量较大，寿命较短，价格昂贵，并需要许多辅助设备和专用的房间。但由于发电厂及变电所的对操作电源的可靠性有较高的要求，所以，蓄电池组仍然是发电厂及大、中型变电所不可缺少的电源设备。

2. 硅整流电容器储能的直流电源

硅整流电容器储能的直流电源装置，由硅整流设备和储能电容器组构成，硅整流设备将厂（所）用的交流电源变为直流作操作电源。为了在交流系统发生短路故障时，仍能使继电保护及断路器可靠动作，装设了储能电容器。正常情况下，由硅整流设备向直流母线上的直流负荷供电的同时给储能电容器充电，当直流母线电压下降到很低时，电容器即放电释放出能量供继电保护装置和断路器跳闸使用，保护装置动作切除故障后，所用电源和直流电压恢复正常，电容器又充电储能。由于受到储能电容器容量的限制，这种操作电源在交流电源消失后，只能在短时间内向继电保护及自动装置以及断路器跳闸回路供电，故主要使用在小型发电厂及中、小型变电所。

3. 复式整流直流电源

复式整流直流电源，是一种以厂（所）自用交流电源、电压互感器二次电压、电流互感器二次电流等为输入量的复合式整流设备。在正常运行时，由厂（所）自用交流电源或电压互感器二次电压经整流后向直流负荷供电；交流系统发生短路故障时，由电流互感器二次电流通过磁饱和稳压器变为一定的电压，再经过整流向直流负荷供电。因此，也可以说复式整流电源是由电压源（从厂、所自用交流电源或电压互感器取得）和电流源（从电流互感器取得）两部分组成。其结构简单、运行维护工作量小，并能在故障状态下输出较大的直流电流，广泛用于具有单电源的中、小型变电所。

4. 交流操作电源

交流操作电源就是直接使用交流电源作二次回路的工作电源。采用交流操作电源时，一般由电流互感器供电给反应短路故障的继电器和断路器的跳闸线圈，由自用电变压器供电给断路器合闸线圈，由电压互感器（或自用电变压器）供电给控制与信号设备。这种操作电源接线简单、维护方便、投资少，但其技术性能尚不能完全满足大、中型发电厂及变电所的要求，主要用于小型变电所。

三、对操作电源的基本要求

(1) 保证供电的高度可靠性。

(2) 具有足够的容量，以保证正常运行及故障状态下的供电。

(3) 使用寿命长，运行、维护方便。

(4) 投资少，占地面积小。

第二节 蓄电池组直流系统

蓄电池一般按电解液不同可分为酸性蓄电池和碱性蓄电池两种。酸性蓄电池端电压较高、冲击放电电流大，适合于断路器跳、合闸的冲击负荷，但酸性蓄电池寿命短，运行维护比较复杂。碱性蓄电池体积小、寿命长、运行维护简便，但事故放电时电流较小。目前，发电厂及变电所中广泛使用酸性蓄电池。

一、蓄电池的作用、容量及直流系统

蓄电池是一种既能把电能转换为化学能储存起来，又能把化学能转变为电能供给负载的

化学电源设备。

（一）蓄电池的构成及作用

蓄电池主要由容器，电解液和正、负电极构成。

蓄电池的工作原理：蓄电池的正极板和负极板插入电解液中时，发生化学反应，由于正负极板材料不同，正负极板电位不同，正负极板间便产生电位差。在外电路没有接通时，正负极板之间的电位差就是蓄电池的电势；在外电路与负载接通时，就有电流流过负载，也既是蓄电池向负载放电（蓄电池把化学能转变为电能）。当蓄电池放电后将负载断开，使其与直流电源相连。当电源电压高于蓄电池的端电压时，化学反应向相反方向进行，把电能转换为化学能储存起来。如此循环进行，实现为直流负荷供电的目的。由此可见，蓄电池的作用就是向直流负荷提供电能。

由于单个蓄电池电压较低，需若干个连接成蓄电池组，作为发电厂及变电所的操作电源。蓄电池组作为操作电源，不受电网运行方式变化的影响，在故障状态下仍能保证一段时间的供电，具有很高的可靠性。

蓄电池组供电的负荷主要有：

（1）主控制室、就地操作的配电装置、各电压等级的厂用配电装置控制屏的控制信号回路，以及各级电压配电装置的断路器跳、合闸线圈等。

（2）汽机和锅炉控制屏的控制信号回路，各汽机直流润滑油泵及氢冷直流密封油泵的电动机。

（3）事故照明网络，即主控制室的专用事故照明屏。对于只装一组蓄电池的发电厂及变电所，设置一块事故照明屏；装有两组蓄电池的发电厂，则设置两块事故照明屏。

（4）其他直流用电设备，如通讯备用电源、主控制室经常照明灯及电气试验室等直流负荷。

（二）蓄电池的容量及自放电

蓄电池的容量，就是蓄电池放电到某一允许最小电压（或称终止电压）的过程中所放出的电量，以安时（Ah）表示。蓄电池的容量与极板类型，电解液的比重，放电电流的大小以及工作温度等因素有关。蓄电池通常以放电率表示放电至终止电压的快慢。放电率可用放电电流大小或放电到终止电压的时间长短表示。例如，某216Ah容量的蓄电池，以恒定的21.6A电流放电，经10h到达终止电压，以电流表示放电率，则为21.6A放电率，以时间表示则为10h放电率。蓄电池的额定容量就是指10h放电率放出的电量。放电时间大于10h，则放电电流就应低于10h放电率的电流值，放出的容量就允许大于额定容量。

蓄电池充电后，无论工作或不工作，其内部都有放电现象，这种现象称为自放电。这是由于电解液上下层比重不同，极板上下电势不等和正负极板上下之间的均压电流引起蓄电池有自放电，同时电解液中含有的金属杂质沉淀在极板上会形成局部短路，也会引起蓄电池自放电。由于自放电现象的存在增加了蓄电池的内部损耗。蓄电池即使没有工作，一定时间后也必须进行充电检查，以免损坏。

（三）直流供电系统的接线

1. 主控制室内控制、信号小母线供电网络

如图10-1所示，图中±、±700和M100（+）为安装在各控制屏顶的控制、信号和闪光电源小母线。小母线按屏组分段，段间以电缆连接，再通过两路与电源相连，在各段间及

电源进线都装设刀闸开关。断开段间的连接刀闸开关，即可实现网络的开环运行。小母线分段的目的是为了便于检修和处理故障。

2. 屋外配电装置断路器合闸线圈供电接线

某电压级屋外配电装置断路器合闸线圈的供电接线如图10－2所示。

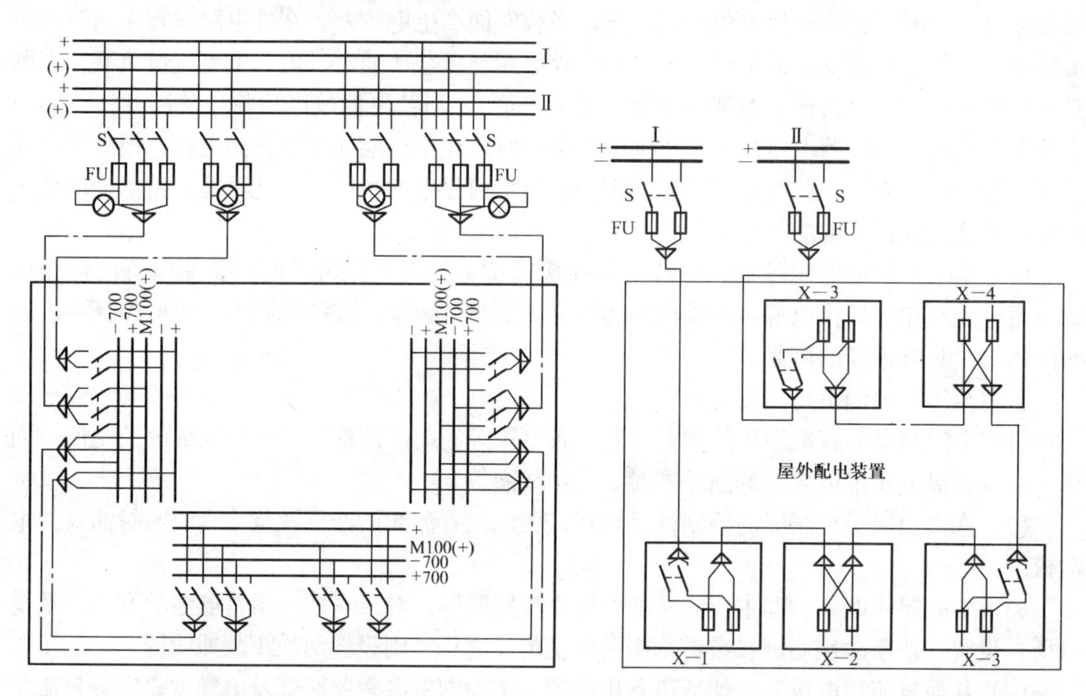

图10－1　主控制室内控制、信号小母线供电网络　图10－2　屋外配电装置断路器合闸线圈供电接线

可见，屋外配电装置合闸线圈的供电，是以电缆连接电源和各断路器的端子箱构成的。端子箱之间的连接电缆芯，就是断路器的合闸电源母线。正常运行时，通过刀闸开关将合闸电源母线分为两段，各段单独取得电源。

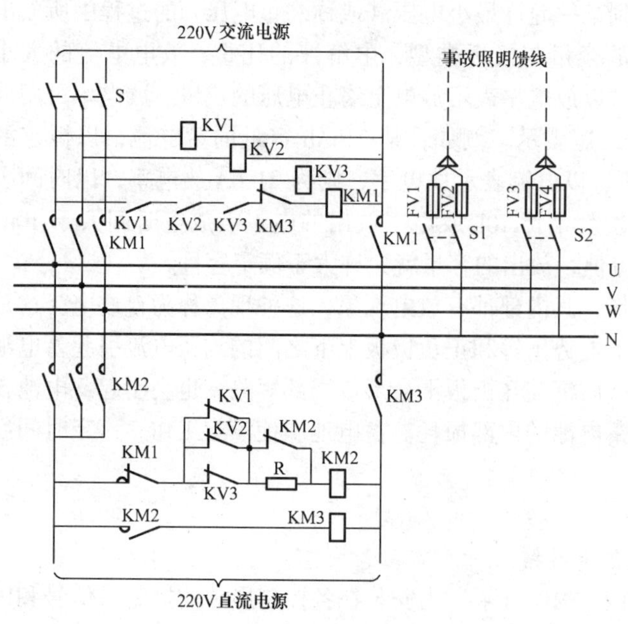

图10－3　事故照明供电接线

事故照明供电接线。事故照明电源由安装于控制室内的事故照明自动切换装置供电，并以单回路供电。

事故照明自动切换装置的电路如图10－3所示。正常运行时，三相刀闸S、事故照明馈线开关S1与S2均在合闸位置；如果三个相电压正常，KV1、KV2、KV3电压继电器动作，常开触点闭合，常闭触点打开，交流接触器KM1在动作状态，常开触点闭合，将三相交流电压送到U、V、W、N母线上，事故照明负荷由220V交流电源供电。当交流电源消失时，电压继电器KV1、KV2、KV3失电，其常开触点打开，使交流接触器KM1失电返回。其常开触点断开，先切断交流电源。然后，由于KV1～KV3继电器和交流接触器KM1常闭触点闭合，使直流接触器KM2启动，常开触点闭合，KM3随之启动，常开触点闭合。KM2与KM3常开触点闭合，将蓄电池组220V直流电源投入事故照明电源母线。以上切换过程是很迅速的。在由直流电源供电期间，接触器KM2与KM3一直在带电启动状态。当交流电源恢复时，电压继电器KV1～KV3立即启动，首先其常闭触头打开使KM2、KM3相继失电返回，切断直流电源，随之KM1启动，重新恢复交流电源供电。

二、蓄电池组的运行方式

蓄电池组的运行方式有充电—放电式和浮充电式两种运行方式。

1. 充电—放电运行方式

蓄电池组的充电—放电运行方式就是对运行中的蓄电池组进行定期的（或根据运行规程要求）充电，以保持蓄电池的良好状态。其工作特点是正常工作时，充电设备退出，由充好电的蓄电池组向直流负荷供电。为了保证在事故情况下蓄电池组能可靠的工作，蓄电池组正常放电时必须留有一定的裕量，决不能使蓄电池完全放电。通常放电约达容量的60%～70%时，便应停止放电，将充电设备投入，进行充电。在充电过程中充电设备除了向蓄电池组供电外，还要担负经常性直流负载，故充电设备必须有足够的容量。其典型电路接线如图10－4所示。

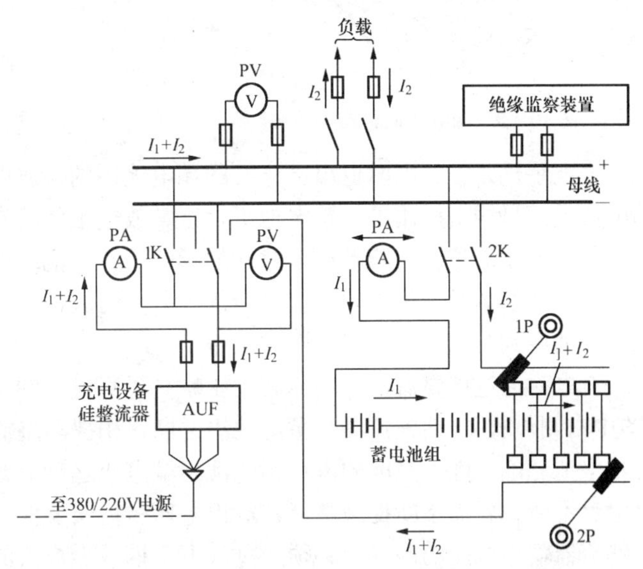

图10－4　按充电—放电运行方式工作的蓄电池组电路图

图中在整流装置回路中装有双投刀闸开关1K，以便使整流设备即可以对蓄电池组充电，也可以直接接在直流母线上作为直流电源。在整流装置回路中，装设电压表和电流表以监视端电压和供电电流。在蓄电池组接至母线的回路中，装设有双向刻度的电流表，用以监视充电和放电电流。图10－4中电流的方向是1K打到充电位置时，电流的流向。

蓄电池在充电和放电过程中，端电压的变化很大，放电时，酸性蓄电池每个蓄电池的端电压由2V下降到1.75～1.8V；充电时则由2.1V升高到2.6～2.7V。为了维持直流母线电压的稳定，在充放电过程中必须调整电压。在电力系统中，多采用端电池调节器，用来调节接到直流母线上蓄电池的数目，以维持直流母线的电压。为此，将全部蓄电池分为两部分，一部分是固定不调的基本蓄电池，另一部分是可调的端电池。在充放电过程中，通过改变端电池的数目，达到维持母线电压基本稳定的目的。

端电池调节器有手动和电动两种形式。

手动端电池调整器的构造如图 10－5 所示，其接线如图 10－6 所示。互相绝缘的金属片依次连接到端电池间的抽头上，通过操作放电手柄 1P 或充电手柄 2P 就可以调节投入蓄电池的数量。为了在调节过程中防止电路中断，将每一个手柄的触头分为两部分，如图 10－6 中的 2 和 4。在调节过程中先使 2 和 4 跨接在相邻的两个金属片上，并通过电阻 3 连接着，然后再断开 2 完成一次调节。

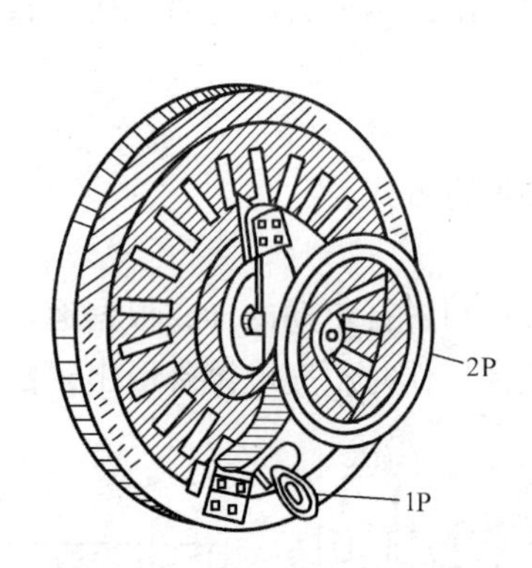

图 10－5 端电池调整器构造图

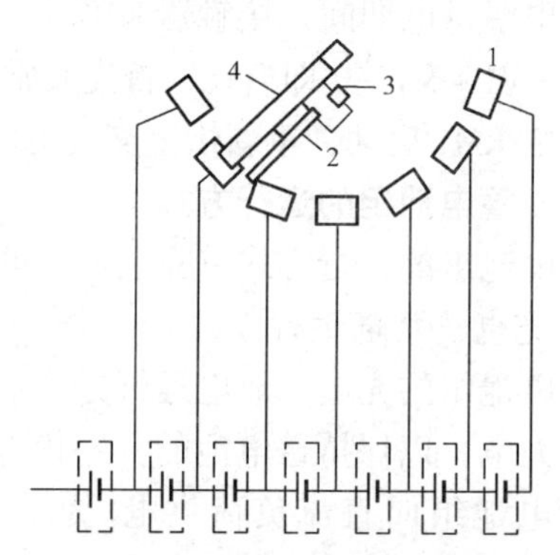

图 10－6 端电池调整器接线示意图
1—金属片；2—辅助触头；3—电阻；
4—主触头

充电手柄是在充电时退出已充好的端电池用的；放电手柄是在直流母线电压降低时投入端电池提高母线电压用的。蓄电池组在正常放电工作状态时，放电手柄应放在使母线电压为正常工作电压的位置。随着放电时间的延长，蓄电池端电压下降，此时需调节放电手柄增加投入蓄电池的数量。如果端电池已全部投入且已放电到终止电压时，则认为已完全放电，将充电手柄调到终端位置作好充电的准备。

充电时通过硅整流器，调节其电压略高于直流母线电压，合上双投开关 1K 到充电位置(图中右侧位置)，使整流器与蓄电池组并联，稍提高整流器端电压，使整流器带经常负荷并向蓄电池充电。随着充电的进行蓄电池组端电压逐渐上升，充电电流逐渐减小。为了维持充电电流不变，就需不断提高整流器输出电压，但又要保持母线的正常工作电压。为此，在调节整流器输出电压的同时，必须通过放电手柄减少投入的蓄电池的数量。在充电终止时，放电手柄将移到基本电池部分。

由于端电池在放电时接入比较晚，放电时间短，而充电时充电电流又较大，所以端电池会比较早的充好。为了防止过度充电，在充电过程中应将充好电的蓄电池通过充电手柄切除。

为了操作方便，手动端电池调整器一般都装在直流盘上，故从直流盘到蓄电池室使用的引线较多。大型发电厂和变电所，多采用电动端电池调整器，它可以远方操作，故可以装在邻近蓄电池室的屋内。目前生产的电动端电池调整器为单台立式结构，每组蓄电池需装两套，一套充电，一套放电，其工作原理与手动类似。

充电—放电运行方式，通常每运行 1～2 昼夜就要充一次电。显然，操作比较频繁，也影响蓄电池的寿命，目前已很少采用。

2. 浮充电运行方式

按浮充电方式运行的蓄电池组电路如图 10－7 所示。电路中有两组直流母线，两组直流母线之间用两组刀开关联络。正常运行时，两组刀开关均投上，两组直流母线均投入运行，只有当某组母线或其馈线发生故障时，才打开刀开关，将故障部分切除，使非故障部分照常工作。

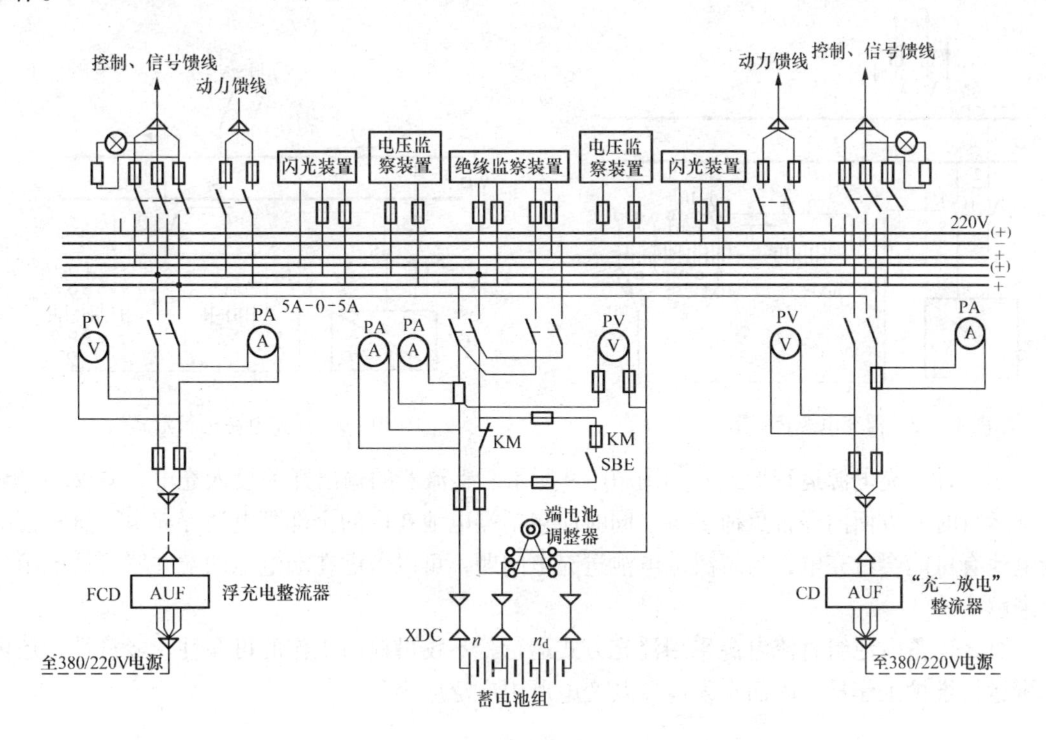

图 10－7 按浮充电方式运行的蓄电池组电路图

本电路采用了两套硅整流装置（也可用交一直流电动发电机组），一套容量较大的作充电用，另一套容量较小的作浮充电用。浮充电运行方式的工作特点是：正常运行时，浮充电整流电源与充好电的蓄电池组并联运行，它一方面担负经常性直流负荷，另一方面以很小的电流向蓄电池组进行浮充电，以补充由于自放电造成的能量损失，使其经常处于充满电状态，以承担短时的冲击负荷（如断路器合闸电流）。此外，当交流系统发生故障或整流设备断开的情况下，蓄电池组承担全部直流负荷。直到交流电压恢复，用充电整流设备给蓄电池充好电后，再将浮充电整流设备投入运行，转入正常的浮充电状态。

按浮充电方式工作的蓄电池组，经常处于充满电状态，只有当交流电源消失或充整流器故障时，才转为长时间放电状态。蓄电池组除了事故放电后要及时充电以外，平时每个月要进行一次充电；每三个月必须进行一次核对性放电与均衡充电，以使各个蓄电池电解液的密度、容量、电压等都达到均衡一致的状态。浮充电源工作方式在实际运行中有以下两种不同的形式。

第一种浮充电源运行形式，如图 10－8 所示。硅整流器 GZ 的输出开关 S 投入放电位置 1、3 侧。这时整流器一方面供电给经常负荷 I_2，同时以 I_1 对蓄电池进行浮充电，但端电池（或称备用电池）BXDC 得不到充电。为解决端电池得不到浮充电问题，可以考虑在端电池两端并联一小整流设备为其进行浮充电。

整流器的端电压要满足浮充电的要求，通常按每只酸性蓄电池取 2.15V，每只碱性蓄电池取 1.35～1.45V 选定。当交流电源消失时，整流器停止运行，蓄电池组转入放电状态。为了维持母线电压要随时调整放电手柄 1P。

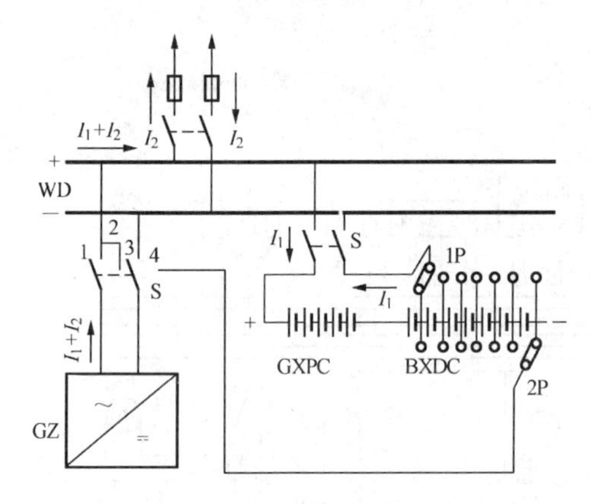

图 10－8 浮充电源运行形式（一）

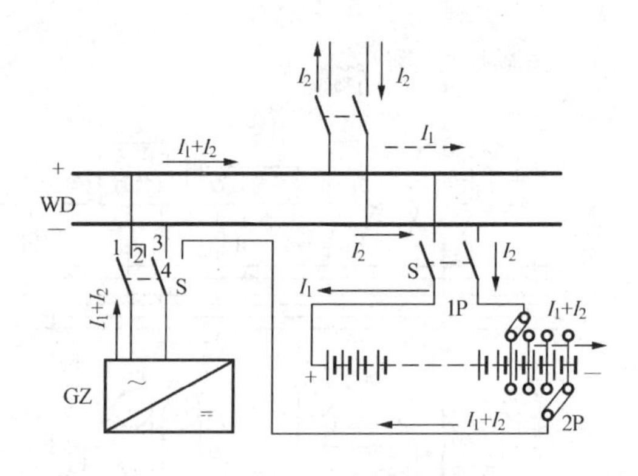

图 10－9 浮充电源运行形式（二）

第二种浮充电源运行形式，如图 10－9 所示。整流器的输出开关投入充电位置 2、4 侧，正常运行时一方面向经常负荷供电，同时向包括端电池在内的全部蓄电池浮充电。这种情况端电池有可能会过充电，为解决端电池过充电问题，可以考虑在端电池两端并联可调电阻分流来解决。

总之，蓄电池组直流电源采用浮充方式运行，不仅可提高工作的可靠性、经济性，还可减少运行维护工作量，因而在发电厂及变电所中广泛应用。

小 结

操作电源是指发电厂和变电所中，用于控制、信号、操作、保护及自动装置等二次回路供电的电源。它对发电厂和变电所的安全运行起着极其重要的作用。

目前在发电厂和变电所中多采用直流操作电源。直流负荷一般分为经常负荷、事故负荷、冲击负荷。直流操作电源通常以蓄电池组、复式整流装置或带电容器储能的硅整流装置供电。交流操作电源用于小型变电所，以所用变压器、电流互感器及电压互感器供电。

蓄电池是一种既能把电能转换为化学能、又能把化学能转变为电能的化学电源。作为操作电源，不受电网运行方式变化的影响，在故障状态下仍能保证一段时间的供电，具有很高的可靠性。但是蓄电池存在自放电现象，需要长期或定期充电。

蓄电池组直流电源的运行方式主要采用充电—放电式和浮充电式两种。充电—放电运行方式，是对运行中的蓄电池组进行定期的充电，以保持蓄电池的良好状态。按浮充电方式工作的蓄电池组，经常处于充满电状态，只有当交流电源消失或浮充整流器故障时，才转为长时间放电状态。浮充电工作方式在实际中广泛应用。

习 题

10－1 什么叫操作电源？对发电厂和变电所的运行有何影响？

10-2　发电厂和变电所的直流负荷有哪几种？试简单解释。

10-3　操作电源有哪几类？其作用有何不同？

10-4　对操作电源有哪些基本要求？

10-5　蓄电池是一种什么设备？其特点是什么？

10-6　什么是蓄电池的容量？为什么蓄电池会自放电？

10-7　蓄电池组有哪两种运行方式？各有何特点？

第十一章

测 量 监 察 回 路

发电厂和变电所的测量监察回路，主要供运行人员了解和掌握电气设备及动力设备的工作情况，以及电能的输送和分配情况，以便及时调节、控制设备的运行状态，分析和处理事故。因此，测量监察回路对保证电能质量、保证发电厂和变电所的安全运行具有重要作用。

第一节　互感器和仪表的配置

测量与监察是通过测量仪表实现的，而测量仪表又要通过互感器反映一次系统状况。所以要实现测量与监察，需要正确地配置互感器和仪表。

一、电流互感器的配置

凡装有断路器的回路均应装设电流互感器。未装断路器的发电机和变压器的中性点以及发电机和变压器的出口等回路中，也应装设电流互感器。装设电流互感器的数量应满足测量仪表、继电保护和自动装置的要求。

在中性点直接接地的三相电网中，电流互感器按三相配置；在中性点非直接接地的三相电网中，电流互感器按二相配置，但当35kV线路采用距离保护时，应按三相配置。发电机和变压器回路应按三相配置。继电保护用电流互感器，应尽可能减小或消除不保护区。同一网络中各线路的电流互感器，均应配置在同名相上。

二、电压互感器的配置

电压互感器的配置，除应满足测量仪表、继电保护和自动装置的要求外，还应考虑同期装置和绝缘监察装置的要求。

发电机出口装设三相五柱式电压互感器，供测量、保护及同期用，其辅助二次绕组接成开口三角形，发电机未并列前作绝缘监察用。发电机自动调节励磁装置一般配置专用电压互感器，以获得较大的功率。容量在200MW及其以上的发电机中性点常采用经高电阻接地的接地方式，即中性点经电压互感器一次绕组接地，电压互感器的二次绕组接入电阻，并作为发电机定子接地保护的电源。

三绕组变压器低压侧装设两台单相电压互感器，接成V，v接线，以便在低压侧断路器分闸后供同期监视用。

每段工作母线和备用母线都必须装设电压互感器，供测量、保护及同期等用。6～10kV母线装设一只三相五柱式或三只单相电压互感器。35kV以上母线一般装设三只单相电压互感器。

如果线路另一侧有电源时，应在出线断路器线路侧的一相上装设电压互感器，供同期或重合闸用。

三、电气测量仪表的配置

电路中主要的运行参数有电流、电压、功率、电能、频率、温度和绝缘电阻等，因此应装设的电气测量仪表有电流表、电压表、频率表、有功功率表、无功功率表、有功电度表和无功电度表等。电路中应装设仪表的种类、个数及仪表的准确度等级，应符合《电工测量仪表装置设计技术规程》的有关规定。

第二节 测量回路图

测量回路图通常采用展开图的形式，并以交流电流及交流电压回路分别表示。

一、测量仪表的交流电流回路

电气元件或称安装单位（如一台发电机、一组变压器、一条线路、一组电容器或断路器等）常有一个单独的电流回路，当测量仪表与保护装置共用一组电流互感器时，可将它们的电流线圈按相串接，如图 11-1 所示，即电流继电器 KA 和有功电能表、无功电能表及电流表串联在回路中的情况。

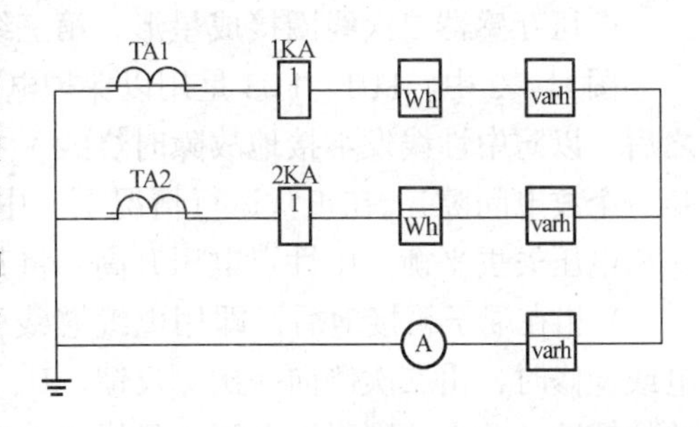

图 11-1 6~10kV 线路交流电流回路

测量仪表、保护装置和自动装置一般由单独的电流互感器或单独的二次线圈供电。当保护和测量仪表共用一组电流互感器时，应防止测量回路开路而引起继电保护的误动作。

当几种仪表接于同一组电流互感器时，其接线顺序一般为先接指示和积算式仪表，再接记录仪表，最后接变送仪表。

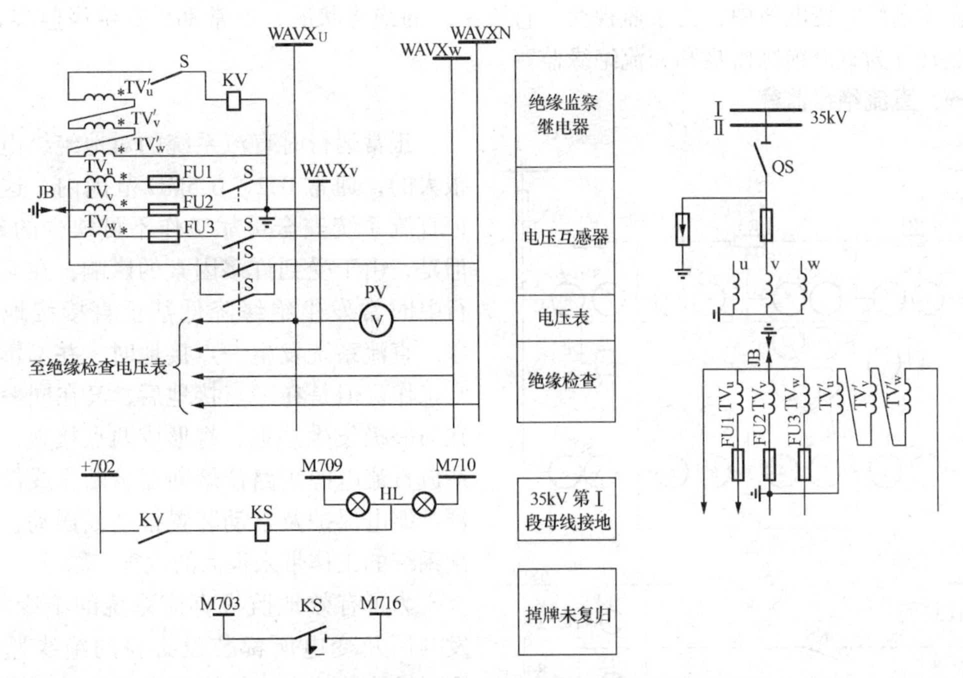

图 11-2 V 相接地的 35kV 电压互感器二次回路接线图

TV_u、TV_v、TV_w—电压互感器二次绕组；TV'_u、TV'_v、TV'_w—电压互感器第三绕组；PV—电压表；HL—光字牌；KV—电压继电器；KS—信号继电器；FU1~FU3—熔断器；JB—击穿保险；S—辅助开关

二、测量仪表的交流电压回路

在电力系统中，电压互感器是按母线数量设置的，即每一组主母线装设一组电压互感器。接在同一母线上所有元件的测量仪表、继电保护和自动装置都由同一组电压互感器的二次侧取得电压。为了减少电缆联系，采用了电压小母线。各电气设备所需要的二次电压可由电压小母线上引接。

图 11－2 所示是 V 相接地的 35kV 电压互感器二次回路接线图。二次侧 V 相接地方式，这是由于发电厂中一般常用的 ZZQ—1 型～ZZQ—5 型同期装置要求电压互感器二次侧 V 相接地，这样可以简化同期系统接线及减少同期开关档数，是发电厂内比较普遍应用的接线方式。电压互感器二次线圈接成星形，第三线圈接成开口三角形。

图 11－2 中，FU1～FU3 是用以保护电压互感器二次线圈的熔断器。V 相接地点设在 2FU 之后，以防中性线发生接地故障时烧毁 V 相绕组。二次线圈中性点经击穿保险 JB 接地（JB 是一个放电间隙）。在正常运行情况下，中性点处于绝缘状态，当 V 相熔断器 2FU 熔断时，三相电压失去平衡，中性点电压升高，将其间隙击穿而接地。

V 相在端子箱接地后，即用电缆芯线引至电压小母线 $WAUX_v$。为防止在电压互感器停电或检修时，由二次侧向一次侧反馈，U、W 相和中性线 N 都经过电压互感器一次侧隔离开关的辅助开关 S 分别引至电压小母线 $WAUX_U$、$WAUX_W$、$WAUX_N$。因为中性线上辅助触头的接触不良现象难以发现，故采用两对 S 触点并联，以增加其可靠性。

第三节 绝缘监察

在发电厂、变电所中，为了监视交、直流系统的绝缘状况，通常都设有绝缘监察装置。绝缘监察分为直流绝缘监察和交流绝缘监察。

一、直流绝缘监察

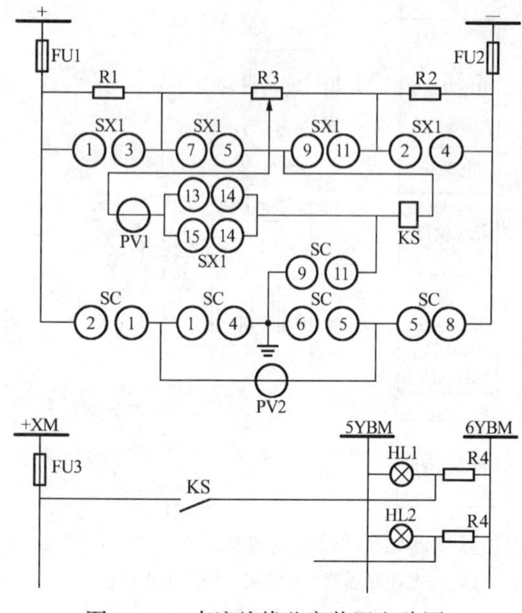

图 11－3 直流绝缘监察装置电路图

正常运行时直流系统的对地绝缘电阻是很大的，通常 0.2～0.5MΩ 范围内，这是保证直流系统安全可靠工作不可缺少的条件。但是，由于受到许多因素的影响，在实际运行中时常发生绝缘降低甚至直接接地的现象。直流系统发生一点接地时，并不影响正常工作。但是在一点接地后，又在同一极或在另一极发生接地，将形成两点接地，可能造成直流电源短路使熔断器熔断，或使断路器、继电保护及自动装置拒动或误动，给二次系统的工作带来很大的危害。

为了有效地监视直流系统的绝缘状况，发电厂及变电所都装设必要的绝缘监察装置。最简单的直流绝缘监察方法是利用直流电压表，用电压表测量正、负极对地电压。如果绝缘良好，电压表指示应为零；如果电压表指针有指示，则说明直流系统对地绝缘下降。这种方法通过人工操作，不能及时反映绝缘状况，一般用于小型变电所，在发电厂及大、中容量变电所中用作辅助监视。在发电厂及变电所广泛采用的是能发信号的绝缘监察装置。

（一）直流绝缘监察装置

直流绝缘监察装置电路如图 11-3 所示。其电路主要由三部分组成，即测量母线电压、正极对地电压及负极对地电压的电压表 PV2 与切换开关 SC；测量直流系统对地总绝缘电阻的电压表 PV1（此表有电压、欧姆双刻度）、切换开关 SX1 与电阻器 R1～R3；在直流系统发生接地故障时用作自动发信号的接地信号继电器 KS 与光字牌 HL1 等。

表 11-1 切换开关的位置与触点接通情况

切换开关	开关位置	接通触点
SC	母线	1—2、5—8、9—11
	正对地	1—2、5—6
	负对地	1—4、5—8
SX1	信号	5—7、9—11
	测量Ⅰ	1—3、13—14
	测量Ⅱ	2—4、14—15

电路的工作状态与切换开关的位置有直接关系，切换开关 SC 和 SX1 均有三个位置，接通情况见表 11-1。

正常运行时，切换开关 SC 置于“母线”位置。电压表 PV2 指示母线电压。切换开关 SX1 置于“信号”位置，使接地信号部分构成图 11-4 所示的电桥接线。图中，R_+ 与 R_- 为正、负极对地绝缘电阻；R1 与 R2 为两个阻值相等的电位器；KS 为动作灵敏的信号继电器。由于正常运行时两极对地绝缘电阻相等，电桥处于平衡状态，KS 中没有电流，其常开触点是打开的，光字牌 HL1 不亮。

当发生了正极接地或对地绝缘电阻严重下降时，电桥的平衡被破坏，KS 线圈中出现电流并使其动作，点亮光字牌并发出音响信号。为了判断是哪个极接，需利用切换开关 SC 和电压表 PV2 分别测量正、负极对地电压，如果负极对地电压大于正极对地电压，即可判定正极绝缘电阻下降。然后可进行直流系统对地绝缘电阻的测量。其测量方法如下：

(1) 将 SX1 至“测量Ⅰ”位置，接入电压表 PV1，短接 R1，调节电位器 R3，使 PV1 指示为零，读取 R3 的百分数 x。

(2) 再将 SX1 至“测量Ⅱ”位置，短接 R2，电压表 PV1 即指示出直流系统的对地绝缘电阻 R_{xt}。以此可进一步计算出正、负极对地的绝缘电阻，即

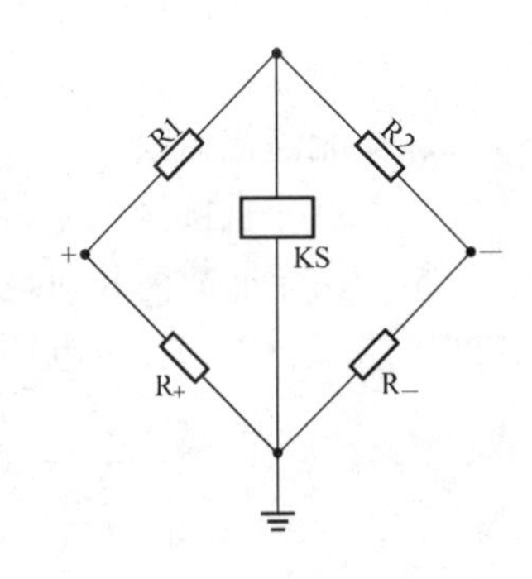

图 11-4 接地信号部分的等值电桥

$$\begin{cases} R_+ = \dfrac{2R_{xt}}{2-x} \\ R_- = \dfrac{2R_{xt}}{x} \end{cases}$$

如果是负极接地，在测量直流系统对地绝缘电阻时，需将 SX1 至“测量Ⅱ”位置重新调整电桥的平衡，再搬至“测量Ⅰ”位置读取绝缘电阻值，此时正、负极对地的绝缘电阻为

$$\begin{cases} R_{+} = \dfrac{2R_{xt}}{1-x} \\ R_{-} = \dfrac{2R_{xt}}{1+x} \end{cases}$$

（二）直流系统接地的故障处理

当直流系统发生一点接地时，将发出预告信号。运行人员必须迅速找出接地点并加以消除，以防发展为两点接地。

1. 判断接地极及性质

利用直流绝缘监察装置的电压表，测量正、负极对地电压，检查是正极还是负极接地或对地绝缘电阻降低。正常时，正、负极对地电压均为零。如果正极对地电压升高或等于母线电压，则为负极绝缘降低或接地；如果负极对地电压升高或等于母线电压，则为正极绝缘降低或接地。

2. 寻找接地点的一般原则

（1）对于双母线的直流系统，应首先判明是哪一条母线发生接地。

（2）按先次要负荷后重要负荷、先室外后室内的顺序检查各馈线，然后检查蓄电池、充电设备、直流母线。

（3）对不重要的直流馈线，采用试停电的方法寻找。如在拉开某一回路时，接地信号消失和各极对地电压指示正常（不能单靠接地信号消失为准），则说明接地点即在该回路中。但不论该回路是否有接地，拉开后均应先合上，然后再设法处理。

（4）对于不允许短时停电的重要直流馈线，必须先将其负荷转移到另一母线上供电，然后再寻找接地点。

二、交流绝缘监察

在中性点非直接接地系统中，如果发生一相接地，由于线电压不变，所以可以继续运行。但是，由于非故障相对地电压升高了$\sqrt{3}$倍，可能会使某些绝缘薄弱的地方造成击穿，形成相间短路。所以，在发电厂、变电所通常都设有交流绝缘监察装置。当发生一相接地时，可立即发出信号，通知运行人员及时处理。

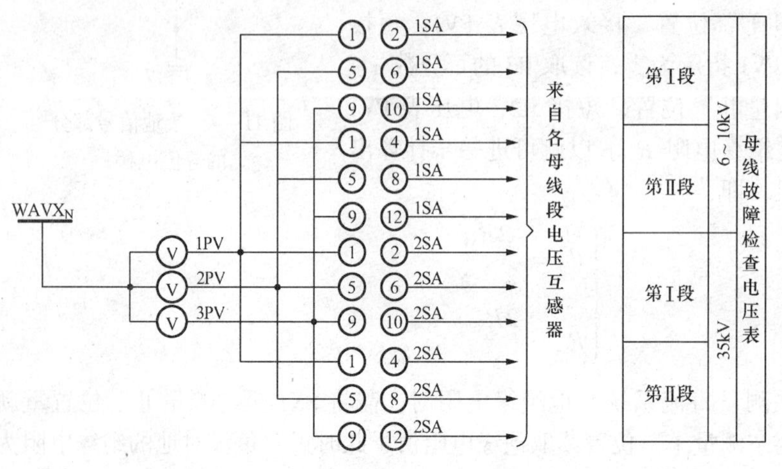

图 11－5　6～35kV 母线绝缘监察电压表接线图

1PV～3PV—电压表；1SA、2SA—切换开关（LW2—H—4，4，4/F7—8x）

（一）交流绝缘监察装置

交流绝缘监察装置，由三相五柱式电压互感器和电压表及继电器构成。

在图 11－2 中，电压表 PV 用以监视母线电压。正常运行时，三相电压对称，其相量和为零，接成开口三角形的第三线圈两端没有电压；当电网发生一相接地故障时，接成开口三角形的第三线圈两端出线三倍零序电压，使绝缘监察继电器 KV 动作，其常开触点闭合，接通光字牌 1HL 回路，该光字牌便显示出“35kV 第Ⅰ段母线接地”，并发出预告音响信号，同时启动信号继电器 KS。KS 动作后掉牌，将 KV 的动作记录下来，并由其触点发出“掉牌未复归”信号。

为了判断是哪一相接地，一般利用接于相电压的三只绝缘监察电压表指示来判断。绝缘监察表计一般为全厂（所）各小电流接地网络电压母线所公用，通过切换开关进行选测。如图 11 - 5 所示，为 6 ~ 35kV 母线绝缘监察装置接线图，四段母线共用一组电压表（电压表表面是双刻度的）。切换开关 1SA 和 2SA 分别用以切换 35kV 和 6 ~ 10kV 各段母线电压，它们一般处于断开位置。

变电所的电压互感器二次侧一般采用零相接地。如果站内设有同期装置，可另装中间隔离变压器或采用 V 相与零相并存的同期接线。零相接地的电压互感器二次接线只需取消图 11 - 2中的 V 相接地点和击穿保险 JB，改为中性点直接接地即可。

当主母线为双母线以及一次元件由一条母线切换到另一条母线时，其测量仪表及保护装置必须切换到相应母线电压互感器的电压小母线上。此时，可操作电压互感器一次线圈的隔离开关，辅助触点自动进行切换，也可装设手动切换开关。图 11 - 6 就是用手动切换开关的双母线电压切换回路。

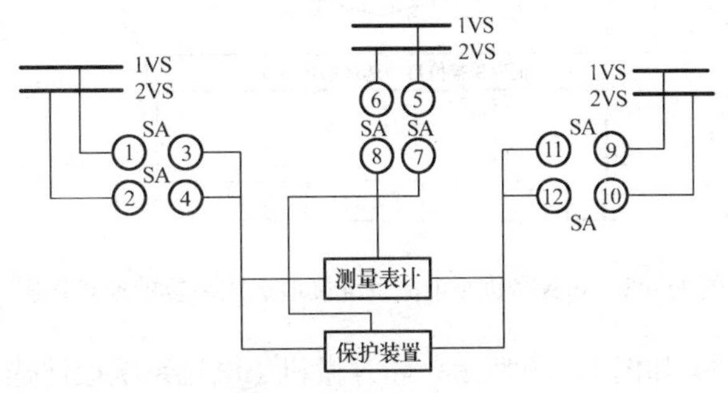

图 11 - 6　双母线电压切换回路

SA—转换开关（LW2—2，2，2，2，2，2/F4—8x）

每一主母线上所接元件都处于同电位，所以电压表是按母线设置的，各安装单位无需再设置电压表。各元件的有功功率表、无功功率表、有功电能表和无功电能表都按相并联连接在电压小母线上。

（二）小电流接地微机选线装置

在中性点不接地或经消弧线圈或电阻接地的电流系统（简称小电流系统）中，当发生单相接地时，为了找出故障线路，运行人员不得不依次拉合各出线开关，以“点灭”接地点来寻找故障线路。在不允许停电的系统中，只好派许多人出去查找，这样操作既麻烦，又给运行安全、设备安全和供电可靠性造成很大影响。由于不能及时查找出接地线路，给企业造成重大经济损失，甚至酿成事故。

以往产生的小电流接地选线装置中，基本上采用了绝对整定值概念，即通过装置取得的零序电流与一固定的整定值比较。当系统发生单相接地时，取得的零序电流如果大于整定值，使装置中的极化继电器动作，显示故障线路编号。由于在小接地系统中，运行方式变化多，接地整定值整定困难，实际中常常出现误选、多选或选不出的现象。现在在电力系统中

图 11 - 7　MLN 型微机小电流系统接地选线装置

广泛采用微机小电流系统接地选线装置。下面以 MLN 型微机小电流系统接地选线装置（如图 11－7）进行介绍。

1. 装置的原理

MLN 微机小电流系统接地选线装置的原理框图如图 11－8 所示。

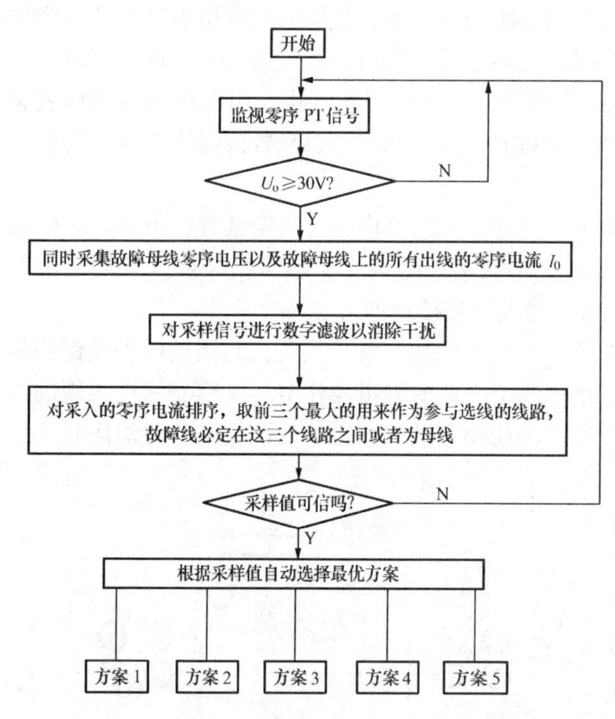

图 11－8　MLN 微机小电流系统接地选线装置的原理框图

当小电流系统发生单相接地时，故障线路的零序电流为其他非故障线路零序电流之和，原则上它是这组采样值中最大的，但由于 CT 误差、采样误差、信号干扰以及线路长短差别悬殊，有可能在排序时排到第二、第三，一般不会超过前三个，这是第一步为初选，所采用的原理是相对值概念（在现行运行方式下，取前三个最大的）。第二步，在前三个信号里，采用相对相位的概念，即用电流之间的方向或电流和电压之间的相位超前与滞后关系，进一步确定是前三个中哪一条线路发生故障，还是母线故障。

由于采用了双重判断，运用了相对原理，克服了电力系统运行方式多变，接地电阻及线路长短影响，并且不需要整定。

2. 装置的硬件组成

如图 11－9 所示，MLN 微机小电流系统接地选线装置主要有以下部件组成。

（1）电源：装置采用 220V 电源，用于输出＋5V、＋12V、－12V 直流电源，供主机板、远程报警板使用。

（2）主机板：由单片机、存储器、各种接口等组成，作为装置的中心，用于控制、监

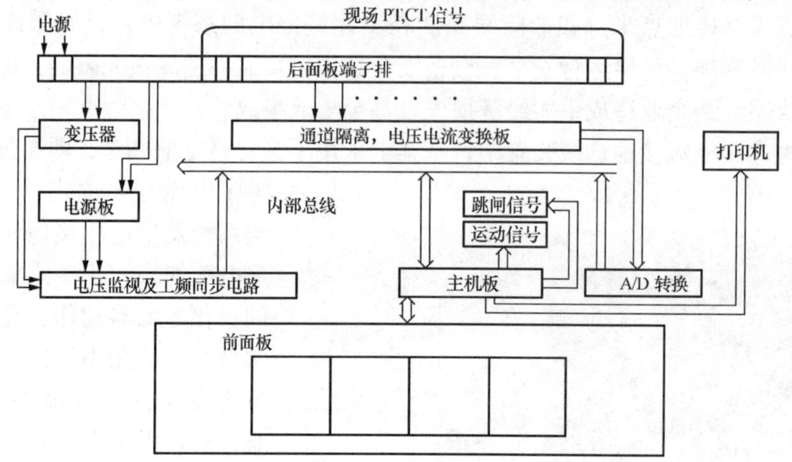

图 11－9　MLN 微机小电流接地选线装置的硬件组成

视、数据采集、数码显示及各功能的转换。

(3) 通道隔离变换器：自现场 PT、CT 取得零序电压和零序电流，变换成弱信号供计算机采集用。

(4) 远程报警功能板：由主机板取得信息，为远动提供信号、实现自动跳闸。

(5) 前面板：实现人机界面，显示信息，进行控制，功能选择等。

(6) 后面板接线端子排：用于接通电源，引接 PT、CT，输出远程报警等。

3.MLN 微机小电流系统接地选线装置接线和使用

装置的接线主要通过后面板接线端子排来实现，端子接线如图 11－10 所示。

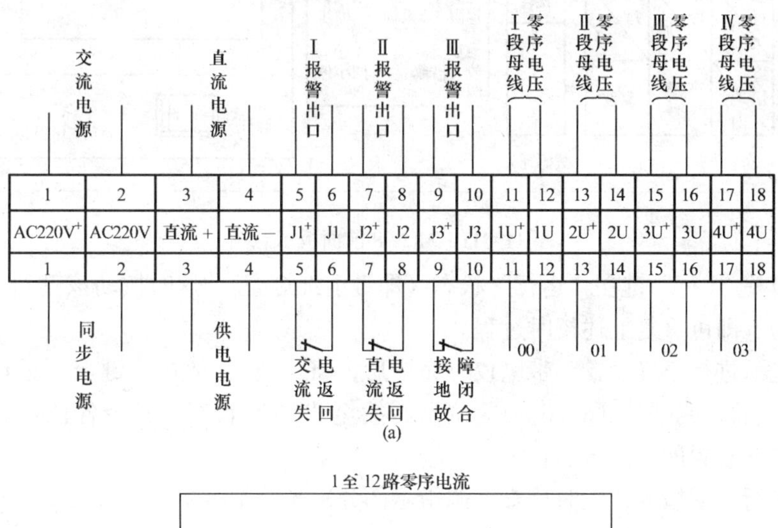

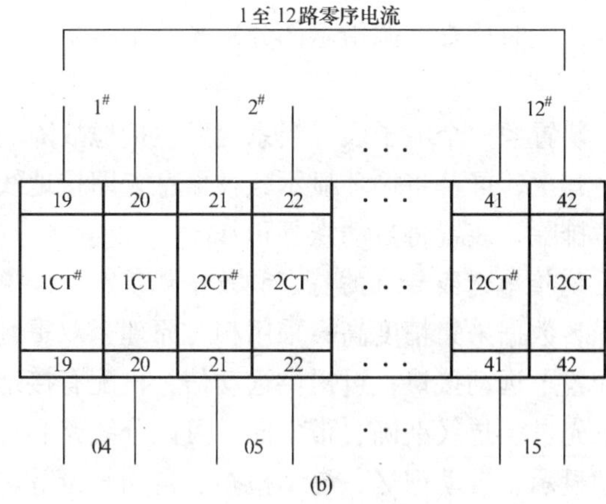

图 11－10　MLN 微机小电流接地选线装置后面板端子排图（部分）

(a) 综合端子接线；(b) 电流互感器端子接线

装置的使用，首先要通过后面板接线端子排进行正确接线，然后熟悉前面板各部分的作用功能。前面板如图 11－11 所示。

装置带电后有两种特征：①瞬间通电后屏幕上出现“888888”六个“8”字样，此时“自检/运行”键在“自检”状态（即键上绿灯亮），蜂鸣器发出报警声，打印机带电并打印出“PRINTER OK”字样。按“加一”键，出现时间显示，通过“加一”、“减一”键进行校对时间，结束后按“校时”键，固定正确时间。②瞬间通电后屏幕上显示一些杂乱的随机

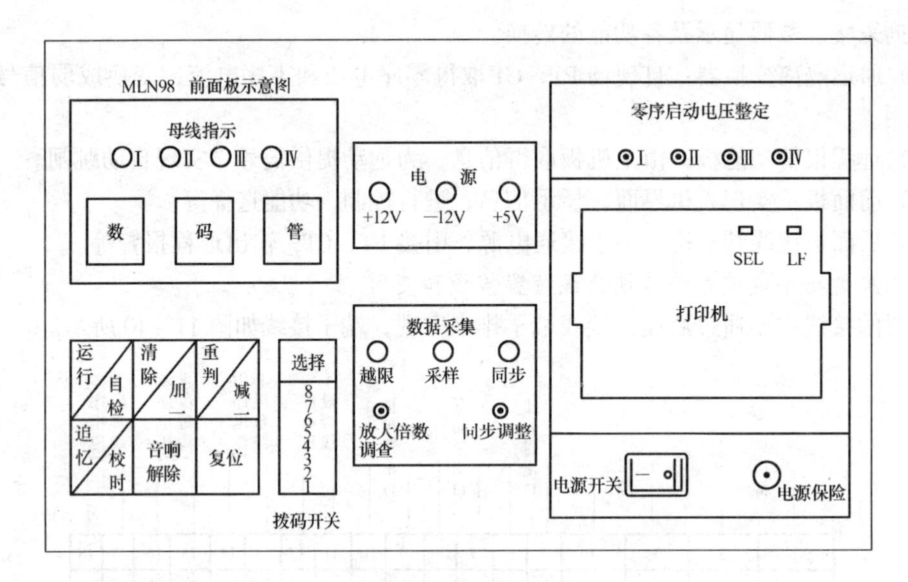

图 11-11　MLN98 前面板示意图

数，此时“自检/运行”键在“运行”状态（即键上红灯亮）。这时按动该键到“自检”状态（键上绿灯亮），即可重复上述校时过程。

装置带电后进行正确设置。带电校时完毕后，将“自检/运行”键至“运行”状态（键上红灯亮），查看拨码开关“5、6、7”位是否拨至“ON”状态，其余各位在另一状态。设置完毕后，选线装置即可投入运行。

装置应进行定期检查，随时检查电源指示部分发光管是否指示正常；每月对装置功能进行检查。

系统未发生接地时，装置象一个电子表。当系统发生接地故障后，装置反映为：首先装置的报警器将发出鸣叫；其次，屏幕将循环显示三种信息，即接地线路号、接地时刻及接地累计时间，直至接地故障排除，装置将自动恢复正常。

4.MLN 微机小电流系统接地选线装置的特点和技术规范

本装置抗干扰能力强、数据采集精度高；采用相对原理、双重判断、五种选线方案最优组合，选线可靠性高；配置了远动接口，可提供远动信号；配有接地跳闸系统，可实现接地线路自动跳闸；选线方案先进、选线准确、带方向、可区分线路和母线接地，不用整定、调试简单、维护量小，自动显示、自动记忆、自动检查、自动复位等。

该装置适用于有、无消弧线圈系统，适用于架空线路、电缆线路系统，且具有适用范围广，线路长短不限，并联运行的出线数不限等优点。

主要技术规范如下：

1）电压等级：最多两种电压等级；

2）母线段数：4 段；

3）出线数：12 路、28 路、60 路（每路并联运行出线数不限）；

4）接地方式：中性点不接地或经消弧线圈、电阻接地系统；

5）出线形式：电缆或架空线；

6）工作电源：优先选用交、直流 220V。选用交流 220V 时，将后面板接线端子排第一位与第三位短接、第二位与第四位短接。

小　结

测量监察回路在发电厂和变电所中有着重要的作用。发电厂和变电所中直接生产输送和分配电能的电气设备，称为一次设备；对一次设备起控制、保护、调节、测量等作用的设备称为二次设备。二次设备及其相互间的连接电路称为二次回路或二次接线。测量监察组成的二次回路对整个电力系统的安全经济、稳定运行起到重要保障。

直流系统在实际运行中时，如果发生绝缘降低甚至直接接地的现象，可能造成断路器、继电保护及自动装置拒动或误动，给二次系统的工作带来很大的危害。为了有效地监视直流系统的绝缘，发电厂和变电所都装设直流绝缘监察装置，当直流系统发生一点接地时，将发出预告信号。运行人员必须迅速找出接地点并加以消除，以防发展为两点接地。

为了监视一次设备的工作状态，反映一次设备的运行参数，根据需要装设各种电气测量仪表，组成发电厂和变电所的测量系统。在中性点非直接接地的三相交流系统中，由于绝缘损坏常出现接地故障，为了监视发生一相接地，都必须装设交流绝缘装置。随着科学技术的发展，微机型小电流接地系统选线装置已经更多地应用于中性点非直接接地的三相交流系统中。它是一种智能化的装置，可以自动确定接地线路，自动记录，显示信息，远程报警，甚至实现自动跳闸等。

习　题

11－1　什么是一次设备和二次设备？各包括哪些内容？

11－2　哪些回路或系统属于二次回路？

11－3　如何阅读二次回路图？熟悉各图形符号和文字符号的含义。

11－4　二次回路的绘制有哪两种方法？二者有何区别？

11－5　发电厂和变电所中互感器和测量仪表是如何配置的？

11－6　交流绝缘监察装置的基本原理是什么？

11－7　微机型小电流接地系统选线装置有何特点？

11－8　熟悉微机型小电流接地系统选线装置的接线和使用。

第十二章

控　制　回　路

发电厂、变电所对电气设备的控制都是通过开关来进行的，而对开关的分合闸控制大都是通过控制回路来完成的。本章介绍几种常用的控制回路及设备的连锁控制回路。

第一节　断路器的控制回路

一、断路器控制回路的类型

发电厂、变电所对电气设备的控制按距离的不同，可分为远方控制和就地控制。远方控制是将重要电气设备的断路器，经过几十米到数百米的距离，在控制室内进行集中的控制，如发电机、变压器、35kV及其以上的线路等的控制。由于需要控制的断路器很多，为了减少运行人员的监视面，缩小控制室的面积及节约控制电缆，将某些不重要或不需经常监视回路的断路器在其安装地点进行控制，对这些断路器的控制称为就地控制，如发电机电压母线的直配线及厂用负荷等。

断路器的控制按操作方式的不同，可分为一对一控制和一对N控制。一对一控制是一个操作元件（SA）控制一台断路器，一对N控制是一个操作元件通过选线的方式对多台断路器进行的控制。

控制回路按电源电压等级的不同，可分为强电控制和弱电控制。强电控制电压一般为直流220V或110V；弱电控制电压一般为直流48V或24V，可用于一对N的控制方式，易于与计算机控制接口。由于断路器分、合闸的操作需要一定的功率，48V或24V满足不了要求，断路器分、合闸的操作仍然需要220V或110V，故弱电控制实际上是用中间继电器接通强电实现对断路器的控制。本节主要介绍强电控制回路。

二、断路器控制回路的组成

为了实现对断路器的控制，断路器控制回路必须由发出分、合闸命令的控制机构，如控制开关、按钮等，执行分、合闸命令的断路器的操动机构，以及传递分、合闸命令到执行机构的中间传送机构，其由继电器、接触器的触点、控制电缆等组成。典型的采用电磁操作机构的控制电路，可用图12－1所示的框图表示其组成情况。

1. 控制元件

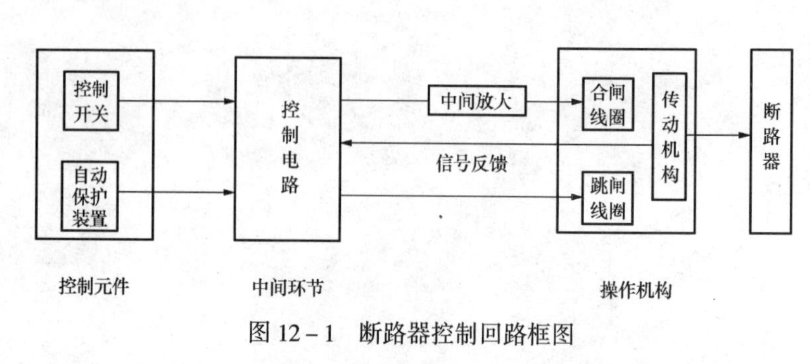

图12－1　断路器控制回路框图

控制元件由手动操作的控制开关SA和自动操作的自动装置与继电保护装置的相应继电器触点构成，后者由其他课程讲授，此处不再赘述。

控制开关是控制回路中的主要元件，运行人员利用控制开关，发出操作命令，对断路器进行手动合闸和分闸的操作。目前强电控制的通常采用 LW2 系列组合式万能转换开关，它的主要优点是在分、合闸操作之前，都有一个预备位置，当控制开关转到预备位置时，信号灯发出闪光，提醒运行人员检查所操作的设备是否正确，以减少误操作的机会。LW2 系列控制开关主要有 LW2—Z 和 LW2—YZ 两种型式。图 12 - 2 是 LW2—Z—1a，4，6a，40，20，20/F8 型控制开关的外形图。

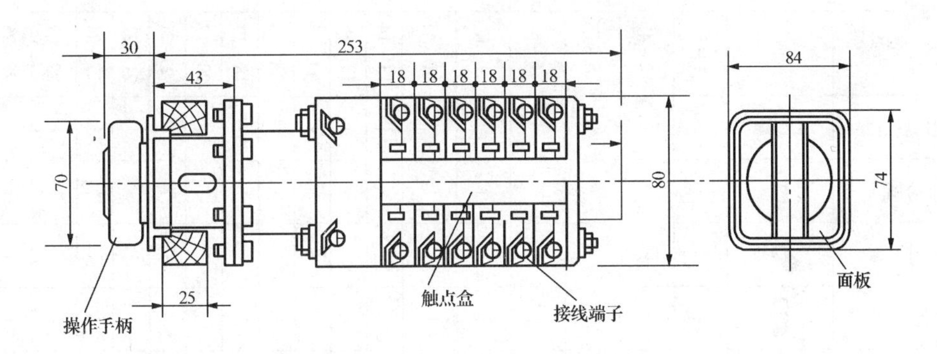

图 12 - 2　LW2—Z—1a，4，6a，40，20，20/F8 型控制开关外形图

图中 12 - 2 控制开关正面是一个面板和操作手柄，安装在屏正面，与操作手柄轴相连的有数个触点盒，安装在屏后。每个触点盒有四个定触点和两个动触点，由于动触点的凸轮和簧片形状的不同，手柄转动时，每个触点盒内定触点接通与断开的状态各不相同，每对定触点随手柄转动在不同位置时的工作状态，可采用控制开关的触点表示出来。

LW2 系列控制开关手柄转动档数一般为六档，最多不超过六档。本章所采用的是具有两个固定位置和两个操作位置的 LW2—Z 型和 LW2—YZ 型控制开关，其工作状况见表 12 - 1 和表 12 - 2 所示。

表 12 - 1　　LW2—Z—1a，4，6a，40，20，20/F8 型控制开关触点图表

在“跳闸后”位置的手柄（正面）的样式和触点盒（背面）的接线图	合 跳																
手柄和触点盒型式	F8	1a		4		6a			40			20			20		
触点号 / 位置	—	1 - 3	2 - 4	5 - 8	6 - 7	9 - 10	9 - 12	11 - 10	14 - 13	14 - 15	16 - 13	19 - 17	17 - 18	18 - 20	21 - 23	21 - 22	22 - 24
跳闸后		—	·	—	—	—	—	·	—	·	—	—	—	·	—	—	·
预备合闸		·	—	—	—	·	—	—	·	—	—	—	—	—	—	·	—
合　闸		—	—	·	—	—	·	—	—	—	·	·	—	—	·	—	—
合闸后		·	—	—	—	·	—	—	—	—	·	·	—	—	·	—	—
预备跳闸		—	·	—	—	—	—	·	·	—	—	—	·	—	—	·	—
跳　闸		—	—	—	·		—	·	—	·	—	—	—	·	—	—	·

表 12-2　LW2—YZ—1a，4，6a，40，20，20/F1 型控制开关触点图表

在“跳闸后”位置的手柄（正面）的样式和触点盒（背面）接线图	合 跳																		
手柄和触点盒型式	F1	灯		1a		4		6a			40			20			20		
位置 \ 触点号	—	1-3	2-4	5-7	6-8	9-12	10-11	13-14	13-16	14-15	18-17	18-19	20-17	23-21	21-22	22-24	25-27	25-26	26-28
跳闸后		·	—	—	·	—	—	—	—	·	—	·	—	—	—	·	—	—	·
预备合闸		—	·	·	—	—	—	·	—	—	·	—	—	—	·	—	—	·	—
合　闸		—	·	—	—	·	—	—	·	—	—	—	·	·	—	—	·	—	—
合闸后		—	·	·	—	—	—	·	·		—	—	·	·	—	—	·	—	—
预备跳闸		·	—	—	—	—	—	—	—	·	·	—	—	—	·	—	—		—
跳　闸		·	—	—	—	—	·	—	—	·	—	·	—	—	—	·	—	—	·

LW2—Z、LW2—YZ 型控制开关，手柄（Z 表示带有自动复位及定位、YZ 表示带自动复位和定位，手柄内带有信号灯，1a、4、6a、40、20、20 为触点盒代号、F 表示方型面板）都具有六个位置，其合闸和分闸的操作都分两步完成，可以防止误操作。表中“·”表示手柄在该位置时，对应的定触点是接通的，“—”表示断开。

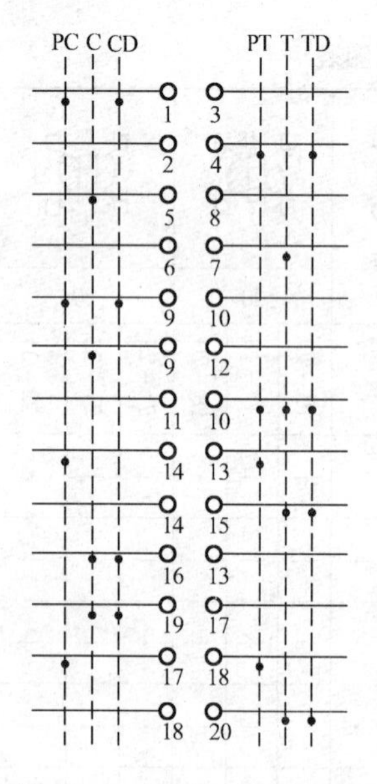

图 12-3　LW2—Z—1a，4，6a，40，20/F8 型触点通断图形符号

在断路器的控制电路中表示触点通断状况的图形符号如图 12-3 所示，其中水平线是开关的接线端子引线，六条垂直虚线表示手柄六个不同的操作档位，即 PC（预备合闸）、C（合闸）、CD（合闸后）、PT（预备跳闸）、T（跳闸）和 TD 跳闸后，水平线下方的黑点表示该对触点在此位置时是闭合的。

2. 中间环节

中间环节指连接控制、信号、保护、自动装置、执行和电源等元件所组成的控制电路。根据操作机构和控制距离的不同、控制电路的组成不尽相同，具体电路由后续介绍。

3. 操作机构

操作机构中与控制电路相连的是合闸线圈（YC）和跳闸线圈（YT）。对具有电磁操动机构的断路器，合闸时由于 YC 取用的电流很大（可达数百安培），控制回路电器容量满足不了要求，必须经过中间放大元件进行控制，即用 SA 控制合闸接触器 KM，再由 KM 主触头控制电磁操作机构的 YC。

三、断路器控制回路的基本要求

（1）能够利用控制开关手动对断路器进行分、合闸的操作。

（2）能满足继电保护和自动装置的要求，实现断路器的自动分、合闸。

(3) 应有反映断路器处于分、合闸状态的位置信号，并能区分出是手动还是自动进行的分、合闸。

(4) 应能监视控制回路是否完好。

(5) 分、合闸的操作应在短时间内完成。由于 YC、YT 都是按短时通过工作电流设计的，因此分、合断路器后应立即自动断开分、合闸线圈回路，以免烧坏线圈。

(6) 能够防止断路器短时间内连续多次分、合的跳跃现象发生。

此外，对于弹簧操动机构、液压操动机构等还应有相应的闭锁。

四、具有电磁操动机构用灯光监视的断路器的控制电路

具有电磁操作机构用灯光监视断路器的控制电路如图 12－4 所示，图中 ± 为直流电源小母线，M100（+）是闪光小母线，其通过闪光装置与正电源相连，当 M100（+）通过某一中间回路与电源的负极接通时，M100（+）上会出现电位高、低的交替变化，从而实现灯的闪光；M708 为事故音响小母线，其通过信号装置与正电源相连，当 M708 通过某一中间回路接到电源的负极时，会启动音响事故信号装置，发出事故音响信号；－700 为信号电源小母线；HL1、HL2（或 HG、HR）为绿、红色信号灯；FU1 ~ FU4 为熔断器；R 为附加电阻；KM 为合闸接触器；YC、YT 为合、跳闸线圈；K1、K2 分别为自动装置和继电保护装置的触点；SA 采用 LW2—Z—1a，4，6a，40，20，20/F8 型的控制开关；QF1、QF3 为断路器的常闭辅助触点，QF2 为断路器的常开辅助触点。回路工作过程如下：

（一）手动控制

1. 合闸操作

合闸前的起始状态：断路器处于跳闸位置，其辅助触点 QF1、QF3 闭合、QF2 断开，控制开关 SA 手柄处于“跳闸后”位置，SA（11－10）通，回路 +→FU1→SA（11－10）→HG→R1→QF1→KM→FU2→－接通。绿灯发平光，表明断路器在分闸位置，同时说明合闸回路完好。由于回路中有电阻和绿灯，此时回路中的电流达不到合闸接触器 KM 的动作值，KM 不会动作合闸。

(1) 将控制开关 SA 手柄顺时针方向旋转 90°到“预备合闸”位置，SA（9－10）通，回路 M100（+）→SA（9－10）→HG→R1→QF1→KM→FU2→－接通。绿灯发闪光，提醒运行人员核对操作是否正确。如核对无误，进行下面操作。

(2) 将控制开关 SA 手柄顺时针方向旋转 45°到“合闸”位置，SA（5－8）、SA（16－13）通，回路 +→FU1→SA（5－8）→QF1→KM1→FU2→－接通。回路中的电阻和绿灯被短接，合闸接触器 KM 加上全电压励磁动作，其常开触点 KM1、KM2 闭合，合闸回路 +→FU3→KM1→YC→KM2→FU4→－接通，使 YC 励磁动作，操动机构使断路器合闸，同时 QF1、QF3 断开，HG 熄灭，QF2 闭合，回路 +→FU1→SA（16－13）→HR→R2→QF2→YT→FU2→－接通。红灯发平光，表明断路器已合闸。

(3) 运行人员见到红灯发平光后，松开控制开关 SA 手柄，SA 手柄返回到“合闸后”位置，SA（16－13）仍通，回路 +→FU1→SA（16－13）→HR→R2→QF2→YT→FU2→－仍接通。红灯发平光，表明断路器在合闸位置，同时说明分闸回路完好。由于回路中有电阻和红灯，此时回路中的电流达不到 YT 使断路器跳闸的数值，断路器不会跳闸。

2. 分闸操作

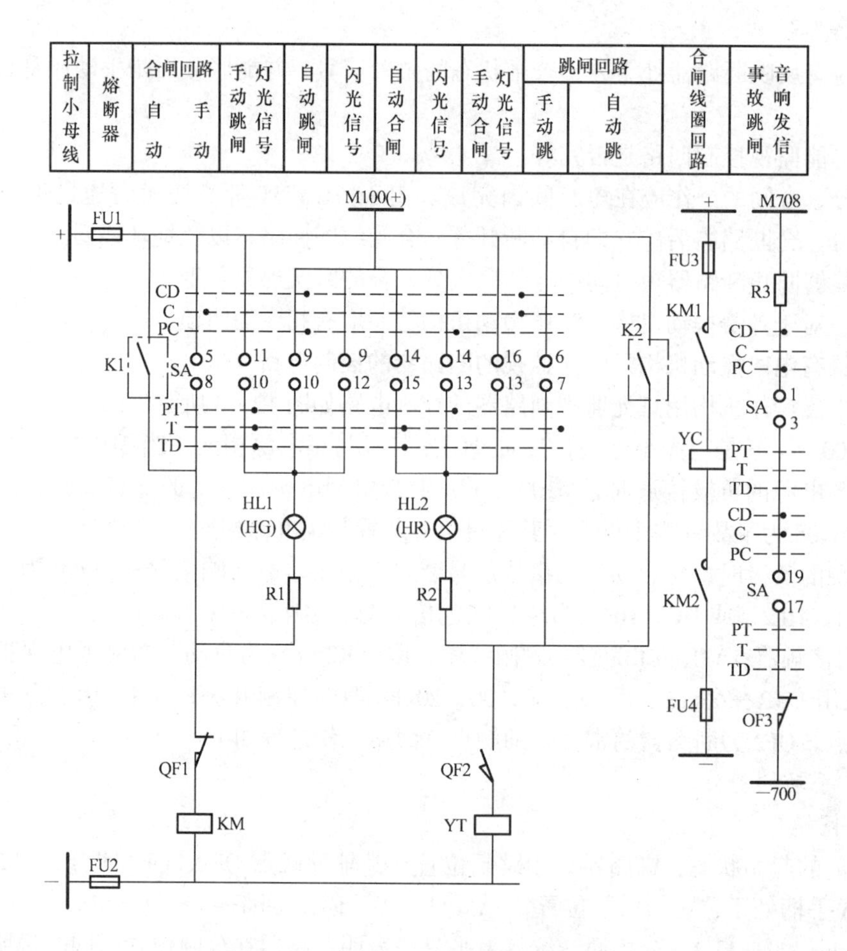

图 12-4 灯光监视断路器的控制电路

分闸操作的丘始状态同上面（3）所述。

（1）将控制开关 SA 手柄逆时针方向旋转 90°到“预备分闸”位置，SA（14-13）通，回路 M100（+）→SA（14-13）→HR→R2→QF2→YT→FU2→-接通，红灯发闪光，提醒运行人员核对操作是否正确。如核对无误，进行下面操作。

（2）将控制开关 SA 手柄逆时针方向旋转 45°到“分闸”位置，SA（6-7）、SA（11-10）通，回路+→FU1→SA（6-7）→QF2→YT→FU2→- 接通。回路中电阻和红灯被短接，全电压加到 YT 上使 YT 励磁动作，操动机构使断路器分闸，同时其辅助触点 QF2 打开，红灯 HR 熄灭，QF1、QF3 闭合，回路+→FU1→SA（11-10）→HG→R1→QF1→KM→FU2→-接通，绿灯发平光，表明断路器已分闸。

（3）运行人员见到绿灯发平光后，松开控制开关 SA 手柄，SA 手柄返回到“分闸后”位置，SA（11-10）仍通，回路+→FU1→SA（11-10）→HG→R1→QF1→KM→FU2→-接通，绿灯发平光，分闸完成。

（二）自动控制

1. 自动跳闸（事故跳闸）

自动跳闸前断路器处于合闸状态，其辅助触点 QF2 闭合，控制开关 SA 手柄在“合闸后”

位置，红灯发平光（接通的回路同前述）。

当一次回路中发生事故时，相应的继电保护动作后，K2 闭合，回路 + →FU1→K2→QF2→YT→FU2→ - 接通。红灯 RD 和电阻 R2 被短接，全电压加到 YT 上，使 YT 励磁动作，操动机构使断路器分闸，同时其辅助触点 QF2 打开，红灯 RD 熄灭，QF1、QF3 闭合，由于 SA 手柄在“合闸后”位置时，SA（9 – 10）、（1 – 3）、（19 – 17）是通的，因此，此时回路 M708→R3→SA（1 – 3）→SA（19 – 17）→QF3→ – 700 接通，启动中央事故信号装置中的蜂鸣器发出音响，告知运行人员断路器事故跳闸。M100（+）→SA（9 – 10）→HG→R1→QF1→KM→FU2→ – 接通，绿灯发出闪光，表明该台断路器自动跳闸。为了不影响运行人员处理事故，可按下中央事故信号装置中音响解除按扭，解除音响。但要保留灯光，直到事故处理完毕，再将控制开关 SA 手柄旋转到“分闸后”位置，SA（11 – 10）接通，回路 + →FU1→SA（11 – 10）→HG→R1→QF1→KM→FU2→ – 接通，绿灯发平光，恢复到正常的分闸后状态。

2. 自动合闸

现在讨论备用电源自动投入时的自动合闸。自动合闸前断路器在分闸状态，其辅助触点 QF1、QF3 闭合，QF2 断开。控制开关 SA 手柄在“分闸后”位置，绿灯亮平光。此时，自动装置动作 K1 闭合，回路 + →FU1→K1→QF1→KM→FU2→ – 接通。电阻和绿灯被短接，合闸接触器 KM 加上全电压励磁动作，其常开触点 KM1、KM2 闭合，合闸回路 + →FU3→KM→YC→KM2→FU4→ – 接通，使 YC 励磁，操动机构动作使断路器合闸。同时 QF1、QF3 断开，HG 熄灭。QF2 闭合，由于此时控制开关 SA 手柄在“分闸后”位置，SA（14 – 15）是接通的，回路 M100（+）→SA（14 – 15）→HR→R2→QF2→YT→FU2→ – 接通，红灯发闪光。中央事故信号装置中的电铃发出音响同时点亮光字牌。电铃响，光字牌亮表明断路器自动合闸。红灯发闪光表明该台断路器自动合闸。运行人员可以将控制开关 SA 手柄旋转到“合闸后”位置，红灯发平光，恢复到正常运行状态。

（三）断路器的运行状态与控制回路断线监视

断路器的运行状态与控制回路断线监视，一般用 SA 手柄的位置，灯光和音响信号进行监视，由上分析可见：

（1）SA 手柄处于水平位置，HG 平光，表明断路器处于断开状态，同时说明合闸回路完好。如果合闸回路断线或熔断器熔断，HG 即会熄灭，需立即处理，否则下一步合闸时将无法进行。但需要说明的是 HG 熄灭并不一定都是断线，也可能是灯泡坏了或是灯泡被短接。

（2）SA 手柄处于垂直位置，HR 平光，表明断路器处于合闸状态，同时说明跳闸回路完好。如果分闸回路断线或熔断器熔断，HR 即会熄灭，必须立即处理，否则一旦系统事故时，断路器将不能自动跳闸，会使事故扩大。

（3）SA 手柄处于水平位置，HR 闪光，控制屏上“××自动投入”光字牌亮，表明断路器自动合闸。

（4）SA 手柄处于垂直位置，HG 闪光，同时中央信号屏上蜂鸣器响，表明断路器事故跳闸。

（5）SA 手柄处于水平位置，HR 闪光，无音响，表明断路器预备分闸。

（6）SA 手柄处于垂直位置，HG 闪光，无音响，表明断路器预备合闸。

闪光装置是根据 SA 手柄的位置和断路器的实际位置不对应的原则启动的。如“预备合闸”时，SA 手柄在垂直位置，断路器在分闸状态。“预备分闸”时，SA 手柄在水平位置，断路器在合闸状态，也就是说 SA 手柄位置与断路器的实际位置不对应，闪光装置启动，灯发闪光。事故跳闸后 SA 手柄在垂直位置，断路器在分闸状态；自动合闸后 SA 手柄在水平位置，断路器在合闸状态。SA 手柄位置与断路器的实际位置也不对应，闪光装置启动，灯发闪光。

虽然自动合闸与“预备跳闸”都是红灯闪光，自动跳闸与“预备合闸”都是绿灯闪光，但它们还是能够区别的。自动合闸和自动分闸，是长时间的闪光，而且伴随有音响；预备合闸和预备分闸，是操作过程中发闪光，而且时间短、没有音响。

（四）防止跳跃

图 12－4 的缺陷是没有防止断路器跳跃的功能。

（1）断路器的跳跃现象

所谓断路器的跳跃现象是指断路器在短时间内发生多次合、分闸的现象。特别是断路器合闸到永久性故障线路上时，SA（5－8）触点接通，使断路器合闸。合闸瞬间，故障反应于继电保护装置，K2 闭合使断路器跳闸，此时运行人员仍将手柄维持在“合闸”位置，SA（5－8）仍通，使断路器立即又合上，由于故障仍然存在，接着继电保护装置又使断路器跳闸，如此循环，形成了断路器的跳跃现象，一直到 SA 手柄弹回，SA（5－8）触点断开为止。运行中的断路器的是不允许跳跃的，跳跃一方面可能使断路器受到损坏，另一方面使一次系统的工作受到严重影响，为了防止这种跳跃现象的发生，必须采取一定的防跳措施。

（2）防止跳跃

断路器的防止跳跃，要求每次合闸操作时，只允许一次合闸，跳闸后只要手柄在“合闸”位置（或自动装置的触点 K1 在闭合状态），则应对合闸操作回路进行闭锁，保证不再进行第二次合闸。防跳可采用机械闭锁和电气闭锁的措施，图 12－5 是装有跳跃闭锁继电器进行防止跳跃的控制电路。

跳跃闭锁继电器 KCF（简称防跳继电器）具有两个线圈，即电流启动线圈与电压保持线圈。图 12－5 除装有 KCF 外，其他部分与图 12－4 相同，KCF 的电流线圈串联在跳闸线圈回路中，电压线圈与其自身的常开（动合）触点串联后再与电路的合闸接触器 KM 线圈相并联，另一对常闭（动断）触点与 KM 线圈串联起闭锁作用。

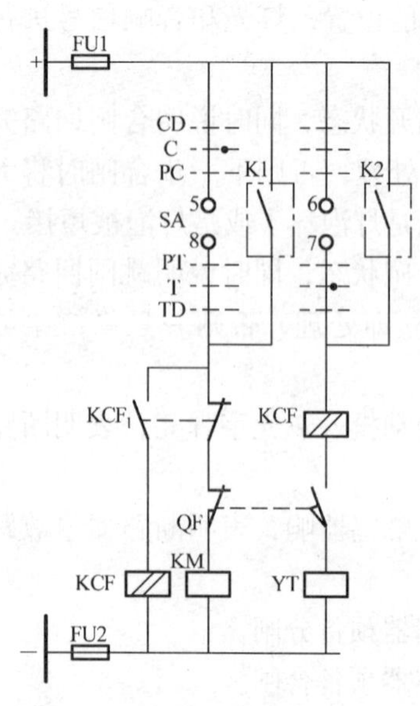

图 12－5　由防跳继电器构成电气防跳控制电路

当手动合闸于故障线路上时，保护出口中间继电器触点 K2 闭合，启动 YT 自动跳开断路器，同时启动 KCF 继电器，KCF 常闭（动断）触点断开。切断合闸接触器线圈回路，使断路器不能合闸。KCF 常开（动合）触点闭合，接通 KCF 电压线圈，使其保持 KCF 常闭（动断）触点在断开状态，合闸接触器线圈回路不能接通，直到 SA（5－8）返回，KCF 电压线圈失电，常闭（动断）触点闭合为止，恢复到正常状态，才可以重新合闸。这就实现了断路器合到短路故障的回路上，自动跳闸以后，不会再重新合闸。这也避免了跳跃现象的发生，实现了跳跃闭锁。自动合闸的的情况与此类似不再重述。

在一些场合，可用图 12－6 所示的由跳闸线圈 YT 辅助触点来完成电气防跳功能。

图 12－6（b）中，正常时 YT 不带电，常开触点 3 断开，常闭触点 4 闭合，当 YT 线圈带电时，铁芯 1 被吸起，使断路器跳闸，同时触点 3 闭合，触点 4 断开。

图 12－6（a）中，当断路器合闸到短路回路上，断路器在继电保护作用下自动跳闸，跳闸过程中，跳闸线圈 YT 的常闭触点断开，切断 KM 线圈回路，不允许第二次合闸；常开触点闭合，将合闭脉冲送到 YT，使其一直带电，保持跳闸线圈 YT 的常闭触点一直在断开状态，直到 SA（5－8）或自动装置触点 K1 断开为止。此种电气防跳的缺点是 SA（5－8）或自动装置触点 K1 接通时闸过长时，YT 超过了允许的带电时间容易损坏。

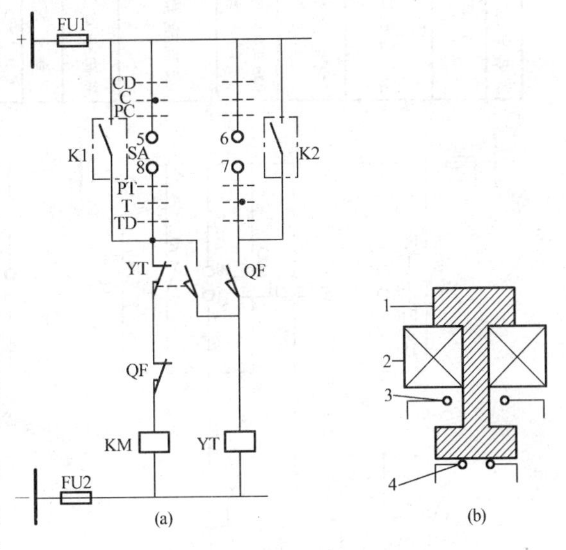

图 12－6　用跳闸线圈辅助触点构成的防跳电路

（a）防跳电路；（b）跳闸线圈辅助触点示意图

1—铁芯；2—线圈；3—YT 的辅助常开触点；

4—YT 的辅助常闭触点

五、具有电磁操动机构用音响监视的断路器控制回路

具有电磁操动机构用音响监视的断路器控制回路如图 12－7 所示。

（一）手动控制

1. 合闸操作

合闸前的起始状态是：断路器处于跳闸位置，其辅助触点 QF1 闭合、QF2 断开，控制开关 SA 手柄处于“跳闸后”位置。回路＋→FU1→KCT→QF1→KM→FU2→－接通，跳闸位置继电器动作，常开触点闭合。控制开关 SA 手柄在“分闸后”位置，SA（15－14）通，回路＋700→SA（15－14）→KCT→SA（1－灯－3）→R→－700 接通，灯亮平光，一方面表明断路器在分闸位置，另一方面说明合闸回路完好。

（1）将控制开关 SA 手柄顺时针方向旋转 90°到“预备合闸”位置，SA（13－14）通，回路 M100（＋）→SA（13－14）→KCT→SA（2－灯－4）→R→－700 接通 。灯发闪光，提醒运行人员核对操作是否正确。如核对无误，进行下面操作。

（2）将控制开关 SA 手柄顺时针方向旋转 45°到“合闸”位置，SA（9－12）、（20－17）通，回路＋→FU1→SA（9－12）→KCF（常闭）→QF1→KM→FU2→－接通。合闸接触器 KM 线圈加上全电压励磁动作，其常开触点 KM1、KM2 闭合，合闸回路＋→FU4→KM1→YC→KM2→FU5→－接通，使 YC 励磁动作，操动机构使断路器合闸，同时 QF1 断开，QF2 闭合，回路＋→FU1→KCC→KCF→QF2→YT→FU2→－接通，KCC 动作，常开触点闭合。＋700→SA（20－17）→KCC→SA（2－灯－4）→R→－700 接通，灯亮平光，表明断路器已合闸。

（3）运行人员见到灯发平光后，松开控制开关 SA 手柄，SA 手柄返回到“合闸后”位置，SA（20－17）仍通，回路＋700→SA（20－17）→KCC→SA（2－灯－4）→R→－700 接通，灯仍亮平光 。灯发平光，表明断路器在合闸位置，同时说明分闸回路完好。

2. 分闸操作

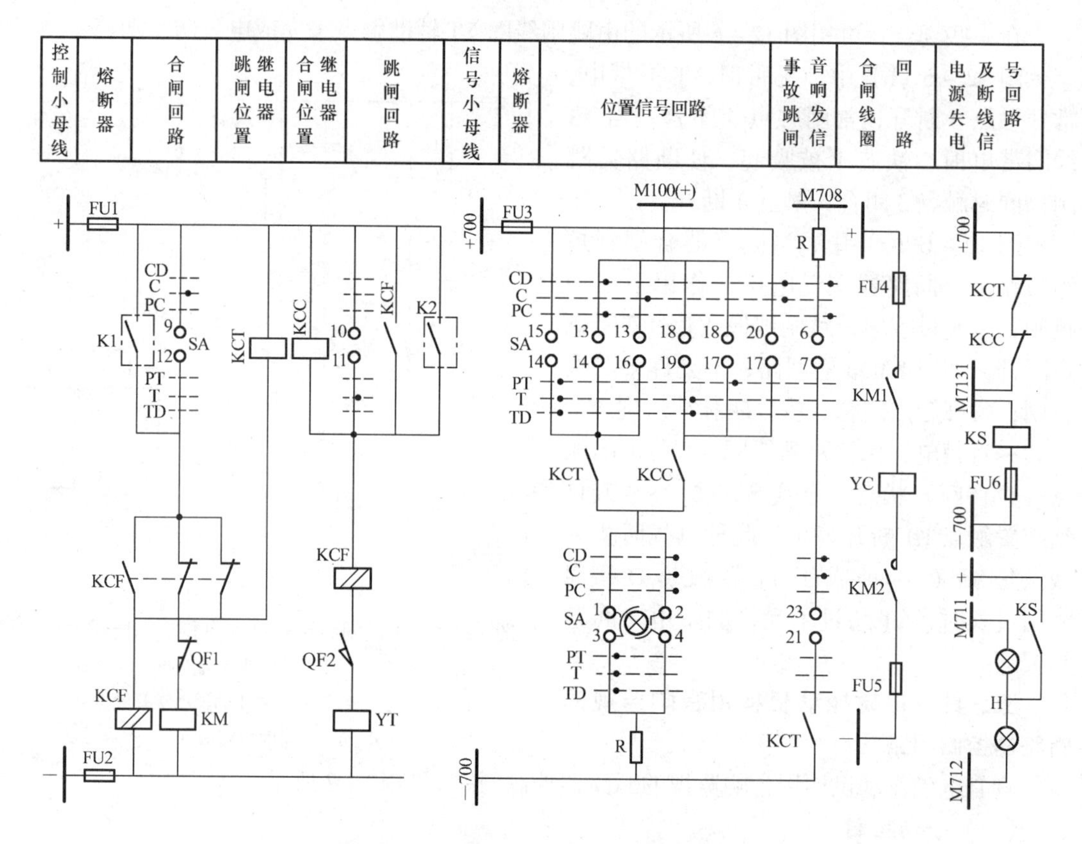

图 12-7　音响监视的断路器控制回路

起始状态同上述（3）所述。

（1）将控制开关 SA 手柄逆时针方向旋转 90°到“预备分闸”位置，SA（18-17）通，回路 M100（+）→SA（18-17）→KCC→SA（1-灯-3）→R→-700 接通，灯发闪光，提醒运行人员核对操作是否正确。如核对无误，进行下面操作。

（2）将控制开关 SA 手柄逆时针方向旋转 45°到“分闸”位置，SA（10-11）、SA（15-14）通，回路+→FU1→SA（10-11）→KCF→QF2→YT→FU2→-接通。全电压加到 YT 上，使 YT 励磁动作，操动机构使断路器分闸，同时其辅助触点 QF2 打开，QF1 闭合，回路+→FU1→KCT→QF1→KM→FU2→-接通，KCT 动作，常开触点闭合，回路+700→SA（15-14）→KCT→SA（1-灯-3）→R→-700 接通，灯亮平光，表明断路器已分闸。

（3）运行人员见到灯发平光后，松开控制开关 SA 手柄，SA 手柄返回到“分闸后”位置，SA（15-14）仍通，回路+700→FU3→SA（15-14）→KCT→SA（1-灯-3）→R→-700 仍接通，灯仍发平光，分闸完成。

（二）自动控制

1. 自动跳闸（事故跳闸）

自动跳闸前断路器处于合闸状态，其辅助触点 QF2 闭合，控制开关 SA 手柄在“合闸后”位置，灯发平光（接通的回路同前述）。

当一次回路中发生事故时，相应的继电保护动作后，K2 闭合，回路+→FU1→K2→KCF→QF2→YT→FU2→-接通。全电压加到 YT 上使 YT 励磁动作，操动机构使断路器分闸，同时其辅助触点 QF2 打开，QF1 闭合，回路 +→FU1→KCT→QF1→KM→FU2→ - 接通，跳闸位置继电器动作，常开触点闭合。由于 SA 手柄在“合闸后”位置时，SA（13 - 14）、(6 - 7)、(23 - 21）是通的，因此，此时回路 M708→R→SA（6 - 7）→SA（23 - 21）→KCT→ - 700 接通，中央事故信号装置中的蜂鸣器发出音响，告知运行人员断路器事故跳闸。M100（+）→SA（13 - 14）→KCT→SA（2 - 灯 - 4）→R→ - 700 接通，灯发出闪光，表明该台断路器自动跳闸。为了不影响运行人员处理事故，可按下中央事故信号装置中音响解除按扭，解除音响，但要保留灯光。

2. 自动合闸

现在讨论备用电源自动投入时的自动合闸。自动合闸前断路器在分闸状态，其辅助触点 QF1 闭合，QF2 断开。控制开关 SA 手柄在“分闸后”位置，灯亮平光。此时，自动装置动作 K1 闭合，回路 +→FU1→K1→KCF→QF1→KM→FU2→ - 接通。合闸接触器 KM 加上全电压励磁动作，其常开触点 KM1、KM2 闭合，合闸回路 +→FU4→KM1→YC→KM2→FU5→ - 接通，使 YC 励磁动作，操动机构使断路器合闸。同时 QF1 断开，QF2 闭合，由于此时控制开关 SA 手柄在“分闸后”位置，SA（18 - 19）是接通的，回路 M100（+）→SA（18 - 19）→KCC→SA（1 - 灯 - 3）→R→ - 700 接通 ，灯发闪光。中央事故信号装置中的电铃发出音响同时点亮光字牌。电铃响，光字牌亮表明断路器自动合闸。红灯发闪光表明该台断路器自动合闸。运行人员可以将控制开关 SA 手柄旋转到“合闸后”位置。灯亮平光，恢复到正常运行状态。在此电路中，手动合闸、分闸，灯都亮平光；自动合闸、分闸，灯都闪光。这就要根据手柄的位置和灯光共同来判断。

（三）控制电路及其电源的监视

当控制电路的电源消失（如熔断器 FU1、FU2 熔断或接触不良）时，跳闸和合闸位置继电器 KCT 及 KCC 同时失电，其常开触点 KCT、KCC 断开，手柄信号灯熄灭；其常闭触点 KCT、KCC 闭合，启动信号继电器 KS，KS 的常开触点闭合，接通光字牌 HL 并发出电源失电及断线预告信号，同时发出音响信号（详见第十三章），此时通过指示灯熄灭即可找出故障的控制回路。值得注意的是音响信号装置应带 0.2～0.3s 的延时。这是因为当发出合闸或跳闸脉冲瞬间，在断路器还未动作时，跳或合闸位置继电器会瞬间被短接而失压，此时音响信号亦可能动作。

当断路器、控制开关均在合闸（或跳闸）位置，跳闸（或合闸）回路断线时，都会出现手柄信号灯熄灭、光字牌点亮并延时发音响信号。

如果控制电源正常，信号电源消失，则不发音响信号，只是信号灯熄灭。

音响监视方式与灯光监视方式相比，具有的优点是：

(1) 利用音响监视控制回路的完好性，便于及时发现断线故障。

(2) 信号灯减半。对断路器数量较多的发电厂和变电所不但可以避免控制太拥挤，而且可以防止误操作。

(3) 减少了电缆芯数（由四芯减少到三芯）。

但是，音响监视采用单灯制，增加了两个继电器（KCT 和 KCC），位置指示灯采用单灯制不如双灯制直观。目前只有大型发电厂、变电所采用音响监视方式。

六、弹簧操作机构的断路器控制电路

弹簧操作机构的断路器控制电路如图 12 - 8 所示。图中，M 为储能电动机，其他设备符号含义与前述相同。电路的工作原理与电磁操作机构的断路器相比，除有相同之处以外，还有以下特点：

（1）断路器合闸是靠释放预先储存在弹簧中的能量来实现的，因此，所需合闸电流不大。所以控制开关 SA 直接控制合闸线圈 YT。

（2）当断路器无自动重合闸装置时，在其合闸回路中串有操作机构的辅助常开触点 Q1。只有在储能结束，弹簧拉紧、Q1 闭合后，才允许合闸。

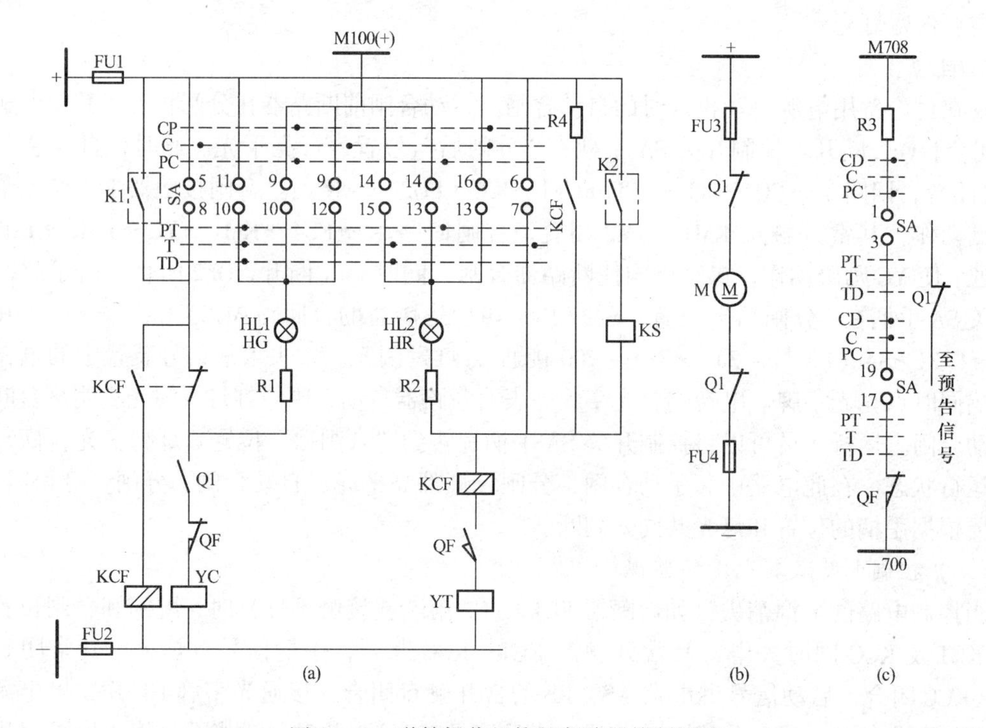

图 12－8　弹簧操作机构的断路器控制回路

（a）控制回路；（b）电动机启动回路；（c）信号回路

（3）当弹簧未拉紧时，操作机构的两对辅助常闭触点 Q1 闭合，启动蓄能电动机 M，使合闸弹簧拉紧。弹簧拉紧后，两对常闭触点 Q1 断开，合闸回路中的辅助常开触点 Q1 闭合，电动机 M 停止转动。此时，进行手动合闸操作，合闸线圈 YC 带电，使断路器利用弹簧存储的能量进行合闸，合闸弹簧在释放能量后，Q1 常闭接点闭合，电动机开始运行自动储能，为下次动作做准备。

（4）当断路器装有自动重合闸装置时，由于合闸弹簧正常运行处于储能状态，所以能可靠地完成一次重合闸的动作。如果重合不成功又跳闸，将不能进行二次重合，为了保证可靠防跳，电路中装有防跳闭锁继电器。

电气防跳电路前已叙述，现讨论防跳继电器 KCF 的常开触点经电阻 R4 与保护出口继电器触点 K2 并联的作用。断路器由继电保护动作跳闸时，其触点 K2 可能较辅助常开触点 QF2 先断开，从而烧毁触点 K2。常开触点 KCF 与之并联，在保护跳闸的同时防跳继电器 KCF 动作并通过另一对常开触点自保持。这样即使保护出口继电器触点 K2 在辅助常开触点 QF2 断开之前就复归，也不会由触点 K2 来切断跳闸回路电流，从而保护了 K2 触点。R4 是一个 1～4Ω 的电阻，对跳闸回路无多大影响。当继电保护装置出口回路串有信号继电器线圈时，电阻 R4 的阻值应大于信号继电器的内阻，以保证信号继电器可靠动作。当继电器保护装置出口回路无串接信号继电器时，此电阻可以取消。

七、液压操作机构的断路器控制电路

液压操作机构的断路器控制电路如图 12－9 所示。

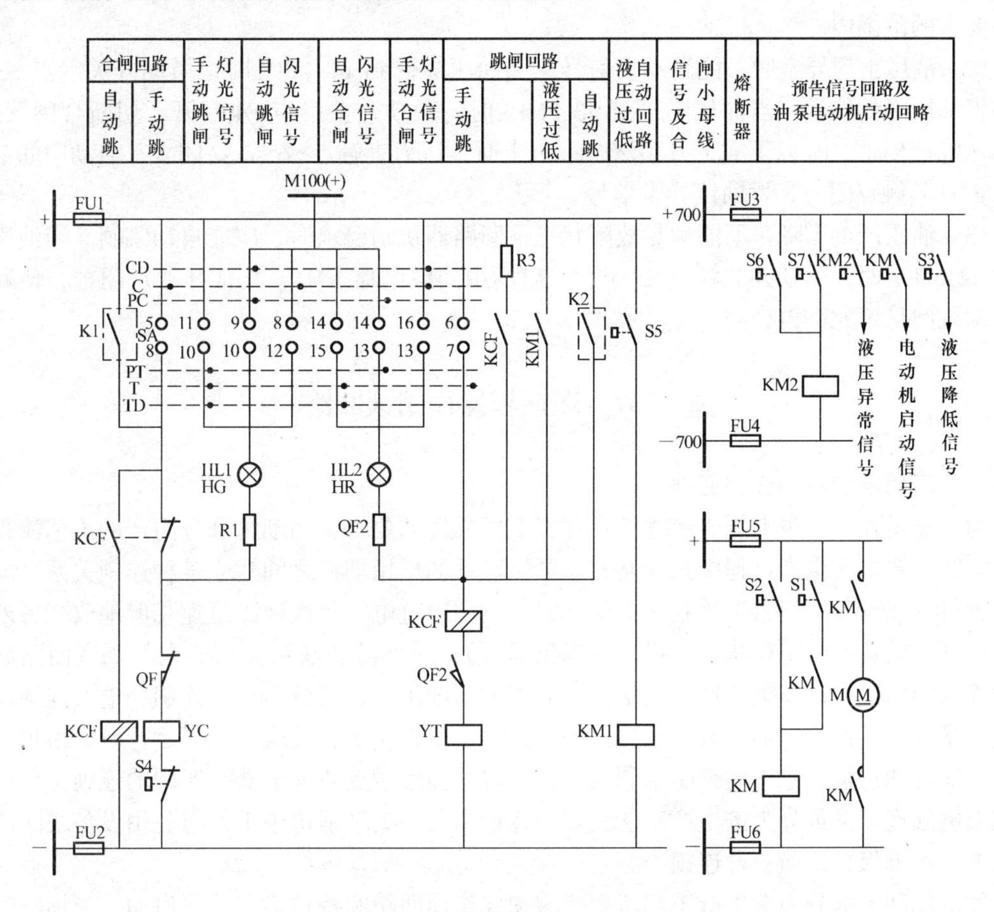

图 12－9　液压操作机构的断路器控制电路

图中，＋700、－700 为信号小母线；S1～S5 为液压操作机构所带微动开关的触点，微动开关的闭合和断开，与操作机构中贮压器活塞杆的行程调整和液压有关；S6、S7 为压力表电触点。以上各触点的动作条件如表 12－3 所示。KM 为直流接触器，M 为直流电动机，KM1、KM2 为中间继电器，其他设备与前相同。

表 12－3　　微动开关触点及压力表触点的动作条件（MPa）

触点符号	S1	S2	S3	S4	S5	S6	S7
动作条件	＜17.5 闭合	＜15.8 闭合	＜14.4 闭合	＜13.2 断开	＜12.6 闭合	＜10 闭合	＞20 闭合

此控制电路与电磁操作机构的控制电路相比，主要差别是液压操作的控制电路增设了液压监察装置。此装置有如下特点：

（1）为保证断路器可靠工作，油的正常压力应在 15.8～17.5MPa 的允许范围之内。运行中，由于漏油或其他原因造成油压小于 15.8MPa 时，微动开关触点 S1、S2 闭合。S2 闭合使直流接触器KM线圈带电，其常开触点KM闭合，两对启动油泵电动机M使油压升高。一对发出电动机启动信号，另一对通过闭合的微动开关触点S1形成KM的自保持回路。当油压上升至15.8MPa以上时，微动开关触点S2断开，KM并不返回，一直等到油压上升至17.5MPa，微动开关触点S1断开，KM线圈失电，油泵电动机M停止运转，这样就维持了液压在要求的范围内。

(2) 液压出现异常时，能自动发信号。当油压降低到14.4MPa时，微动开关触点S3闭合，发油压降低信号；当油压降低到13.2MPa时，微动开关触点S4断开，切断合闸回路；当油压降低到10MPa以下或上升到20MPa以上时，压力表触点S6或S7闭合，启动中间继电器KM2，其触点闭合，发油压异常信号。

(3) 油压严重下降，不能满足故障状态下断路器跳闸要求时，应能自动跳闸。当油压降低到12.6MPa时，微动开关触点S5闭合，启动中间继电器KM1，其常开触点闭合，使断路器自动跳闸且不允许再合闸。

第二节　连锁和操作闭锁回路

一、厂用电动机的连锁回路

为了满足发电厂中电能生产连续性和安全可靠性的要求，当动力部分生产的工艺流程遭到破坏时，要求在生产过程中某些互相有紧密联系的厂用辅机之间建立某种连锁关系，即当某些辅机（或设备）正常工作状态被破坏时，立即通过电气二次回路迅速相应地改变另外一些辅机（或设备）的工作状态（投入或退出运行），这种实现联系关系的电气二次回路部分称为连锁回路。按照连锁的性质，从专业分工的角度出发，可分为热工连锁和电气连锁。热工连锁是在生产过程中的参数（压力、温度等）发生变化危及安全、可靠运行时，由热工仪表装置实现的连锁：电气连锁是指利用开关电器的辅助触点或继电器来实现的连锁。厂用电动机的电气连锁又可分为按生产工艺装置的连锁和同一类型辅机中工作与备用设备之间的连锁两类，本书仅介绍前一种连锁类型。

发电厂动力部分中按生产工艺流程要求构成连锁回路的特点是“按序启动，连锁跳闸”。所谓“按序启动”指的是辅机的电动机启动（手动或自动）时，必须按工艺流程的顺序才能启动，违反这一顺序，厂用电动机的断路器（或自动开关）就会合不上。在特殊情况下，需要单独试验某一电动机时，必须将连锁解除，才能不按上述工艺流程的顺序操作。所谓连锁跳闸是指系统运行中某个环节的电动机跳闸，连锁将会使该系统按启动顺序排在该电动机之后的所有电动机跳闸，使系统部分或全部地停止运行，属于这类连锁最典型的是锅炉系统的辅机连锁。

1. 锅炉系统中各辅机的作用

(1) 燃烧及风烟系统

锅炉的燃烧及风烟系统中主要的辅机包括旋转式空气预热器、引风机、送风机、一次风机和给粉机等，且按锅炉容量不同设置的台数各不相同。

1) 旋转式空气预热器。空气预热器利用锅炉尾部烟气余热来提高进入炉膛的风温，可以改善锅炉的燃烧情况，降低排烟温度，提高锅炉效率。旋转式空气预热器是利用蓄热板（波形板和定位板）轮流被烟气加热和向空气放热的方式运行，因此具有转动部分，相应设有旋转电动机及提供润滑的辅助设备。

2）引风机。引风机用于将炉膛内燃烧所产生的烟气抽出，通过烟囱排向大气，维持锅炉炉膛及尾部烟道在负压下运行，防止烟气外漏。

3）一次风机。对具有中间粉仓式锅炉，一次风机提供的空气经空气预热器加热后作为一次风，用于加热和输送煤粉到炉膛燃烧，或供直吹式制粉系统干燥原煤和输送煤粉到炉膛燃烧。

4）送风机。送风机产生的压力空气经空气预热器加热后用于：①做二次风，在一次风将煤粉送入炉膛的同时，送入二次风，风煤混合，保证燃烧所需要的氧气，使燃料达到完全燃烧；②向制粉系统供热风。

5）给粉机。给粉机用于向锅炉提供煤粉，调整给粉量以满足负荷的要求。

（2）制粉系统

发电厂一般具有中间粉仓式的燃烧锅炉，每台锅炉配备 2～4 组完全独立的制粉系统，制粉系统辅机包括排粉机、磨煤机（含磨煤机的润滑油系统）和给煤机。给煤机向磨煤机送原煤，控制磨煤机的出力；磨煤机将原煤加热干燥后研磨成煤粉；排粉机将磨煤机内的风粉抽出，送到细粉分离器进行风粉分离，煤粉落入煤粉仓，剩余的风粉混合粉（含粉量约10%左右）作三次风送入炉膛参加燃烧，排粉机还需维持制粉系统的负压，以防煤粉外漏。

2. 锅炉辅机连锁构成的原则

（1）制粉系统

制粉系统各辅机启动的顺序是：

排粉机→磨煤机→给煤机

先启动排粉机，开始送热风暖管，温度达到要求后启动磨煤机，最后启动给煤机供煤。按照“先开后停”的原则，停止制粉系统时，应先停给煤机，待磨煤机中的煤抽空后停止磨煤机，再停排粉机。若违反上述原则不加连锁进行操作，先停磨煤机或先停排粉机，将造成磨煤机的堵塞。所以制粉系统辅机的连锁原则是磨煤机跳了连锁跳给煤机，排粉机跳了连锁跳磨煤机和给煤机。

（2）燃烧和风烟系统

由于锅炉具有复杂的燃烧过程，运行中燃烧、风烟设备之间有密切的联系，若某一环节出现故障停运而其他环节仍维持运行，将造成运行的失调，酿成事故。若送风机或一次风机停止自运行，给粉机仍在给粉，将造成一次风管堵管或燃烧不完全，可能产生炉膛爆炸或锅炉尾部烟道燃烧的恶果；若引风机停止运行，而送风机、一次风机、给粉机和制粉机仍在运行，将造成炉膛正压，大量烟火外喷，严重威胁安全文明生产；若旋转式空气预热器停止旋转，而其他辅机仍在运行，将烧坏旋转式空气预热器。

因此，锅炉燃烧、风烟系统辅机启动顺序为：

旋转式空气预热器→引风机→送风机→一次风机→给粉机

相应燃烧、风烟系统连锁跳的原则是：送风机和一次风机跳了，应连锁跳给粉机；引风机跳了应连锁跳送风机、一次风机和给煤机；旋转式空气预热器跳了应连锁跳其他所有的辅机电动机。

（3）锅炉辅机连锁

锅炉辅机连锁按工艺流程要求启动的顺序为：

旋转式空气预热器→引风机→送风机→一次风机→给粉机
　　　　　　　　　　　　　　　　　　　└→排粉机→磨煤机→给煤机

相应锅炉辅机连锁是：

1）旋转式空气预热器（指电动机，以下同）跳了应连锁跳引风机；

2）引风机跳了连锁应跳送风机和一次风机；

3）送风机或一次风机跳了，应连锁跳给粉机和排风机；

4）排粉机跳了应连锁跳磨煤机和给煤机；

5）磨煤机跳了应连锁跳给煤机。

3. 锅炉辅机的连锁回路

（1）锅炉辅机连锁原理图

下面以某台锅炉安装有旋转式空气预热器、引风机、送风机、一次风机各两台，给粉机四台、制粉系统四套为例说明锅炉辅机连锁的构成。各辅机的连锁是通过串、并联在电动机的合、跳闸回路中的连锁开关触点来实现的。锅炉控制屏（台）上设置了锅炉总连锁开关SA和各套制粉系统的连锁开关1SA～4SA，辅机连锁原理如图12－10所示。两台旋转式空气预热器（KY）跳闸，连锁跳两台引风机（XF）；两台引风机均跳闸后连锁跳所有的送风机（SF）和一次风机（YF）；两台送风机或两台一次风机跳闸后连锁跳四台给粉机（FY）和四套制粉系统。以上联系跳闸是通过锅炉的总连锁开关SA实现的，每套制粉系统各设有连锁开关1SA～4SA，制粉系统的连锁通过各自的连锁开关实现。

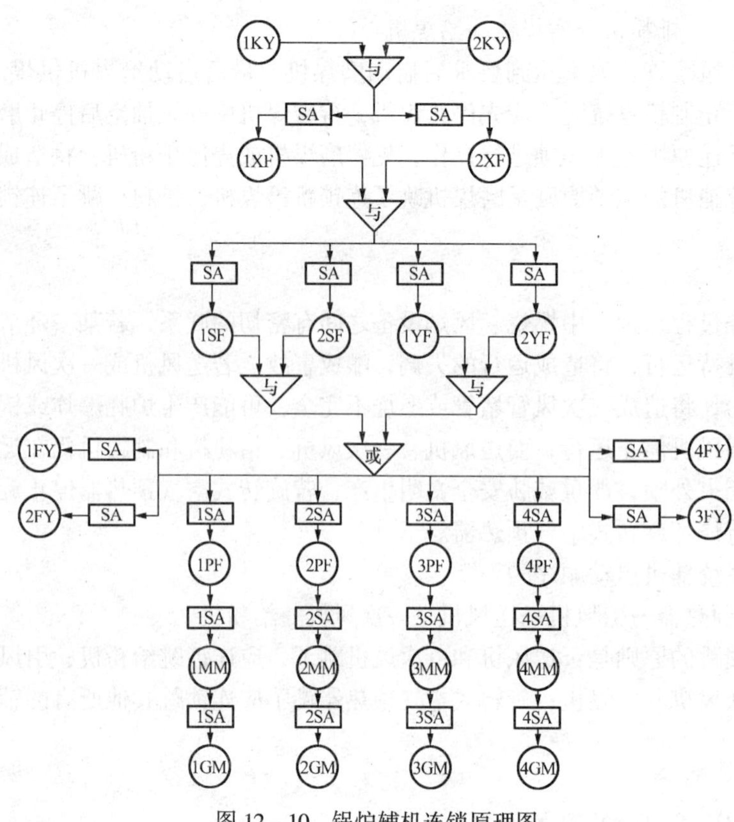

图12－10　锅炉辅机连锁原理图

（2）锅炉辅机的连锁回路

锅炉辅机按生产的工艺流程要求设置的连锁回路如图12－11所示。

由于各辅机连锁控制回路基本相同，图12－11中仅列出了各电动机的合闸回路和跳闸回路。SA投入"连锁"位置时，SA①②、SA③④、SA⑤⑥、SA⑦⑧……SA㉓㉔接通，将各辅机的跳闸回路接入连锁。由于总连锁开关触点有限，故加装了重动继电器KM以增加触点数量，当SA"解除"时，SA㉕㉖、SA㉗㉘接通，KM的常开触点闭合，解除上述各辅机的合闸连锁。图12－11中103、107为合闸回路编

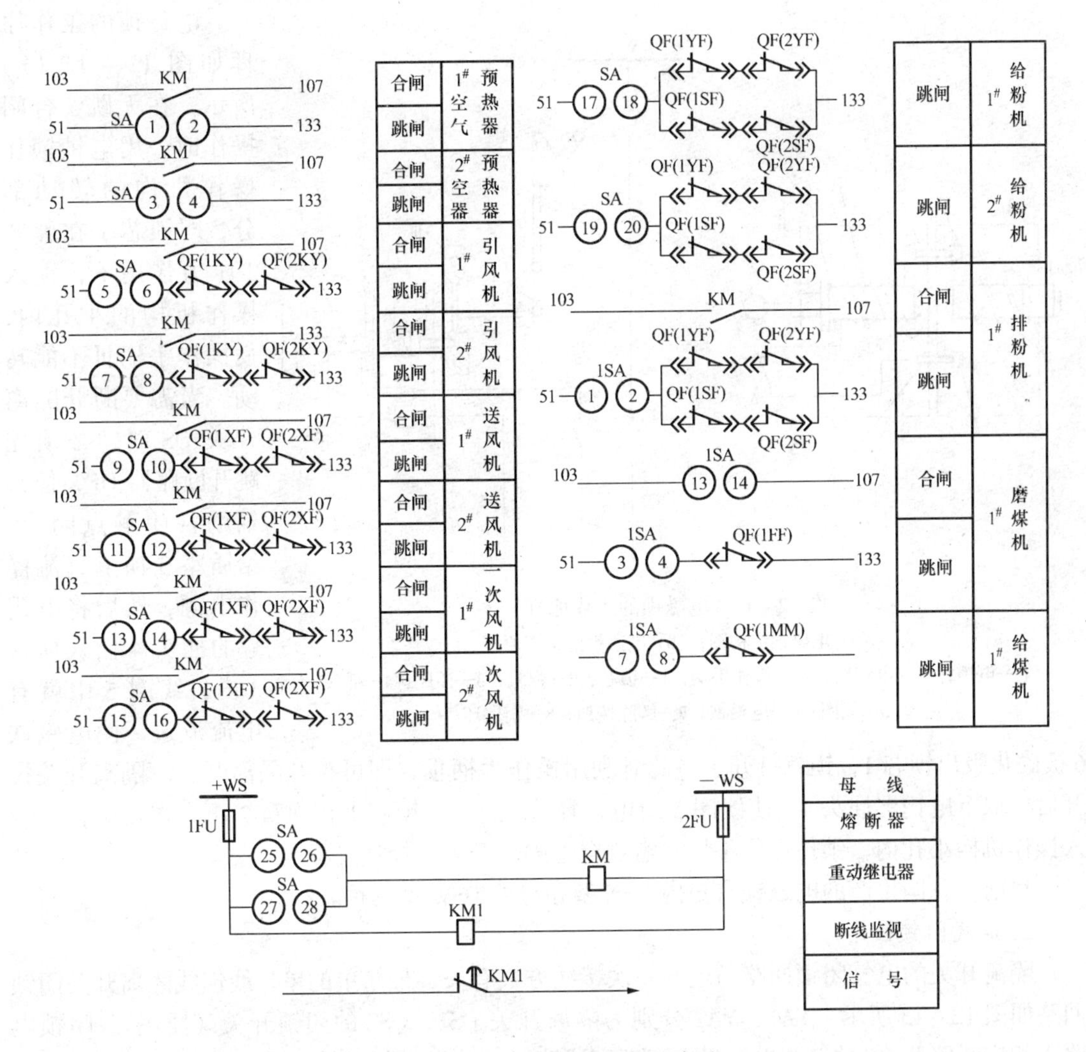

图 12－11　锅炉辅机连锁回路图

号，该支路与热工仪表连锁支路（未画出）并联之后再串联在控制开关合闸触点（⑤⑧）之后；51、133 是跳闸回路编号，该支路与控制开关的跳闸触点（⑥⑦）相并联。1# 制粉系统的连锁开关 1SA“连锁”时，1SA①②、1SA③④、1SA⑤⑥、1SA⑦⑧接通，将各制粉机械的跳闸回路接入连锁；1SA“解除”时，1SA⑬⑭接通，将 1# 磨煤机的合闸回路连锁解除。

二、隔离开关的操作闭锁回路

为了保证安全，隔离开关与相应的断路器、接地刀闸之间必须装设闭锁装置以防止误操作。隔离开关的操作闭锁装置有机械闭锁和电气闭锁两种，以下主要简介电气闭锁。

1. 电气闭锁装置

电气闭锁装置通常采用电磁锁实现操作闭锁。电磁锁的结构如图 12－12（a）所示，主要由电锁Ⅰ和电钥匙Ⅱ组成。电锁Ⅰ由锁芯 1、弹簧 2 和插座 3 组成；电钥匙Ⅱ由插头 4、线圈 5、电磁铁 6、解除按钮 7 和钥匙环 8 组成。在每个隔离开关的操作机构上装有一把电锁，全厂（所）备有二至三把电钥匙作为公用。只有在相应断路器处于跳闸位置时，才能用电钥匙打开电锁，对隔离开关进行合、跳闸操作。

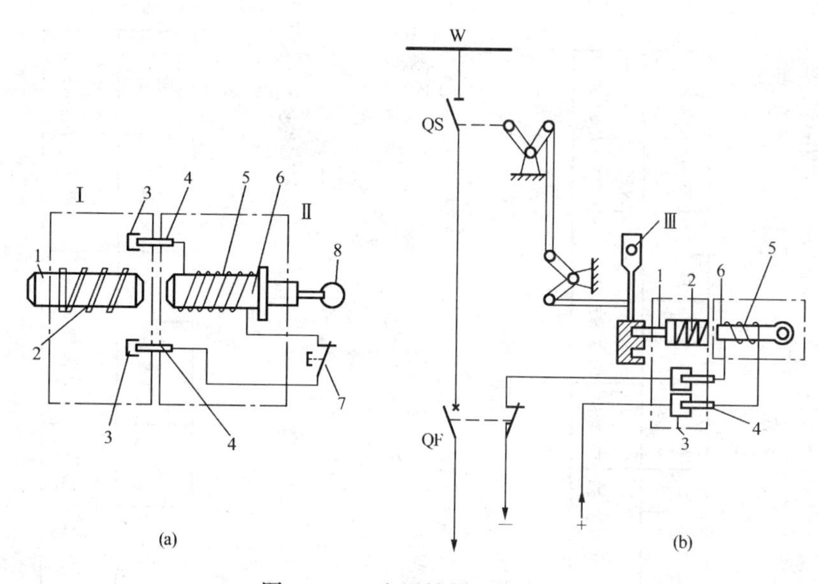

图 12-12 电磁锁的工作原理
(a) 电磁锁结构图；(b) 电磁锁的工作原理
Ⅰ—电锁；Ⅱ—电钥匙；Ⅲ—操作手柄；1—锁芯；2—弹簧；3—插座；4—插头；5—线圈；6—电磁铁；7—解除按钮；8—钥匙环

电磁锁的工作原理如图 12-12 (b) 所示，在无跳、合闸操作时，用电锁锁住操作机构的转动部分，即锁芯 1 在弹簧 2 压力作用下，锁入操作机构的小孔内，使操作手柄Ⅲ不能转动。当需要断开隔离开关 QS 时，必须先跳开断路器 QF，使其辅助常闭触点闭合，给插座 3 加上直流操作电源，然后将电钥匙的插头 4 插入插座 3 内，线圈 5 中就有电流流过，使电磁铁 6 被磁化吸出锁芯 1，锁就打开了。此时利用操作手柄Ⅲ，即可拉开隔离开关。隔离开关拉开后，取下电钥匙插头 4，使线圈 5 断电，释放锁芯 1，锁芯 1 在弹簧 2 压力作用下，又锁入操作机构小孔内，锁住操作手柄。需要合上隔离开关的操作过程与上类似。

目前，我国生产的电磁锁有户内 DSN 型和户外 DSW 型两种。

2. 电气闭锁回路

隔离开关的电气闭锁回路与电气一次接线方式有关，最简单的单母线馈线隔离开关闭锁回路如图 12-13 所示。YA1、YA2 分别为隔离开关 QS1、QS2 的闭锁开关（插座）。闭锁电路由相应断路器 QF 的合闸电源供电。断开线路时，首先应断开断路器 QF，使其辅助常闭触点闭合，则负电源接至电磁锁开关 YA1 和 YA2 的下端。用电钥匙使电磁锁开关 YA2 闭合，即打开了隔离开关 QS2 的闭锁，拉开隔离开关 QS2，取下电钥匙，使 QS2 锁在断开位置，再用电钥匙打开隔离开关 QS1 的电磁锁开关 YA1，拉开 QS1，然后取下电钥匙，使 QS1 锁在断开位置。

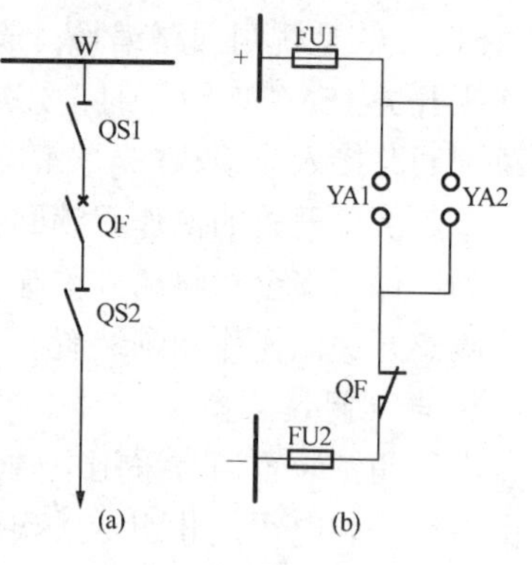

图 12-13 单母线馈线隔离开关闭锁电路
(a) 主电路；(b) 闭锁电路

在双母线和带旁路母线的接线中，除了投入和断开线路的操作外，还需进行倒母线、代路及其他的操作，这些操作中线路开关、母联及旁路开关往往处于合闸位置时进行隔离开关的切换操作，因此闭锁回路比较复杂，有关电路可以参看其他有关书籍，此处不再介绍。

为了保证安全运行，一般高压成套配电装置的闭锁装置应具有如下的“五防”功能：防止带负荷拉、合隔离开关；防止误分、合断路器；防止带接地误合断路器或隔离开关；防止带电挂接地线或合接地刀闸；防止误入带电间隔。

电气闭锁装置具有防止误拉、合刀闸的优点，但使操作较麻烦，增加了连接用控制电缆的数目，而且其触点和连线上的缺陷不易被发现，屋外配电装置的电气闭锁装置因气候等因素会影响直流系统绝缘。

第三节　灭磁开关和变压器冷却装置的控制回路

一、灭磁开关的控制回路

图 12－14 是同轴直流励磁机供电给调相机或发电机转子的励磁电路。如图 12－14 中所示，GE 为直流励磁机；LLQ 为励磁机的励磁绕组；R_g、R_c 为励磁机的磁场电阻；$2R_m$ 为励磁机励磁回路的灭磁电阻；FLQ 为调相机或发电机转子绕组；$1R_m$ 为转子绕组的灭磁电阻；SD 为自动灭磁开关，它有两个常开主触头和一个常闭主触头。

正常运行时，灭磁开关 SD 在合闸位置，其常开主触头接通，常闭主触头断开，将灭磁电阻 $1R_m$ 断开，$2R_m$ 短接，并使励磁机电压加到调相机或发电机转子绕组 FLQ 上。

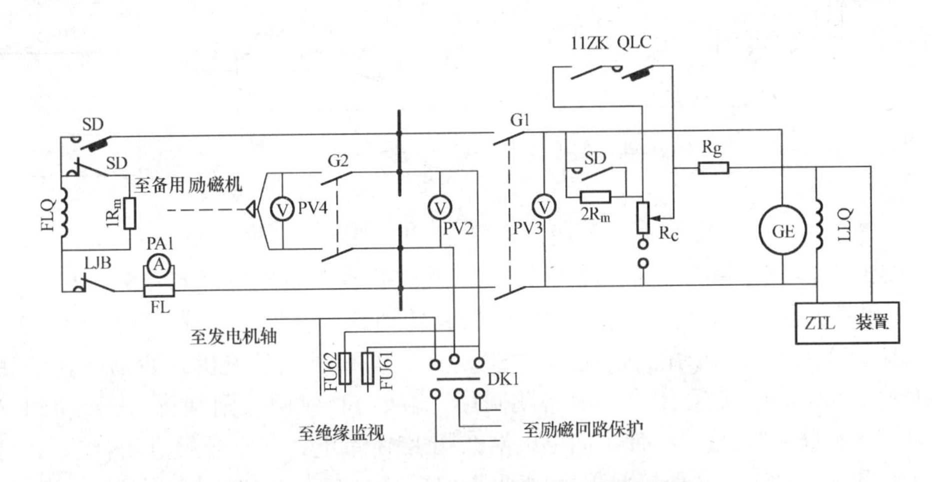

图 12－14　发电机或调相机励磁系统接线图

直流励磁机的励磁绕组 LLQ 是经附加电阻 R_g、磁场变阻器 R_c、灭磁开关常开主触头 SD 与其电枢并联的。如果改变 R_c 的阻值，励磁机励磁绕组电流和电枢电压便相应地改变。若将励磁机电压加到调相机或发电机转子 FLQ 上，改变 R_c 的阻值，调相机或发电机转子电流也相应地改变，从而达到对调相机或发电机调压的目的。

灭磁开关的作用是当调相机或发电机的继电保护动作、调相机或发电机出口断路器跳闸时，同时灭磁开关也跳闸。SD 跳闸后，其常开主触头断开，常闭主触头闭合，将 FLQ 与励磁机断开，将并联的灭磁电阻 $1R_m$ 投入，使转子绕组灭磁。同时灭磁电阻 $2R_m$ 也串入励磁机的励磁绕组，使励磁机灭磁。

转子绕组灭磁的意义是当调相机或发电机内部故障，如定子绕组相间短路时，虽然调相机或发电机断路器已跳闸，但只要转子绕组中有电流，转子有磁通，短接的绕组就有电势，因而短路处的电弧就不会熄灭，有可能烧坏绕组和铁芯。为此，必须使转子绕组灭磁。

灭磁电阻 $1R_m$ 和 $2R_m$ 的另一个作用是当转子绕组从励磁机上断开时，能够限制转子绕组两端和励磁机两端产生过电压，以保护其绝缘。

灭磁开关及灭磁电阻装在调相机或发电机出线小间的励磁屏上，而灭磁开关的跳合闸操作是在控制室通过控制开关 SA 进行的，其控制回路，如图 12－15 所示。

灭磁开关由直流接触器 KM 和中间继电器 KM1 组成。KM 有两个线圈，一个是合闸线圈 KM（C），一个是跳闸线圈 KM（T）；KM 有两种触头，一种是主触头即 SD（二常开、一常闭），如图 12－15 所示，另一种是副触头 KM。KM（B）是其操动机构上的辅助触点（两常开、两常闭）。

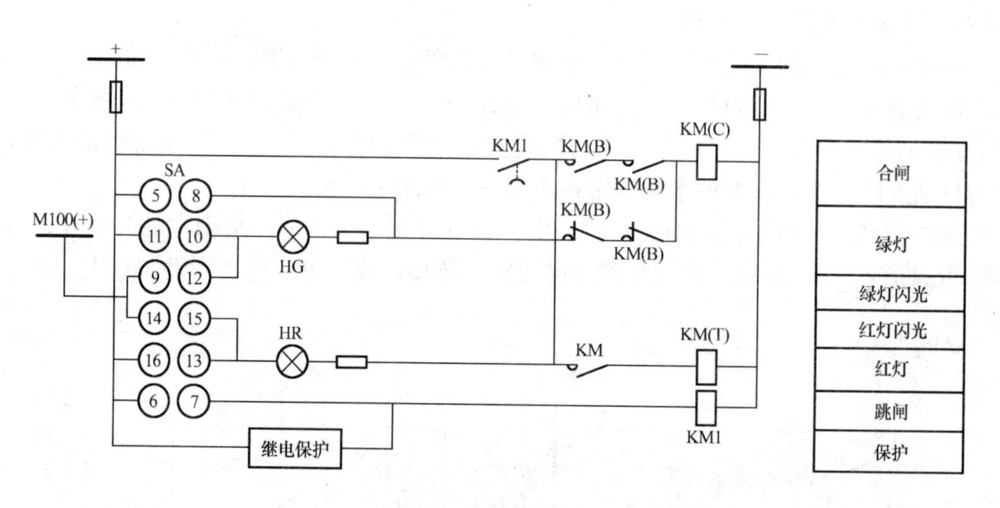

图 12－15　BT9404 型灭磁开关 SD 控制回路

SA 采用 LW2—Z，触点接通情况见表 12－1 设 SD 在“跳闸”状态，SA（10－11）、KM（B）（常闭触点）接通，绿灯亮。将控制开关 SA 转动到“合闸”位置，触点 SA（5－8）接通，使 KM（C）线圈全压励磁 KM 动作，SD 合闸，调相机或发电机开始励磁。副触头 KM 闭合绿灯亮，KM（B）常开闭合，准备跳闸用。若要 SD 跳闸，则须将 SA 转动到“跳闸”位置，此时 SA（6－7）接通，使中间继电器线圈 KM1 带电，其常开触点闭合，同时接通线圈 KM（C）和 KM（T）［这种接触器跳闸要求 KM（C）和 KM（T）同时通电］使 SD 跳闸。跳闸后，KM（B）和 KM 常开触点断开，使两线圈失电。控制开关 SA 手柄弹回到“跳闸后”位置，触点 SA（6－7）断开，使线圈 KM1 失电，其触点延时断开，带延时返回是为了提高灭磁的可靠性。

二、变压器冷却装置控制回路

变压器由于具有铁损和铜损等损耗，使本体发热，必须采取适当措施将这些热量散发出去，以防止变压器过热。限制发热的措施对于大中型变压器一般采用自然油循环风冷、强迫油循环风冷或强迫油循环水冷等。自然油循环风冷装置的控制回路较简单，强迫油循环风冷及强迫油循环水冷装置的控制回路大致相仿，故本节只讨论强迫油循环风冷装置的控制回路（如图 12－16 所示）。

本控制回路用于容量为 12 万 kV·A 三相三绕组变压器冷却装置中。冷却装置共分 12 组，每组包括潜油泵电动机（NDb）1 台，冷却风扇电动机（NDf）4 台，其主回路及控制回路接线各组完全相同，所以图中只绘出 1 个组的接线。在具体应用上，除 1 组做备用外，其余的组分成工作冷却和辅助冷却装置两大部分。

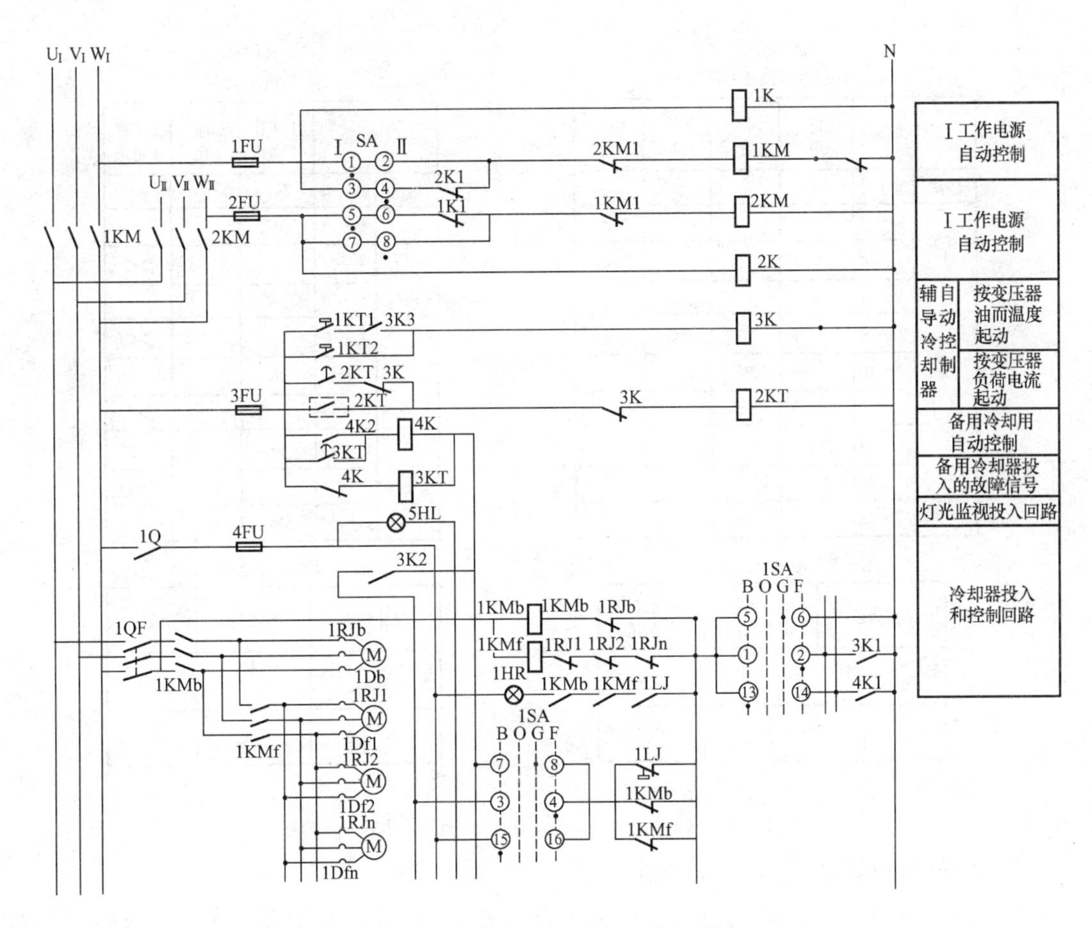

图 12-16 变压器冷却装置控制回路

1. 电源控制回路

电源有Ⅰ（$U_Ⅰ$，$V_Ⅰ$、$W_Ⅰ$）和Ⅱ（$U_Ⅱ$、$V_Ⅱ$、$W_Ⅱ$），如图 12-16 所示。图中 1KM 和 2KM 分别为电源Ⅰ和电源Ⅱ的接触器，其常闭触点串入相异的控制回路内，起电气连锁作用；1K 和 2K 为控制回路中的交流中间继电器；SA 为转换开关。电源Ⅰ和电源Ⅱ在结构上是互为备用的，其工作原理如下：

假定电源Ⅰ工作、电源Ⅱ备用，则将转换开关 SA 手柄转动至Ⅰ工作Ⅱ备用位置，其“通”、“断”位置，如图 12-17 所示，SA（1-2）和 SA（5-6）接通。由于中间继电器 1K 和 2K 的常闭触点 1K1 和 2K1，在电源正常时都是断开的，所以触点 SA（5-6）虽然接通，接触器 2KM 也不会励磁。但接触器 1KM 由于 SA（1-2）的接通而励磁，故电源Ⅰ即进入工作状态。运行中如果电源Ⅰ故障失去电压，则电源Ⅰ控制回路中的中间继电器常闭触点 1K1 和接触器常闭触点 1KM1 同时闭合，使电源Ⅱ投入工作，从而起到备用电源自动投入的作用。若电源Ⅱ工作，电源Ⅰ备用，则将转换开关手柄转动至电源Ⅱ工作，电源Ⅰ备用位置。

2. 各组冷却装置控制回路的运行方式

为叙述简便起见，暂定 1 组冷却器为工作冷却装置（$1Df_n$），2 组冷却器为辅助冷却装置（$2Df_n$），N 组冷却器为备用冷却装置（NDf_n），如图 12-16 所示（2～N 组冷却装置的控制回路，图中均未绘出）。

1SA~NSA
LW6—3 CO37 转换开关触头分合表

工作状态		备用	停止	工作	辅助
级次	触头号	↖	↑	↗	→
Ⅰ	1—2				×
	3—4				×
	5—6			×	
Ⅱ	7—8			×	
	9—10		×		
	11—12		×		
Ⅲ	13—14	×			
	15—16	×			
	17—18				

SA
LW6—3 BO93 转换开关触头分合表

工作状态		I工作 I备用	停止	I工作 I备用
级次	触头号	↖	↑	↗
Ⅰ	1—2	×		
	3—4			×
	5—6	×		
Ⅱ	7—8			×
	9—10	×		
	11—12			×
Ⅲ	13—14	×		
	15—16			×
	17—18	×		

1K: 开关触头分合表

工作状态	灯光信号正常工作	正常工作手动切除
触头号 \ 位置	↑	→
1—2	×	

2K: 开关触头分合表

工作状态	正常工作	试验
触头号 \ 位置	↑	→
1—2	×	

图 12－17　转换开关和组合开关“通”、“断”位置图

（1）工作冷却装置（$1Df_n$）手动投入

首先投入自动开关 1QF、2QF…NQF 和组合开关 1Q 和 2Q。然后将转换开关 1SA 手柄转动至“工作”位置，从图 12－17 中可以看出，其触点 1SA（5－6）和 1SA（7－8）接通，继将转换开关 2SA 手柄转动至“辅助”位置，其触点 2SA（1－2）和 2SA（3－4）接通，为辅助冷却装置自动投入做准备，再将转换开关 NSA 手柄转动至“备用”位置，其触点 NSA（13－14）和 NSA（15－16）接通，为备用冷却装置自动投入做准备。这时交流接触器 1KMb 和 1KMf 的控制回路接入电源，于是主回路中交流接触器的主触头 1KMb 和 1KMf 动作闭合，启动潜油泵电动机 1Db 及风扇电动机 1Df1、1Df2…1Dfn 运转。接着交流接触器的常开触点 1KMb 和 1KMf 闭合，同时油流继电器 1LJ 动作，其常开触点 1LJ 也闭合，于是红灯 1HR 亮，说明工作冷却装置已正常运转。

（2）辅助冷却装置（2Dfn）自动投入

辅助冷却装置的作用是当变压器油面温度或变压器负荷电流超过规定值时，辅助冷却装置将自动投入，以增加变压器的散热能力。现以变压器油面温度升高为例，说明辅助冷却装置自动投入的工作过程。当变压器油温升高到 55℃时，信号温度计常开触点 1KT1 闭合，为自动控制回路接通后的自保持做准备。继而变压器油温继续上升至 75℃及其以上时，信号温度计常开触点 1KT2 闭合，于是中间继电器 3K 接入电源。继电器 3K 动作后，其三个常开触点 3K1、3K2 和 3K3 皆闭合。3K3 闭合，形成辅助冷却装置自动控制回路的自保持；3K2 闭合为辅助冷却装置故障，备用冷却装置自动投入做准备；3K1 闭合，辅助冷却装置的控制回路被接通，启动潜油泵电动机 2Db 和风扇电动机 2Df1、2Df2……2Dfn 运转。信号灯 2HR

亮，说明辅助冷却装置已自动投入运转。

(3) 备用冷却装置（NDfn）自动投入和退出

工作冷却装置故障，交流接触器 1KMb 和 1KMf 跳闸。这时其常闭触点 1KMb 和 1KMf 闭合，油流继电器因潜油泵电动机停止旋转，其常闭触点 1LJ 也闭合，于是回路 W1～3FU～4K（常闭触点）～3KT（线圈）～1SA（7－8）～1LJ 和 1KMb 和 1KMf～1SA（5－6）～N 接通，时间继电器常开触点 3KT 延时闭合后，中间继电器 4K 励磁，其常开触点 4K1 和 4K2 闭合。4K2 闭合，形成自保持；4K1 闭合，备用冷却装置控制回路中的交流接触器 NKMb 和 NKMf 励磁（KM1～NQF～NKMb 和 NKMf～NRJn 和 NRJ1，NRJ2…NRJN～NSA（12－14）～4K1～N），于是电动机 NDb 和 NDf 自动投入，红灯 NHR 亮，说明备用冷却装置已自动投入运转。在工作冷却装置故障消除后，由于中间继电器 4K 的失电，备用冷却装置又会自动退出。

如果辅助冷却装置故障，由于中间继电器常开触点 3K2 处于闭合状态，备用冷却装置也可如上述动作程序，自动投入。

如果备用冷却装置本身也具有故障时，即使工作冷却装置或辅助冷却装置发生故障，备用冷却装置将失去备用作用，当然不会自动投入。但备用冷却装置的信号回路 KM1～1Q～4FU～5HL～NSA（15－16）～1LJ～NSA（13－14）～4K1～N 因本身故障而接通，故障信号灯 5HL 亮，说明备用冷却装置需要修复。

小　结

发电厂、变电所中通过控制回路实现对断路器的控制。控制回路根据监视方式不同分为灯光监视和音响监视。由于采用的操作机构的不同，控制回路的构成不同，但对其要求是基本相同的。断路器的控制回路基本由控制、信号、防跳和断线监视等四部分组成。

断路器的合、跳闸回路是控制回路的核心，利用控制开关手柄的位置和灯光信号可以监视断路器的运行状态及回路的完好，信号灯闪光说明断路器的位置和控制开关手柄的位置处于“不对应”状态。为了防止断路器跳跃，控制回路应安装防跳装置。

对液压、弹簧操作机构的断路器控制电路中可以采取相应的闭锁，以满足其不同的要求。

为了保证发电厂动力部分安全运行的要求，辅机电动机必须加装连锁装置，电气连锁应按辅机“先开后停，按序操作”的原则考虑。

隔离开关的误操作是造成重大电气事故的原因之一。为此，在配电装置中应采取断路器和隔离开关闭锁的措施，以保证隔离开关在断路器断开的情况下进行操作。

灭磁开关的控制，是实现当调相机或发电机的继电保护动作时，同时灭磁开关也跳闸。当调相机或发电机内部故障，为了避免烧坏绕组和铁心，必须使转子绕组灭磁。灭磁开关及灭磁电阻装在调相机或发电机出线小间的励磁屏上，而灭磁开关的控制操作是在控制室通过控制开关进行。

变压器冷却装置的控制回路有两个电源，在结构上是互为备用的。冷却装置一般分为多组，除一组做备用外，其余的组分成工作冷却和辅助冷却装置两大部分。

习　题

12－1　断路器控制回路应满足哪些基本要求？为什么？

12－2　断路器控制回路包含哪些基本回路？试画出。

12－3　什么是灯光监视和音响监视？各有何特点？

12－4　用图 12－4 和图 12－7 分析对断路器控制回路的基本要求是怎样实现的？

12－5　断路器为什么要加装防跳装置？怎样实现防跳？

12－6　试叙述电磁操作机构断路器控制电路的控制过程。

12－7　试述弹簧和液压操作机构断路器控制电路的特点。

12－8　什么是“五防”功能？

12－9　灭磁开关的作用是什么？

12－10　转子灭磁有什么意义？

12－11　变压器冷却装置的多组是如何工作的？

第十三章

信 号 回 路

在发电厂、变电所中，为了监视各电气设备和系统的运行状态，进行事故处理和相互联系，经常采用信号装置。本单元主要讲述信号的类型和作用，阐述强电信号系统中的事故信号、预告信号的工作原理，并对新型中央信号装置的特殊功能进行了简单的介绍。

第一节 发电厂和变电所的信号

在发电厂和变电所中，为了使值班人员及时掌握电气设备的工作状态，需用信号及时显示出当时的工作情况，如断路器是合闸位置还是分闸位置，隔离开关在闭合位置还是在断开位置等。而当发生事故及不正常运行情况时，更应发出各种灯光及音响信号，帮助值班人员迅速判明是发生了事故还是出现了不正常运行情况，以及事故的范围和地点、不正常运行情况的内容等等，以便值班人员作出正确的处理。在各车间之间，还需用信号进行互相联系。

一、信号系统的类型

（一）按使用的电源可分为强电信号系统和弱电信号系统。前者一般为110V或220V电压，后者一般为48V及其以下电压。

（二）按信号的表示方法可分为灯光信号和音响信号。灯光信号又可分为平光信号和闪光信号以及不同颜色和不同闪光频率的灯光信号，音响信号又可分为不同音调或语音的音响信号。计算机集散系统在电力系统应用后，使信号系统发生了很大的变化。

（三）按用途可分为位置信号、事故信号、预告信号、指挥信号和联系信号。

1. 位置信号

位置信号是指示开关电器、控制电器及其设备的位置状态的信号。如用灯光表示断路器合、跳闸位置，用专门的位置指示器表示隔离开关位置状态。

2. 事故信号

当电气设备发生事故（一般指发生短路）时，应使故障回路的断路器立即跳闸，并发出事故信号。事故信号由音响和灯光两部分组成。音响信号一般是指蜂鸣器或电喇叭发出较强的音响，引起值班人员的注意，同时断路器位置指示灯（在断路器控制回路中）发出闪光指明事故对象。

3. 预告信号

当电气设备出现不正常的运行状态时，并不使断路器立即跳闸，但要发出预告信号，帮助值班人员及时地发现故障及隐患，以便采取适当的措施加以处理，以防故障扩大。预告信号也有音响和灯光两部分构成。音响信号一般由警铃发出，同时标有故障性质的光字牌灯光信号点亮。

常见的预告信号有：发电机和变压器过负荷；汽轮机发电机转子一点接地；断路器跳、合闸线圈断线；变压器轻瓦斯保护动作、变压器油温过高、变压器通风故障；发电机强行励磁动作；电压互感器二次回路断线；交、直流回路绝缘损坏发生一点接地、直流电压过高或过低及其他要求采取措施的不正常情况如液压操作机构压力异常等。

4. 指挥信号和联系信号

指挥信号是用于主控室向其他控制室发出操作命令，如主控室向机炉控制室发“注意”、“增负荷”、“减负荷”、“发电机已合闸”等命令。联系信号是用于各控制室之间的联系。

预告信号和事故信号装设在主控室的信号屏上，称为中央信号。中央信号装置按其音响信号的复归方式可分为就地复归和中央复归；按其音响信号的动作性能可分为能重复动作和不能重复动作。中央复归能重复动作的信号装置，主要是利用冲击继电器实现的。

在发电厂和有人值班的大、中型变电所中，一般装设中央复归能重复动作的事故信号和预告信号。在驻所值班的变电所，可装设中央复归简单的事故信号装置和能重复动作的预告信号装置，并应在屋外配电装置装设音响元件，在无人值班的变电所，一般只装设简单的音响信号装置，该信号装置仅当远动装置停用并转为变电所就地控制时才投入。

二、信号系统的基本要求

发电厂和变电所的信号系统应满足以下要求：

（1）断路器事故跳闸时，能及时发出音响信号（蜂鸣器），并使相应的位置指示灯闪光，信号继电器掉牌，点亮“掉牌未复归”光字牌。

（2）发生不正常情况时，能及时发出区别于事故音响的另一种音响（警铃声），并使显示故障性质的光字牌点亮。

（3）对事故信号、预告信号能进行是否完好的试验。

（4）音响信号应能重复动作，并能手动及自动复归，而故障性质的显示灯仍保留。

（5）大型发电厂和变电所发生事故时，应能通过事故信号的分析，迅速确定事故的性质。

（6）对指挥信号、联系信号等，应根据需要装设。其装设原则是应使运行人员迅速、准确地确定所得到信号的性质和地点。

第二节 事 故 信 号

一、简单的事故信号装置

图 13-1 是最简单、不能重复动作的、就地复归事故信号装置的电路图。

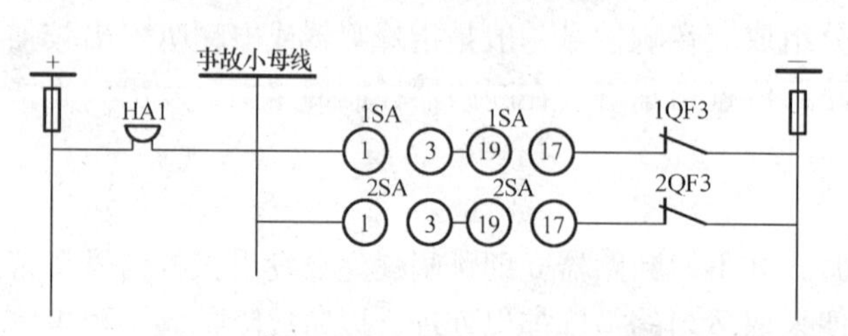

图 13-1 就地复归的事故音响信号电路图

图中 HA1 为蜂鸣器，SA 为控制开关，QF3 为断路器的辅助触点。控制开关在“合闸后”位置，其触点 1-3，19-17 是接通的。当任何一台断路器自动分闸时，利用断路器和控制开关位置不对应原则，将信号回路负电源与事故音响小母线接通。蜂鸣器 HA1 即发出音响。为了解除音响，值班人员要找到指示灯发闪光的断路器，并将其控制开关手柄扭转到相对应位置上去，随着闪光的消失，音响信号也被解除。若再有其他断路器自动分闸，音响信号才能再次动作。显然，这种事故信号装置不能中央复归，也不能重复动作，解除音响时也不能保留信号灯闪光，只能用在电压不高，出线少的小型变电所中。

二、中央复归不能重复动作的事故信号装置

在发生事故时，通常希望音响信号能够较快解除，以免干扰值班人员进行事故处理，而灯光信号则需要保留一段时间，以便判断故障的性质和发生的地点。这就要求音响信号最好能在一个集中的地点手动解除或经一定时间后自动消失。

图 13-2 为中央复归不能重复动作的事故信号装置电路图。它与图 13-1 的差别是增加了一个中间继电器 KM 和两个按钮 S1 和 S2。S1 是试验按钮，S2 是解除按钮。

当某一台断路器事故分闸时，由于控制开关和断路器的位置不对应，使信号小母线 -WS3 经断路器的辅助触点 QF3、控制开关 SA 触点 1-3，19-17 与事故小母线接通，信号小母线 +WS3 经蜂鸣器 HA1、中间继电器 KM 的动断触点与事故小母线是接通的，蜂鸣器立即发出音响。值班人员听到音响后，只需按下解除按钮 S2，音响立即解除。因为当按下 S2 时，电路从 +WS3 经中间继电器 KM 的线圈和 S2 到 -WS3 接通。中间继电器 KM 的线圈有电压，KM 动作并通过自身的动合触点实现自保持，其动断触点将蜂鸣器回路切断，使音响解除。继电器 KM 的自保持回路则在断路器位置和控制开关位置对应后，才自行解除。按钮 S1 与断路器和控制开关的不对应回路并联，可试验蜂鸣器是否完好。

图 13-2 所示接线图的缺点是不能重复动作，就是说当第一台断路器自动分闸音响发出后，值班人员利用解除按钮 S2 将音响解除，而不对应回路尚未复归，自保持回路还未解除，此时如果因连续事故又有第二台断路器事故分闸，事故音响不能再次启动，因而第二台断路器的事故分闸可能不被值班人员所发现。因此，这种电路只适用于断路器数量较少的发电厂和变电所。

三、中央复归能重复动作的事故信号

（一）中央复归能重复动作的事故信号的启动回路

具有中央复归能重复动作的中央信号电路的主要元件是冲击继电器，它可接收各种事故脉冲。冲击继电器有各种不同的类型，但其共同点是都有接收信号的元件（脉冲变流器或电阻）以及相应的执行元件。事故信号的启动回路如图 13-3 所示。

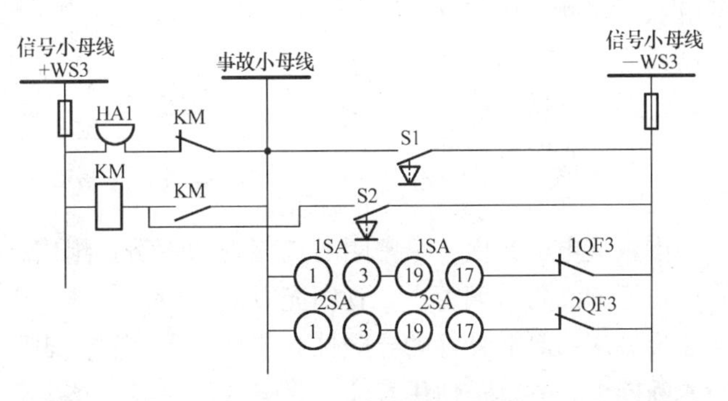

图 13-2 中央复归不能重复动作的事故信号装置电路图

图中，+WS3、-WS3 为信号电源小母线，TA 为脉冲变流器，K 为执行元件脉冲继电器，SA 为控制开关。

对于图 13-3 的事故信号启动回路，当系统发生事故，断路器 QF1 跳闸时，接于事故小母线与 -WS3 之间的不对应启动回路接通（即事故小母线经电阻 R、1SA 触点 1-3、19-17、断路器辅助动断触点 1QF3 至 -WS3），在脉冲变流器 TA 的一次侧将流过一个持续的直流电流（矩形脉冲），而在 TA 的二次侧只有一次侧电流从初始值达到稳定值的瞬变过程中才有感应电势产生，对应二次侧电流是一个尖峰脉冲电流，此电流使执行元件的继电器 K 动作。K 动作后再启动中央事故信号电路。当变流器 TA 中直流电流达稳定值后，二次绕组中的感应电势即消失。当这次事故音响已被解除，执行元件的继电器 K 已复归，而相应断

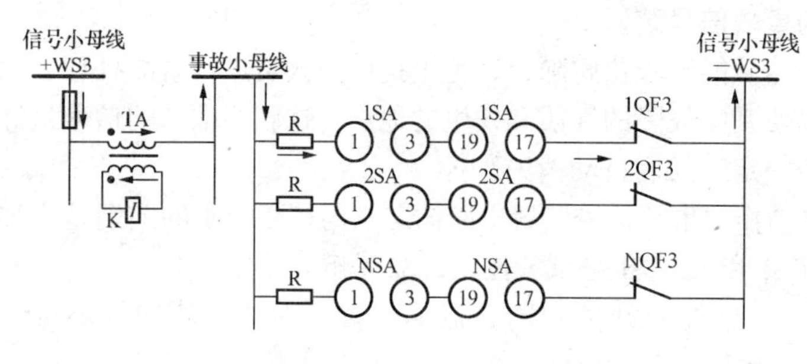

图 13－3　事故信号启动回路

路器和控制开关的不对应回路尚未复归，第二台断路器 2QF 又自动跳闸，第二条不对应回路（即由事故小母线经电阻 R、2SA 触点 1－3、19－17、断路器辅助动断触点 2QF3 至－WS3）接通，在事故小母线与－WS3 之间又并联一支启动回路，从而使变流器 TA 的一次侧电流又发生变化（每一并联支路中均串有电阻 R），二次侧又一次感应出脉冲电势，使继电器 K 再次动作，启动事故音响装置，再一次发出音响。所以该装置能实现重复动作。

（二）ZC—23 型冲击继电器构成的事故信号

1.ZC—23 型冲击继电器的内部电路工作原理

ZC—23 型冲击继电器的内部电路如图 13－4 所示。图中，TA 为脉冲变流器；KR 为执行元件（单触点干簧继电器）；KM 为中间继电器（多触点干簧继电器）；V1、V2 为二极管；C 为电容器。执行元件 KR 的结构示意图如图 13－5 所示。

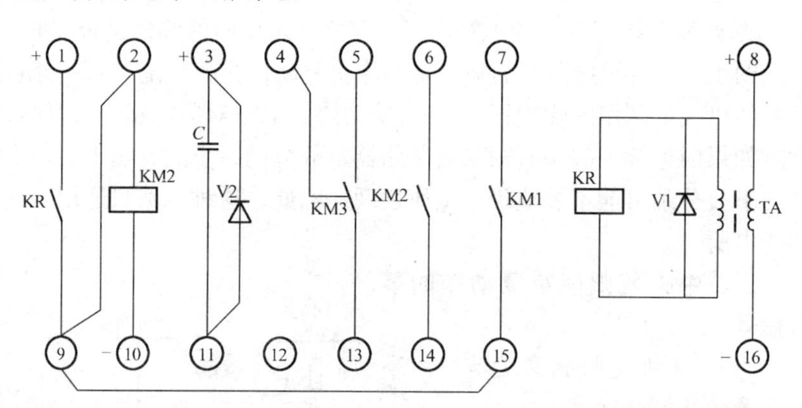

图 13－4　ZC—23 型冲击继电器内部电路图

干簧继电器是由一个密闭的玻璃管和舌簧片组成，其舌簧片是烧结在与舌簧片热膨胀系数相适应的红丹玻璃管中，管内充以氮等惰性气体，以防止触点污染及电腐蚀。舌簧片由铁镍合金做成，具有良好的导磁性和弹性。舌簧触点表面镀有金、铑、钯等金属，以保证良好的通断能力，并延长使用寿命。舌簧片既是导电体又是导磁体。当在线圈中通入电流时，在线圈内部有磁通穿过，使舌簧片磁化，其自由端所产生的磁极性正好相反。当通过的电流达到继电器启动值时，舌簧片靠磁的异性相吸而闭合，接通外电路；当线圈的电流降低到继电器的返回值时，舌簧片靠自身的弹性返回，触点断开。干簧继电器的一个很突出的特点是动作无方向性，并且灵敏度高，消耗功率少，动作速度快，结构简单，从而得到广泛的应用。

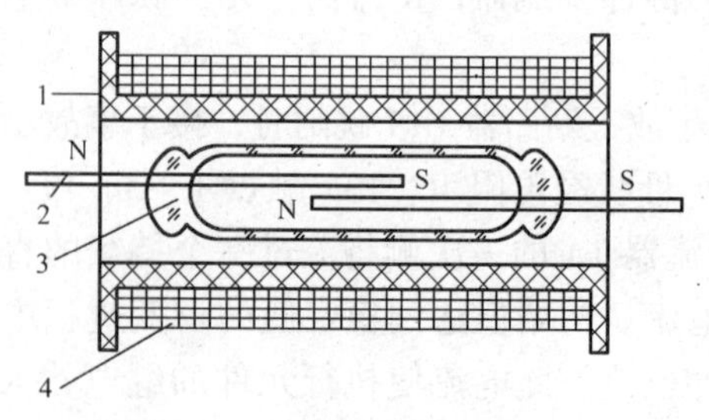

图 13－5　干簧继电器结构示意图
1—线圈架；2—舌簧片；3—玻璃管；4—线圈

ZC—23 型冲击继电器的基本原理是利用串接在直流信号回路中的脉冲变流器 TA，将原绕组中通过的持续矩形电流脉冲变成副绕组短暂的尖峰电流脉冲，去启动干簧继电器 KR，干簧继电器 KR 的动合触点闭合，去启动中间继电器 KM，用 KM 的触点去启动音响设备。变流器 TA 一次侧并联的二极管 V2、电容器 C 起抗干扰作用，并联于 TA 二次侧的二极管 V1 的作用是把由于一次绕组电路中电流突然减少或消失时，产生的反向电势所引起的二次电流旁路掉，使其不流入干簧继电器线圈。防止一次电流减小时引起误动作。这是因为干簧继电器动作无方向性，任何方向的电流都能使其动作。

2.ZC—23 型冲击继电器构成的事故信号

由 ZC—23 型冲击继电器构成的事故信号电路图如图 13－6 所示。

(1) 事故信号的启动

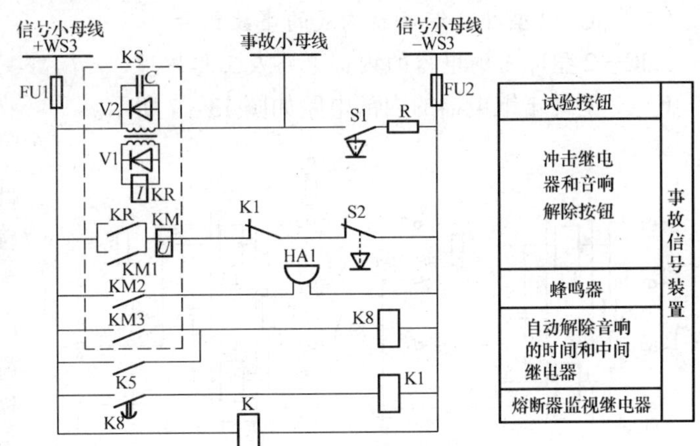

图 13－6　ZC—23 型冲击继电器构成的事故信号电路

当系统发生事故、断路器自动跳闸时，事故小母线和信号小母线－WS3 之间的不对应回路接通，使脉冲变流器原边流过一个直流电流（这个电流由零达到某一稳定数值），在副边感应出一个脉冲电势，有一脉冲电流流过干簧继电器 KR 的线圈，其动合触点 KR 闭合，启动出口中间继电器 KM，使 KM2 触点闭合，启动蜂鸣器 HA1，发出音响信号。KM1 闭合自保持，即脉冲变流器二次侧感应电势消失，干簧继电器 KR 线圈中的尖峰脉冲电流消失后，干簧继电器 KR 触点返回，而中间继电器 KM 靠其动合触点 KM1 闭合仍保持带电状态。

(2) 事故信号的复归

在中间继电器 KM 动作，使 KM2 接点闭合，启动蜂鸣器 HA1，发出音响信号的同时，KM 的动合触点 KM3 闭合启动时间继电器 K8，其动合触点经延时后闭合，启动中间继电器 K1。K1 的动断触点断开，使 KM 线圈失电，其三对动合触点全部返回，音响信号停止，实现了音响信号的延时自动复归。此时，启动回路的电流虽没有消失，但已达到稳定，干簧继电器 KR 线圈中不再有电流流过，接点返回，不会再启动中间继电器 KM，冲击继电器 KS 所有元件复归，准备下次动作。此外，按下音响解除按钮 S2，可实现音响信号的手动复归。

当启动回路的脉冲电流信号中途突然消失，脉冲变流器 TA 的二次绕组中会产生一个与启动时相反的脉冲电流，但此脉冲电流被二极管 V1 旁路掉，干簧继电器 KR 线圈中，不会有电流流过，干簧继电器 KR、中间继电器 KM 都不会动作。

(3) 事故信号的试验

为了确保中央事故信号经常处于完好状态，在回路中装设了音响试验按钮 S1。事故信号电路的试验可通过按下试验按钮 S1 实现。按下试验按钮 S1，同自动跳闸不对应回路接通启动音响过程是相同的，从而实现了手动模拟断路器事故跳闸对音响的试验。

(4) 事故信号的重复动作

当前次事故音响已被解除，干簧继电器 KR 已复位，而相应断路器和控制开关的不对应回路尚未复归，第二台断路器 2QF 又自动跳闸，第二条不对应回路（即由事故小母线经电阻 R、2SA 触点 1－3、19－17、断路器辅助动断触点 2QF3 至－WS3）接通，在事故小母线与

-WS3之间又并联一支启动回路，从而使脉冲变流器TA的一次侧电流又发生变化（每一并联支路中均串有电阻R），二次侧又一次感应出脉冲电势，使干簧继电器KR再次动作，启动事故音响装置，再一次发出音响。所以该装置能实现重复动作。

（5）事故信号回路的监视

当熔断器熔断或接触不良时，电源监察继电器K线圈失电，其动断触点K闭合，启动预告信号，使警铃发出音响，同时点亮“事故回路熔断器熔断”光字牌。

（三）JC—2型冲击继电器构成的事故信号

1.JC—2型冲击继电器的内部电路及工作原理

JC—2型冲击继电器的内部电路如图13-7所示。

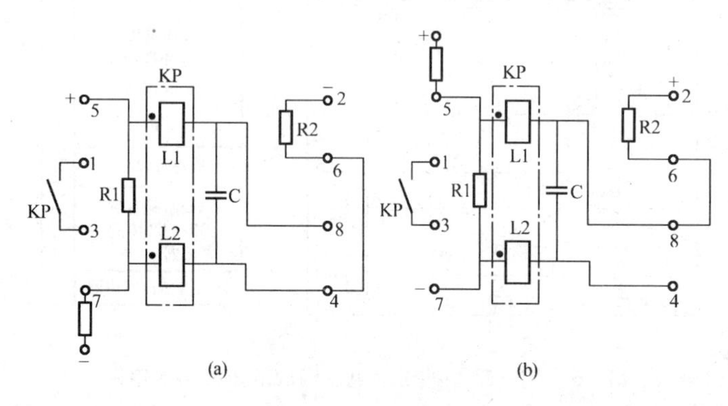

图13-7 JC—2型冲击继电器的内部电路图（黑点表示正极性端）
（a）负电源复归；（b）正电源复归

图中，KP为极化继电器。此继电器具有双位置特性，其结构示意如图13-8所示。线圈1为工作线圈，线圈2为返回线圈，若线圈1按图示极性通入电流时，根据右手螺旋定则，电磁铁3及与其连接的可动衔铁4的上端呈N极，下端呈S极，可动衔铁与永久磁铁互相作用，使可动衔铁按顺时针方向转动，触点6闭合（图中位置）。如果线圈1中流过相反方向的电流或在线圈2中按图示极性通入电流时，可动衔铁的极性改变，可动衔铁按逆时针方向转动，触点6复归。

JC—2型冲击继电器是利用电容充放电启动极化继电器的原理构成。启动回路接通时，产生的脉冲电流自端子5流入，在电阻R1上产生一个电压增量，该电压增量即通过极化继电器的两个线圈L1和L2给电容器C充电，充电电流使极化继电器动作（电流从线圈L1同名端流入，从线圈L2同名端流出）。当充电结束，充电电流消失后，极化继电器仍保持在动作位置。极化继电器的复归有两种方式，一种为负电源复归，即冲击继电器5端子直接接于正电源［如图13-7（a）所示］时，端子4和6短接，将负电源加到端子2来复归，其复归电流从端子5流入，经电阻R1、线圈L2、电阻R2至端子2流出（线圈L2中所流过的电流方向与启动时相反）。另一种方式为正电源复归，即冲击继电器7端子直接接于负电源时，如图13-7（b）所示。端子6和8短接，将正电源加到端子2来复归，其复归电流从端子2流入，经电阻R2、线圈L1、电阻R1至端子7流出（线圈L1中所流过的电流方向与启动时相反）。

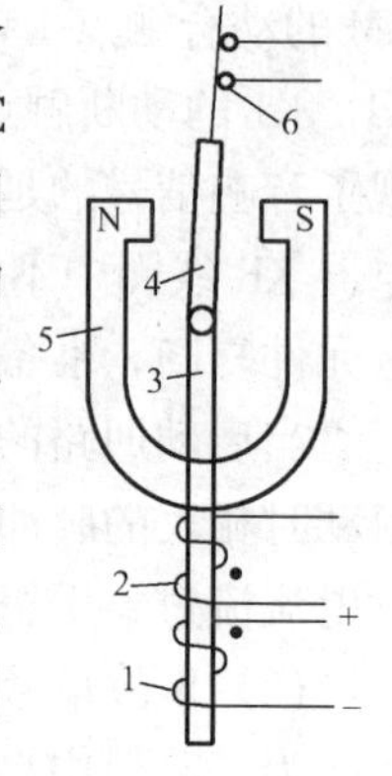

图13-8 极化继电器结构示意图
1—工作线圈；2—返回线圈；3—电磁铁；4—可动衔铁；5—永久磁铁；6—触点

此外，冲击继电器还具有冲击自动复归特性。即当流过电阻R1的电流突然减小或消失时，在电阻R1上的电压有一减量，该电压减量使电容器经极化继电器线圈放电，其放电电流与充电电流方向相反，使极化继电器冲击返回。

2.JC—2型冲击继电器构成的事故信号电路

由JC—2型冲击继电器构成的事故信号电路如图13－9所示。

本电路中设有两套冲击继电器1KS和2KS。2KS冲击继电器是专为需要发遥控信号的断路器事故跳闸发信号所设。除此之外该电路还设置了6～10kV配电装置就地控制的断路器自动跳闸时，发事故音响信号部分。

（1）事故信号的启动和发遥信

当断路器事故跳闸时，不对应回路使事故小母线与－WS3之间接通，给出脉冲电流信号，使冲击继电器KS1启动。其动合触点KS1闭合，启动中间继电器KM1，其动合触点KM1.2闭合启动蜂鸣器HA1，发出事故音响信号。

如果是需要发遥控信号的断路器事故跳闸，不对应回路接通KS2的7端所连接事故小母线和－WS3之间，使KS2启动，其动合触点KS2闭合，启动中间继电器KM2，其动合触点KM2.2闭合启动蜂鸣器HA1，发出事故音响信号。同时KM2.3闭合启动遥信装置，发遥信至中心调度所。

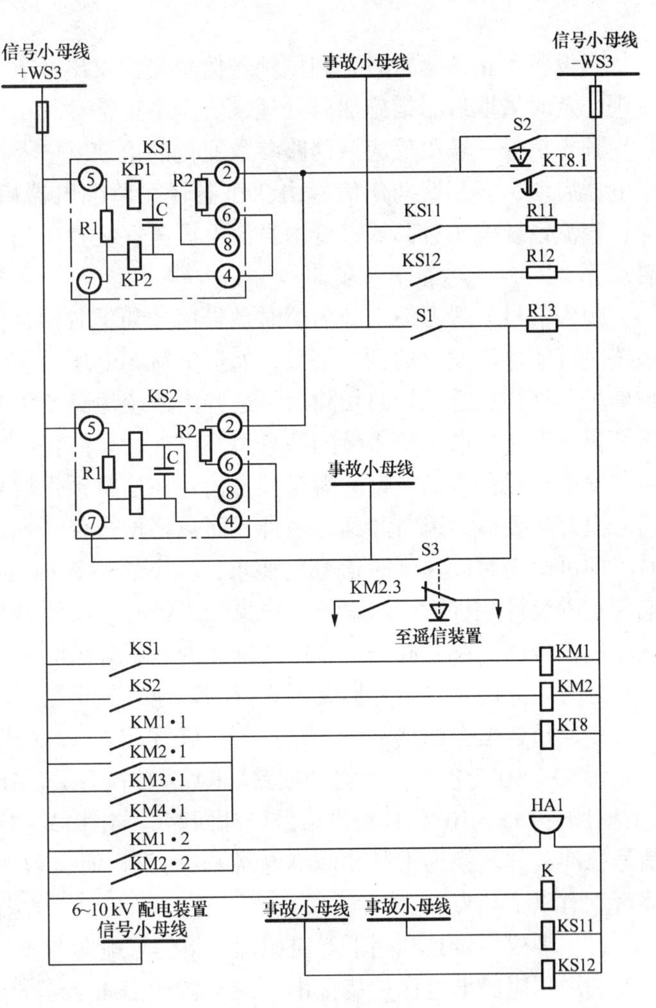

图13－9　JC—2型冲击继电器构成的事故信号电路

（2）事故信号的复归

在KM1.2或KM2.2接点闭合启动蜂鸣器HA1发出事故音响信号的同时，KM1.1或KM2.1触点闭合，启动时间继电器KT8，其触点KT8.1经延时后闭合，将冲击继电器的端子2接负电源，冲击继电器KS1或KS2复归。动合触点KS1或KS2断开，中间继电器KM1或KM2失电，KM1.2或KM2.2接点打开，蜂鸣器停止音响，从而实现了音响信号的延时自动复归。此时，整个事故信号电路复归，准备下次动作。按下音响解除按钮S2，也可实现音响信号的手动复归。

（3）6～10kV配电装置的事故信号

6～10kV均为就地控制，当6～10kV断路器事故跳闸，同样也要启动事故信号，6～10kV配电装置设置了两段事故音响信号小母线（如图13－9下部），每段上分别接入一定数量断路器的启动回路（图13－9中未画）。当任一段上的任一断路器事故跳闸，首先启动事故信号继电器KS11或KS12，其中一对动合触点KS11或KS12闭合启动冲击继电器1KS，发出音响信号。另一对动合触点 K11 或 K12 闭合，点亮光字牌，指明事故发生在Ⅰ段或Ⅱ段。

音响信号的试验、事故信号的重复动作和监视原理与 ZC—23 型类似，不再重述。

事故信号装置种类很多，这里不再一一介绍。

第三节 预 告 信 号

当设备不正常运行时，利用预告信号装置发出音响和灯光信号，以便值班人员能及时地发现，及时采取适当措施加以处理，防止不正常运行扩大造成事故。

预告信号一般由反应该回路参数变化的单独继电器启动，例如过负荷信号由过负荷信号继电器启动；轻瓦斯动作信号由变压器轻瓦斯继电器启动；绝缘损坏由绝缘监察继电器启动；直流系统电压过高或过低由直流电压监察装置中的相应的过电压继电器或低电压继电器启动等。

预告信号一般习惯上分为瞬时预告信号和延时预告信号两种。对某些当电力系统中发生短路时可能伴随发出的预告信号，如过负荷、电压互感器二次回路断线等，应带延时发出音响信号，这样当外部短路切除后，这些由系统短路所引起的信号就会自动消失，不让它再发出警报，以免分散值班人员的注意力。以往为了简化二次接线，变电站一般不设延时预告信号，发电厂将预告信号设为瞬时预告信号和延时预告信号两种。但多年运行经验表明，预告信号没有必要分为瞬时和延时两种，而只将预告信号回路中的继电器带有 0.2～0.3s 的短延时，即可既满足以往延时信号的要求，又不影响瞬时预告信号。因此，SDJ—1984《火力发电厂技术设计规程》中取消了“中央预告信号应有瞬时和延时两种”的内容，使发电厂、变电所的信号回路统一起来。本单元阐述的是不分瞬时和延时的预告信号回路，如要了解有瞬时和延时之分的预告信号回路可去查阅其他有关书籍。

一、预告信号的启动

图 13－10 为预告信号启动回路。SA 为转换开关，HL 为光字牌，K 为保护装置的触点。

对于图 13－10（a）预告信号启动回路，与图 13－3 相比，脉冲变流器 TA 仍能接收故障信号脉冲，并转换为尖脉冲使继电器 KS 动作，但启动回路及重复动作的构成元件不同，具体区别有以下几点。

（1）事故信号是利用不对应原理，将信号电源与事故音响小母线接通来启动；而预告信号是利用相应的继电保护装置出口继电器触点 K 与预告信号小母线接通来启动。此时转换开关 SA 在“工作”位置，其触点 13－14、15－16 接通。当设备发生不正常运行状态（如变压器油温过高）时，相应的保护装置的触点 K 闭合，预告信号的启动回路接通（即＋WS3 经触点 K，光字牌 HL 接至预告小母线上，再经过 SA 的触点 13－14、15－16，变流器 TA 至－WS3），使 KS 动作，并点亮光字牌 HL。

（2）事故信号是在每一启动回路中串接一电阻启动的，重复动作则是通过突然并入一启动回路（相当于突然并入一电阻）引起电流突变而实现的；预告信号是在启动回路中用光字牌的灯代替电阻启动，重复动作则是通过启动回路并入光字牌实现。

对于图 13－10（b）的光字牌检查回路，当检查光字牌的灯泡是否完好时，可将转换开关 SA 由“工作”位置切换至“试验”位置，通过其触点 1－2、3－4、5－6、7－8、9－10、11－12，将预告信号小母线分别接至＋WS3 和－WS3，使所有接在预告信号小母线上的光字牌都点亮。任一光字牌不亮，则说明内部灯泡损坏，可及时更换。需要指出，在发出预告信号时，同一光字牌内的两个灯泡是并联的，在灯泡前面的玻璃框上标注“过负荷”、“瓦斯保护动作”、“温度过高”等表示不正常运行设备及其性质的文字。灯泡上所加的电压是其额定电压，因而发光明亮，而且当其中一只灯泡损坏时，光字牌仍能显示。在检查时，两只灯泡是互相串联的，每只灯泡上所加的电压是其额定电压的一半，灯光较暗，如果其中一只灯泡损坏，则不发光，这样可以及时的发现已损坏的设备。由于灯泡的使用寿命较短，目前已逐步改用发光二极管代替灯泡。

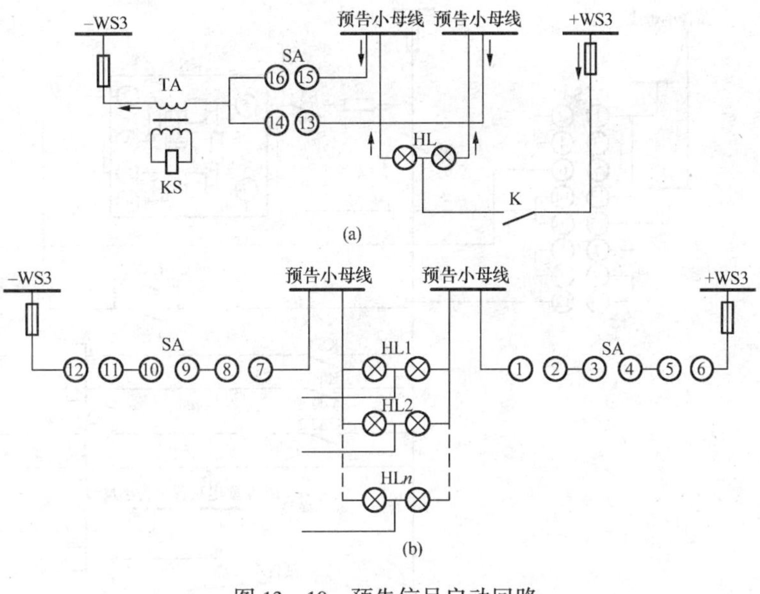

图 13－10 预告信号启动回路
(a) 预告信号启动回路；(b) 光字牌检查回路

图 13－11 为用 JC—2 型冲击继电器构成的预告信号的电路图。图中，KS3 为预告信号脉冲继电器；SA 为预告信号转换开关；S3 为预告信号试验按钮；S4 为预告信号的复归按钮；KT2 为时间继电器；KM3 为中间继电器；K4 为熔断器的监视继电器；K5 和 K6 为 10kV 配电装置预告信号中间继电器；HA 为电铃。

二、预告信号的动作原理

图 13－11 中的预告小母线一般布置在中央信号屏和各个控制屏的屏顶。

1. 回路的启动

正常时转换开关 SA 处于“工作”位置，其触点 13－14、15－16 接通，当设备出现不正常的运行状况时，相应的继电保护装置动作，其触点闭合。变压器过负荷时，反映过负荷的继电器 KT 动作，其动合触点闭合，形成下面的回路：+WS3→KT→并联双信号灯→预告信号小母线→S 的 13－14 及 15－16 双路触点→冲击继电器 KS3 触点 5→电阻经 KS3 触点 7→－WS3 形成通路，使相应双灯光字牌点亮，显示“变压器过负荷”。同时 KS3 的动合触点闭合，启动时间继电器 KT2，动合触点 KT2 经 0.2～0.3s 的短延时闭合后，启动中间继电器 KM3，触点 KM3.2 闭合启动警铃 HA，发出音响信号。

2. 预告信号的复归

预告信号是利用事故信号电路中的时间继电器 K8 延时复归的。在 KM3.2 闭合启动警铃的同时，KM3 的另一触点 KM3.2 启动时间继电器 KT8（见图 13－6 事故信号电路），KT8.2 延时闭合，将反向电流引入 KS3，使 KS3 复归，自动解除音响，实现了音响信号的延时自动复归。按下音响解除按钮 S4，可实现音响信号的手动复归。当故障在 0.2～0.3s 内消失时，由于冲击继电器 KS3 的电阻 R1（图 13－11 中）突然出现了一个电压减量，冲击继电器 3KS

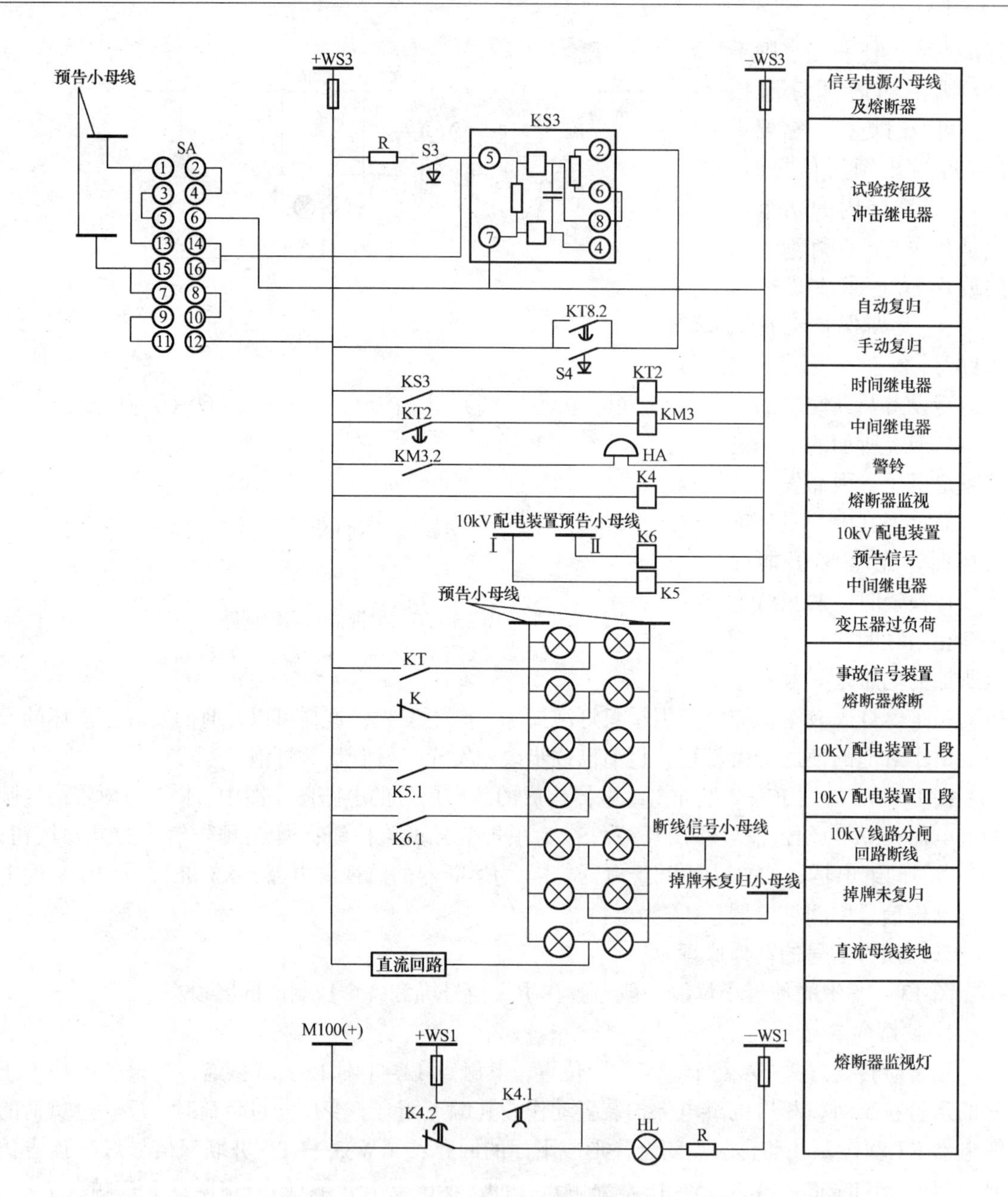

图 13－11　预告信号电路图

冲击自动返回，从而避免了误发信号。KS3 复归后，消除了音响信号，光字牌仍就点亮着，直到不正常现象消失，继电保护复归（如 K 断开），灯才会熄灭。

3. 预告信号回路的监视

预告信号回路的熔断器由熔断器监视继电器 K4 监视。正常时，K4 线圈带电，其延时断开的动合触点 K4.1 闭合，白色的熔断器监视灯 HL 发平光。当预告信号回路中的熔断器熔断或接触不良时，K4 线圈失电，其动断触点 K4.2 延时闭合，将 HL 切换至闪光小母线 M100（+）上，使 HL 闪光。

预告信号电路的试验是通过按下试验按钮 S3 来实现。

6～10kV配电装置设置了两段预告信号小母线，当接于这两段上的预告信号启动回路接通时，预告信号继电器K5或K6启动，其动合触点闭合接通光字牌，指明异常运行发生在Ⅰ段或Ⅱ段。

预告信号回路的重复动作及光字牌的检查原理已说明，不再赘述。

第四节　新型中央信号装置介绍

微机控制的新型中央信号除具有常用的中央信号装置的功能外，信号系统由单个元件构成积木式结构，接受信号数量没有限制。

信号装置采用微机闪光报警器，除具有普通报警功能外，还具备报警信号的追忆、记忆信号的掉电保护、报警方式的双音双色、报警音响的自动消音等特殊功能。装置的控制部分由微处理器、程序存贮器、数据存贮器、时钟源、输入输出接口等组成微机专用系统。装置的显示部分（光字牌）采用新型固体发光平面管（冷光源）。

该装置的特殊功能分述如下：

(1) 双音双色：光字牌的两种颜色分别对应两种报警音响，从视觉、听觉上可明显区别事故信号和预告信号。报警时，灯光闪光，同时音响发生。确认后，灯光平光，音响停。正常运行为暗屏运行。

(2) 动合、动断触点可选择：可对64点输入信号的动合、动断触点状态以8的倍数进行设定，由控制器内的主板上拨码器控制。

(3) 自动确认：信号报警器不按确认键，能自动确认，光字牌由闪光转为平光、音响停止，自动消音时间可控制。

(4) 通信功能：控制器具有通信线，可与计算机进行通信，将断路器动作情况通过报文形式报告给计算机。当使用多个信号装置时，通信线可并网运行，由一台控制器作主机，其他控制器分别作子机，且子机计算机地址各不相同。其连接示意图如图13－12所示。

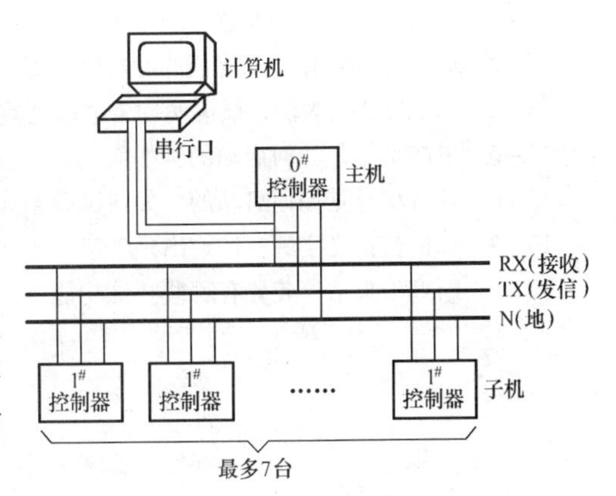

图13－12　多台控制器连接示意图

(5) 追忆功能：报警信号可追忆，按下追忆键，已报警的信号按其报警先后顺序在光字牌上逐个闪亮（1个/s），最多可记忆2000个信号，追忆中报警优先。

(6) 清除功能：若需要清除报警器内记忆信号，操作清除键即可。

(7) 掉电保护功能：报警器若在使用过程中断电，记忆信号可保存60天。

(8) 触点输出功能：在报警信号输入的同时，对应输出一动合触点，可起辅助控制的作用。

小 结

在发电厂、变电所中，为使运行人员掌握电气设备的工作状态，及时处理事故和不正常工作状态，必须设置信号装置。信号装置按其用途可分为事故信号、预告信号、位置信号和指挥信号。其中事故信号和预告信号统称为中央信号。

在发电厂和有人值班的大、中型变电所中，一般装设中央复归能重复动作的中央信号，当发生断路器事故跳闸时，启动事故信号；当发生不正常工作状态时，启动预告信号。每种信号装置中的音响信号，是为了唤起运行人员的注意，而灯光信号，是为了判别发生事故和不正常运行的设备及其故障性质。事故信号的音响一般为蜂鸣器，而预告信号的音响一般为电铃。

信号装置的重复动作是靠冲击继电器实现的。常用的冲击继电器的型号有 JC—2 型和 ZC—23 型，虽有各种不同的型号，但都有一个脉冲变流器和相应的执行元件，基本部分也都是由信号启动回路和解除回路组成。

计算机集散系统在电力系统应用后，使信号装置发生了很大变化。新型中央信号装置采用微机闪光报警器，除具有普通报警功能外，还具备报警信号的追忆、记忆信号的掉电保护、报警方式的双音双色、报警音响的自动消音等特殊功能。

习 题

13-1 发电厂、变电所中应设哪些信号装置？各有什么作用？

13-2 什么是发电厂和变电所的中央信号？

13-3 如何使具有脉冲变流器的冲击继电器能重复动作？

13-4 以 JC—2 型为例，试说明冲击继电器重复动作的工作原理。

13-5 事故信号是如何启动的？如何试验？如何复归？

13-6 预告信号是如何启动的？如何试验？如何复归？

13-7 如何检查光字牌？试绘出预告信号光字牌检查回路。

13-8 新型中央信号装置有哪些特殊功能？

第十四章

同　期　回　路

待并发电机只有在满足一定条件下，才能投入电力系统并列运行，而这些条件就是同期条件，在同期条件下进行并列操作称为同期并列操作。本单元主要讲述同期的方式，同期点的设置，手动准同期装置的接线和操作步骤以及对自动准同期装置作扼要的介绍。

第一节　同期方式和同期点的选择

一、同期的概念

目前绝大多数发电机都是在电力系统中并列运行的。但是，待并发电机只有在满足一定条件下，才能投入电力系统并列运行。在发电机投入电力系统并列运行时，必须完成一定的操作，这种操作称为并列操作或同期并列。发电机非同期投入电力系统，会引起很大的冲击电流，它不仅会危及发电机本身，甚至可能使整个系统的稳定受到破坏。

二、同期方式

目前，电力系统采用的同期并列方式有两种，即准同期方式和自同期方式。

(一) 准同期方式

准同期方式是将待并发电机转速升至接近同步转速后加励磁，然后对发电机进行电压、频率的调节，使之满足下列三个条件后将发电机断路器合闸，合闸瞬间发电机定子电流接近于零。

准同期并列应满足三个条件是：

(1) 待并发电机电压与运行系统电压大小应相等。

(2) 待并发电机的频率与运行系统的频率应相等。

(3) 待并发电机电压的相角与运行系统电压的相角应相等。

准同期并列方式的优点是在满足上述条件时并列，冲击电流较小，发电机能较快的被拉入同步，对系统扰动小；缺点是如果并列操作不准确（误操作）或同期装置不可靠时，可能引起非同期并列事故，例如频率差太大，将引起非同期振荡失步或经过较长时间振荡才能进入同步运行；电压差太大，则在合闸时会出现较大无功性质的冲击电流；合闸时相角太大，则会出现较大的有功性质的冲击电流，当相角差 $\delta = 180°$时，则冲击电流将大于发电机出口短路电流，从而引起主设备严重破坏，并引起系统的非同期振荡，以至瓦解。

目前发电厂和变电所广泛采用准同期并列方式。

(二) 自同期并列方式

自同期并列方式是对未经励磁的发电机转速升至接近同步转速，在不超过允许转差率的情况下，先把发电机投入系统，然后给发电机加励磁，使发电机自行拉入同步。

自同期并列方式的优点在于并列过程快，操作简单，避免了误操作的可能性，易于实现操作过程自动化，特别是在系统事故时能使发电机迅速并入系统；其缺点是未加励磁的发电机投入系统，将产生较大的冲击电流和电磁力矩，并使系统电压、频率短时下降。

我国规程规定，在故障情况下，为加速故障处理，水轮发电机一般采用自同期方式，对于单机容量在100MW及其以下的汽轮发电机经过计算后，也可采用。

准同期按同期过程的自动化，又可分为手动准同期和自动准同期。目前在发电厂和变电所内一般装设手动和自动准同期装置，作为发电机正常并列之用。若电力系统要求且机组性能允许时，可装设手动或半自动自同期装置，作为电力系统事故情况下紧急并列之用。

三、同期点的设置和同期方式的设置

发电厂和变电所的诸多断路器中，并不是每个断路器都可用于并列。只有当断路器断开时，其两侧电压来自不同的电源，该断路器必须由同期装置进行同期并列操作才能合闸，这些担任同期并列任务的断路器叫做同期点。

同期点和同期方式的设置原则：

(1) 直接与母线连接的发电机出口断路器、发电机—双绕组变压器单元接线的高压侧断路器以及发电机—三绕组变压器单元接线的各侧断路器应设为同期点。水电厂同时设有手动准同期、自动准同期和自动自同期；火电厂同时设有手动准同期和自动准同期。

(2) 两侧有电源的双绕组变压器低压侧断路器、三绕组和自耦变压器有电源的各侧断路器应设为同期点，其同期方式一般采用手动准同期。

(3) 母线联络断路器、母线分段断路器、旁路母线断路器应设为同期点，其同期方式一般采用手动准同期。

(4) 接在母线上且对侧有电源的线路断路器，应设为同期点，一般采用手动准同期方式，有些线路则采用半自动准同期方式。

(5) 多角形接线和外桥接线中，与线路相关的两个断路器，均设为同期点。一个半断路器接线的运行方式变化较多，一般所有断路器均设为同期点，且采用手动准同期方式。

在变电所中，一般不考虑设置同期点。根据电力系统运行的要求，对需要经常并列或解列的断路器及调相机，可设置手动准同期装置。

第二节 同期交流回路

同期交流回路，即把需要进行同期操作的断路器两侧电压经过电压互感器变换和二次回路切换后的交流电压引到控制屏顶部的同期小母线上。通常把同期小母线上的二次交流电压称为同期电压。同期装置从同期小母线取得同期电压。

发电厂的同期交流回路，由于电压互感器二次绕组接地方式及同期装置型式的不同，有三相和单相两种接线方式。

一、三相接线的同期系统图

三相接线的特点是同期电压取待并系统的三相电压和运行系统的两相电压，相应的同期装置为三相式。

(一) 发电机出口断路器和母联断路器同期电压的引入

图14-1所示为发电机与发电机电压母线经发电机出口断路器并列时，及两组母线经母联断路器进行并列时同期电压的引入的接线图。

图中，SS和SS1分别为母联断路器QF和发电机出口断路器QF1的同期开关，它有“工作”和“断开”两个位置，当在工作位置时，其对应每对触点均接通，断开位置时则均断开。

1. 发电机出口断路器同期电压的引入

当利用发电机出口断路器 QF1 进行并列时，待并发电机同期电压是由发电机出口处电压互感器 TV 的二次绕组 U、W 相电压，经同期开关 SS1 触点 25－27、21－23 分别引至同期小母线 L1、L3；而对于运行母线侧，由于是双母线，其同期电压是由Ⅰ母线电压互感器 TV1 或Ⅱ母线电压互感器 TV2 的二次 U 相电压，该电压从电压小母线ⅠL1（或ⅡL1）经母线隔离开关 QS3（或 QS4）的辅助触点切换，再经同期转换开关 SS1 的触点 13－15 引至同期小母线 L1′。两侧电压互感器二次线圈均采用 V 相接地方式，V 相经接地后与同期小母线 L2 连接。经过 QS3 或 QS4 切换的目的，是为了确保引至同期电压小母线上的同期电压与所操作断路器两侧系统的电压完全一致。即当断路器 QF1 经隔离开关 QS3 接至Ⅰ母线时，应将Ⅰ母线的电压互感器 TV1 的二次电压从电压小母线ⅠL1 引至 L1 上；当断路器 QF1 经过 QS4 接至Ⅱ母线时，应将Ⅱ母线的电压互感器 TV2 的二次电压，从其电压小母线ⅡL1 引至 L1 上。由此可见，利用隔离开关的辅助触点，在进行倒闸操作的同时，二次电压的切换也自动地完成了。

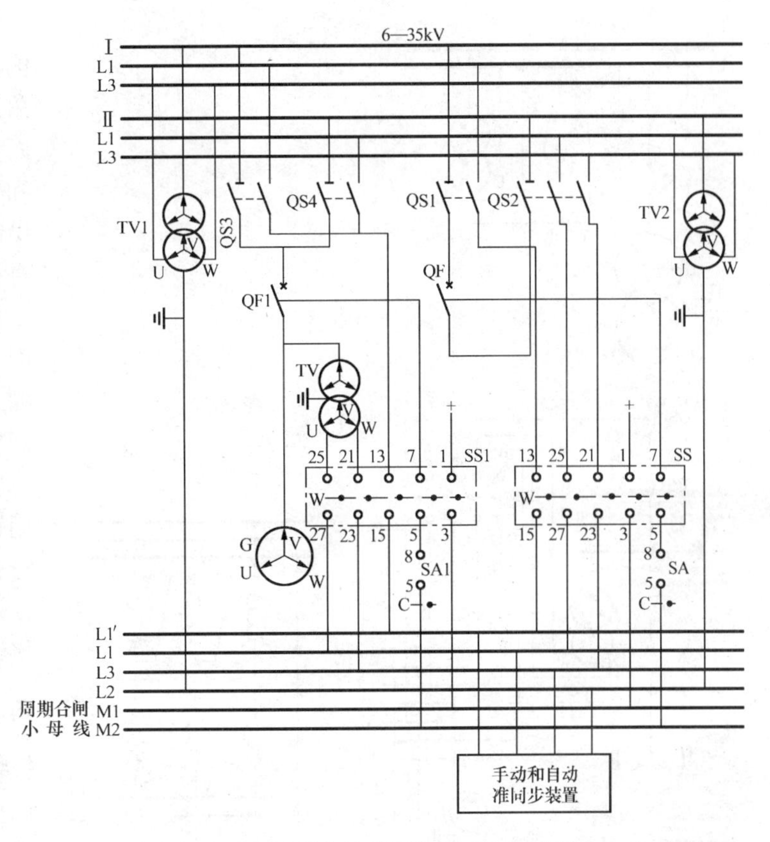

图 14－1　发电机出口断路器和母联断路器同期电压的引入（三相接线）

2. 母联断路器同期电压的引入

当利用母联断路器 QF 进行同期并列时，断路器两侧的同期电压是由母线电压互感器 TV1 和 TV2 的二次电压小母线，经母线隔离开关 QS1、QS2 的辅助触点和同期开关 SS 触点，引至同期电压小母线上的。Ⅰ母线电压互感器 TV1 的二次 U 相电压，从其小母线ⅠL1，经过 QS1 的辅助触点，再经同期开关 SS 的触点 13－15，引至 L1 上；Ⅱ母线的电压互感器 TV2 的二次 U、W 相电压，从其小母线ⅡL1 和ⅡL3，经过 QS2 的辅助触点，再经同期开关 SS 的触点 25－27、21－23 分别引至同期小母线 L1 和 L3 上。显然，此种接线Ⅱ母线侧为待并系统，而Ⅰ母线侧为运行系统。

（二）双绕组变压器同期电压的引入

如图 14－2（a）所示，对于具有 Y，d11 接线的双绕组变压器 TM，当利用低压侧断路器 QF1 进行并列时，同期电压分别从高、低压侧电压互感器引入。

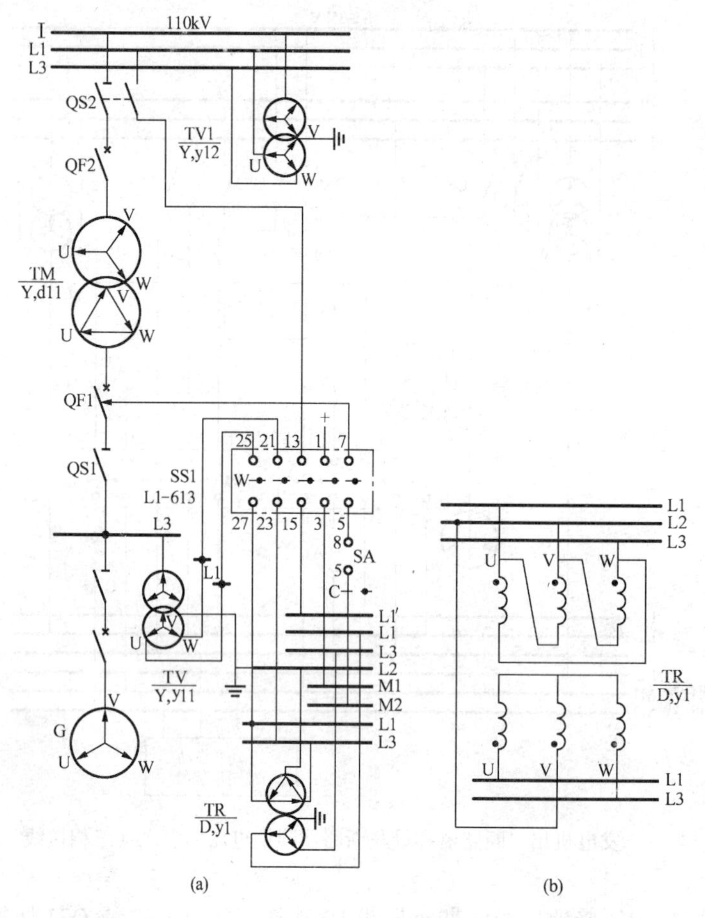

图 14－2　双绕组变压器同期电压的引入（三相接线）
（a）系统图；（b）转角变压器接线

由于变压器 TM 高、低压侧电压相位相差 30°角，即三角形电压超前星形侧 30°角，而高、低压侧电压互感器 TV1 和 TV 又都采用了星形 Y，y12 接线，它们的一、二次电压没有相位差，因此 TV1 和 TV 的二次侧电压的相位也差 30°角，即 TV 的二次线电压超前 TV1 的二次线电压 30°角。所以，同期电压不能直接采用电压互感器的二次线电压，而必须采用转角变压器 TR 对此相位进行补偿。

常用的转角变压器 TR 的接线如图 14－2（b）所示。转角变压器 TR 变比为 $100/\frac{100}{\sqrt{3}}$，绕组采用 D，y1 接线，即星形侧线电压落后三角形侧线电压 30°角，经补偿后，接至同期电压小母线上的二次电压相位就完全一致了。

变压器低压侧母线电压互感器 TV 二次电压，从其电压小母线 L1 和 L3，经过同期开关 SS1 触点 25－27、21－23 分别引至转角小母线为 L1 和 L3 上，即接至转角变压器的一次侧（△侧），转角变压器二次侧（Y 侧）则得到与升压变压器高压侧母线电压互感器相位相同的同期电压，再将其引至同期电压小母线 L1、L3 上。可见，转角小母线平时无电压，只有在并列操作并需要转角时，才带有同期电压。

变压器高压侧母线电压互感器 TV1 的二次电压从其电压小母线 L1，经隔离开关 QS2 辅助触点、同期开关 SS1 触点 13－15 引至同期小母线 L1 上。显然，这种接线是把变压器的高压侧视为运行系统，低压侧视为待并系统。

二、单相接线的同期系统图

单相接线的特点是同期电压取待并和运行系统的单相电压（相电压或线电压）和公用接地相，相应的同期装置为单相式。

发电厂单相接线的同期系统（部分）如图 14－3 所示。

图示为双绕组变压器接线，利用低压三角形侧断路器 QF1 进行同期并列。110kV 母线电压互感器 TV1 为中性点（N）接地，发电机出口电压互感器 TV 为 V 相接地。运行系统即变压器高压侧同期电压，取 TV1 的辅助二次绕组相电压 $\dot{U}_{WN}$，其 W 相电压从小母线 L3 引出，经过 QS2 的辅助触点及同期转换开关 SS1 触点 13－15 引至同期小母线 L3′；待并系统即变压器低压侧同期电压，取 TV 的二次绕组 W 和 V 相间电压 $\dot{U}_{WV}$，其 W 相电压经 SS1 的触点 25－27 引至同期小母线 L3。

综上所述，单相接线与三相接线相比，减少一相待并系统电压（由 L1 引入），又不需要设置转角变压器及隔离变压器，因而接线较简单。今后新建的发电厂和变电所采用单相接线是发展的趋势。

在图 14－1、图 14－2 和图 14－3 中母线 W1 和 W2 是断路器控制回路中的同期合闸小母线，它连同手动和自动准同期装置将在第三节的电路图中予以介绍。

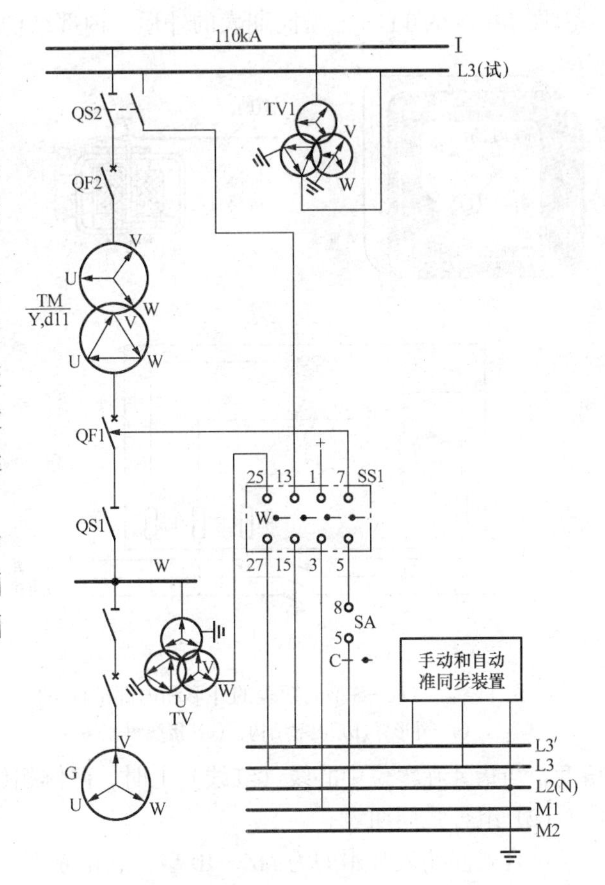

图 14－3　双绕组变压器同期电压的引入（单相接线）

第三节　准 同 期 装 置

一、手动准同期的接线原理

（一）手动准同期装置

目前，发电厂中广泛采用的手动准同期装置均为非同期闭锁的手动准同期装置。它由同期测量表计、同期监察继电器和相应的转换开关组成。

1. 同期测量表计

为了检查待并系统和运行系统准同期并列的三个条件，需要用同期测量表计来比较两个系统的电压、频率和相位。同期测量表计有两种型式。一种是分散式仪表，它有两只电压表，分别测量待并系统和运行系统的电压；两只频率表，分别测量待并系统和运行系统的频率；一只同期表，用来观察待并系统和运行系统的滑差和相角差，并选择合适的越前时间（此越前时间等于断路器的合闸时间）发合闸脉冲，以保证断路器触头接通瞬间两侧电压的相位差为零。五只表对称布置在同期小屏上，以便运行人员观察比较，如图 14－7（a）所示。另一种型式是组合式同期表，它包括一只电压差表、一只频率差表和一只同期表，布置在集中同期屏上。如图 14－5（a）图所示。

下面主要介绍同期表的工作原理和接线。

（1）同期表

同期表有电磁式、电动式、铁磁电动式、整流式等。目前应用较多的有 1T1—S 型、1T3—S 型和 41T3—S 型电磁式同期表。以下简单介绍目前广泛采用的 1T1—S 型同期表的工作原理及其接线。

图 14-4 为 1T1—S 型同期表的外形、内部结构和接线图。它适用于三相接线方式。

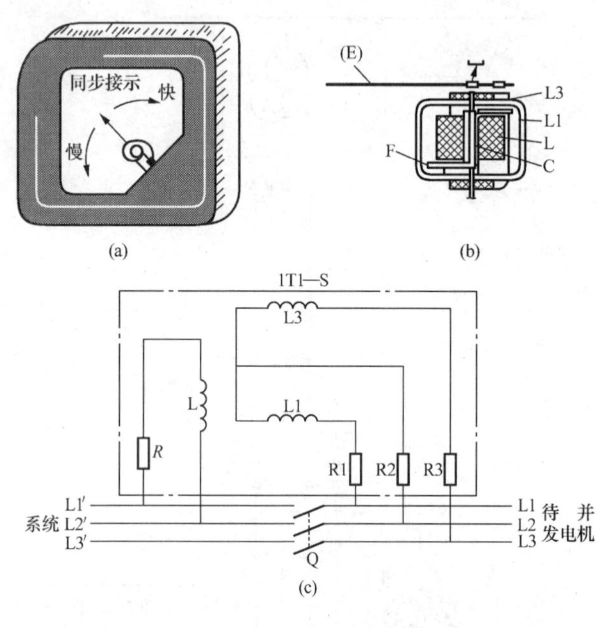

图 14-4 1T1—S 型同期表的外形和内部结构

(a) 外形；(b) 内部结构；(c) 接线图

同期表内部有三个固定的线圈 L、L1 和 L3，并适当串联电阻。L1 和 L3 两个线圈垂直布置，分别接在待并发电机的不同相间电压上，线圈 L 布置在 L1 和 L3 的内部，并且沿轴向绕在可动 Z 型铁片 F 的轴套 C 外面，由于电压和频率的差异，可动部分所带动的指针 E 作旋转指示，反映非同期的情况。若待并发电机的频率高于运行系统频率时，指针就向"快"的方向不停地旋转；反之，则向"慢"的方向旋转。频率差的越多，指针转的越快；反之，则越慢。如两侧频率接近，指针停着不动。指针停留的位置与零位中心线（红线）之间的夹角，表示着两侧电压的相位差。当待并发电机电压滞后系统电压一个角度时，则指针停留在慢的方向一个相应的角度，当指针在零位中心线（红线）上时，两侧相位差为零。

(2) 组合式同期表

组合式同期表常用的为 MZ—10 型，它由频率差表、电压差表和同期表三个测量机构组成。组合式同期表可适用于三相式和单相式两种接线，图 14-5 所示为 MZ—10 型同期表的外形和外部接线。

频率差表 Hz 是一电磁式流比计，反映待并发电机和运行系统的频率差。当两者频率相同时，指针在零位；当待并发电机的频率高于系统频率时，指针向正方向偏转；反之，则指针向负方向偏转。

电压差表 V 是电磁式微安表，它反映待并发电机和运行系统的电压差值。当两者电压相等时，指针在零位；当待并发电机电压大于系统电压时，指针向正方向偏转；反之，则指针向负方向偏转。

同期表的工作原理与 1T1—S 型基本相同。

当同期过程有"粗略同期"和"精确同期"之分时，U0、V0 接"粗略同期"回路，U0′、V0′接"精确同期"回路。当同期过程不分"粗"、"细"时，则 U0 和 U0′，V0 和 V0′相连。

2. 同期监察继电器

为了避免在较大的相角差下合闸而造成非同期合闸，在手动准同期装置中一般装设同期监察继电器。目前国产的同期监察继电器有 DT—13 型、DT—1 型和 BT—1B 型三种。BT—1B 型是一种晶体管同期监察继电器。DT—13 型和 DT—1 型同期监察继电器的原理相同，下面简单介绍这种继电器的工作原理。

DT—13 型同期监察继电器的内部和外部接线图，见图 14-6 所示。

DT—13型同期监察继电器的结构，与一般电磁式电压继电器相同，它有两个参数相同的线圈，此线圈在开口的口字形铁芯开口处的上下磁极上各绕一半，并里、外交叉放置，使极性相反。这两个线圈分别接于待并系统和运行系统相间电压上，L1′、L1分别由待并系统和运行系统电压互感器获取（自同期小母线），L2为同期回路中公共V相接地的二次电压。当两侧电压大小相等、相位一致时，两线圈所产生的磁通大小相等、方向相反，而互相抵消，继电器的动断触点K闭合，接通同期合闸小母线M1、M2，使合闸脉冲回路接通，允许断路器合闸。相反，当同期条件不满足时，继电器的动断触点K断开，使断路器不能合闸。

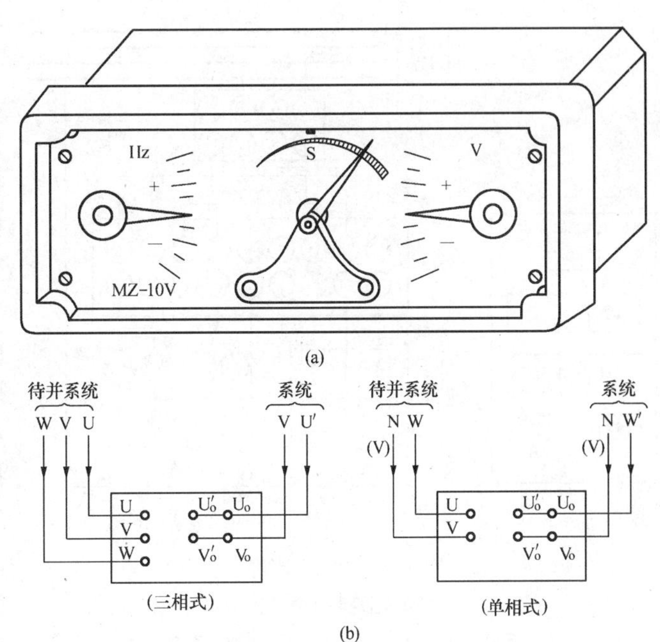

图14-5　MZ—10型同期表的外形和外部接线
(a) 外形图；(b) 外部接线图

3. 手动准同期方式

手动准同期分集中手动准同期和分散手动准同期两种形式。集中手动准同期电路的同期表一般采用组合式同期表，同期表计和转换开关都布置在集中同期屏上，各同期点的并列操作均在集中同期屏上进行。分散同期方式仅将同期表计集中，而各同期点的操作开关分别设在各同期点的控制屏上，分散同期接线与集中同期接线原则基本相同。集中同期屏可对任一台待并机组进行调速、调压和并列操作，与分散同期方式相比，具有监视直接、操作方便的优点。

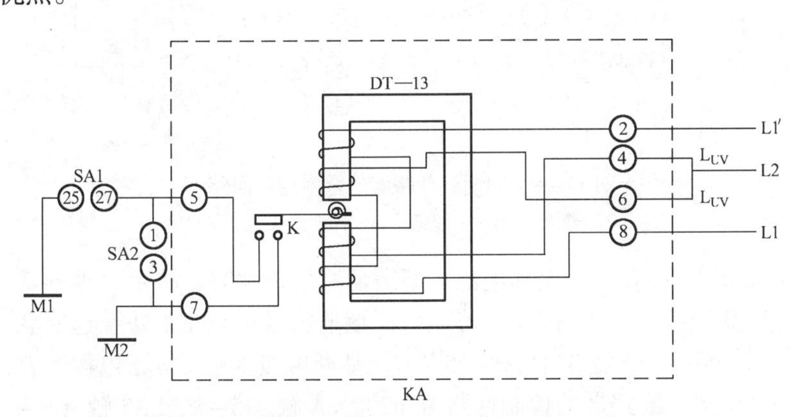

图14-6　DT—13型同期监察继电器的内部和外部接线

（二）手动准同期回路

1. 同期小屏及其接线

图14-7（a）为同期小屏的屏面布置图，图14-7（b）为同期小屏的接线图。

SA1为同期表计转换开关，它有三个位置：“断开”、“粗略”、“精确”。平时不使用同期表计时，此开关打在“断开”位置，将表计退出。转换开关SA1打到“粗略”位置时，则利用其偶数触点将电压表和频率表分别接于待并发电机和运行系统

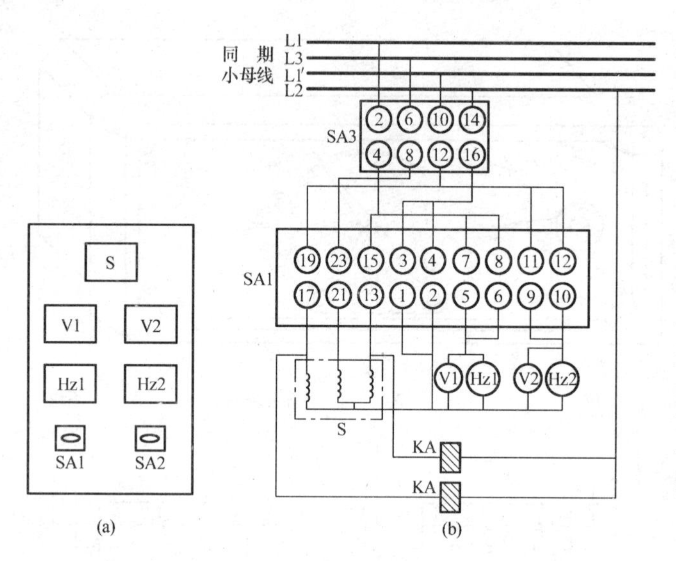

图 14－7 同期小屏
(a) 屏面布置图；(b) 接线图
SA1、SA2、SA3—转换开关；KA—同期监察继电器

的同期小母线上，以监视电压和频率，而同期表不接入。如两侧电压差不满足并列条件，可在待并机组控制屏上进行电压调整；如两侧频率差不满足并列条件时，可在待并机组控制屏上进行调速。当两侧频率和电压调节至满足并列条件时，准备同期并列，再将 SA1 置于“精确”位置，其奇数触点接通，将电压表、频率表和同期表都接入同期小母线上。运行人员根据同期表的指示，确定发出合闸脉冲的时刻。当同期表的指针快要到达同期点之前的某一整定超前相角时，立刻发出合闸脉冲，使待并发电机并入系统。

SA3 是自动准同期和手动准同期的切换开关。当 SA3 处在“自动”位置时，其偶数触点断开，手动准同期回路退出；当 SA3 处在“手动”位置时，其偶数触点接通，手动准同期回路投入。

SA2 是投入和退出同期监察继电器 KA 的转换开关。

2. 同期点断路器的合闸控制回路

为了避免作为同期点的断路器非同期合闸，同期点断路器合闸控制回路与一般断路器的合闸回路有所不同，其接线如图 14－8 所示。

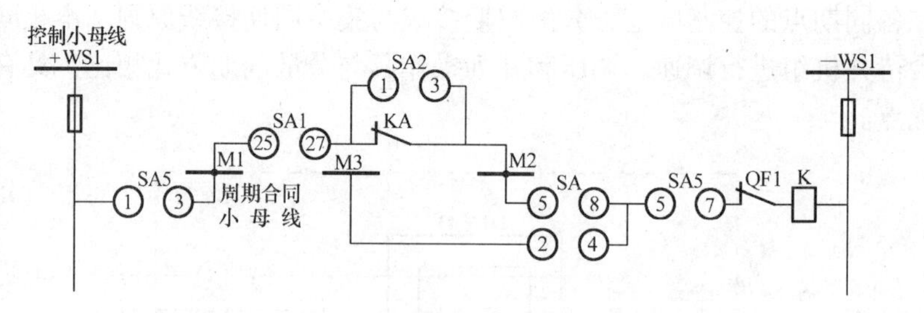

图 14－8 同期点断路器的合闸控制回路
Q1—断路器辅助出触点；KA—同期监察继电器

不论采用哪一种同期方式，同期点断路器的合闸回路都经过自身的同期开关 SA5 触点加以控制。同期合闸时，将同期开关 SA5 置于“投入”位置，其触点 1－3、5－7 接通，合闸小母线 M1 经 SA5 触点 1－3 从控制小母线＋WS1 取得正电源，在频率差和电压差都满足并列条件时，将手动准同期开关 SA1 置于“精确”位置，其触点 25－27 接通，若此时同期监察继电器 KA 处于返回状态，其动断触点闭合，则合闸小母线 M2 经 SA1 触点 25－27、动断触点 KA 取得正电源。合闸操作开关 SA 触点 5－8 一旦接通，断路器的控制回路由 M2 经 SA 触点 5－8、SA5 触点 5－7、断路器辅助动断触点 QF1、合闸接触器线圈 K 至－WS1 接通，启动合闸接触器，发出合闸脉冲。

3. 手动准同期的闭锁

同期监察继电器的动断触点串接在合闸小母线 M1、M2 之间。当待并系统和运行系统的并列条件不满足时，继电器动作，其动断触点 KA 断开，闭锁了断路器控制回路，使合闸脉冲不能发出。此外，在动断触点 KA 两端，并联了同期监察继电器 KA 的投入和退出转换开关 SA2 的 1－3 触点，目的是在某些情况下，解除闭锁回路。例如，对具有单侧电源的同期点断路器进行合闸时，为了能发出合闸脉冲，需要利用 SA2 的触点 1－3 短接动断触点 KA。因为在单侧电源的情况下，同期监察继电器一直处于动作状态。

在手动准同期并列的过程中，为了防止由于同期装置工作不正确及运行人员误操作造成的非同期并列，除在手动准同期电路中装设同期监察继电器外，同期点断路器之间也有互相闭锁。在同一时间内只允许对一台断路器进行并列操作。为此，每个同期点断路器均装有同期开关 SA5，并共用一个可抽出手柄。此手柄只有在 SA5 为断开位置时才能抽出，以保证在同一时间内只对一台断路器进行并列操作。

4. 手动准同期的主要操作步骤

下面以采用同期小屏装置，发电机并列于运行母线为例，说明手动准同期的主要操作步骤，见图 14－9 所示。

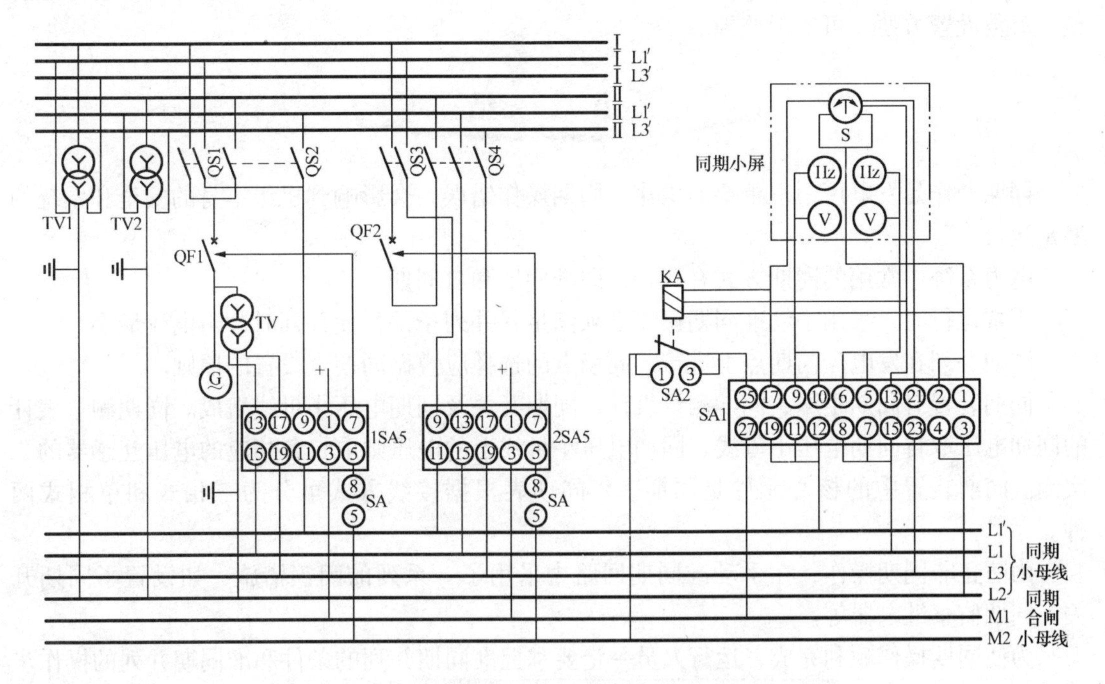

图 14－9　采用同期小屏时手动准同期装置电路图

(1) 发电机升速至额定值后，合上灭磁开关给发电机励磁。

(2) 调节励磁电流使发电机电压升到额定值，合同期转换开关 SA5 于“投入”位置，将待并发电机与运行母线电压加到同期小母线上。

(3) 转换开关 SA2 至同期闭锁投入位置，断开 SA2 的 1－3 触点，投入同期监察继电器。

(4) 操作同期小屏上的手动准同期开关 SA1 到“粗略”位置，调节发电机转速和电压，使两电压表和频率表的指示一样。

(5) 操作 SA1 到“精确”位置，将同期表投入，同期表开始旋转。

(6) 调节发电机转速，使同期表指针向“快”的方向缓慢旋转，即待并发电机频率略高于运行母线电压频率，将控制开关SA旋转到“预备合闸”位置，待指针靠近红线时，立即将SA转到“合闸”位置，使断路器合闸。由于发电机频率略高，故合闸后立即带上少许有功功率，利用其同步力矩将发电机拖入同期。

二、自动准同期的装置

（一）自动准同期方式

自动准同期有两种方式：一是集中自动准同期方式，即全厂所有需要同期的断路器共用1～2台自动准同期装置；另一种是分散自动准同期方式，即每台发电机断路器分别装设一台自动准同期装置。

目前国内使用的自动准同期装置，主要有ZZQ—3A型、ZZQ—3B型和ZZQ—5型。ZZQ—3A型只能自动调频、自动合闸，不能自动调压。ZZQ—3B型为双通道准同期装置，是ZZQ—3A型的改进型。ZZQ—3B型和ZZQ—5型均能自动调频、自动调压和自动合闸。

（二）微机自动准同期装置

微机自动准同期装置是以16位单片机为核心，配以高精度交流变换器（小TV），准确快速的交流采样，计算断路器两侧的电压、频率和相角差，输入/输出光电隔离，装置能自检、参数设置方便，可实现监控。

小　结

同期操作是发电厂中很重要的操作，同期操作错误，会影响到机组本身的安全和系统的稳定运行。

电力系统中常用的同期方式有两种，即准同期和自同期。

正常运行时，采用手动准同期操作必须满足其并列条件，使并列时冲击电流最小。

同期并列在发电厂同期点上进行，同期点的选择应遵循同期点设置的原则。

同期装置有同期小屏、同期测量表计、同期开关及同期电压小母线组成。同期测量表计的同期电压取自同期电压小母线，同期电压小母线上的电压则取自各相应的电压互感器的二次侧。同期装置中的核心元件是同期表。同期表根据接线方式可分为三相式和单相式两种。

为防止非同期操作，在手动准同期回路中采用了一系列的闭锁措施，如设置了同期开关、同期监察继电器等。

为使同期操作顺利完成，运行人员一定要掌握准同期并列的条件和准同期并列的操作步骤。

自动准同期有集中自动准同期和分散自动准同期两种方式，目前国内使用的自动准同期装置，主要有ZZQ—3A型、ZZQ—3B型和ZZQ—5型的。

习　题

14－1　发电机采用准同期并列时应满足哪些条件？

14－2　发电厂设置同期点的原则是什么？

14－3　为什么同期表指针停在红线时不允许合闸？

14－4　当使用共同的同期小屏时，怎样保证只有一台断路器两侧的电压加到同期小屏上？

14－5　转角变压器有何作用？接线组别应如何考虑？变比应怎样选择？

14－6　手动准同期回路中为什么要采用同期监察继电器？试述该继电器的基本工作原理。

14－7　进行同期操作的断路器，其合闸脉冲要经过哪些触点和小母线？为什么？

14－8　试述手动准同期操作的主要步骤。

14－9　试说明手动准同期回路中，都采用了哪些闭锁措施，用以防止非同期合闸？

第十五章

二次回路接线图

二次回路接线图是反映二次设备及其连接的实际安装位置图，主要用于发电厂和变电所二次回路的安装接线，也用于运行和试验中对二次线路的检查、维修和故障处理。习惯上，也称二次接线图为安装接线图。

本单元主要讲述了发电厂、变电所的控制室的布置，屏面布置图及屏背面接线图的画法，阐述了绘制二次接线图的基本原则和相对编号法，对项目代号的用法、作用也作了扼要的叙述，最后对安装接线图识图进行了举例说明。

第一节 屏面布置图

一、发电厂控制室布置

主控制室是发电厂、变电所的控制指挥中心。在主控制室中装设有控制屏（台），控制屏（台）上装设各种设备的测量仪表、断路器的控制电路、信号电器等。控制屏（台）的结构如图 15－1 所示。

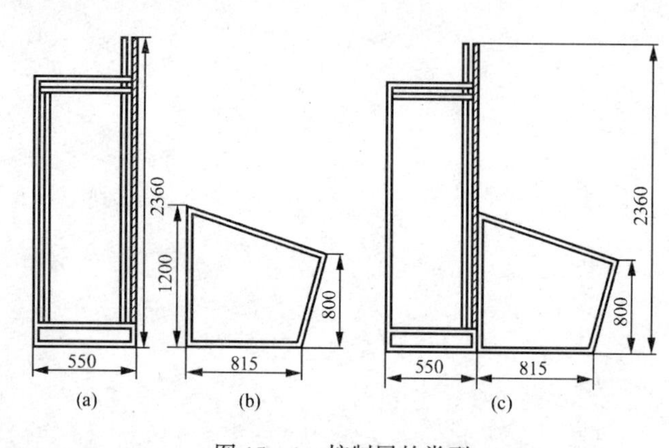

图 15－1 控制屏的类型

(a) 独立垂直控制屏；(b) 台面倾斜的控制台；(c) 控制屏台

主控制室中还配有继电保护屏、厂用屏、直流屏、电能表屏、自动记录式仪表屏等。

主控制室的布置应保证运行和检修安全，操作方便，并注意美观、大方、舒适。

图 15－2 是一个发电厂的主控制室平面布置图。可见，需要经常操作监视的控制屏和控制屏台，布置在正面及左右侧第一排；不需要经常操作监视的保护屏，布置在第二排；直流屏布置在最后一排。

单机容量在 200MW 及其以上且自动化程度高的大型火电厂，采用炉、机、电单元集中控制，图 15－3 为某火电厂单元控制室的平面布置图。

炉、机、电集中控制的范围包括主厂房内的锅炉、汽轮机、发电机、厂用电以及与它们有密切联系的制粉、除氧、给排水系统，以使运行人员了解生产的全过程。至于主厂房以外的除灰系统、水处理系统，一般采用就地控制。当全厂电气主接线比较简单，厂内电气网络控制可放在单元控制室内，否则应另外设置网络控制室。大型电厂一般一个单元控制两台机组，两台机组的控制屏台对称地布置在主环的两侧。当技术水平和运行水平提高后，在条件允许时，两台锅炉各由一人值班，其余两台汽轮机和两台发电机及网控各由一人值班，共计三人即可。大型热电厂由于控制设备较多，可以采用一个单元只控制一台机组。

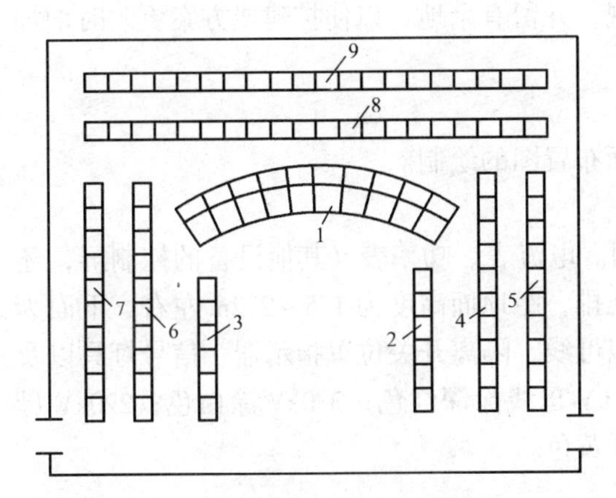

图 15－2　火力发电厂主控室平面布置图

1—控制屏台；2—线路控制屏；3—厂用控制屏；4、5—线路及母线保护屏；6—厂用保护屏；7—电能表及自动记录式仪表屏；8—主机主变压器保护及自动装置屏；9—直流屏

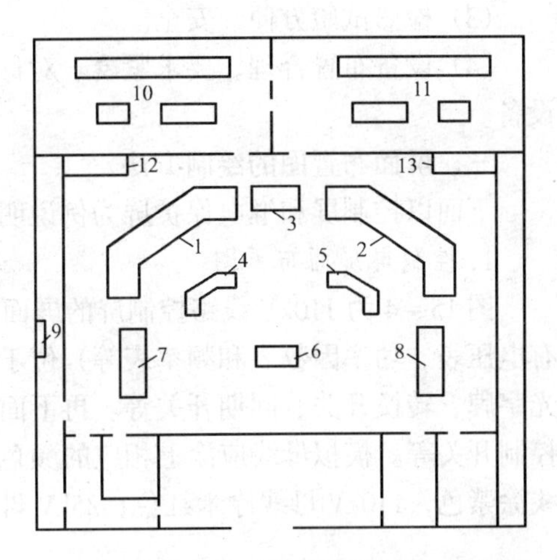

图 15－3　某火电厂单元控制室平面布置图

1、2—炉、机、电控制屏；3—网络控制屏；4、5—运行人员工作台；6—值长台；7、8—发电机控制屏；9—消防设备；10、11—计算机；12、13—打字机

目前，随着机组容量的增大，机组自动化水平的提高，运行人员操作技能日益熟练，炉、机、电单元集中控制方式已成为发展方向。

另外，对于单机容量大的发电厂，目前还采用弱电选测选控的控制方式，弱电化可以使二次回路的设备体积大为缩小，而选线化又可以使测量仪表和控制设备的数量减少。因此，随着弱电选线技术的应用，信号设备的结构和信号设备在控制屏上的布置，以及控制屏台的结构等，也发生了很大变化。例如，可以把值班桌和控制台合并在一起，台上仅设置一些小型的选线按钮、控制开关和少量仪表，另设信号返回屏，在信号返回屏上装设测量仪表、信号装置和全厂电气主接线模拟图。值班人员坐在控制台前，可以清楚地从信号返回屏上了解全厂电气设备的运行情况，并可在控制台上进行操作。这种方式在大型超高压变电所中也常采用。

二、屏面布置的基本要求

二次屏的屏面布置是根据二次回路展开图，选好所用二次设备的型号之后进行绘制的。屏面布置图是为了屏面开孔安装设备时用的，因此屏面布置图中设备尺寸及设备间距离都要按比例准确地绘出，这是二次设备在屏上安装的依据。

二次屏上设备的布置、排列应按照一定的顺序，一般应满足下列要求：

（1）在控制屏（台）与信号返回屏的面板上，仪表、信号设备、模拟母线及继电器等的布置方式要适当，要求观察清晰、操作调节方便；在运行中需经常监视的仪表，不要布置得过高，最好布置在离地面 1.8m 上下；属于同一电路的相同性质的仪表，布置时应互相靠近；信号设备的布置，要求明显，且易于分辨；对于那些需要经常监视运行状态的继电器，不要布置得太高，最好布置在离地面 1.5m 上下，但如果这类继电器很多，也可以布置在较高的位置。

（2）控制开关、调节手轮、按钮等布置的高度要方便操作和调整，其中心线离地面不低于 0.6m，一般布置在距地 0.8～1.5m 处。

（3）检修试验方便、安全。

（4）设备布置合理，要求紧凑、对称、美观，并留有余地，以便扩建或方案更改时增加设备。

三、屏面布置图的绘制方法

下面以控制屏和继电保护屏为例说明其屏面布置图的绘制。

1. 控制屏屏面布置图

图 15－4 为 110kV 线路控制屏的屏面布置图。电流表、功率表（其他设备的控制屏，还有电压表、功率因数表和频率表等）位于最上几排，距地面高度为 1.5～2.2m 左右，下面为光字牌、转换开关、同期开关等。再下面为模拟母线、隔离开关位置指示器、信号灯具以及控制开关等。模拟母线应涂上相应的颜色：500 kV 母线涂深红色；330kV 涂白色；220kV 母线涂紫色；110kV 母线涂米红色；35kV 母线涂鲜黄色。

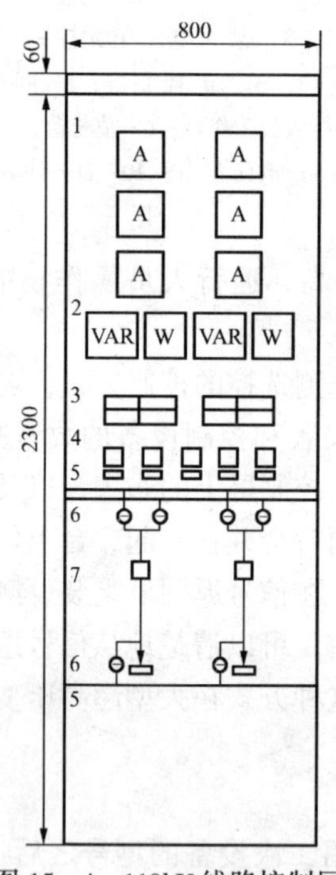

图 15－4　110kV 线路控制屏屏面布置图

1—电流表；2—有功功率表和无功功率表；3—光字牌；4—转换开关和同期开关；5—模拟母线；6—隔离开关位置指示器；7—控制开关

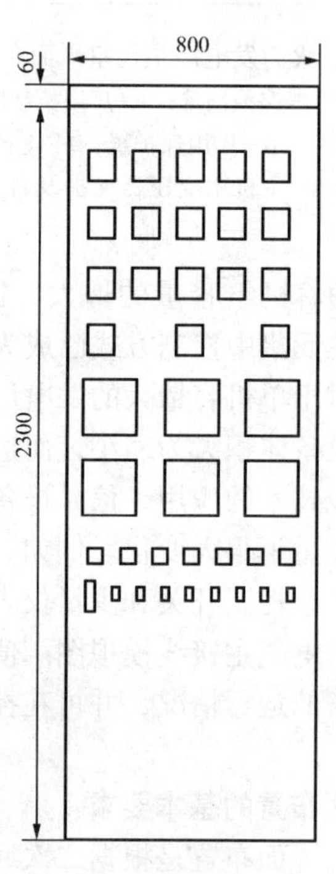

图 15－5　继电保护屏屏面布置图

为了便于运行管理和设计，通常将二次设备、器具和接线，划分为不同的安装单位，或称单元。通常将属于可独立运行的一个一次电路的二次设备，划分为一个安装单元。图 15－4 中，110kV 线路的控制屏有两个安装单元。此外，二次回路中的公用部分，如同期回路、中央音响信号系统等，也可划分为独立的安装单位。

2. 继电保护屏屏面布置图

图 15－5 为继电保护屏屏面布置图。

一些不需经常观察的继电器，皆布置在屏的上部，而运行中需要监视和检查的继电器，应位于屏的中部，离地面高度约为1.5m。

通常按电流继电器、电压继电器、中间继电器的顺序，由上而下依次排列。下面放置较大的继电器（如时间继电器、重合闸继电器和方向继电器等）以及信号继电器。末排为连接片和试验部件。这样布置基本上符合接线的顺序，而且又便于检查和观察。

第二节　端子排图及屏背面接线图

一、接线端子的作用、分类及表示方法

在继电保护屏和控制屏的左右两侧侧面，装设了接线端子排（也称端子板），它由各种型式的接线端子组合而成，是二次接线中专用来接线的配件。凡屏内设备与屏外设备及屏顶小母线接连时，必须经过端子排；同一屏内不同安装单位的设备互相连接时，也要经过端子排；而同一屏内同一安装单位的设备互相连接时，不需经过端子排。

接线端子的结构形式很多，根据端子的用途，可以分成下列各种类型。

(1) 一般端子：供一个回路的两端导线连接用，是用得最多的端子，其导电片如图15-6（a）所示。

(2) 连接端子：通过绝缘座上部的中间缺口，用导电片把两个端子连在一起，使各种回路并头或分头，其外形如图15-6（b）所示，导电片如图15-6（c）所示。

(3) 试验端子：用于接入电流互感器的回路中，可不必松动原来的接线，就能接入试验仪表，保证电流互感器的二次侧在工作过程中不会开路，如图15-6（e）所示。

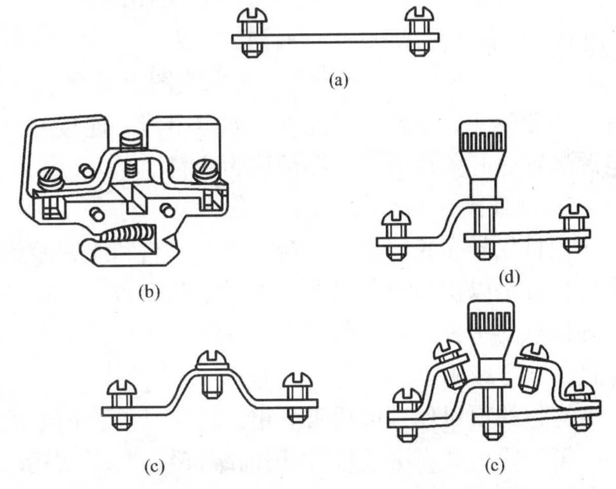

图15-6　不同类型的接线端子导电片
(a) 一般端子导电片；(b) 连接端子外形；(c) 连接端子导电片；(d) 特殊端子导电片；(e) 试验端子导电片

(4) 连接型试验端子：它同时具有试验端子和连接端子的作用，和试验端子相似。所不同的是其绝缘座上部的中间有一缺口，应用在彼此连接的电流试验回路中。

(5) 特殊端子：用于需要很方便断开回路的连接端子中，如图15-6（d）所示。

(6) 终端端子：用于固定或分离不同安装单元的端子。

图15-7为端子型式符号的表示方法。图中X为端子排的文字符号，X后的数字为端子排的序号。在端子排中，每个端子按排列顺序进行编号。

图15-7中1号端子是试验端子，专用于接入电流互感器回路作试验用；2、3号端子是电流试验连接端子，它除了作试验端子外，两个端子还可以用铜片连接起来；4号端子为普通端子，作一个回路的两端导线连接用；5、6号端子为普通连接端子，可使各种回路并头或分开；7号端子为特殊端子，用于需要很方便地断开回路的连接回路中；PE表示为保护接地端子；最下面为固定或分离不同安装单元端子排的终端端子。

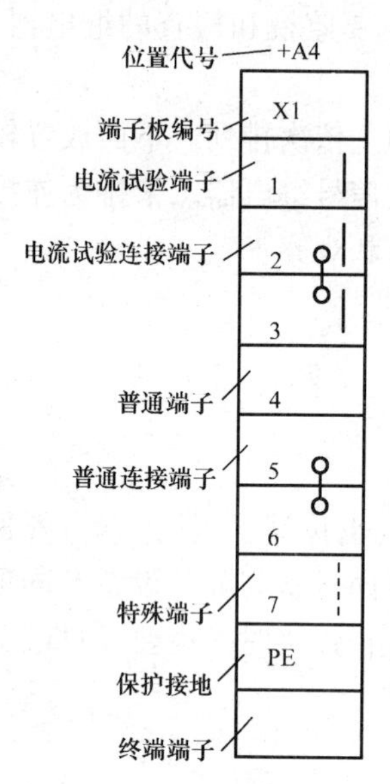

图 15－7 端子排表示方法

关于端子排的排列原则如下：

(1) 不同安装单位的端子应分别排列，不得混杂在一起。

(2) 端子排一般采用竖向排列，且应排列在靠近本安装单位设备的那一侧。

(3) 每一个安装单位端子排的端子应按一定次序排列，以便于寻找端子。其排列次序为：交流电流回路；交流电压回路；信号回路；直流回路；其他回路。

二、屏背面接线图

屏背面接线图又称安装接线图。它标明屏上各个设备引出端子之间的连接情况，以及设备与端子排之间的连接情况。安装接线图是制造厂生产屏过程中配线的依据，也是施工和运行时的重要参考图纸。它是以展开图、屏面布置图和端子排图为原始资料，由制造厂的设计部门绘制供给的。

(一) 项目代号

1. 项目

在电气图上通常用一个图形符号来表示的基本件、部门、组件、功能单元、设备、系统等。如电阻器、连接片、集成电路、端子排、继电器、发电机、电源装置、开关设备等，都可称为项目。

2. 项目代号的组成

项目代号在我国是一个新的概念。它和原国家标准中的文字符号在结构上有很大区别，项目代号是以识别图、图表、表格中和设备上的项目种类，并提供项目的层次关系、实际位置等信息的一种特定代码。为便于维护，在设备中往往把项目代号的全部或一部分表示在该项目的上方或附近。

完整的项目代号包括四个相关的代号段。每个代号段都用特定前缀符号加以区别。

第一段为“高层代号”，用前缀符号“＝”表示。例如＝T2，表示二号变压器系统。

第二段为“位置代号”，用前缀符号“＋”表示。例如＋D12，表示该设备位置在柜列 D 的 12 号屏。

第三段为“种类代号”，用前缀符号“－”表示。例如－K5，表示设备种类为继电器的第 5 个继电器。

第四段为“端子代号”，用前缀符号“:”表示。例如 X1：13，表示端子板 X1 的第 13 号接线端子。

各段代号可以由拉丁字（如－K）或数字组成（如：13），也可以由字母和数字组合而成（如＋D12，－K5），字母一般采用大写。四段代号段的作用是不同的，通常以第三段种类代号用得最多，因此更为重要。

种类代号的作用是识别项目的种类，一般由代号项目种类的文字符号和数字组成，其形式为

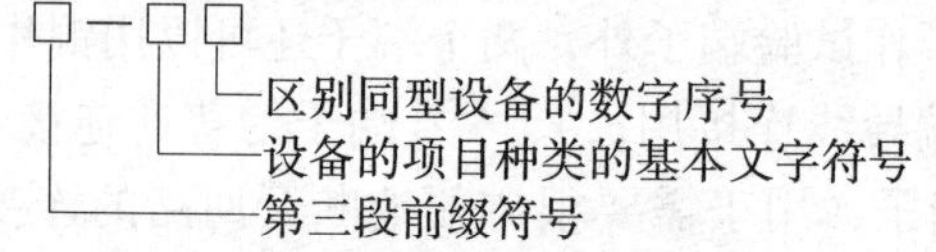

例如－K5，K 表示项目种类为继电器、接触器的基本文字符号，5 表示同种设备的顺序

号。

（二）绘制屏背面接线图的基本原则和方法

（1）屏背面接线图是背视图，看图者的位置应在屏后，所以左右方向正好与屏面布置图相反。屏背面接线图应以展开的平面图形表示，各部分之间的相对位置如图 15－8 所示。

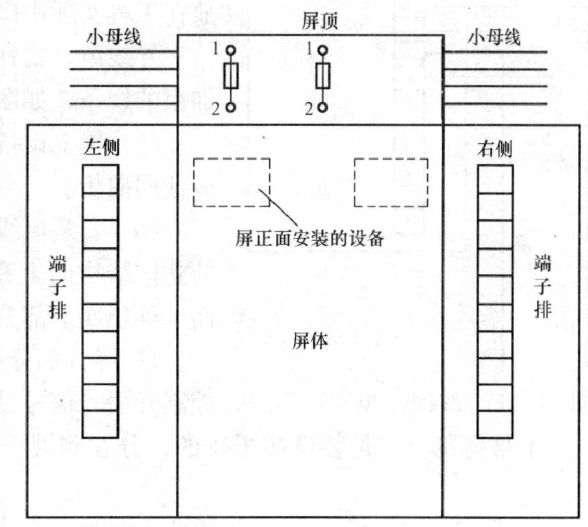

图 15－8　屏背面接线图的布置

（2）屏上各设备的实际尺寸已由平面布置图决定，所以画屏背面接线图时，设备外形可采用简化外形，如方形、圆形、矩形等表示，必要时也可采用规定的图形符号表示。图形不需要按比例绘制，但要保证设备间的相对位置正确。各设备的引出端子应注明编号，并按实际排列顺序画出。设备内部接线一般不必画出，或只画出有关的线圈和触点。从屏后看不见的设备轮廓，其边框应用虚线表示。

各设备、仪表、器具等应标明其项目代号的种类代号。同种类的不同设备，在种类代号后加数字区别。

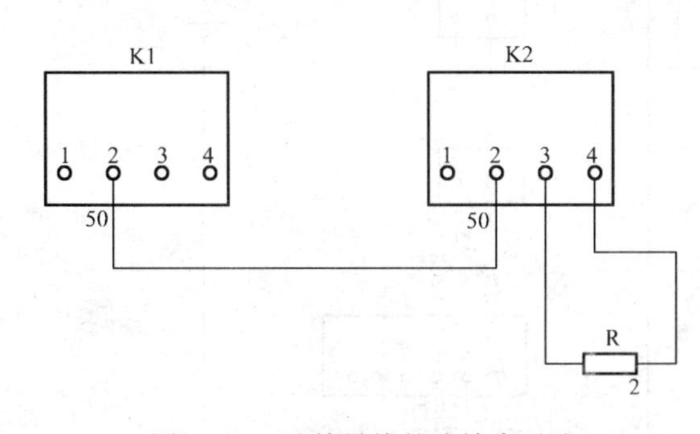

图 15－9　连接导线的连续表示法

国家标准中规定的有关设备种类代号的字母，见前面表 9－2。在种类代号字母前应加前缀“－”，如－K、－T 等，在不致引起混淆时，也可以不加前缀，本教材内容都没加前缀。

（3）所有二次小母线及连接导线、电缆等，应按国家标准中规定的数字范围进行编号。

上述项目代号、导线编号，应与电路图一致。

（4）设备与设备、设备与端子排等之间，连接导线的表示方法有两种。

1）连续线表示法：表示两端子之间导线的线条是连续的，图 15－9 所示。这种表示法线条较多，只适用于较简单接线情况。

2）中断线表示法：表示两端子之间导线的线条是中断的，在中断处必须标明导线的去向，既“远端标记”法，这种表示法也称为相对编号法。如甲乙两端子相连，则在甲处标乙，在乙处标甲，如图 15－10 所示。可见，端子排 X2 的 11 号端子，与继电器 K5 的 2 号端子连接；X2 的 12 号端子，与 K5 的 8 号端子连接等。图

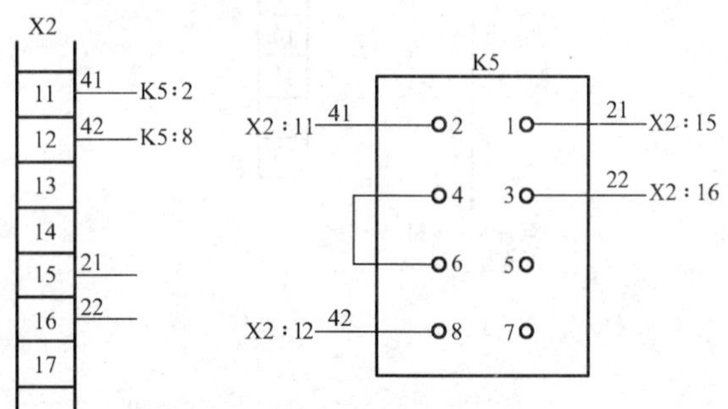

图 15－10　连接导线的中断线表示法

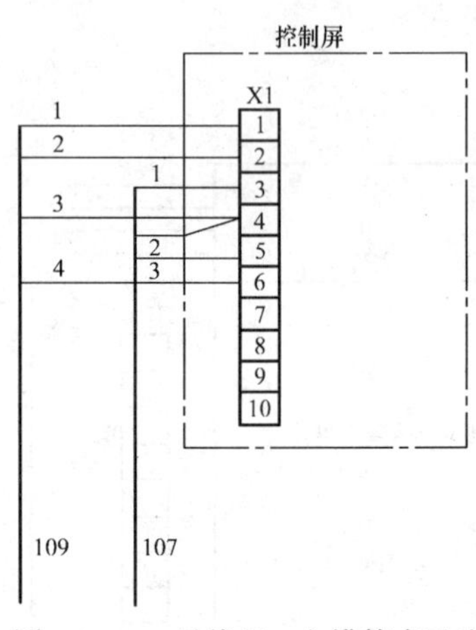

图 15－11 导线组、电缆等表示法

中 X2：11 或 K5：2 中的“：”标志，是端子代号的前缀。

中断线表示法，省略了导线的线条，使接线图清晰，故在工程实际中广泛应用。

导线组、二次电缆及线束等，可用单线表示，并可用加粗的线条，如图 15－11 所示。

（5）屏上设备间的连接线，应尽可能以最短线连接，不应迂回曲折。

（6）安装接线图的布置。安装接线图是从屏的后面将它的立体结构向上和左右展开为屏背面、屏左侧面、屏右侧面、屏顶四个部分，一般设备的布置是：

1）屏背部分：是装置各种控制和保护设备的，如仪表、控制开关、信号设备及继电器等。

2）屏侧部分：是装设端子排的，分右侧端子排和左侧端子排。在设备拥挤的情况下，

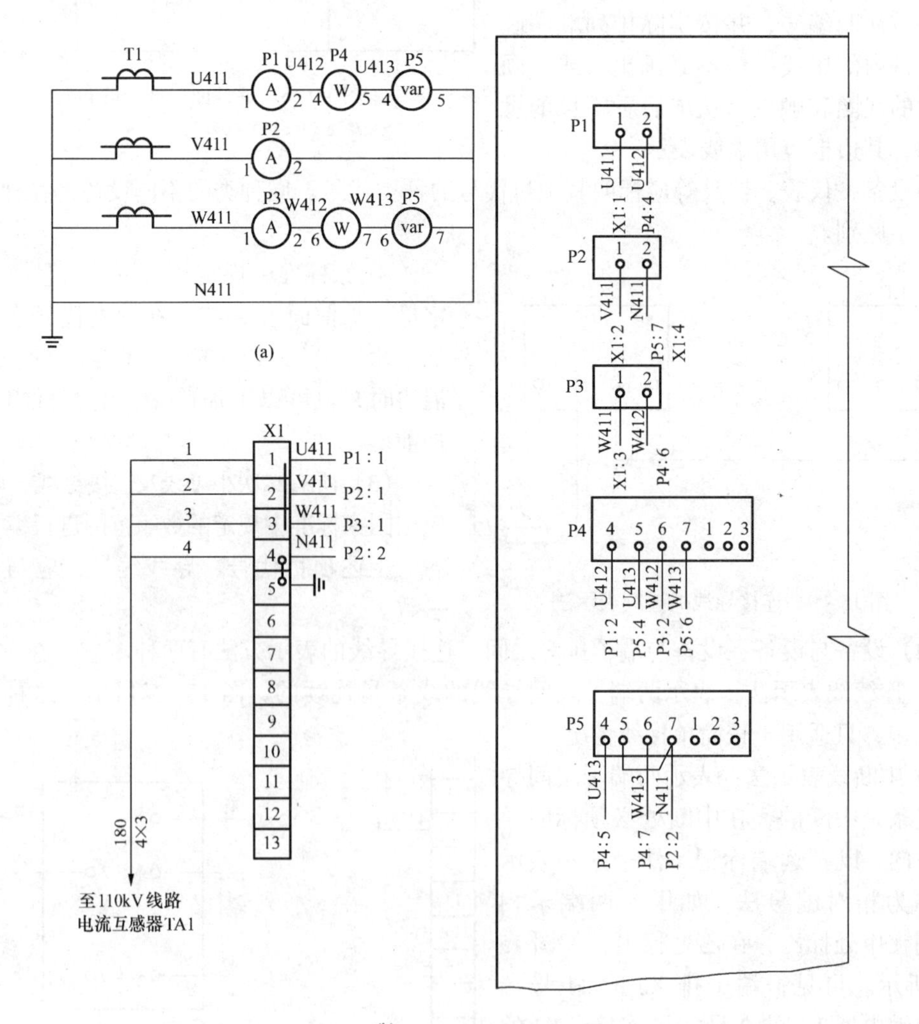

图 15－12 屏背面接线图举例

（a）电路图；（b）屏背面接线图

屏两侧亦可安装部分设备，但以不影响端子排的安设为原则。

3）屏顶部分：各种小母线、熔断器、附加电阻、小闸刀、警铃、蜂鸣器等装设于屏的侧面或背面的顶部，以便于操作调整。

4）电缆：电缆是屏内设备经过端子排与屏外设备相连的电气通路。一般用粗实线表示控制电缆，用细实线表示电缆芯线，并在电缆每根芯线的两端标有相同的芯线号。设备各单元之间的布缆情况，由电缆配置图给出。

（三）屏背面接线图举例

下面以 110kV 线路测量仪表的电流回路为例，说明屏背面接线图的绘制。

110kV 线路测量仪表的交流回路的电路图，如图 15－12（a）所示。测量仪表的屏面布置图，见图 15－4 所示。屏背面接线，按图 15－4 屏面布置图中右侧安装单位绘制。图 15－12（b）为屏背面接线图，包括端子排接线和屏体设备的接线。

线路电流互感器 TA1 是装在 110kV 配电装置中，经四芯电缆引至控制室，再经端子排接至控制屏。

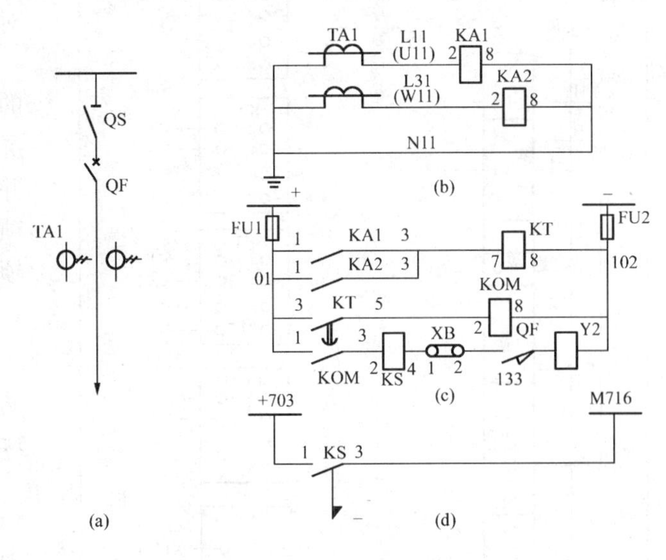

图 15－13　10kV 线路定时过电流保护的展开图

（a）一次示意图；（b）交流回路图；（c）直流控制回路；（d）信号回路

（四）安装接线图识图举例

在掌握了展开图和安装接线图的表达原则后，则可进行安装接线图的识图。

图 15－13 为 10kV 线路定时过电流保护的展开图，图 15－14 为依据该展开图绘制的安装接线图，它包括屏侧端子接线、屏体背面的设备安装接线和屏顶设备的接线。

识图的步骤如下：

（1）对照图 15－13 展开图，了解该单元接线有哪些设备组成及其动作原理。从图 15－14 端子排和设备标号中看出，此图的安装单元为＋A4 屏，屏上有 8 个项目分别为熔断器 FU1、FU2，继电器 KA1、KA2、KT、KS、KOM 和连接片 XB。设备项目代号分别用简化编号法编为 1、2、3、4、5、6、7、8。屏顶部分有四条母线，控制回路小母线＋、－，信号回路辅助小母线＋703，“信号未复归”光字牌小母线 M716。控制回路熔断器 FU1、FU2，屏左侧装有 15 个端子组成的端子排 X1。

（2）参照展开图先看交流电流回路，交流回路有一组互感器 TA1，TA1 接成不完全星形，通过控制电缆 112＃的三根芯线 1＃、2＃、3＃连接到端子排的 1、2、3 个试验端子。然后通过连接线号为 L11、L31、N11 导线分别接到 3:2、4:2、4:8 设备端子上。3:2 表示连接到屏上项目代号 3 的端子 2；4:2 和 4:8 表示连接到项目代号 4 的端子 2 和 8 上。

（3）看直流控制回路，控制电源从屏顶直流控制小母线“＋”、“－”，经熔断器 FU1、

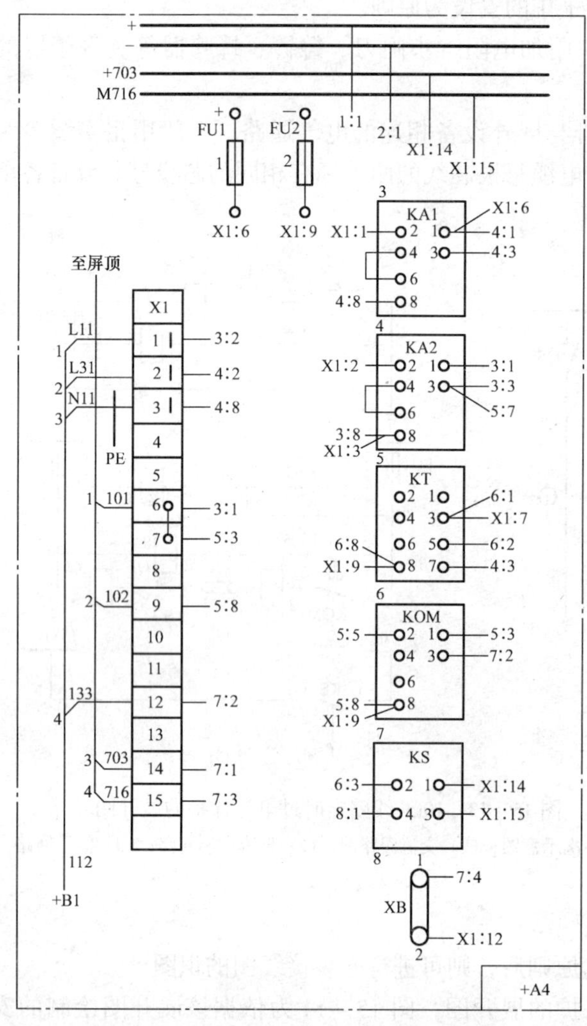

图 15 – 14 10kV 线路定时过电流的安装接线图

FU2 分别引到端子排 X1 的 6、9 端子，其导线编号为 101、102。X1 端子排的 6 号端子与屏上项目代号 3 的端子 1 连接，在屏上通过项目 3 的端子 1 和项目代号 4 的端钮 1 标出相对标记 4:1，而在项目 4 的端钮 1 上相对标记 3:1。

从原理图上可见，KA1 和 KA2 的触点并联后再和 KT 连接，所以在屏背接线图上，项目 3 和 4 的端子 3 并联，即在项目 3 的端钮 3 上标 4:3，项目 4 的端子 3 旁标出 3:3。然后由项目 4 的端子 3 旁标出 5:7，即与项目 5 的端子 7 相连，项目 5 的 8 端子旁标 X1:9，表明 8 端子接在端子排 9 #端子上，接通了“–”控制小母线。

项目 5 的 3 端子与 X1:7 相连，X1 的 6、7 是连接端子，也即 5 的 3 端子与“+”控制电源相连，项目 5 的 5 端子与项目 6 的 2 端子相连，项目 6 的 8 端子与项目 5 的 8 端子相连，也接到了“–”控制电源。项目 6 的 1 端子与项目 5 的 3 端子相连，也就是项目 6 的 1 端子接到“+”控制电源项目 6 的 3 端子与项目 7 的 2 端子相连，项目 7 的 4 端子与项目 8 的 1 端子相连，项目 8 的 2 端子连接到 X1 的 12 号端子，通过 133 电缆，去了配电装置。

（4）看信号回路，从屏顶信号辅助小母线 + 703 和光字牌中间辅助小母线 M716 到端子排 X1 的 14、15 端子和项目 6 端钮 1、3 连接。

图 15 – 14 采用相对编号法画出的导线连接，由编写的标号可以清楚地找到所需连接的接线端子。在屏上实际安装配线时，远端编号的数字写于特制的胶木套箍或塑料套上，然后套在连接导线的两端，以便在运行和检修时帮助查找设备。

小 结

在发电厂、变电所中，二次回路接线图主要用于安装接线、运行和试验中的维护、检查与故障处理。接线图包括屏面布置图、端子排图及屏背面安装接线图。

在二次接线图中，对于二次回路的设备、端子、导线和电缆等有一套完整的标志与编号，国家对此有统一的规定，对于这些标志和编号应在学习与实践中逐步掌握。

15－1　二次回路接线图各有什么作用？

15－2　控制屏屏面布置有什么原则？

15－3　接线端子有几种？各有什么用途？

15－4　什么是相对编号法？

15－5　项目代号有什么作用？

15－6　如何利用相对编号法作安装接线图？

第四篇　发电厂和变电所的规划设计

我国电力工业正朝着大容量、超高压、大联网的方向迈进，而电力工业的迅速发展，对发电厂（变电所）的设计提出了更高的要求，需要我们认真地研究对待。发电厂和变电所的规划设计内容很多，大体可分为一次设计和二次设计两大部分。本篇主要介绍一次部分电气的初步设计。

发电厂和变电所的电气一次部分初步规划设计，首先要对原始数据、资料进行分析，然后确定电气主接线的方案，设计厂用电及近区供电方式选择，然后在短路电流计算的基础上，选择主要电器设备，以及电气布置等。有关继电保护配置设计、防雷规划等，由于篇幅关系这里就不再讲述。

第十六章

原始资料分析和主变压器选择

第一节　原始资料的分析

设计发电厂或变电所，首先尽可能多地收集各种原始资料，如与系统的连接情况，主要负荷的性质和要求，机组容量、台数，燃料来源，供水、出灰、交通、环境污染，可利用场地，迁移设施和居民等情况。对收集掌握的资料认真分析研究，是搞好设计工作基础。

一、发电厂

1. 发电厂的类型、规模及运行方式

确定发电厂类型，要考虑能源情况、国家政策、电力系统中的位置作用、技术水平等，选择水电厂、矿口电厂、凝汽式火电厂、热电厂等；根据近期及远景规划，选择电厂容量、单机容量及台数、最大负荷利用小时数及可能的运行方式等。

发电厂装机容量标志着电厂的规模及在电力系统中的地位作用。为保证机组在检修或事故情况下系统的供电可靠性，最大单机容量的选择不宜大于系统总容量的10%。一个电厂的机组台数最好不超过6台，容量等级不超过两种，同容量机组应尽量选用同一型式。

确定发电厂运行方式总的原则是安全、经济地发、供电，而发电厂的运行方式及年利用小时数直接影响着电气主接线的设计，主接线应以供电调度灵活为主。承担基荷的发电机要求设备利用率高，年利用小时数在5000h以上；承担腰荷的发电机设备利用小时数为3000～5000h；承担峰荷的发电机设备利用小时数在3000h以下。

2. 电力系统情况

发电厂或变电所在系统中的地位和作用，对主接线的影响很大。对大型主力电厂，它与系统联系紧密，高压接线应选择可靠灵活的形式，重要联络线希望检修断路器时也不停电，所以往往还要求带有旁路母线的接线。水电厂一般均采用发电机—变压器组式接线，把电压升高后送入系统。水电厂的高压侧并列运行，可靠而稳定。水电厂若发电机出口并列，因联系阻抗小，调负荷时，容易出现自动抢负荷的不稳定情况。本电厂及本所附近各级电压的电力平衡情况，潮流方向和大小，主变压器大小对主接线形式影响极大。

星形接线的主变压器和发电机中性点接地方式是一个复杂的系统工程问题，它涉及到电压等级、单相接地短路电流大小、供电的可靠性、过电压的大小、继电保护与自动装置的配置问题及动作状态、通信干扰、系统稳定等许多方面的综合技术问题，直接影响电网的绝缘水平、系统供电的可靠性与连续性、主变压器和发电机的运行安全以及对通信线路干扰等。我国的中性点运行方式主要有中性点直接接地（对110kV及其以上电力系统）和中性点非直接接地（对35kV及其以下电力系统），中性点非直接接地包括中性点不接地，中性点经消弧线圈接地、中性点经电阻接地等。发电机中性点都采用非直接接地方式，目前，广泛采用的是经消弧线圈接地方式或经接地变压器（亦称配电变压器）接地。

3. 承担负荷的情况

负荷情况是原始资料中的重要内容，包括负荷的性质及地理位置、输电线路电压等级、出线回数及输送容量等。

在设计时应对负荷情况予以全面系统地分析，算出各电压等级的计算负荷，以进一步选择主变压器的类型、容量等。同时考虑负荷的重要性、变动性、可靠性指标及增长率。对负荷的昼夜及季节性变化，最好以负荷曲线作为依据。对负荷的逐年增长要求，一般取年增长率7%左右。负荷发展按近期规划（5年）考虑（即五年计划）。预测最大负荷一般可有

$$S'_{max} = (1 + m)^t S_{max} \tag{16-1}$$

式中　S'_{max}——预测最大负荷；

S_{max}——按负荷资料统计的最大负荷；

m——负荷年增长率，按7%左右考虑；

t——时间，可按五年考虑。

发电厂承担的负荷应尽可能地使全部机组安全满发，并按系统提出的运行方式，在机组间经济合理分布负荷，减少母线上电流流动，使电机运转稳定和保持电能质量符合要求。

4. 发电厂厂用电源的获取方法

（1）发电机—变压器单元接线。厂用电的工作电源一般由发电机与变压器之间引接，供给该机组的厂用电负荷。电厂启动时由电力系统经主变压器倒送。

（2）200MW及其以上大容量发电机出口采用分相封闭母线。无装设发电机出口断路器，工作电源从发电机出口引接高压工作电源，厂用分支线亦采用封闭母线。从系统另接启动变压器，并兼作备用厂用变压器。

（3）大中型发电厂采用明备用形式，以减少厂用变压器的容量。一般设置两台独立厂用变压器，并互为备用（即暗备用）。备用电源与工作电源分开，从不同母线上引接。厂用电源应从与系统联系最紧密的地方引接，但从经济角度考虑，原则上，从较低级电压母线引接更为合适。

5. 其他资料

（1）气象资料：包括最高温度、最低温度、平均温度及全年主风向，雷雨季节等气象资

料。

（2）地质资料：包括地质构造、地基土特性，是否为地震区等，这对土建工程的影响很大。

（3）环境资料：包括交通运输条件、可利用场地、水源等。场地大小对配电装置的布置影响很大。运输条件较差时，若重型设备无法运输就要考虑另选较轻型设备，如大容量三相主变压器无法运输时，就可考虑以三只单相变压器代替。

（4）设备制造情况：对各制造厂电器的性能、制造能力及供应情况应加以分析比较，以保证设计的先进性、经济性和可行性。

掌握厂址所在地区的气象、地质和环境条件，为选择经济合理的厂址方案提供可靠的设计依据。

二、变电所

1. 变电所的类型

根据变电所在电力系统中的地位和作用可分为枢纽变电所、中间变电所、地区变电所、企业变电所和终端变电所等类型。

2. 变电所在电力系统中的地位和作用

分析变电所在系统中处的地位，与系统的联系情况，是否有穿越功率，本所停电对系统供电可靠性的影响等。

3. 负荷分析

分析各电压等级的负荷性质、进出线回路数、输送容量、负荷组成、供电要求等因素。对于每一负荷应具体分析其重要负荷所占的百分数，分别求出近期、远景的最大计算负荷。

4. 其他因素的影响

分析同发电厂所述。

第二节　主变压器容量和台数的确定

主变压器的容量、台数，直接影响主接线的形式和配电装置的结构。它的确定除依据基本原始资料外，还取决于输送功率的大小，馈线回路数，电压等级，以及与系统联系的紧密程度，同时兼顾发电机负荷增长速度等方面，并根据电力系统5~10年发展规划综合分析，合理选择。如果变压器容量选得过大，台数过多，不仅增大占地面积，增加投资，同时也增加了运行电能损耗，设备未能充分发挥效益；若容量选得过小，在技术上也是不合理的，因为将可能使发电机的剩余功率无法输出或会满足不了变电所负荷的需要。所以，在选择发电厂和变电所主变压器时应遵循以下基本原则。

一、发电厂主变压器容量和台数的确定

（1）对于200MW及其以上发电机组，一般与双绕组变压器组成单元接线，主变压器的容量按发电机的容量配套选用，见表16-1，即主变压器容量应按发电机的额定容量扣除本机组的厂用负荷后，留有10%的裕度来确定。

随着发电机功率因数不同，厂用电率不同，变压器的生产、制造、供货及发电机和变压器的过负荷能力不同等实际情况，主变压器容量会稍有变化，以上数据仅供参考。

表 16－1　　主变压器的容量按发电机标准规范配套选用

主变压器容量(MVA)	发电机容量(MW)	功率因数 cosϕ	主变压器容量(MVA)	发电机容量(MW)	功率因数 cosϕ
31.5	25	0.8	250	200	0.8
63	50	0.8	360	300	0.85
125	100	0.8	690～760	600	0.85～0.80
160	125	0.8			

采用扩大单元接线时，应尽可能采用分裂绕组变压器，其容量应按单元接线的设计原则算出的两台机容量之和来确定。

(2) 具有发电机电压母线的电厂主变压器容量和台数的确定。

1) 为保证发电机电压出线供电可靠性，接在发电机电压母线上的主变压器一般不少于两台。

2) 在满足了发电机电压母线上日最小负荷及厂用负荷后，主变压器应能将发电机电压母线上的最大剩余功率送入系统。

3) 当接在发电机电压母线上的最大一台发电机停运，且发电机电压母线上的负荷达到最大时，主变压器应能从系统倒送功率，以获取所缺功率。

4) 当发电机电压母线上容量最大的一台主变压器因故停运时，其他主变压器应能保证重要负荷的供电，此时，可考虑加强冷却措施以提高主变压器的正常过负荷能力。重要负荷一般按全部负荷的 60%～75%估算。

(3) 连接两种升高电压母线的联络变压器容量的确定。

1) 为了布置和引线方便，通常联络变压器只选一台。

2) 联络变压器容量一般不应小于接在两种电压母线上最大一台机组的容量，以保证最大一台机组故障或检修时，通过联络变压器来满足本侧负荷的要求；同时，也可在线路检修或故障时，通过联络变压器将剩余功率送入另一系统。

二、变电所主变压器容量和台数的确定

(1) 为保证供电可靠性，避免一台主变压器停运时影响用户的供电，变电所一般装设两台变压器。当只有一个电源或变电所可由中、低压侧电网取得备用电源给重要负荷供电时，可只装设一台主变压器。对于大型枢纽变电所、地区性孤立一次变电所或大型工业专用变电所根据工程具体情况，可安装 3 台主变压器。

(2) 主变压器容量一般按变电所建成后 5～10 年规划负荷来选择，并根据城市规划、负荷性质、电网结构等综合考虑确定其容量。

(3) 对装有两台主变压器的变电所，应能在一台停运时，另一台变压器容量在计及过负荷能力允许时间内，仍能保证对Ⅰ类及Ⅱ类负荷的连续供电。每台变压器容量一般有

$$S_N = 0.6P_m \qquad (16-2)$$

其中，P_m 为变电所最大负荷。这样，当一台变压器停运时，可保证对 60%负荷的供电，考虑变压器 40%的事故过负荷能力，则可保证对 84%负荷的供电。由于一般电网变电所大约有 25%的非重要负荷。因此，该主变压器的容量能保证对变电所重要负荷的供电要求。

第三节 主变压器型式的选择

一、相数的确定

主变压器采用三相或单相，主要考虑变压器制造条件、可靠性要求和运输条件等因素。对330kV及其以下电压系统中，当不受运输条件限制时，一般选用三相变压器，因为单相变压器相对而言投资大、占地多、运行损耗也较大，同时配电装置结构复杂，增加了维修工作量。

对500kV及其以上系统中应按其容量、可靠性要求程度、制造水平以及运输条件等，通过经济技术比较后选择。

二、绕组数的确定

在具有三种电压等级的系统中，可以采用两台双绕组变压器、三绕组变压器或自耦变压器。一般当最大机组容量为125MW及其以下的中小容量发电厂多采用三绕组变压器。但是当两种升高电压的负荷相差很大，如某个绕组的传递功率小于该变压器额定容量的15%，而使绕组未能充分利用时，则选用两台双绕组变压器比较合理。对最大机组容量为200MW及其以上的发电厂，一般采用双绕组变压器加联络变压器，以省去发电机出口昂贵的断路器，对节省投资意义重大。因为机组容量大，额定电流及短路电流都很大，发电机出口断路器的制造困难，价格昂贵。当采用扩大单元接线时，为了限制短路电流，可选用低压分裂绕组变压器。

当主变压器需与110kV及其以上的两个中性点直接接地的电力系统相连接时，可优先选用自耦变压器来承担两个电力系统的联络任务更为经济合理，其第三绕组即低压绕组兼作厂用备用电源或引接无功补偿装置，提高厂用电源的可靠性，简化配电装置结构，节约投资。自耦变压器与同容量的普通变压器相比具有很多优点，如消耗材料少、造价低、有功和无功损耗小、效率高，且由于高中压线圈的自耦联系，导致阻抗小，对改善系统稳定性有一定作用，还可扩大变压器极限制造容量，便于运输和安装，但限制短路电流的效果较差，变比不宜过大。

三、绕组联结方式的确定

变压器三相绕组的联结组别必须和系统电压相位一致，否则就不能并列运行。电力系统采用的绕组联结方式只有星形Y和三角形D两种，因此，变压器三相绕组的联结方式应根据具体工程来确定。

我国110kV及其以上的电压，变压器三相绕组都采用YN联结方式；35kV采用Y联结方式，其中性点多通过消弧线圈接地；35kV以下电压，变压器三相绕组都采用D联结方式。

在发电厂和变电所中，一般考虑系统或机组的并列同期要求以及限制三次谐波的影响等因素，主变压器联结组别一般都选用YN，d11常规接线。

四、变压器阻抗的选择

变压器的阻抗实质就是绕组间的漏抗，其大小主要取决于变压器的结构和采用的材料。从电力系统稳定和供电电压质量考虑，希望主变压器阻抗越小越好；但阻抗偏小又会使系统短路电流增大，使电气设备的选择遇到困难。另外阻抗的大小还要考虑变压器并联运行的要求。所以主变压器阻抗的选择要考虑以下原则：

（1）各侧阻抗的选择必须从电力系统稳定、潮流方向、无功分配、继电保护、短路电流、系统内的调压手段和并联运行等方面进行综合考虑，由这些对工程起决定性作用的因素来确定。

（2）双绕组普通变压器一般按标准规定值选择。

（3）对三绕组普通型和自耦型变压器，其最大阻抗是放在高、中压侧还是高、低压侧，必须按上述第（1）条原则来确定。目前国内生产的变压器有升压型和降压型两种结构。升压型的绕组排列顺序为自铁芯向外依次为中、低、高，所以高、中压侧阻抗最大；降压型的绕组排列顺序为自铁芯向外依次为低、中、高，所以高、低压侧阻抗最大。三绕组降压结构的变压器适用于以向中压母线供电为主，向低压母线供电为辅的降压变电所；如果是向低压供电为主而向中压供电为辅时，也可选用升压结构的变压器。

五、冷却方式的选择

运行中的变压器，因有损耗而发热，而变压器的温升直接影响到它的负荷能力和使用年限。为了降低温升，提高出力，保证变压器安全、经济地运行，就必须改变冷却方式。根据变压器的型式、容量、工作条件的不同，变压器冷却方式也不同。发电厂和变电所里的大部分变压器，都是油浸式变压器，其冷却方式一般有以下几种类型。

1. 油浸式自然空气冷却式

容量在7500kV·A及其以下的小容量变压器采用。这种冷却方式就是依靠油箱壁的辐射和变压器周围空气的自然对流散热。为增大油箱冷却面积，一般装有片状或管形辐射式冷却器。

2. 油浸风冷式

对于容量为10000kV·A以上的变压器在散热器上加装风扇（每组散热器上加装两台小风扇），将风吹在散热器上，使热油能迅速冷却，以加速热量的散出，降低变压器的油温。

3. 强迫油循环水冷式

由于单纯的加强表面冷却，只能降低油的温度，而当油温降到一定程度时，油的粘度增加，以致使油的流速降低，起不到应有的冷却作用，故对50000kV·A以上的巨型变压器采用潜油泵强迫油循环，让水对油管道进行冷却，把变压器中的热量带走。因变压器本身无散热器，在水源充足的条件下，采用这种方式极为有利，散热效率高，节省空间和材料。正常运行时，其冷却水温度不得超过25℃；油压应高于水压0.1~0.5MPa，以免水渗入油中，影响油的绝缘性能。

4. 强迫油循环风冷式

其原理与强迫油循环水冷却相同。

5. 强迫油循环导向冷却

近年来大型变压器都采用这种冷却方式。这种冷却方式是将油压入线饼和铁芯的油道中，直接对线饼和铁芯进行冷却。

六、变压器型号的意义及技术数据

1. 变压器型号的意义

变压器型号通常由两段组成，如SSPSZL—240000/220。

（1）第一段表示变压器的型式及材料。

第一部分表示相数，有：S—三相；D—单相。

第二部分表示冷却方式，有：J—油浸自冷；E—油浸风冷；S—油浸水冷；N—氮气冷却；P—强迫油循环；FP—强迫油循环风冷；SP—强迫油循环水冷；G—干式。

第三部分表示绕组数，有：S—三绕组（双绕组不表示）。

第四部分表示变压器的特性，有：Z—带负荷调压；Q—全绝缘；O—自耦，“O”放在型号第一位表示降压自耦变压器，“O”放在最后一位表示升压自耦变压器；L—铝芯（铜芯不表示）。

(2) 第二段表示变压器容量和电压。

分子—额定容量（kV·A）；分母—额定电压（kV）。

2. 变压器的技术数据

变压器的技术数据见附录表Ⅱ。

第十七章

电气主接线的设计

电气主接线是发电厂或变电所电气部分的主体结构，是电力系统网络结构的重要组成部分。它的设计是发电厂或变电所电气设计的首要任务，与全厂电气设备的选择，配电装置的布置，继电保护和自动装置的确定密切相关，直接影响着电力系统的安全、稳定、灵活和经济运行。因此，电气主接线的设计是一个全面、综合性的问题，必须在满足国家有关技术经济政策的前提下，结合电力系统和发电厂或变电所的具体情况，进行反复比较和优化，最后确定出电气主接线的最佳方案，力求使其技术先进、经济合理、安全可靠。

第一节　电气主接线设计的原则和要求

一、电气主接线的设计原则

电气主接线设计的基本原则是以设计任务书为依据，以国家相关的方针、政策、法规、规程为准则，结合工程实际情况的具体特点，全面、综合地加以分析，力求保证供电可靠、调度灵活、操作方便、节省投资的原则。

1. 合理地选择发电机以及其容量和台数

(1) 应根据发电厂在系统中的地位和作用，以优先选取大容量、高效率的标准系列发电机组为原则，结合任务书提出的具体情况及现场条件来确定。

(2) 为了便于管理，火力发电厂内一个厂房的机组不宜超过六台。

(3) 确定水轮发电机组装机容量，应按保证出力和经济用水，并注意丰水期和枯水期的运行方式。

(4) 发电厂最大单机容量一般不宜大于系统总容量的10%。

2. 电压等级及接入系统方式的确定

(1) 发电厂或变电所的电压等级不宜过多，以不超过三个电压级为原则。

(2) 大型发电厂一般距负荷中心较远，电能需用较高电压输送，其容量较大，故宜采用简单可靠的单元接线方式（如发电机—变压器单元接线或发电机—变压器—线路单元接线），直接接入高压或超高压系统。

(3) 中、小型发电厂一般靠近负荷中心，常带有6～10kV电压级的近区负荷，与系统的连接只是输出本厂剩余功率，容量不大。其主接线的设计对6～10kV发电机电压级接线宜采用供电可靠性较高的母线接线形式，而与系统的连接则可采用单回线弱联系的接入方式。

(4) 35kV及其以上高压线路多采用架空线路；10kV线路可用架空线路，也可用电缆线路。

3. 发电机电压母线

具有发电机电压母线的电厂，地方负荷较多，出线（直配线）数目较多，所以一般选择双母线分段，每一分段接一台发电机，接入母线的发电机总容量只需稍大于地方负荷即可。不能将过多的发电机接入母线，否则母线的短路容量太大，会出现选不到轻型开关的情况。

若地方负荷较大，已出现轻型开关不能胜任时，就要考虑采取限制短路电流的措施，比如采取母线分段分列运行、主变压器分列运行、采取分裂变压器、变压器低压侧装分裂电抗器、装母线分段电抗器、装出线电抗器等。

4. 正确地选用接线形式

（1）单母线接线：适用小容量发电厂、变电所。

（2）单母线分段接线：应用于6~10kV时，每段容量小于25MW；35~60kV时，出线回路数小于八回；110~220kV时，出线回路数小于四回。

（3）单母线带旁路母线接线：多用于35kV以上系统的屋外配电装置。35kV时，出线回路数大于八回；110kV时，出线回路数大于六回；220kV时，出线回路大于五回。

（4）单母线分段带旁路母线接线：应用于①出线不多，容量不大的中、小型发电厂；②35~110kV变电所。

（5）双母线接线：应用于发电厂和变电所出线带电抗器的6~10kV配电装置，以及35~60kV出线数目超过八回或连接电源较多负荷较大、110~220kV出线数为五回及其以上的情况。

（6）双母线带旁路母线接线：应用同（3）。

（7）双母线分段接线：应用于大型发电厂6~10kV侧接线。

（8）一个半断路器接线（3/2接线）：应用于220kV以上特别是500~750kV超高压、大容量的系统。

（9）桥形接线：应用在35~220kV的配电装置中。

①内桥接线：当变压器不需要经常切除，而输电线路较长系统没有穿越功率流经本所时；

②外桥接线：当变压器经常切除，而输电线路短系统有穿越功率流经本所时。

（10）角形接线：应用于全部回路数小于5~6回，工作电流不大，最终规模明确的110kV及其以上的配电装置中（水电站用较多），一般接线不超过六角形，以四角形应用最广。

（11）单元接线：应用于将全部电能送出，没有机压负荷的发电厂。

（12）变压器母线组接线：应用于220kV及其以上超高压的变电所中。

5. 旁路母线的设置原则

采用分段单母线或双母线的110~220kV配电装置，当断路器不允许停电检修时，一般需设置旁路母线。主变压器的110~220kV侧断路器，宜接入旁路母线。

当有旁路母线时，应首先采用以分段断路器或母联断路器兼作旁路断路器的接线。

当220kV出线为五回线及其以上、110kV出线为七回线及其以上时，一般装设专用的旁路断路器；当采用可靠性较高的SF_6的断路器可不用旁路母线；对于6~10kV屋内配电装置一般不设旁路母线。

二、电气主接线设计的基本要求

对主接线的基本要求可概括成六字，即“可靠、灵活、经济”。

1. 可靠性

供电可靠性是电力生产和分配的首要任务，保证供电可靠是电气主接线最基本的要求。

一般定性分析和衡量主接线运行可靠性的标志是：

(1) 断路器检修时，能否不影响供电。

(2) 线路、断路器或母线故障时以及母线或母线隔离开关检修时，停运出线回路数的多少和停电时间的长短，以及能否保证对Ⅰ、Ⅱ类重要用户的供电。

(3) 发电厂或变电所全部停电的可能性。

(4) 对大机组超高压情况下的电气主接线，应满足以下可靠性准则的要求。

1) 任何断路器检修，不得影响对用户的供电。

2) 任一进、出线断路器故障或拒动，不应切除一台以上机组和相应的线路。

3) 任一台断路器检修和另一台断路器故障或拒动相重合时，以及分段或母联断路器故障或拒动时，都不应切除两台以上机组和相应的线路。

4) 一段母线故障（或连接在母线上的进出线断路器故障或拒动），宜将故障范围限制到不超过整个母线的四分之一；当分段或母联断路器故障时，其故障范围宜限制到不超过整个母线的二分之一。

2. 灵活性

电气主接线应能适应各种运行状态，并能灵活地进行运行方式的转换，其灵活性要求有以下几个方面：

1) 调度灵活，操作简便：应能灵活地投入（或切除）某些机组、变压器或线路，调配电源和负荷，能满足系统在事故、检修及特殊运行方式下的调度要求。

2) 检修安全：应能方便地停运断路器、母线及其继电保护设备，进行安全检修而不影响电力网的正常运行及对用户的供电。

3) 扩建方便：应能容易地从初期过渡到最终接线，在扩建过渡时应尽可能地不影响连续供电或在停电时间最短的情况下，完成过渡方案的实施，使改造工作量最少。

3. 经济性

在满足技术要求的前提下，做到经济合理。

1) 投资省：主接线应简单清晰，以节约断路器、隔离开关等一次设备投资；要使控制、保护方式不过于复杂，以利于运行并节约二次设备和电缆投资；要适当限制短路电流，以便选择价格合理的电气设备。

2) 占地面积小：电气主接线设计要为配电装置的布置创造条件，以便节约用地和节省架构、导线、绝缘子及安装费用。在运输条件许可的地方，都应采用三相变压器。

3) 电能损耗少：在发电厂或变电所中，正常运行时，电能损耗主要来自变压器，所以应经济合理地选择主变压器的型式、容量和台数，避免两次变压而增加电能损失。

第二节　电气主接线设计的步骤和经济计算法

一、设计步骤

(1) 拟定主接线方案：根据设计任务书的要求，在分析原始资料的基础上，拟定出若干可行的主接线方案（近期及远景），内容包括主变压器型式、台数和容量，以及各级电压配电装置的接线方式等。并依据对主接线的基本要求，从技术上论证各方案的优、缺点，淘汰一些明显不合理的方案，保留2~3个技术上相当，又都能满足任务书要求的方案，再进行经济计算，选择出经济上的最佳方案。

(2) 技术、经济比较：对2~3个方案，进行全面的技术、经济比较。

(3) 电气主接线可靠性计算：对于在系统中占有重要地位的大容量发电厂或变电所主接线，还应进行可靠性定量分析计算比较。

(4) 主接线方案的评定，最终确定出最佳方案：最后获得最优的技术合理、经济可行的主接线方案。

(5) 绘制电气主接线单线图。

二、电气主接线可靠性计算简介

前面对电气主接线可靠性的分析都是一些定性的描述，对要求较高且经济技术相当，容量又较大的几个不同主接线方案比较时，往往难以抉择。若对主接线的可靠性进行进一步的定量计算，无疑为各种方案的比较提供了更加科学的依据。

可靠性是指系统、设备在规定的条件下和预定的时间内，完成规定功能的概率。通过对主接线的可靠性的定量计算，不仅可作为设计和评价主接线的依据、作为选择主接线最优方案的依据，而且对已运行的主接线，可寻求可能的供电通路，选择最佳运行方式，还可作为寻找主接线的薄弱环节，以便合理安排检修计划和采取相应对策的依据。

可靠性计算是以概率论和数理统计学为基础的，用定量的概率值来衡量设备或系统工作性能的可靠程度。主接线的可靠性计算，须基于各设备元件的可靠性基础数据。作为设备可靠性的基础资料，如设备的故障率、修复率、平均工作时间、平均停运时间以及检修时间和周期等都应来自长期运行实践资料的积累，且应符合生产设备的真实情况。而且这些资料数据随着设备本身质量和运行、检修水平的提高不是一成不变的，须不断加以修正才能反映生产设备的现状。这无疑是一项庞大、复杂的系统性工程。

此外，电气主接线包含着许许多多相互连接的设备元件，利用数学分析建立模型来计算可靠性相当复杂。目前广泛采用的逻辑表格法有一定的局限性，且正在接受工程实际的检验。

基于上述原因，可靠性计算目前一般只作为主接线选择时的一个参考，本书不再多做介绍。

三、主接线方案的经济比较

经济比较包括计算综合投资、年运行费用和方案综合比较三方面，它为选择经济上的最优方案提供了依据。

1. 计算综合投资

综合总投资 Z 主要包括变压器综合投资、配电装置综合投资以及不可预见的附加投资等。

$$Z = Z_0\left(1 + \frac{\alpha}{100}\right)(\text{万元}) \tag{17-1}$$

式中 Z_0——主体设备的综合投资，包括变压器、开关设备、配电装置等设备的综合投资；

α——不明显的附加费用比例系数，如基础加工、电缆沟道开挖费用等，一般220kV取70、110kV取90。

2. 计算年运行费

年运行费 U 包括变压器的电能损耗以及设备的维修费和折旧费三项。

$$U = \alpha\Delta A + U_1 + U_2(\text{万元}) \tag{17-2}$$

式中 U_1——设备的维修费，一般为（0.022~0.042）Z；

U_2——设备的折旧费，一般为（0.005～0.058）Z；

α——电能电价，即每千瓦·时电的平均售价，可参考采取各地区的实际电价；

ΔA——主变压器每年的电能损耗，kW·h。

关于变压器电能损失值 ΔA 的计算与所选用的变压器型式的不同而有所差异，分别计算如下：

（1）双绕组变压器 n 台同容量变压器并列运行时，有

$$\Delta A = \Sigma\left[n(\Delta P_0 + K\Delta Q_0) + \frac{1}{n}(\Delta P_K + K\Delta Q_K)\left(\frac{S}{S_N}\right)^2\right]t \quad (\mathrm{kW\cdot h}) \qquad (17-3)$$

式中　n——相同变压器的台数；

S_N——每台变压器的额定容量，kV·A；

S——n 台变压器担负的总负荷，kV·A；

t——对应于负荷 S 运行的小时数，h；

ΔP_0、ΔQ_0——每台变压器的空载有功损耗，kW 和无功损耗，kvar；

ΔP_K、ΔQ_K——每台变压器的短路有功损耗，kW 和无功损耗，kvar；

K——无功功率经济当量，即为单位无功损耗引起的有功损耗系数，kW/kvar，发电机母线上的变压器取 $K=0.02$，系统中的变压器取 0.1～0.15。

（2）三绕组变压器 n 台同容量并联运行，有

1）容量比为 100/100/100、100/100/50 时

$$\Delta A = \Sigma\left[n(\Delta P_0 + K\Delta Q_0) + \frac{1}{2n}(\Delta P_K + K\Delta Q_K)\left(\frac{S_1^2}{S_N^2} + \frac{S_2^2}{S_N^2} + \frac{S_3^2}{S_N S_{3N}}\right)\right]t \quad (\mathrm{kW\cdot h}) \qquad (17-4)$$

式中　S_1、S_2、S_3——n 台变压器第一、二、三侧所承担的总负荷，kV·A；

S_{3N}——第三绕组的额定容量，kV·A。

2）当三绕组容量比为 100/50/50 时

$$\Delta A = \Sigma\left[n(\Delta P_0 + K\Delta Q_0) + \frac{1}{2n}(\Delta P_K + K\Delta Q_K)\left(\frac{S_1^2}{S_N^2} + \frac{S_2^2}{S_N S_{2N}} + \frac{S_3^2}{S_N S_{3N}}\right)\right]t \quad (\mathrm{kW\cdot h}) \qquad (17-5)$$

3. 经济比较

在几个主接线方案中，分别进行综合投资及年运行费计算后，再通过经济比较，选出经济上最优方案。其中，Z 与 U 均为最小的方案应优先选用。若某方案的 Z 大而 U 小，或反之，则应进一步进行经济比较，比较的方法有以下两种。

（1）静态比较法：静态比较法就是不考虑资金的时间效益，认为资金与时间无关，是静态的。这对工期很短的较小项目还适用。静态比较法又分为抵偿年限法和年计算费用法。

1）抵偿年限法：在甲、乙两方案中，如果出现综合投资 $Z_j > Z_y$，而年运行费 $U_j < U_y$ 的矛盾情况时，则要看抵偿年限长短，由抵偿年限 T 确定最优方案。

$$T = \frac{Z_j - Z_y}{U_j - U_y} \quad (年) \qquad (17-6)$$

根据当前国家经济政策，T 规定以 5～8 年为限。

当 $T<5$～8 年，采用综合投资 Z 大的甲方案为最经济，因为方案甲多投资的费用，可在 T 年内由节约的年运行费予以补偿。

当 $T>5$～8 年，说明方案甲每年节约的年运行费，不足以在 5～8 年的短期内将多用的

投资偿还，则应选择初期投资小的方案乙为宜，以达到最佳经济效益。

2）年计算费用法：若有多于两个的方案参加比较，可计算每个方案的年计算费用 C_i 有

$$C_i = \frac{Z_i}{T} + U_i \quad (i = 1、2、3、\cdots) \tag{17-7}$$

取 $T=5\sim8$ 年，把总投资分摊到每一年中，求出每一年的计算费用 C_i，取 C_i 最小者为最优方案。

（2）动态比较法：一般发电厂建设工期较长，各种费用的支付时间不同，发挥的效益亦不同。在方案比较时应充分计及资金的时间效益，须进行动态比较。

按照《电力工程经济分析暂行条例》的规定，采用年费用最小法进行方案的动态比较。年费用是指各项费用（包括投资、折旧、维护及电能损耗等费用）平均分摊到以后（工程投产后）的 n 年内，每年所必须支付的费用。年费用最小的方案为最经济的方案。

年费用为

$$AC = O\left[\frac{r_0(1+r_0)^n}{(1+r_0)^n-1}\right] + U \quad (为最小) \tag{17-8}$$

式中 AC——年费用（平均分布在 $m+1$ 到 $m+n$ 期间的 n 年内），万元；

O——折算到第 m 年的总投资（即第 m 年的本利和），万元；

U——折算年的运行费，万元。

得出

$$O = \sum_{t=1}^{t=m} O_t(1+r_0)^{m-t} \tag{17-9}$$

得出

$$U = \frac{r_0(1+r_0)^n}{(1+r_0)^n-1}\left[\sum_{t=t'}^{m} U_t(1+r_0)^{m-t} + \sum_{t=m+1}^{m+n} U_t \frac{1}{(1+r_0)^{t-m}}\right] \tag{17-10}$$

式中 m——施工年限；

n——发电厂的经济使用年限，对水电厂取 50 年，火电厂取 25 年，变电所取 20～25 年，核电厂取 25 年；

t——从工程开工这一年（$t=1$）算起的年份；

t'——工程部分投运的年份；

r_0——电力工业投资回收率，现阶段暂定为 0.1。

图 17－1 为式（17－10）各参量相互关系示意图。依式（17－9）计算各方案的年费用，

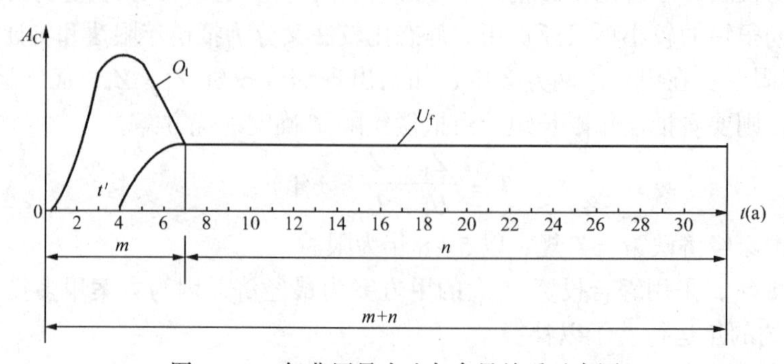

图 17－1 年费用最小法各参量关系示意图

其中最小者即为经济上的最优方案。

第三节　确定最佳方案及绘制电气主接线图

一、确定最佳方案

通过上一节介绍的对各项经济指标的比较、计算、分析以确定出主接线的最佳方案。

(1) 若甲、乙两个方案在技术上都能满足要求，则应选取综合投资 Z 和年运行费 U 都小，即经济性好的方案为最佳方案。

(2) 若甲、乙两个方案出现综合投资 $Z_j > Z_y$、而年运行费 $U_j < U_y$ 矛盾情况时，则要看抵偿年限长短，由抵偿年限 T 确定最优方案。

(3) 近年，还出现用经济效益最佳点（见图 17－2）来确定最佳方案的方法：

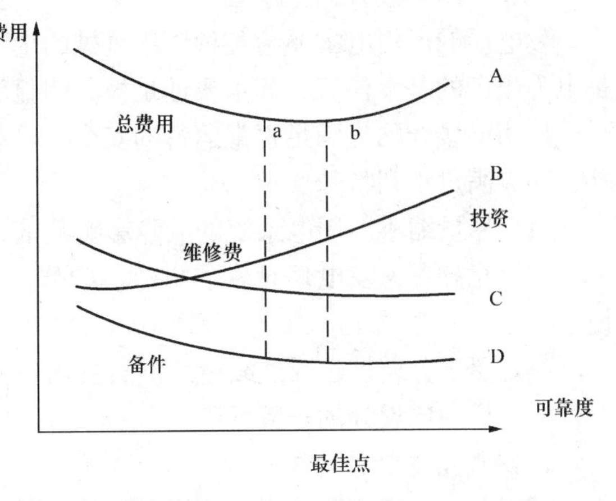

图 17－2　经济曲线

A—总费用；B—投资；C—维修费；D—备件

从图 17－2 中的各条曲线可见：若可靠度要求越高，则投资 Z 将增加，但由于可靠性高了，故障引发的损失减小了，所以，维修费可减少，同时备品备件也可适当减少。若可靠度低，虽然造价 Z 降低，但因质量差，易造成事故损失，使维修费、备品备件增多，总费用增加。

因而，一般选取 ab 段比较合适，因为增加不多的资金却可获得相当的技术，这正是所要求的。

所以，主接线的设计过程中，始终围绕着可靠性与经济性的关系进行。主接线的最终方案须兼顾各方面的要求，既要保证技术先进性、可行性及供电的可靠性，又需考虑经济的合理性。

二、绘制电气主接线图

电气主接线是电力工程中的主电路图，它表示电力装置各元件及其相互连接顺序的接线图，有时也被叫作一次接线。

电气主接线一般按正常运行方式绘制，采用全国通用的图形符号和文字代号，并将所用设备的型号、发电机主要参数、母线及电缆截面等标注在单线图上。单线图上还应示出电压互感器、电流互感器、避雷器等设备的配置及其一次接线方式，以及主变压器联结组别和中性点的接地方式等。同时，为使图清楚及减少制图工作量，对于同样名称的电路，只需对一条电路详细标明其上的电气设备，其余电路不再标注。

图纸是工程师的语言是工程设计的主要结果。毕业设计的所有图纸要按工程图标准绘制，要求图面排列整齐、布置合理、清洁美观。

第十八章

厂用电的设计和厂用变压器的选择

第一节　厂用电设计的基本原则和要求

一、厂用电设计的基本要求

发电厂的厂用电主要给各种厂用机械的电动机供电，是保证电厂正常工作的基本电源，是电力生产的基本保障，其重要性是极其明显的。

厂用电接线除应满足正常运行的安全、可靠、灵活、经济和检修、维护方便等一般要求外，还应满足下列特殊要求。

(1) 尽量缩小厂用电系统的故障影响范围，并应尽量避免引起全厂停电事故。

(2) 充分考虑发电厂正常、事故、检修、启动等运行方式下的供电要求，切换操作简便。

(3) 便于分期扩建或连续施工。对公用负荷的供电，要结合远景规模统筹安排。

二、厂用电设计的一般原则

1. 对厂用电设计的要求

厂用电设计应按照运行、检修和施工的需要，考虑全厂发展规划，积极慎重地采用经过试验鉴定的新技术和新设备，使设计达到技术先进、经济合理。

2. 厂用电电压等级的确定

发电厂的厂用电负荷主要是电动机和照明。给厂用负荷供电的电压，主要决定于发电机额定电压、厂用电动机的电压和厂用电网络的可靠运行等多方面因素，相互配合，经过经济、技术综合比较后确定的。

火力发电厂采用3、6kV或10kV作为高压厂用电压。在满足技术要求的前提下，优先考虑采用较低的电压。电压等级的确定从发电机容量和出口电压来说，容量在60MW及其以下的高压厂用电压可采用3kV；容量在100～300MW时，宜采用6kV；容量在300MW以上，在技术和经济合理时，也可采用两种高压厂用电压等级，如6kV或10kV。

需要说明，随着电力工业的发展、我国能源政策要求，3kV电压等级由于短路电流大、启动力矩小等原因，在厂用电已经很少采用，故建议尽量不采用。

低压厂用电一般采用380/220V三相四线制的中性点直接接地系统供电。

3. 厂用母线的接线方式

发电厂的厂用电系统，通常采用单母线接线。在火电厂中，因为锅炉的辅助设备多、容量大，所以高压厂用母线均采用按炉分段的原则，以满足可靠性和灵活性的要求。低压厂用母线应采用单母线接线。

对于全厂公用性负荷，应根据负荷功率及可靠性要求，尽可能均匀地分配到各段母线上。当公用负荷较多、容量较大、采用集中供电方式合理时，可设立公用母线段，但应保证重要公用负荷的供电可靠性。

4. 厂用电源的引接方式

发电厂的厂用电源必须供电可靠，且能满足厂用系统各种工作状态的要求。

(1) 厂用工作电源

厂用工作电源一般采用下列的引接方式：

1) 具有发电机母线时，由各段母线引接，供给接在该段母线上的机组的厂用负荷，如图7-25所示。图中机组厂用电源从本段母线引下工作厂用电源，若高压厂用电压与发电机出口电压相同，则用电抗器替代高压厂用变压器可节省投资。

2) 当发电机与主变压器采用单元接线时，厂用工作电源可从发电机出口引接，供给本机组的厂用负荷，如图7-26所示。

中小型发电机出口装设断路器，电源从主变压器低压侧引接。选择厂用分支上的断路器，因其通过的短路电流可能比发电机出口处还要大，常常选不到合适的断路器。于是，可考虑采用低压分裂绕组变压器，可以有效地限制短路电流。如仍选不出时，对发电机容量为125MW及其以下时，可在厂用分支上按额定电流装设隔离开关或可拆连接片代替，只断开负荷电流，不断开短路电流，但此时工作电源回路故障时需停机。

对大容量发电机出口广泛采用分相封闭母线，无发电机出口断路器，其工作电源也从发电机出口引接高压工作电源，厂用分支线亦采用封闭母线，故障率很低，允许不装断路器和隔离开关，但为了对发电机单独测试，应装设可拆连接点。

(2) 备用电源或启动电源

高压厂用备用或启动电源的引接应保证其独立性，并且从与系统联系最紧密处取得，以保证即使全厂停电仍能从系统获得厂用电源。

一般采取下列引接方式：

1) 当有发电机电压母线时，由该母线引接，需要两个厂用备用电源时，从发电机电压母线的不同分段上引接。

2) 当无发电机电压母线时，由与电力系统联系紧密，供电可靠的最低一级电压母线引接，或由联络变压器的低压绕组引接，但应保证在机组全停情况下，能从电力系统获得足够的电源。

3) 当技术经济合理时，可由外部电网引接专用线路作为独立的高压厂用备用或启动电源。

(3) 交流事故保安电源

200MW及其以上发电机组应装设交流事故保安电源。

为了满足事故保安负荷的用电需要，大容量火电厂均设事故保安母线，由专用的柴油发电机供交流事故保安负荷。通常采用快速自动程序启动柴油发电机组。蓄电池组除供直流负荷外，通过逆变器将直流变成交流，供交流不停电电源（UPS）的负荷（如计算机、数据处理及自动记录仪表）的需要。

对300MW及其以上机组还应由110kV及其以上电网引入独立可靠专用线路，作为事故备用保安电源。

(4) 变电所所用电源

中小型降压变电所一般采用一台所用变压器，从变电所中最低一级电压母线引接，其二次侧采用380/220V中性点接地的三相四线制，用单母线接线供电。

对枢纽变电所、总容量为60MV·A及其以上的变电所、装有水冷却或强迫油循环冷却的主变压器以及装有调相机的变电所，应装设两台所用变压器。如能够从变电所外引入可靠的

380V备用电源，可只装一台所用变压器。如有两台所用变压器，应装设备用电源自动投入装置。

第二节　厂用变压器的负荷计算和厂用变压器选择

一、厂用电设计的步骤

（1）确定厂用高压和低压电压等级。

（2）选择全厂厂用电接线，并确定厂用工作电源、备用电源或启动电源、交流保安电源的引接方式。

（3）统计和计算各段厂用母线的负荷。

（4）选择厂用变压器（电抗器）。

（5）进行重要电动机成组自启动校验。

（6）厂用电系统短路电流计算。

（7）选择厂用电气设备。

（8）绘制厂用电接线图。

二、厂用电负荷的计算

一般厂用变压器连接在厂用母线上，而用电设备由母线引接。为了合理正确地选择厂用变压器容量，需对每段母线上引接的电动机台数和容量进行统计和计算。

厂用负荷计算一般采用换算系数法。当按换算系数法求得的计算负荷接近变压器高压绕组的额定容量时，可用轴功率法校验，取其大者作为计算负荷。具体算法如下：

1. 换算系数法

由于接在厂用母线上的用电设备不会同时都工作，且工作的设备也未必满载运行，又考虑到供电线路电能损失和电动机效率等因素的影响，所以实际电源供给的容量小于用电设备总容量。二者比值用换算系数 K 表示，表18－1给出了不同情况下 K 的数值。换算系数法的表达式为

$$S_{js} = \Sigma(KP) \tag{18-1}$$

式中　S_{js}——厂用分段母线上的计算负荷，kV·A；

P——电动机及其他用电设备的计算功率，kW；

K——换算系数，是综合考虑了各电动机的负荷率、同时率、效率和功率因数等的系数。

表18－1　　换算系数表

机组容量（kW）	≤125000	≥200000
给水泵及循环水泵电动机	1.0	1.0
凝结水泵电动机	0.8	1.0
其他高压电动机及低压厂用变压器（kV·A）	0.8	0.85
其他低压电动机	0.8	0.7

电动机及其他用电设备的计算功率与电动机的运行特点有关，所以应根据负荷的运行方式及特点确定。

(1) 动力负荷：参考表 18-2。

表 18-2　　不同动力负荷的计算功率

不同动力负荷	计算功率	不同动力负荷	计算功率
连续运行的电动机	$P = P_N$	中央修配厂的用电负荷	$P = 0.14P_{\Sigma} + 0.4P_{\Sigma 5}$
短时及断续运行的电动机	$P = 0.5P_N$	煤场机械	$P = 0.35P_{\Sigma} + 0.6P_{\Sigma 3}$
不经常运行的电动机	$P = 0$		

注　P_N 为该类电动机额定功率之总和，kW；
P_{Σ} 为全部电动机额定功率之总和，kW；
$P_{\Sigma 5}$ 为其中最大 5 台电动机额定功率之总和，kW；
$P_{\Sigma 3}$ 为其中最大 3 台电动机额定功率之总和，kW。

(2) 照明负荷：有以下关系

$$P = K_x \times P_A \tag{18-2}$$

式中　K_x——需要系数，一般取 0.8～1.0；
P_A——安装容量，kW。

2. 轴功率法

$$S_{js} = K_t \Sigma\left(\frac{P_{max}}{\eta\cos\phi}\right) + K_2 \Sigma S_{2N} \tag{18-3}$$

式中　K_t——同时率，新建厂取 0.9，扩建厂取 0.95；
P_{max}——电动机最大运行方式下的轴功率，kW；
η——对应于轴功率的电动机效率；
$\cos\phi$——对应于轴功率的电动机功率因数；
K_2——低压变压器换算系数，取 0.85；
S_{2N}——低压变压器额定容量，kV·A。

三、厂用变压器容量的选择

1. 厂用变压器容量选择的基本要求和应考虑的因素

(1) 厂用变压器原边额定电压必须与引接处电压一致；副边额定电压则与厂用电压相配合。

(2) 厂用变压器可以选用双绕组变压器，但大型机组的厂用变压器多选择低压绕组分裂变压器。

(3) 变压器的容量必须满足厂用机械正常运转和自启动的需要。

(4) 厂用变压器的阻抗电压不能太小，否则短路电流大，厂用系统的高压断路器无法选用价格低廉的轻型断路器，阻抗电压也不能太大，否则无法满足电压波动和电动机自启动要求。

2. 厂用变压器容量的确定

各段厂用变压器应满足

$$S_N \geqslant \frac{S_{js}}{K_t K_f} \tag{18-4}$$

式中　S_N——厂用变压器额定容量，kV·A；

K_f——变压器的允许过负荷倍数，最小可取1.04；

K_t——对应于年平均温度的温度修正系数，不同情况下 K_t 的数值，可由表18-3查得。

表18-3 油浸式变压器的温度修正系数

地　区	年平均气温℃		装于屋外和由屋外进风的小间内	由主厂房进风的小间内
	屋　外	屋　内		
广　州	21.92	26.86	0.96	0.92
长　沙	17.12	23.82	0.98	0.94
武　汉	16.73	23.57	0.98	0.94
成　都	16.95	23.48	0.99	0.95
上　海	15.39	22.65	0.99	0.95
开　封	14.25	22.34	1.0	0.95
西　安	13.9	22.08	1.0	0.95
北　京	11.88	21.44	1.03	0.96
包　头	6.38	19.42	1.05	0.97
长　春	4.77	19.35	1.05	0.97
哈尔滨	3.78	19.32	1.05	0.97

电 气 设 备 的 选 择

电气设备的选择是发电厂和变电所规划的主要内容之一，是工程上的具体应用。各种导体和电气设备，由于它们的用途和工作条件不同，所以每种电气设备和载流导体选择时都有具体的选择条件和校验项目。

第一节 电气设备选择的一般条件

正确地选择设备是使电气主接线和配电装置达到安全、经济运行的重要条件。在进行设备选择时，必须执行国家的有关技术经济政策，根据工程实际情况，在保证安全、可靠的前提下，做到技术先进、经济合理、运行方便和留有余地，选择合适的电气设备。

一、电气设备选择的一般原则

尽管电力系统中各种电气设备的作用和工作条件并不一样，具体选择方法也不完全相同，但它们的基本要求却是相同的。

一般电气设备选择应满足以下原则：

（1）按正常的工作条件选择；

（2）选择导线时应尽是减少品种；

（3）应与工程的建设标准协调一致，使新老型号一致；

（4）应考虑远景发展；

（5）按短路状态校验其动稳定和热稳定；

（6）必须在正常运行和短路时都能可靠地工作。

二、按正常工作条件选择电气设备和载流导体

1. 额定电压和最高工作电压

导体和电气设备所在电网的运行电压因调压或负荷的变化，常高于电网的额定电压 U_N，所以所选电气设备和载流导体允许最高工作电压 $U_{y\cdot max}$不得低于所接电网的最高运行电压 $U_{g\cdot max}$，即

$$U_{y\cdot max} \geqslant U_{g\cdot max} \tag{19-1}$$

一般载流导体和电气设备允许的最高工作电压：当额定电压在 220kV 及其以下时，为 $1.15U_N$；额定电压为 330～500kV 时，为 $1.1U_N$，而实际电网运行的最高运行电压 $U_{g\cdot max}$一般不超过电网的额定电压 U_{Nw}的 1.1 倍。因此在选择设备时，一般可按照电气设备和载流导体的额定电压 U_N 不低于装置地点电网额定电压 U_{Nw}的条件选择，即

$$U_N \geqslant U_{Nw} \tag{19-2}$$

2. 额定电流

导体和电气设备的额定电流或载流导体的长期允许电流 I_y 应不小于该回路的最大持续工作电流 $I_{g\cdot max}$，即应满足条件为

$$I_y \geqslant I_{g \cdot max} \tag{19-3}$$

其中最大持续工作电流 $I_{g \cdot max}$ 在正常运行条件下，可按以下原则考虑：

（1）由于发电机、调相机和变压器在电压降低5%时，出力保持不变，故其相应回路的 $I_{g \cdot max} = 1.05 I_N$（$I_N$ 为该设备的额定电流）；

（2）母联断路回路一般可取母线上最大一台发电机或变压器的 $I_{g \cdot max}$；

（3）母线分段电抗器的 $I_{g \cdot max}$ 应为母线上最大一台发电机跳闸时，保证该段母线负荷所需的电流，旁路回路则按需旁路的回路最大额定电流计算；

（4）出线回路的 $I_{g \cdot max}$ 除考虑线路正常负荷电流（包括线路损耗）外，还应考虑事故时由其他回路转移过来的负荷；

（5）电动机回路按电动机的额定电流计算。

此外，还应按安装的地点、使用条件、检修和运行的要求，选择电气设备和载流导体的种类和型式。

3. 按当地环境条件校核

选择电气设备时，应按当地环境条件进行校核。当气温、风速、温度、海拔、地震、污秽、覆冰等环境条件超出一般电气设备的基本使用条件时，应通过技术经济比较，并向制造部门提出要求或采取相应的措施。如采用加装减震器、设计时考虑屋内配电装置等等。对于载流导体，当使用在环境温度不等于其额定环境温度（我国目前生产的电气设备的额定环境温度为40℃，裸导体的额定环境温度为25℃）时，其长期允许电流可修正为

$$I_Y = kI_y \tag{19-4}$$

式中 I_y——导体允许温度和基准环境条件下的长期允许电流；

K——综合校正系数（见表19-1）。

表19-1 裸导体载流量在不同海拔高度、环境温度下的综合修正系数

导体最高允许温度（℃）	适用范围	海拔高度（m）	实际环境温度（℃）						
			+20	+25	+30	+35	+40	+45	50
+70	屋内矩形、槽形、管形导体和不计日照的屋外软导线		1.05	1.00	0.94	0.88	0.81	0.74	0.67
+80	计及日照时的屋外软导线	1000及其以下	1.05	1.00	0.95	0.89	0.83	0.76	0.69
		200	1.01	0.96	0.91	0.85	0.79		
		300	0.97	0.92	0.87	0.81	0.75		
		400	0.93	0.89	0.84	0.77	0.71		
	计及日照时的屋外管形导体	1000及其以下	1.05	1.00	0.94	0.87	0.80	0.72	0.63
		200	1.00	0.94	0.88	0.81	0.74		
		300	0.95	0.90	0.84	0.76	0.69		
		400	0.91	0.86	0.80	0.72	0.65		

对于断路器、隔离开关、电抗器等，由于没有连续过载能力，当周围环境温度和电气设备额定环境温度不等时，其长期允许电流要进行校正。当这些设备使用环境温度高于+40℃，但不高于+60℃时，环境温度每增加1℃，需减少额定电流1.8%；当这些设备使用环境温度低于+40℃，环境温度每降低1℃，需增加额定电流0.5%，但其最大负荷不得超过额定电流的20%。

三、按短路情况校验选择电气设备和载流导体

1. 按热稳定校验

短路电流通过时，导体和电气设备各部件温度、发热效应应不超过允许值，即应满足热稳定的条件为

$$Q_k \leqslant Q_y \tag{19-5}$$

或

$$I_\infty^2 t_{dz} \leqslant I_r^2 t \tag{19-6}$$

式中　Q_k——短路电流产生的热效应；

Q_y——短路时导体和电气设备允许的热效应；

I_r——t 秒内允许通过的短时热稳定电流。

短路电流热效应 Q_k 是由短路电流周期分量的热效应 Q_z 和短路电流非周期分量热效应 Q_f 两部分组成，即

$$Q_k = Q_z + Q_f = \frac{I''^2 + 10I_{z\frac{t}{2}}^2 + I_{zt}^2}{12} \cdot t + TI''^2 \tag{19-7}$$

式中　Q_z——短路电流周期分量的热效应；

Q_f——短路电流非周期分量热效应；

I''——次暂态短路电流分量；

$I_{z\frac{t}{2}}$——$\frac{t}{2}$时刻短路电流周期分量有效值；

I_{zt}——t 时刻短路电流周期分量有效值；

t——短路电流持续时间；

T——非周期分量等效时间，s，可由表 19-2 查得。

表 19-2　非周期分量等效时间（s）

短　路　点	T	
	$T \leqslant 0.1$	$t > 0.1$
发电机出口及母线	0.15	0.2
发电机升高电压母线及出线发电机出线电抗器后	0.08	0.1
变电所各级电压母线及出线	0.05	

如果短路持续时间大于 1s 时，导体的发热量由周期分量热效应决定，可以不计非周期分量热效应的影响，此时，式（19-7）可简化为 $Q_k = Q_z$。

2. 按电动力稳定校验

电动力稳定是导体和电气设备承受短路电流电动力作用的能力，一般称为动稳定。被选择的电气设备和导体，通过可能最大的短路电流时，不应因短路电流的电动力效应而造成变形或损坏，即动稳定应满足的条件是

$$i_{ch} \leqslant i_{dw} \tag{19-8}$$

或

$$I_{ch} \leqslant I_{dw}$$

式中　i_{ch}、I_{ch}——三相短路冲击电流的幅值及其有效值；

i_{dw}、I_{dw}——设备允许通过动稳定电流（极限电流）峰值和有效值。

下列几种情况可不校验热稳定或动稳定：

（1）用熔断器保护的电气设备，其热稳定由熔断时间保证，故可不验算热稳定；

（2）采用限流熔断器保护的设备可不校验动稳定；

（3）电缆可不校验动稳定；

（4）装设在电压互感器回路中的裸导体和电气设备可不验算动、热稳定。

第二节　电气设备选择中短路电流实用计算的规定

在发电厂、变电所的规划设计中，短路电流计算是其中的重要一个环节。短路电流计算的基本方法和步骤已在第一篇第四章中进行详细介绍，本节主要从规划设计的角度简述短路电流计算的一般规定和短路点的选择方法。

在短路电流计算时，一般采用实用短路电流计算法——运算曲线法。为使所选导体和电气设备具有足够的可靠性、经济性和合理性，并在一定时期内适应系统发展需要，作校验用的短路电流应按下列条件确定。

1. 容量和接线

按工程设计最终容量（施工期长的大型水电厂为本期工程）计算，并考虑电力系统远景发展规划（一般为本期工程建成后 5 ~ 10 年）。其接线方式，应采用可能发生最大短路电流的正常接线方式，但不考虑在切换过程中可能并列运行的接线方式。

2. 短路种类

一般按三相短路验算，若其他种类短路比三相短路严重时，则应按最严重情况验算。

3. 计算短路点

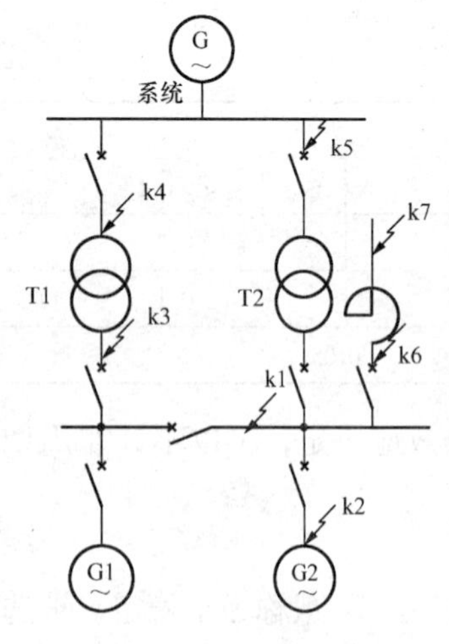

图 19 - 1　选择短路计算点的示意图

应使所选择的载流导体和电气设备通过的短路电流是最大的那些点为短路计算点。

现以图 19 - 1 为例，将短路计算点的选择方法说明如下：

（1）发电机、变压器回路的断路器。应比较断路器前或后短路时通过断路器的短路电流值，然后选择其中短路电流最大的为短路计算点。例如，选择发电机回路中的断路器，当 k1 点短路时，流过断路器的短路电流为发电机 G2 所提供，而当 k2 点短路时，流过断路器的短路电流为发电机 G1 和系统共同提供，此时如果 G1 和 G2 两台发电机容量相等，则对于发电机回路中的断路器，k1 点短路时流过该断路器的短路电流要小于 k2 点短路时流过该断路器的短路电流，故应选择短路点 k2 作为短路计算点。选择变压器 T1 高压侧断路器，应按低压侧断路器断开时在 k4 点短路作为短路计算点。选择低压侧断路器时，应按高压侧断路器断开时在 k3 点短路作为短路计算点。

（2）带电抗器的 6 ~ 10kV 出线及厂用分支回路。在母线和母线隔离开关前的母线引线及套管应按电抗器前 k6 点短路选择。由于干式电抗器工作可靠性较高，且电气设备间的连线都很短，故障几率小，故隔板后的载流导体和电气设备一般可按电抗器后，即 k7 点为计算短路点，这样可选用轻型断路器，节约投资。

(3) 母线分段断路器，应按变压器 T2 断开时在 k1 点短路作为短路计算点。选择发电机电压母线时，应按 k1 点短路计算。

(4) 选择母联断路器时，应考虑当用母联向备用母线充电检查时，备用母线故障的最严重情况。

4. 短路计算时间

校验短路热稳定和开断电流时，必须合理地确定短路计算时间。验算热稳定的短路计算时间 t 为继电保护动作时间 t_b 和相应断路器的全开断时间 t_{kd}之和，即

$$t = t_b + t_{kd} \tag{19-9}$$

式中　t_{kd}——固有分闸时间与熄弧时间之和。

当验算裸导体及 3~6kV 厂用馈线电缆短路热稳定时，一般采用主保护动作时间。如主保护有死区时，则应采用能保护该死区的后备保护动作时间，并采用相应处的短路电流值。如验算电气设备和 110kV 及其以上充油电缆的热稳定时，为了可靠，一般采用后备保护动作时间。

开断电气设备应能在最严重的情况下开断短路电流，故电气设备的开断计算时间 t_k 应为主保护时间 t_b 和断路器固有分闸时间 t_{gf}之和，即

$$t_k = t_b + t_{gf} \tag{19-10}$$

其中断路器固有分闸时间 t_{gf}为接到分闸信号到触头刚分离这一段时间。

第三节　载流导体和电气设备的选择

一、载流导体的选择和校验

电力系统中的载流导体有敞露硬母线、封闭母线、电缆和软导线，本节只介绍硬母线和电缆的选择。

(一) 硬母线的选择

硬母线一般按下列各项进行选择和校验：①导体材料、类型和敷设方式；②导体截面；③电晕；④热稳定；⑤动稳定；⑥共振频率。

1. 导体材料、类型和布置方式的选择

常用导体材料有铜、铝、铝合金及钢材料制成。其中铜的电阻率低，抗腐蚀性强，机械强度大，是很好的导体材料，但是它在工业和国防上有很多重要用途，且我国铜的储量不多，价格较贵，因此铜母线只用在持续工作电流大，且位置特别狭窄的发电机、变压器出线处或污秽对铝有严重腐蚀而对铜腐蚀较轻的场所。铝的电阻率虽为铜的 1.7~2 倍，但密度只有铜的 30%，我国铝的储量丰富，价格较低，因此一般都采用铝或铝合金材料。

工业上常用的硬母线截面为矩形，槽形和管形。

(1) 矩形母线散热条件较好，有一定的机械强度，便于固定和连接。单条矩形导体具有集肤效应较小、安装简单、连接方便和散热条件好等优点，一般适用于工作电流 $I_g \leqslant 2000$A 的回路中，为避免集肤效应系数大，单条矩形的截面最大不超过 1250mm^2。

而当工作电流超过最大截面单条母线允许电流时，可用 2~4 条矩形母线并列使用。但是由于邻近效应的影响，多条母线并列的允许载流量并不成比例增加，故一般避免采用四条

矩形母线。在实际工程中，矩形导体一般只用于35kV及其以下，电流在4000A及其以下的配电装置中。当工作电流大于4000A以上时，导体则应选用有利于交流分布的槽形或圆管形的成型导体。

(2) 槽型母线具有机械强度较好，电流分布比较均匀，载流量较大，安装方便，集肤效应系数较小，散热条件好等优点。槽型母线一般用于4000～8000A的配电装置中，可选用双槽形导体。

(3) 管形母线是空芯导体，机械强度高，集肤效应系数小，且有利于提高电晕的起始电压，管内可以通水和通风作为冷却，因此，可用于8000A以上的大电流母线。另外，由于圆管形表面光滑，电晕放电电压高，因此可用作110kV及其以上配电装置母线。

2. 母线截面的选择

配电装置的汇流母线及较短导体按导体长期发热允许电流选择，其余导体的截面一般按经济电流密度选择。

(1) 按导体长期发热允许电流选择。载流导体所在电路中最大持续工作电流 $I_{g\cdot max}$ 应不大于导体长期发热的允许电流 I_Y，即

$$I_{g\cdot max} \leqslant kI_{yke} \tag{19-11}$$

式中 I_{yke}——导体允许温度和基准环境条件下的长期允许电流；

K——综合校正系数（可查表5－1，也可查电力设计手册等有关工程手册）。

当周围介质温度 θ 不等于额定环境温度 θ_0 时，综合校正系数 K 也可换算为

$$K = \sqrt{\frac{\theta_y - \theta}{\theta_y - \theta_0}} \tag{19-12}$$

式中 θ_y——导体或电气设备正常发热允许最高温度（当导体用螺栓连接时，$\theta_y = 70℃$）。

(2) 按经济电流密度选择。对于全年负荷利用小时数较大，母线较长（长度超过20m），传输容量较大的回路，如发电机—变压器和发电机—主配电装置的回路，均应按经济电流密度选择导线截面。从经济的角度来说，为了降低线路运行的电能损耗，导线截面越大越有利，但为了节约投资降低线路的造价及折旧维修费，导线的截面越小越有利。因此，综合考虑各方面的因素制定出符合国家利益的对应于一定负荷电流的导线截面，称为经济截面。对应于经济截面的电流密度，称为经济电流密度。按经济电流密度选择导体截面可使年计算费用最低。年计算费用包括电流通过导体产生的年电能损耗费、导体投资（包括损耗引起的补充计费）和折旧费、以及利息等，对应不同种类的导体和不同的最大负荷年利用小时数 T_{max}，都有一个年计算费用最低的电流密度也称为经济电流密度 J。图19－3所示为部分导体的经济电流密度。按经济电流密度选择导线截面为

$$S = \frac{I_{g\cdot max}}{J} \tag{19-13}$$

式中 S——经济截面，mm^2；

$I_{g\cdot max}$——正常工作时的最大持续工作电流。

J——经济电流密度，A/mm^2，可由图19－2查得。

选择标准截面应尽量接近式（19－13）计算的截面（标准截面数据可查电力工程电气设计手册），当无合适规格的导体时，为节约投资，允许选择小于经济截面的导体。按经济电

流密度选择的导体截面还必须满足式（19－11）的要求。

3．导体截面的校验

（1）电晕电压校验

由于电晕放电会引起电晕损耗、无线电干扰、噪声干扰和金属腐蚀等许多不利现象，对于35kV及其以上电压的母线，可按晴天不发生全面电晕条件进行校验，要求母线的临界电晕电压应大于最高工作电压，即

$$U_{lj} \geqslant U_g \qquad (19-14)$$

式中　U_{lj}——临界电晕电压，kV；

U_g——工作电压，kV。

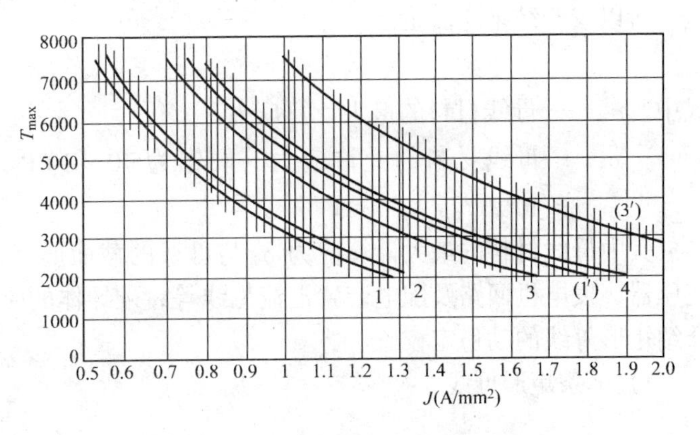

图19－2　部分导体经济电流密度

1、1′—变电所所用、工矿和电缆线路的铝（铜）纸绝缘铅包、铝包、塑料护套及各种铠装电缆；2—铝矩形、槽形母线及组合导线；3、3′—火电厂厂用的铝（铜）纸绝缘铅包、铝包、塑料护套及各种铠装电缆；4—35～220kV，线路的LGJ、LGJQ型钢芯铝绞线

对于330～500kV超高压配电装置，电晕是选择导线的控制条件，要求在1.1倍最高运行的相电压下，晴天夜间不发生可见电晕。选择时应综合考虑导体直径、分裂间距和相间距离等条件，经技术经济比较，确定最佳方案。

（2）热稳定校验

按正常电流选出导体截面后，还应按短路时热稳定进行校验。根据短路电流的热效应、计及集肤效应，按热稳定决定的导体最小截面应满足的条件为

$$S \geqslant \frac{\sqrt{Q_k}}{C} \qquad (19-15)$$

式中　S——所选导线的母线截面，mm^2；

Q_k——短路电流热效应，KA^2s；

C——与导体材料及发热温度有关的热稳定系数（在不同的工作温度下，对于不同母线材料，C值可查表19－3）。

表19－3　**不同工作温度下的C值**

工作温度	40	45	50	55	60	65	70	75	80	85	90
硬铝及铝锰合金	99	97	95	93	91	89	87	85	83	81	79
硬　铜	186	183	181	179	176	174	171	169	166	164	161

（3）按短路时动稳定的校验

各种形状的硬母线通常都安装在支持绝缘子上，当冲击电流通过母线时，电动力将使母线产生弯曲应力。导体短路时产生的机械应力一般均按三相短路检验（发生其他短路形式的短路电流较大时则按最严重的情况检验）。当冲击电流通过母线时，母线中间一相受到最大电动力的作用，所以应按多跨距的梁来校验中间一相母线上的最大应力，只要小于材料的允许应力，即满足动稳定。

所以校验结果应满足

$$\sigma_{js} \leqslant \sigma_{y} \tag{19-16}$$

式中 σ_{js}——母线材料的最大计算应力；

σ_{y}——母线材料的允许应力（硬铝为 70×10^6Pa，硬铜为 137×10^6Pa，钢为 157×10^6Pa）。

其中母线材料的最大计算应力 σ_{js}与母线的截面形状、条数等有关，对于重要回路如主变压器、发电机回路及配电装置汇流母线等，硬导体的应力计算，需考虑共振的影响。下面介绍矩形母线的动稳定校验。

1）单条矩形母线

$$\sigma_{js} = 1.73 i_{ch}^2 \frac{\beta L^2}{aW} 10^{-8} \quad \text{(Pa)} \tag{19-17}$$

式中 i_{ch}——短路冲击电流值，A；

L——支持绝缘子间的跨距，m；

W——截面系数，m^3；

a——母线相间距离，m；

β——振动系数。

截面系数 W 是指垂直于力作用方向的轴而言的抗弯距。矩形母线按图 6－40（a）布置时，$W=\frac{b^2h}{6}$ m^3，矩形母线按图 6－39（b）、（c）布置时，$W=\frac{bh^2}{6}$ m^3。

在设计中为便于计算，常根据材料最大允许应力来确定绝缘子间最大允许跨距 L_{max}，

$$L_{max} = \sqrt{10\sigma_y W/f_x} \quad \text{(m)} \tag{19-18}$$

在实际中，应取 $L \leqslant L_{max}$。在一般取母线跨距不超过 1.5～2m，等于配电装置间隔的宽度。

2）多条矩形母线

当母线由多条组成时，母线上的最大机械应力由相间作用应力 σ_{xj}和同相各条间的作用应力 σ_{tj}合成，即

$$\sigma_{js} = \sigma_{xj} + \sigma_{tj} \tag{19-19}$$

相间作用应力 σ_{xj}的计算公式与单条母线相同，但其中的截面系数 W 应为多条母线的截面系数。当多条母线按图 6－39（b）布置时，$W=nW_X$，n 为并列的条数。

同相各条间的作用应力 σ_{tj}可有

$$\sigma_{tj} = \frac{f_t L_s^2}{2b^2h} \quad \text{(Pa)} \tag{19-20}$$

式中 f_t——同相母线间作用应力；

L_s——衬垫中心线间距离；

b——矩形母线厚度；

h——矩形母线宽度。

同相母线间作用应力 f_t 计算与每相中的条数有关，下面介绍每相有两条时的计算式为

$$f_t = 2.5 K_{12} i_{ch}^2 \frac{1}{b} \times 10^{-8} \quad \text{(N/m)} \tag{19-21}$$

式中　K_{12}——母线形状系数，是 $\frac{b}{h}$ 和 $\frac{a-b}{b+h}$ 的函数，可由图 19－3 查得。

每相有两条以上时的计算式这里不作介绍。当选择为非矩形的硬母线时的校验方法可查相关设计书。

（二）电力电缆的选择

1. 选择电力电缆型号的一般原则

电缆类型的选择应根据其用途、敷设方式和使用条件，选择电缆的芯数、绝缘种类、保护层结构、线芯材料及其他特征。选择时可参照以下原则：

（1）电缆的额定电压应大于或等于所在电网的额定电压，电缆的最高工作电压不得超过其额定电压的 15%。

（2）在潮湿或腐蚀性土壤的地区明敷或直埋敷设时，均应首先选用塑料外护层电缆，一般地区采用架空、隧道、沟道内的电缆或直埋敷设地下的电缆，可选择裸钢带铠装电缆。

（3）35kV 及其以下，一般采用三相铝芯电缆；110kV 及其以上采用单相充油电缆。

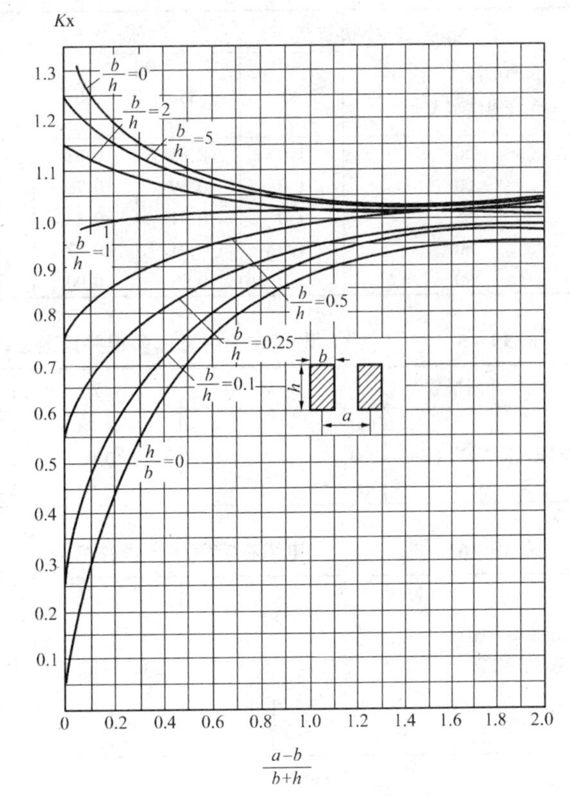

图 19－3　矩形导体的截面形状系数

（4）敷设在高差较大地点，应采用不滴流或塑料电缆等。

（5）电力电缆除一般充油电缆外，一般采用三芯铝芯电缆。

在负荷电流较大，有多种型式的电缆可供选择时，应考虑用不同敷设方式（包括并列根数、间距等）电缆载流能力的不同，通过技术经济比较，合理选择电缆的型式。

2. 电缆截面的选择

在大电流回路（如主电源、厂用工作电源等）或 35kV 以上高压电缆，或当最大负荷利用小时数大于 5000m 且线路长度超过 20m 时，应按经济电流密度选择，其他环境可按长期允许电流选择电缆截面。在大容量的电路中，可能选用多条电缆或大截面电缆，需要从技术可靠性和经济合理性等方面给予综合考虑决定。

（1）按经济电流密度选择电缆截面

按经济电流密度选择电缆截面的计算可参照式（19－13），其中的经济电流密度 J 可由图 19－3 查得。

（2）按长期允许电流选择电缆截面

按长期允许电流选择电缆截面可参照式（19－11）进行，即所选电缆截面校正后的长期允许电流，应大于装设电路的长期最大工作电流，其中电缆的综合校正系数与环境温度、敷设条件有关。表 19－4 为环境温度不同时，长期允许电流的修正系数，表 19－5 和表 19－6

为长期电流按敷设条件进行校正的校正系数。

表 19－4　35kV 及其以下电压电缆在不同环境温度下长期允许电流的修正系数

长期最高允许温度（℃）＼环境	空气中				土壤中			
	30	35	40	45	20	25	30	35
50	1.0	0.85	0.67	0.45	1.10	1.0	0.89	0.77
60	1.0	0.89	0.78	0.66	1.07	1.0	0.93	0.85
65	1.0	0.91	0.82	0.72	1.06	1.0	0.94	0.87
80	1.0	0.94	0.87	0.80	1.04	1.0	0.95	0.90
90	1.0	0.95	0.90	0.84	1.04	1.0	0.96	0.92

表 19－5　电缆在土中直埋多根并行敷设时允许电流的修正系数

并列根数		1	2	3	4	6
电缆之间净距（mm）	100	1	0.88	0.84	0.80	0.75
	200	1	0.90	0.86	0.83	0.80
	300	1	0.92	0.89	0.87	0.85

表 19－6　电缆在空气中多根并列敷设时允许电流的修正系数

电缆中心距＼并列根数	1	2	3	4	6
$S=d$	1.0	0.90	0.85	0.82	0.80
$S=2d$	1.0	1.00	0.98	0.95	0.90
$S=3d$	1.0	1.00	1.00	0.98	0.96

3. 热稳定校验

电缆热稳定校验满足的条件是：所选电缆截面 S 应满足条件

$$S \geqslant \frac{\sqrt{Q_k}}{C} \times 10^2 \qquad (mm^2) \tag{19－22}$$

式中　Q_k——短路电流热效应，$kA^2 \cdot s$；

C——与导体材料及发热温度有关的热稳定系数。

电缆的热稳定系数 C 可有

$$C = \frac{1}{\eta}\sqrt{\frac{JQ}{K\rho_{20}\alpha}\ln\frac{1+\alpha(\theta_d-20)}{1+\alpha(\theta_f-20)}} \times 10^{-2} \tag{19－23}$$

式中　η——计及电缆芯线充填物热容随温度变化以及绝缘散热影响的校正系数，对于3～6kV厂用回路，η 取 0.93；

Q——电缆芯单位体积的热容量，cal/cm^3℃，铝芯取 0.95；

J——热功当量系数，取 4.2，J/cal；

α——电缆芯在 20℃时的电阻温度系数，1/℃，铝芯为 0.00403；

K——20℃时导体交流电阻与直流电阻之比，$S \leqslant 100mm^2$ 的三芯电缆 $K=1$，$S=120$～$140mm^2$ 的三芯电缆 $K=1.005$～1.035；

ρ_{20}——电缆芯线在 20℃时的电阻系数，$\Omega \cdot cm^2/cm$，铝芯为 0.03×10^4；

θ_f——短路前电缆的工作温度，℃；

θ_d——电缆在短路时的最高允许温度，对10kV及其以下普通粘性浸渍纸绝缘及交联聚乙烯绝缘电缆为200℃，有中间接头（锡焊）的电缆最高容许温度为120℃。

（三）封闭母线的选择

对于容量200MW及其以上的机组，发电机和变压器之间的连接线以及厂用电源、电压互感器等分支线，一般都采用全连式分相封闭母线。

全封闭母线一般采用制造部门的定型产品。制造厂也可提供有关封闭母线的额定电压、额定电流、动稳定和热稳定等参数，可按电气设备选择的一般条件进行选择和校验。当选用非定型产品时，应进行载流导体和外壳的发热、应力等方面的计算和校验。200～300MW的机组全连式分相封闭母线，一般采用自冷式冷却方式；300MW以上的机组，可采用强迫风冷或强迫水冷的冷却方式。

二、支柱绝缘子和穿墙套管的选择和校验

支柱绝缘子和穿墙套管是母线结构的重要组成部分。其选择和校验项目如下：

1. 支柱绝缘子

根据额定电压进行选择（要求所选支柱绝缘子的额定电压要大于或等于所在电网的额定电压），校验其动稳定项目。

动稳定校验应满足

$$F_{js} \leqslant 0.6F_{ph} \tag{19-24}$$

式中　F_{js}——计算作用力；

F_{ph}——弯曲破坏力（由技术数据查得）。

支柱绝缘子的抗弯破坏强度是按作用在绝缘子帽上给定的（如图19－4），需求出短路时作用在绝缘子帽上的计算作用应力 F_{js}，则有

$$F_{js} = F_{max}\frac{H_1}{H} \tag{19-25}$$

$$F_{max} = \frac{F_1 + F_2}{2} = 1.73 i_{ch}^2 \frac{l_1 + l_2}{2a} \times 10^{-7}$$

$$= 1.73 i_{ch}^2 \frac{l_{js}}{a} \times 10^{-7}(\text{N}) \tag{19-26}$$

$$H_1 = H + b + \frac{h}{2}(\text{mm})$$

$$l_{js} = \frac{l_1 + l_2}{2}$$

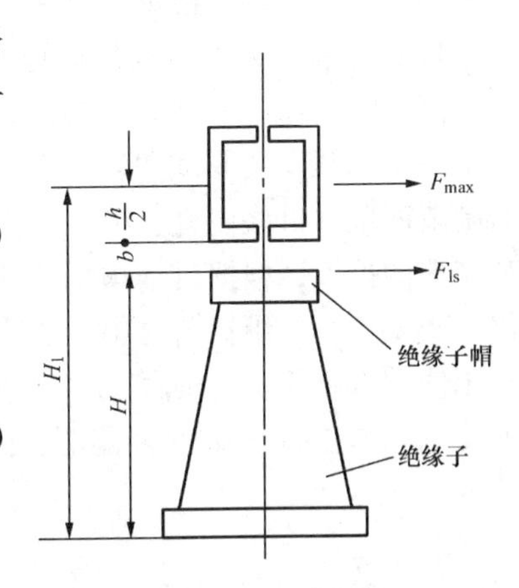

图19－4　绝缘子受力示意图

式中　H——绝缘子高度，mm；

H_1——绝缘子底部到母线水平中心线的高度，mm（b 为母线支持器下片厚度，一般竖放矩形母线 b＝18mm；平放矩形母线及槽形母线 b＝12mm）；

l_{js}——计算跨距，m；

l_1、l_2——支持绝缘子两侧的跨距，如图19－5所示。

2. 穿墙套管

根据额定电压、额定电流及安装的地点选择穿墙套管的型式，校验其热稳定、动稳定项

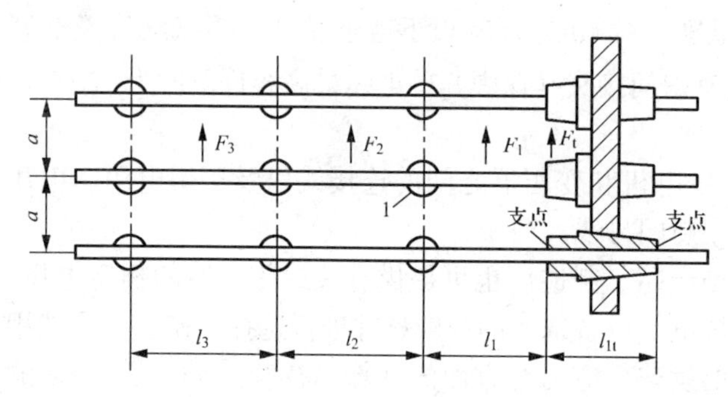

图 19-5 绝缘子和穿墙套管所受的电动力

目。

所选穿墙套管的额定电压要大于或等于所在电网的额定电压、额定电流要大于所在支路的最大工作电流。根据安装地点确定为户内式或户外式，屋内配电装置一般宜选用铝导体穿墙套管。

热稳定的校验应满足的条件是 $I_r^2 t \geqslant Q_k$，即通过穿墙套管的短路热效应 Q_k 应不大于穿墙套管在 t 秒时间内的允许热效应，I_r 为 t 秒的热稳定电流。

动稳定校验与支柱绝缘子一样，但 F_{js}的计算采用式（19-25），即

$$F_{js} = 1.73 i_{ch}^2 \frac{l_{js}}{a} \times 10^{-7} (\mathrm{N}) \tag{19-27}$$

其中 $l_{js} = \dfrac{(l_1 + l_{tg})}{2}$，$l_{tg}$为套管的长度。

三、高压断路器的选择和校验

高压断路器是变电所主要电气设备之一，其选择的好坏，不但直接影响变电所的正常运行，而且也影响在故障条件下是否能可靠地分断。

断路器的选择根据额定电压、额定电流、装置种类、构造型式、开断电流或开断容量各技术参数，并进行动稳定和热稳定的校验。

1. 断路器种类和型式的选择

高压断路器应根据断路器安装地点（选择户内式或户外式）、环境和使用技术条件等要求，并考虑其安装调试和运行维护，并经技术经济比较后选择其种类和型式。由于少油断路器制造简单、价格便宜、维护工作量少，早期 3~220kV 一般采用少油断路器。但随着生产和制造的扩大，根据目前电力发展趋势及电力投资力度的加大，并且我国要求实现“无油化、小型化、免维护”，110kV 及其以上电压等级基本上采用六氟化硫（SF_6）断路器；35kV 电压使用六氟化硫（SF_6）或户外真空断路器；10kV 电压基本上以真空断路器为主，特殊地方使用六氟化硫（SF_6）断路器；500kV 一般采用六氟化硫（SF_6）断路器。一般可按表 19-7 选择。

表 19-7 断路器型式的选择

安装使用场所	可选择的主要型式	安装使用场所		可选择的主要型式
高压电动机	少油断路器 真空断路器	配电装置	35kV 及其以下	少油断路器 真空断路器 六氟化硫（SF_6）断路器
并联电容器组	真空断路器 SN10 型少油断路器 六氟化硫（SF_6）断路器		35~220kV	少油断路器 六氟化硫（SF_6）断路器
			330kV 及其以上	六氟化硫（SF_6）断路器
串联电容器组	与配电装置同型	发电机回路	中小型机组	少油断路器
			大型机组	专用断路器（高速断路器）

2. 按额定电压选择

断路器的额定电压，应不小于所在电网的额定电压（或工作电压），即

$$U_N \geqslant U_g \tag{19-28}$$

式中　U_N——所选断路器额定电压；

U_g——电网工作电压。

3. 按额定电流选择

断路器的额定电流，应大于所在回路的最大持续工作电流，即

$$I_N \geqslant I_{g\cdot max} \tag{19-29}$$

式中　I_N——所选断路器额定电流；

$I_{g\cdot max}$——所在回路的最大持续工作电流。

由于高压断路器没有连续过载的能力，在选择其额定电流时，应满足各种可能运行方式下回路持续工作电流的要求，即取最大持续工作电流 $I_{g\cdot max}$。当所选断路器使用的环境温度高于或低于设备最高允许温度时，应考虑适当减少或增加额定电流。

4. 按开断电流和关合电流选择

断路器的额定开断电流 I_{kkd}应大于或等于断路器触头刚分开时，实际开断的短路电流周期分量有效值 I_{zk}来选择，即断高压断路器的额定开断电流应满足

$$I_{kkd} \geqslant I_{zk} \tag{19-30}$$

式中　I_{zk}——断路器触头刚分开时实际开断的短路电流周期分量有效值。

当断路器的额定开断电流较系统的短路电流大很多时，为了简化计算，也可用次暂态电流 I''进行选择，即 $I_{kkd} \geqslant I''$。

校验短路应按照最严重的短路类别进行计算，但由于断路器开断单相短路的能力比开断三相短路大15%以上，因此只有单相短路比三相短路电流大15%以上才作为短路计算条件。装有自动重合闸装置的断路器，当操作循环符合厂家规定时，其额定开断电流不变。

一般对于使用快速保护和高速断路器者，其开断时间小于0.1s，当在电源附近短路时，短路电流的非周期分量可能超过周期分量的20%，其开断短路电流应计及非周期分量的影响，如果非周期分量超过周期分量20%以上时，订货时应向制造部门提出补充要求。对于中、慢速断路器，由于开断时间较长（>0.1s），短路电流非周期分量衰减较多，能够满足国家标准规定的、非周期分量不超过周期分量幅值20%的要求，故可用式（19-30）计算。

在断路器合闸之前，若线路上已存在短路故障，则在断路器合闸过程中，触头间在未接触时即有巨大的短路电流通过，容易发生触头损坏。且断路器在关合电流时，不可避免地在接通后又自动跳闸，此时要求能切断短路电流，因此要求断路器的额定关合电流 i_{eg}不应小于短路电流最大冲击值 i_{ch}，即满足 $i_{eg} \geqslant i_{ch}$。

5. 动稳定校验

所谓动稳定校验系指在冲击电流作用，断路器的载流部分所产生的电动力是否能导致断路器的损坏。动稳定应满足的条件是短路冲击电流 i_{ch}应小于或等于断路器的电动稳定电流(峰值)。一般在产品目录中给出的是极限通过电流（峰值）i_{kw}，它与电动稳定电流的关系应满足

$$i_{kw} \geqslant i_{ch} \tag{19-31}$$

6. 热稳定校验

应满足的条件是短路热效应 Q_k 应不大于断路器在 t 秒时间内的允许热效应，即

$$I_r^2 t \geqslant Q_k \tag{19-32}$$

式中 I_r——断路器 t 秒时间内的允许热稳定电流，A。

根据对断路器操作控制的要求，选择与断路器配用的操动机构。高压断路器的操动机构，大多数是由制造厂配套供应，仅部分少油断路器有电磁式、弹簧式或液压等几种型式的操动机构可供选择。一般电磁式操动机构虽配有专用的直流合闸电源，但其结构简单可靠；弹簧式的结构比较复杂，调整要求较高；液压操动机构加工精度要求较高，操作机构的型式，可根据安装调试方便和运行可靠性自行选择。

四、隔离开关的选择

隔离开关的选择主要以额定电压、额定电流为依据，并进行动、热稳定校验。但由于隔离开关不能开断负荷电流和短路电流，因此不需校验其他参数。

选择时应根据安装地点选用户内式或户外式隔离开关；结合配电装置布置的特点，选择隔离开关的类型，并进行综合技术经济比较后确定。

同时所选隔离开关的额定电压应大于或等于装设电路所在电网的额定电压，额定电流应大于或等于装设电路的最大持续工作电流。

校验只考虑动稳定和热稳定校验，校验方法和断路器类似，这里不再重复。

在选择时，220kV 及其以下隔离开关宜采用手动机构。屋内 8000A 及其以上隔离开关，布置在高型配电装置上层的 110kV 隔离开关，以及布置在高型或半高型配电装置上层的 220kV 隔离开关和 330～500kV 隔离开关宜采用电动机构。当有压缩空气系统时，也可采用气动机构。

五、高压熔断器的选择

熔断器是最简单的保护电气设备，它用来保护电气设备免受过载和短路电流的损害。屋内型高压熔断器在变电所中常用于保护电力电容器、配电线路和配电变压器，而在电厂中多用于保护电压互感器。

高压熔断器的选择、校验条件，在选择时应注意以下几点。

1. 根据安装地点选用户内式或户外式

2. 按额定电压选择

对于一般的高压熔断器，其额定电压必须大于或等于电网的额定电压。另外对于充填石英砂有限流作用的熔断器，则只能用在等于其额定电压的电网中，因为这种类型的熔断器能在电流达到最大值之前就将电流截断，致使熔断器熔断时产生过电压。过电压的倍数与电路的参数及熔体长度有关，一般在等于其额定电压的电网中为 2.0～2.5 倍，但如在低于其额定电压的电网中，因熔体较长，过电压值可高达 3.5～4 倍相电压，以致损害电网中的电气设备。

3. 按额定电流选择

熔断器的额定电流选择，包括熔断器熔管的额定电流和熔体的额定电流的选择。

（1）熔管额定电流的选择：为了保证熔断器外壳不致损坏，高压熔断器的熔管额定电流应大于或等于熔体的额定电流；

（2）熔体额定电流选择：为了防止熔体在通过变压器励磁涌流和保护范围以外的短路及

电动机自启动等冲击电流时误动作，保护35kV及其以下电力变压器的高压熔断器，其熔体的额定电流应满足

$$I_{Nt} = KI_{g\cdot max} \tag{19-33}$$

式中　K——可靠系数（不计电动机自启动时 $K=1.1\sim1.3$，考虑电动机自启动时 $K=1.5\sim2.0$）；

$I_{g\cdot max}$——变压器回路最大持续工作电流。

4. 熔断器开断电流校验

对于有限流作用的熔断器，因熔体在短路冲击电流出现之前已熔断（即在电流过最大值之前已截断），其开断电流 I_{Nkd} 应满足

$$I_{Nkd} \geqslant I'' \tag{19-34}$$

对没有限流作用的跌落式高压熔断器，其断流容量应分别按上、下限值校验，而且开断电流应以短路全电流校验。

5. 熔断器选择性校验

为了保证前后两级熔断器之间或熔断器与电源（或负荷）保护之间动作的选择性，应进行熔体选择性校验。各种型号熔断器的熔体熔断时间可由制造厂提供的安秒特性曲线上查出。

对于保护电压互感器用的高压熔断器，只需按额定电压及断流容量两项来选择。

六、限流电抗器的选择

目前电力系统常用的限流电抗器，有普通电抗器和分裂电抗器两种。普通电抗器一般装设在6~10kV母线分段之间（称为母线分段电抗器）和电缆出线中（称为出线电抗器），母线分段电抗器限流效果不如出线电抗器，出线电抗器主要是限制电抗器后电网中短路时的短路电流，以便安装轻型的断路器（如中小型发电厂，一般可按6~10kV出线短路电流不超过20kA来考虑）；分裂电抗器在正常工作时电抗小，电压损失小，在短路情况下，电抗增大，起到限制短路电流的作用，其限制短路电流的效果比普通电抗器会更好。

普通电抗器和分裂电抗器两者的选择方法基本相同，一般按照额定电压、额定电流、电抗百分数、动稳定和热稳定进行选择和校验。

1. 额定电压和额定电流的选择应满足

$$U_{Nk} \geqslant U_{Nw} \tag{19-35}$$

$$I_{Nk} \geqslant I_{g\cdot max} \tag{19-36}$$

式中　U_{Nk}、I_{Nk}——电抗器的额定电压和额定电流；

U_{Nw}、$I_{g\cdot max}$——电网额定电压和电抗器的最大持续工作电流。

分裂电抗器当用于发电厂的发电机或主变压器回路时，$I_{g\cdot max}$ 一般按发电机或主变压器额定电流的70%选择；而用于变电所主变压器回路时，$I_{g\cdot max}$ 取两臂中负荷电流较大者，当无负荷资料，一般按主变压器额定容量的70%选择。

2. 电抗百分数的选择

(1) 普通电抗器电抗百分数选择

1) 电抗器的电抗百分数按将短路电流限制到一定数值的要求来选择

设要求将短路电流限制到三相短路时的次暂态电流 I''（或将短路容量限制不超过轻型断路器的断流容量值），因此短路时的总电抗为

$$X_{*\Sigma} = \frac{I_j}{I''} = \frac{S_j}{S''} \tag{19-37}$$

式中 I_j——基准电流；

I''——三相短路时的次暂态电流；

S_j——基准容量；

S''——需要装设的轻型断路器的断流容量。

所需电抗器的电抗标么值为

$$X_{*L} = X_{*\Sigma} - X'_{*\Sigma} \tag{19-38}$$

式中 $X'_{*\Sigma}$——电源至电抗器前的系统电抗标么值。

所选电抗器在其额定参数下的百分电抗为

$$x_L\% = X_{*L}\frac{I_{Nk}U_j}{I_jU_{Nk}} \times 100 \tag{19-39}$$

或

$$x_L\% = \left(\frac{I_j}{I''} - X'_{*\Sigma}\right)\frac{I_{Nk}U_j}{I_jU_{Nk}} \times 100 \tag{19-40}$$

或

$$x_L\% = \left(\frac{S_j}{S''} - X'_{*\Sigma}\right)\frac{I_{Nk}U_j}{I_jU_{Nk}} \times 100 \tag{19-41}$$

式中 U_j——基准电压。

2）电压损失校验

普通电抗器在运行时，电抗器的电压损失应不大于额定电压的5%，即

$$\Delta u\% = x_L\%\frac{I_{fh}}{I_{Nk}}\sin\varphi \leqslant 5\% \tag{19-42}$$

式中 I_{fh}——负荷电流；

φ——功率因数角，一般 $\cos\varphi = 0.8$。

3）母线残压校验

若出线电抗器回路未设置无时限保护，为减轻短路对其他用户的影响，当线路电抗器后短路时，母线残压应不低于电网额定值的60%～70%，即

$$u_{sy}\% = x_L\%\frac{I''}{I_{Nk}} \geqslant 60\% \sim 70\% \tag{19-43}$$

对于母线分段电抗器、带几条出线的电抗器以及具有无限时继电保护的出线电抗器，不必校验短路时的母线残余电压。

（2）分裂电抗器电抗百分数的选择

分裂电抗器电抗百分数的选择一般是按要求限制短路电流到要求值来确定，可按式（19-41）计算电抗百分值 $x_L\%$。但分裂电抗器在结构上与普通电抗器的不同点在于分裂电抗器的绕组有中间抽头，如图4-33所示。正常工作时，一般端头1接电源，端头2和3接负荷。但因分裂电抗器产品系按单臂自感电抗算出，所以应进行换算，换算时与电源连接和限制的一侧短路电流有关，一般有以下四种可能的连接方式。

1）当1侧有电源，2和3侧无电源，且2或3侧短路时，则有

$$x_L\% = x_m\% \tag{19-44}$$

2）当1、2和3侧有电源，1侧短路，或2和3侧有电源，1侧短路时，则有

$$x_L\% = \frac{(1-f_0)}{2}x_m\% \quad (19-45)$$

式中　f_0——分裂电抗器的互感系数，当无厂家资料时，可取 $f_0=0.5$。

3）当1侧无电流，2（或3）侧在电源，3（或2）侧短路时，则有

$$x_L\% = 2(1+f_0)x_m\% \quad (19-46)$$

4）当1、2、3侧均有电源时，2或3侧短路时，可先确定 $x_L\%$ 值然后再按其他条件校验。

在正常运行情况下，分裂电抗器的电压损失很小，但两臂负荷变化可引起较大的电压波动，故要求两臂母线的电压波动不大于母线额定电压的5%。由于电抗器的电阻很小，且电压降是由电流的无功分量在电抗器的电抗中产生的（在选择分裂电抗器计算中，如无负荷资料，应按保证一臂为总负荷的70%，另一两臂为总负荷的30%来计算母线电压和电压波动），故母线Ⅰ的电压为

$$U_1 = U - \sqrt{3}x_m\%I_1\sin\varphi_1 + \sqrt{3}x_m\%f_0I_2\sin\varphi_2$$

因为

$$x_m = \frac{x_m\%}{100}\cdot\frac{U_{Nk}}{\sqrt{3}I_{Nk}}$$

故

$$U_1 = U - \frac{x_m}{100}U_{ek}\left(\frac{I_1}{I_{Nk}}\sin\varphi_1 - f_0\frac{I_2}{I_{Nk}}\sin\varphi_2\right) \quad (19-47)$$

式（19-47）除以 U_{Nk}，可得Ⅰ段母线电压的百分数

$$u_1\% = u\% - x_m\left(\frac{I_1}{I_{Nk}}\sin\varphi_1 - f_0\frac{I_2}{I_{Nk}}\sin\varphi_2\right) \quad (19-48)$$

同理可得Ⅱ段母线电压和母线电压的百分数分别为

$$u_2 = u - \frac{x_m}{100}U_{ek}\left(\frac{I_2}{I_{Nk}}\sin\varphi_2 - f_0\frac{I_1}{I_{Nk}}\sin\varphi_1\right) \quad (19-49)$$

$$u_2\% = u\% - x_m\left(\frac{I_2}{I_{Nk}}\sin\varphi_2 - f_0\frac{I_1}{I_{Nk}}\sin\varphi_1\right) \quad (19-50)$$

$$u\% = \frac{U}{U_{Nk}}\times 100\%$$

式中　$u\%$——分裂电抗器电源侧电压的百分值；

I_1、I_2——两臂中的负荷电流；

U_1、U_2——两臂的端电压；

φ_1、φ_2——Ⅰ、Ⅱ段母线上负荷功率因数角，一般可取 $\cos\varphi=0.8$；

U_{Nk}、I_{Nk}——电抗器的额定电压和额定电流。

3. 热稳定和动稳定校验

动稳定校验应满足

$$i_{dw} \geqslant i_{ch} \quad (19-51)$$

式中　i_{dw}——电抗器允许的动稳定电流。

热稳定校验满足

$$\sqrt{Q_K} \leqslant I_t\sqrt{t} \quad (19-52)$$

式中 Q_K——短路电流热效应。

$I_t\sqrt{t}$——电抗器允许的热稳定值。

由于分裂电抗器抵御二臂同时流过反向短路电流的动稳定能力较低，因此，在可能出现上述情况时，分裂电抗器除分别按单臂流过短路电流校验外，还应按两臂同时流过反向短路电流进行动稳定校验。

在选择分裂电抗器时，还应注意电抗器布置方式和进出线端子角度的选择。

七、互感器的选择

互感器的工作原理和作用已在第二篇第一章中描述，这里不再重复。下面介绍电流互感器和电压互器的选择方法。

(一) 电流互感器的选择

电流互感器的选择应满足继电保护、自动装置和测量仪表的要求，可按下列条件进行选择和校验。

1. 电流互感器型式的选择

电流互感器型式的选择可根据安装地点、安装方式、绝缘方式、用途等来选择。

按安装地点可选择户内式和户外式。20kV 及其以下多为户内式，35kV 以上为户外式。

按安装方式可选择穿墙式、支持式和装入式。穿墙式装在墙壁或金属结构的孔中，可节约穿墙套管；支持式则安装在平面或支柱上；装入式是套在 35kV 及其以上变压器或多油断路器油箱内的套管上，故也称为套管式。

按绝缘可选择干式、浇注式、油浸式等。干式用绝缘胶浸渍，适用于低压户内的电流互感器；浇注式利用环氧树脂作绝缘，目前仅用于 35kV 及其以上的电流互感器；油浸式多为户外型。

根据电流互感器的用途，确定电流互感器接线，选择单相的或三相的、一个二次绕组或两个二次绕组的电流互感器。

2. 按一次回路额定电压和电流选择

电流互感器的一次额定电压和电流必须满足

$$U_N \geqslant U_{Nw} \tag{19-53}$$

$$I_{N1} \geqslant I_{g\cdot max} \tag{19-54}$$

式中 U_{Nw}——电流互感器所在电网的额定电压；

U_N——电流互感器的一次额定电压；

I_{N1}——电流互感器的一次额定电流；

$I_{g\cdot max}$——电流互感器一次回路最大工作电流。

为了确保所供仪表的准确度，互感器的一次工作电流尽量接近额定电流。电力变压器中性点电流互感器的一次额定电流，应大于变压器允许的不平衡电流，一般可按变压器额定电流的 30% 选择，安装在放电间隙回路中的电流互感器，一次额定电流可按 100A 选择。而中性点非直接接地系统中的零序电流互感器选择和校验的条件为：由二次电流及保护灵敏度确定一次回路启动电流；按电缆根数及外径选择电缆式零序电流互感器窗口直径；按一次额定电流选择母线式电流互感器的母线截面。

3. 选择电流互感器的准确级和额定容量

为了保证测量仪表的准确度，互感器的准确级不得低于所供测量仪表的准确级。例如，装于重要回路（如发电机、调相机、变压器、厂用馈线、出线等）中的电度表或计费的电度表一般采用0.5~1级的，相应的互感器的准确级亦应为0.5级。供运行监视、估算电能的电度表和控制盘上仪表一般采用1~1.5级的，相应的互感器应为1级。供只需估计电参数仪表的互感器可用3级的。当所供仪表要求不同准确级时，应按最高级别来确定互感器的准确级。

电流互感器二次额定电流 I_{2N}已标准化为5A或1A，设备制造厂也常提供额定负荷阻抗 Z_N，并以欧姆值表示，因此电流互感器二次侧的额定容量 $S_{N2}=I_{N2}^2Z_N$。

4. 选择电流互感器连接导线的截面

为保证互感器的准确级，与互感器二次侧所接负荷 S_2 应不大于该准确级所规定的额定容量 S_{N2}，即

$$S_{N2} \geqslant S_2 = I_{N2}^2 Z_{2f} \qquad (19-55)$$

互感器二次负荷（电抗不计）包括测量仪表电流线圈电阻 r_y、继电器电阻 r_j、连接导线电阻 r_d 和接触电阻 r_c，即

$$Z_{2f} = r_y + r_j + r_d + r_c(\Omega) \qquad (19-56)$$

式（19-56）中 r_y、r_j 可由回路中所接仪表和继电器设备的参数求得；r_c 由于不能准确测量，一般可取0.1Ω；仅连接导线电阻 r_d 为未知数，将式（19-57）代入式（19-58）中，整理后得

$$r_d \leqslant \frac{S_{N2} - I_{N2}^2(r_y + r_j + r_c)}{I_{N2}^2} \qquad (19-57)$$

因为
$$S = \frac{\rho L_{js}}{r_d}$$

故
$$S \geqslant \frac{I_{N2}^2 \rho L_{js}}{S_{N2} - I_{N2}^2(r_y + r_j + r_c)} = \frac{\rho L_{js}}{Z_{N2} - (r_y + r_j + r_c)} \ (m^2) \qquad (19-58)$$

式中 S——连接导线截面，m^2；

L_{js}——连接导线的计算长度，m；

ρ——导线电阻率，$\Omega \cdot m^2/m$，铜的电阻率 $\rho_{cu}=1.75\times10^{-8}$。

式（19-58）表明在满足电流互感器额定容量的条件下，选择二次连接导线的允许最小截面。

其中 L_{js}与仪表到互感器的实际距离 L 及电流互感器的接线方式有关，图6-24为电流互感器常用接线方式，其中图6-24（a）用于对称三相负荷时，测量一相电流，$L_{js}=2L$；图6-24（b）为星形接线，可测量三相不对称负荷，由于中性线电流很小，$L_{js}=L$；图6-24（c）为不完全星形接线，用于三相负荷平衡或不平衡系统中，供三相二元件的功率表或电度表使用，$L_{js}=\sqrt{3}L$。

发电厂和变电所应采用铜芯控制电缆。由式（19-58）求出的铜导线截面不应小于 $2.5mm^2$，以满足机械强度要求。

5. 校验

（1）热稳定校验

电流互感器热稳定能力常以1s允许通过一次额定电流I_{N1}的倍数K_r来表示，热稳定应按如下校验

$$(K_r I_{N1})^2 \geqslant I_{\infty}^2 t_{Kz} = Q_K \tag{19-59}$$

（2）动稳定校验

电流互感器常以允许通过一次额定电流最大值（$\sqrt{2}I_{N1}$）的倍数K_K（动稳定电流倍数），表示其内部动稳定能力，故内部动稳定可校验如下

$$\sqrt{2}I_{N1}K_k \geqslant i_{ch} \tag{19-60}$$

短路电流不仅在电流互感器内部产生作用力，而且由于其邻相之间电流的相互作用使绝缘瓷帽上受到外力的作用，因此，对于瓷绝缘型电流互感器应校验瓷套管的机械强度。瓷套上的作用力可由一般电动力公式计算，故外部动稳定应满足

$$F_y \geqslant 0.5 \times 1.73 i_{ch}^2 \frac{l}{a} \times 10^{-7}(\mathrm{N}) \tag{19-61}$$

式中 F_y——作用于电流互感器瓷帽端部的允许力；

l——电流互感器出线端至最近一个母线支柱绝缘子之间的跨距。

系数0.5表示互感器瓷套端部承受该跨上电动力的一半。

对于瓷绝缘的母线型电流互感器（如LMC型）其端部作用力按如下校验

$$F_y \geqslant 0.5 \times 1.73 i_{ch}^2 \frac{L_{js}}{a} \times 10^{-7} \quad (\mathrm{N}) \tag{19-62}$$

（二）电压互感器的选择

电压互感器应按一次回路电压、二次回路、安装地点和使用条件、二次负荷及准确级等要求进行选择。

1. 按安装地点和使用条件等选择电压互感器的类型

电压互感器的种类和型式应根据安装地点和使用条件进行选择，例如在3～20kV屋内配电装置中，一般采用油绝缘结构，也可采用树脂浇注绝缘结构的电磁式电压互感器；35kV配电装置，宜采用油浸绝缘结构电磁式电压互感器；110～220kV配电装置一般采用串级式电磁式电压互感器；220kV及其以上配电装置，当容量和准确级满足要求时，一般采用电容式电压互感器；SF_6全封闭组合电器的电压互感器应采用电磁式。

再根据电压互感器的用途，确定电压互感器接线，选择单相的或三相的、一个二次绕组的或两个二次绕组的电压互感器，尽可能将负荷均匀分布在各相上。如在需要检查和监视一次回路单相接地时，3～20kV宜采用三相五柱式电压互感器，35kV宜采用具有第三绕组的单相电压互感器。

2. 按一次回路电压选择

为了确保电压互感器安全和在规定的准确级下运行，电压互感器一次绕组所接电网电压应在（0.9～1.1）U_{N1}范围内变动，即应满足下列条件

$$1.1U_{N1} > U_w > 0.9U_{N1} \tag{19-63}$$

式中 U_{N1}——电压互感器额定一次线电压。

3. 按二次回路电压选择

电压互感器的二次侧额定电压应满足保护和测量使用标准仪表的要求。电压互感器二次侧额定电压可按表19－8选择。

表 19－8　电压互感器二次绕组额定电压选择

接线方式	电网电压（kV）	型　式	二次绕组电压（V）	接成开口三角形的辅助绕组电压（V）
Y，⊳	3～35	单相式	100	无此绕组
Y_0，y_0，⊳	110J～550J	单相式	$100/\sqrt{3}$	100
	3～60	单相式	$100/\sqrt{3}$	100/3
	3～15	三相五柱式	100	100/3（相）

注　J 是指中性点直接接地。

4. 准确度级选择

按照所接仪表的准确度级和容量，选择互感器的准确级和额定容量。电压互感器准确度级选择的原则，可参照电流互感器准确级选择方法。一般要求用于电能计量的，准确度不应低于 0.5 级；用于电压测量，不应低于 1 级；用于继电保护的不应低于 3 级。

5. 校验互感器的二次负荷

选定准确度级后，此时互感器的额定二次容量（对应于所要求的准确级）S_{N2}应不小于互感器的二次负荷 S_2，即

$$S_{N2} \geqslant S_2 \tag{19-64}$$

并且最好使 S_{N2}和 S_2 接近，否则易使互感器的准确度级降低。

互感器的二次负荷可按下式计算

$$S_2 = \sqrt{(\Sigma S\cos\varphi)^2 + (\Sigma S\sin\varphi)^2} = \sqrt{(\Sigma P)^2 + (\Sigma Q)^2} \tag{19-65}$$

式中　S、P、Q——各仪表和继电器电压线圈的视在功率、有功功率和无功功率；

$\cos\varphi$——各仪表和继电器电压线圈的功率因数。

由于电压互感器三相负荷常不相等，为了满足准确级要求，通常以最大相负荷与电压互感器的额定二次容量进行比较。

计算电压互感器一相的负荷时，必须注意互感器和负荷的接线方式。当互感器和负荷接线方式不同时，可按以下方法计算。

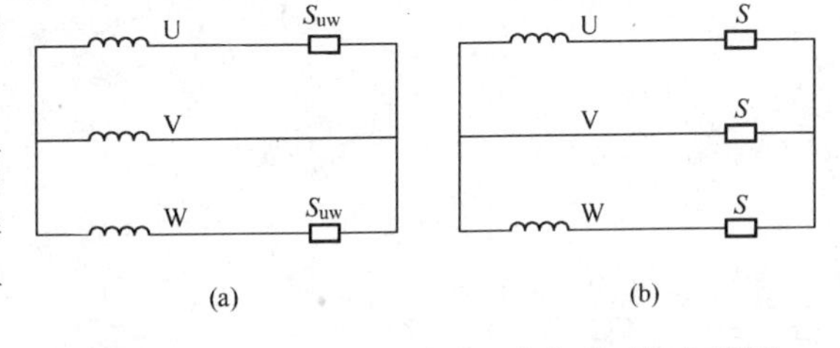

图 19－6　计算电压互感器二次负荷时的电路图

(a) 三相绕组两组负荷；(b) 二相绕组三相负荷

如图 19－6（a）所示，已知每相负荷的总伏安数 S 和功率因数，电压互感器二次绕组所供功率为：

U 相　有功功率

$$P_U = \frac{1}{\sqrt{3}} S_{UV}\cos(\varphi_{UV} - 30°)$$

无功功率

$$Q_U = \frac{1}{\sqrt{3}} S_{UV}\sin(\varphi_{UV} - 30°)$$

V 相　有功功率

$$P_{\mathrm{V}} = \frac{1}{\sqrt{3}}[S_{\mathrm{UV}}\cos(\varphi_{\mathrm{UV}} + 30°) + S_{\mathrm{VW}}\cos(\varphi_{\mathrm{VW}} - 30°)]$$

无功功率

$$Q_{\mathrm{V}} = \frac{1}{\sqrt{3}}[S_{\mathrm{UV}}\sin(\varphi_{\mathrm{UV}} + 30°) + S_{\mathrm{VW}}\sin(\varphi_{\mathrm{VW}} - 30°)]$$

W 相　有功功率

$$P_{\mathrm{W}} = \frac{1}{\sqrt{3}}S_{\mathrm{VW}}\cos(\varphi_{\mathrm{VW}} + 30°)$$

无功功率

$$Q_{\mathrm{W}} = \frac{1}{\sqrt{3}}S_{\mathrm{VW}}\cos(\varphi_{\mathrm{VW}} + 30°)$$

如图 19－6（b）所示，已知每相负荷的总伏安数 S 和总功率因数 $\cos\varphi$，电压互感器二次绕组所供功率为

UV 相　有功功率　　$P_{\mathrm{UV}} = \sqrt{3}S\cos(\varphi + 30°)$

无功功率　　$Q_{\mathrm{UV}} = \sqrt{3}S\sin(\varphi + 30°)$

VW 相　有功功率　　$P_{\mathrm{VW}} = \sqrt{3}S\cos(\varphi - 30°)$

无功功率　　$Q_{\mathrm{VW}} = \sqrt{3}S\sin(\varphi - 30°)$

各种电气设备的主要选择项目如表 19－9 所列。

表 19－9　　电气设备主要选择项目汇总表

<table>
<tr><th rowspan="2">设备名称</th><th colspan="4">一般选择项目</th><th rowspan="2">特殊项目选择</th></tr>
<tr><th>额定电压</th><th>额定电流</th><th>热　稳　定</th><th>动稳定</th></tr>
<tr><td>敞露母线</td><td rowspan="9">一般情况采用
$U_{\mathrm{N}} \geqslant U_{\mathrm{NW}}$</td><td rowspan="7">$I_{\mathrm{g \cdot max}} \leqslant KI_{\mathrm{yN}}$
或
$KI_{\mathrm{N}} \leqslant I_{\mathrm{g \cdot max}}$</td><td rowspan="2">$S \geqslant \frac{\sqrt{Q_{\mathrm{d}}}}{C}$ 或 $S \geqslant \frac{I_{\infty}}{C}\sqrt{t_{\mathrm{dz}}}$</td><td>$\sigma_{\mathrm{js}} \leqslant \sigma_{\mathrm{y}}$</td><td>110kV 及以上母线校验电晕电压</td></tr>
<tr><td>电　缆</td><td>—</td><td>$\Delta u\% \leqslant 5\%$</td></tr>
<tr><td>普通电抗器</td><td rowspan="3">$I_{\mathrm{r}}^2 t \geqslant Q_{\mathrm{d}}$</td><td rowspan="3">$i_{\mathrm{dw}} \geqslant i_{\mathrm{ch}}$</td><td>$x_{\mathrm{L}}\% = \left(\frac{I_{\mathrm{j}}}{I''} - X'_{*\Sigma}\right)\frac{I_{\mathrm{Nk}}U_{\mathrm{j}}}{I_{\mathrm{j}}U_{\mathrm{Nk}}} \times 100$
$\Delta U \leqslant 5\% U_{\mathrm{e}}$;
$u_{\mathrm{sy}}\% \geqslant 60\% \sim 70\%$</td></tr>
<tr><td>断路器</td><td>$I_{\mathrm{N}}k_{\mathrm{d}} \geqslant I_{\mathrm{zk}}, i_{\mathrm{Ng}} \geqslant i_{\mathrm{ch}}$</td></tr>
<tr><td>隔离开关</td><td>—</td></tr>
<tr><td>电流互感器</td><td>$(K_{\mathrm{r}}I_{\mathrm{N1}})^2 \geqslant I_{\infty}^2 t_{\mathrm{dz}} = Q_{\mathrm{d}}$</td><td>$\sqrt{2}I_{\mathrm{N1}}K_{\mathrm{d}} \geqslant i_{\mathrm{ch}}$</td><td>$S \geqslant \frac{\rho L_{\mathrm{js}}}{Z_{\mathrm{Nz}} - (r_{\mathrm{y}} + r_{\mathrm{j}} + r_{\mathrm{c}})}$
或　瓷套式 $F_{\mathrm{js}} \leqslant F_{\mathrm{y}}$</td></tr>
<tr><td>穿墙套管</td><td>$I_{\mathrm{r}}^2 t \geqslant Q_{\mathrm{d}}$</td><td rowspan="2">$F_{\mathrm{js}} \leqslant 0.6F_{\mathrm{ph}}$</td><td>—</td></tr>
<tr><td>支柱绝缘子</td><td>—</td><td>—</td><td>—</td></tr>
<tr><td>高压熔断器</td><td>$I_{\mathrm{N}} \geqslant I_{\mathrm{g \cdot max}}$</td><td>—</td><td>—</td><td>有限流作用者 $I_{\mathrm{Nkd}} \geqslant I''$</td></tr>
<tr><td>电压互感器</td><td>$1.1U_{\mathrm{N1}} > U_{\mathrm{W}}$
$> 0.9U_{\mathrm{N1}}$</td><td>—</td><td>—</td><td>—</td><td>$S_{\mathrm{N2}} \geqslant S_2$</td></tr>
</table>

第二十章

电　气　布　置

第一节　发电厂和变电所的电气部分总体布置设计

电气部分的总体布置，是一项综合性的技术，其政策性、科学性强，需要考虑的因素很多。同时由于发电厂在系统中的地位、厂房型式、机组台数、容量以及地形、地质等条件各不相同，因此进行电气设备总体布置设计时，必须根据具体情况，经过深入细致的技术经济比较，才能设计出合理的布置方案。

一、基本要求

（1）应能满足使用要求。

（2）电气设施布置工艺流程应合理。

（3）依据并符合外部条件，如城市规划、交通（铁路、公路）、水源、灰场要求等。

（4）符合防火和环境保护的要求。

（5）配电装置的设计，要充分利用地形，尽量减少土石方的开挖和回填工程量，注意防洪、滑坡问题，且少占或不占农田。

（6）配电装置的布置要注意电压等级，采用型式，出线方向与方式，出线走廊的条件等问题，应便于检修、巡视、操作，运行安全、可靠。

（7）因地制宜，布置力求紧凑，节约用地，降低造价，便于发展、扩建、过渡。

二、发电厂电气设施布置具体要求

发电厂电气设施应包括发电机电压和升高电压配电装置、主控制室（或网络控制室）、主变压器、厂用变压器等。

1. 火电厂总体及电气设备的布置

火电厂电气设备的布置应注意以下几点。

（1）发电机电压配电装置应靠近发电机。在中等容量发电厂中，发电机电压配电装置紧靠中央控制室，通常与主厂房相隔一段距离，此距离长短取决于循环水进水、排水管道和道路的布置。此时，中央控制室与主厂房采用栈桥连接，既使人员来往方便，也有助于减少中央控制室的噪声。

（2）升压变压器应尽量靠近发电机电压配电装置。在大型电厂中多采用发电机—变压器单元接线，没有发电机电压配电装置，则主变压器应靠近发电机间，以缩短封闭母线的长度。

（3）升压开关站的位置，应保证高压架空线引出方便。

（4）主变压器和屋外配电装置，应设在晾水塔（喷水池）在冬季时主导风向的上方，且在储煤场和烟囱常年主导风向的上方，并要保持规定的距离，尽量减轻结冰、灰尘和有害气体的侵害。图 20－1 为火电厂电气设备布置示意图。

2. 水电站总体及电气设备的布置

水电站电气设备的布置受地址条件和枢纽布置影响较大。在大、中型水电厂中，发电机电压配电装置的位置通常靠近机组。升压变压器安装在主厂房上游侧或下游尾水侧

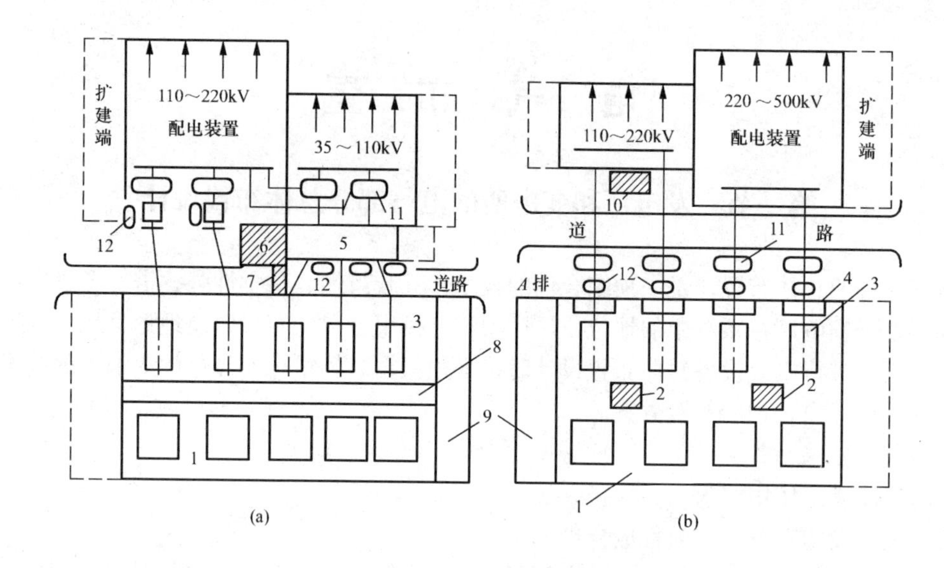

图 20-1 火电厂电气设备布置示意图

(a) 有6~10kV发电机电压配电装置的布置；(b) 单元接线的布置

1—锅炉房；2—机、电、炉集控室；3—汽机间；4—6~10kV厂用配电装置；5—6~10kV发电机电压配电装置；6—电气主控制室；7—天桥；8—除氧间；9—生产办公楼；10—网络控制室；11—主变压器；12—高压厂用变压器

的墙边与主机房同高度的位置，这样可使变压器与发电机的连接导线最短，并便于与高压配电装置的联系。由于水电厂主坝地面狭窄，开关站通常设置在下游河岸边，用架空线与升压变压器连接，如图20-2所示。在屋外配电装置中，一般设有网络继电保护室和值班室。

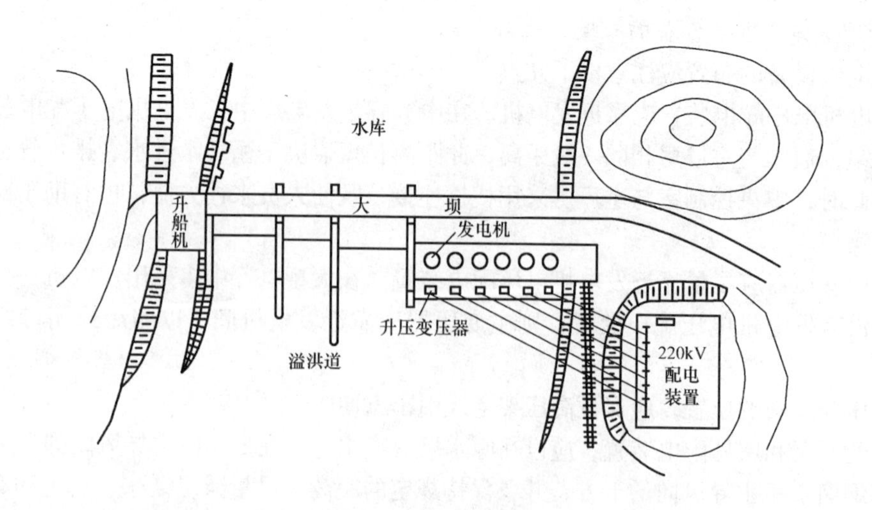

图 20-2 坝后式水电厂平面布置示意图

三、变电所电气设施布置具体要求

变电所的电气设施应包括屋内外配电装置、主变压器（调相机室）、辅助设备。

在变电所中电气设施是总平面布置的主体，布置时主要考虑电气设施之间的有机联系，并与外部环境条件相协调，如出线的走向、出线走廊的多少、出线方式、市政设施的状况等，使总平面布置与各方面取得协调一致。

图 20－3 为 220kV 变电所电气总平面布置示意图。

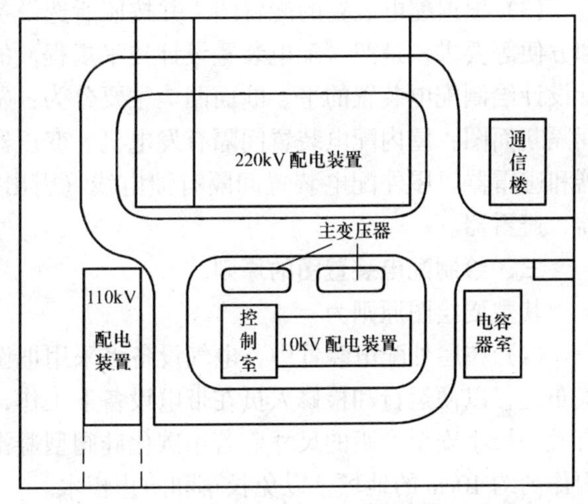

图 20－3　220kV 变电所电气总平面布置示意图

四、设计步骤

（1）根据发电厂的类型或变电所的性质及地理位置，拟定发电厂或变电所的总体布置。

（2）绘制发电厂或变电所的电气总平面布置图。

第二节　配电装置布置、设计

有关配电装置的基本要求、分类和特点等，在第二篇第八章已有讲述。

一、配电装置的适用范围

1. 屋内配电装置

适用范围：应用于大、中型发电厂、变电所中 35kV 及其以下的配电装置，或有特殊要求的（如备战、防污染）110～220kV 的配电装置。

2. 屋外配电装置

适用范围：应用于 110kV 及其以上的配电装置。

3. 成套配电装置

适用范围：应用于发电厂、变电所 6～10kV 或 35kV 的配电装置。SF_6 全封闭组合电器主要用于 110～500kV 配电装置。

二、配电装置的设计步骤

（1）根据具体条件（配电装置的电压等级、电气设备的型式、出线多少和方式、有无电抗器、地形、环境条件等因素）选择配电装置的型式。

1）选择屋内配电装置：①按电气主接线形式选择单母线制或双母线制；②按其间隔的布置方式选择单列布置或双列布置；③按其结构选择装配式或成套式，装配式选择单层式、二层式或三层式。

2）选择屋外配电装置：①低型布置；②中型布置：选择普通中型布置或中型分相硬管母线，配合剪刀式隔离开关方案布置；③高型布置；④半高型布置。

3）选择成套配电装置：①高压开关柜：屋内式或屋外式；②低压配电屏；③SF_6 全封闭组合电器。

（2）根据电气主接线图拟定绘制配电装置的配置图，便于分析配电装置的布置方案和统计所用的主要设备。

（3）根据配电装置的配置图，并按照所选设备的外形尺寸、运输方法、检修及巡视安全和方便等要求，遵照《配电装置设计技术规程》的有关规定，并参考各种配电装置的典型设计设计绘制配电装置的平、断面图。主要分为：①总平面布置图（屋外配电装置）；②各种间隔断面图：屋内配电装置间隔有发电机、变压器、线路母联（或分段）断路器、电压互感器和避雷器。屋外配电装置间隔有馈电线（引出线）路，变压器、母联断路器、电压互感器、避雷器。

三、绘制配电装置图的原则

其主要绘图原则为：

（1）在屋外配电装置中，电气设备多采用把设备安装在金属构架或混凝土基础上的高型式布置，以便运行和检修人员在带电设备下工作，因此基础高度一般在2～2.5m，以保证具有大于最小安全净距的尺寸。若用碳化硅阀型避雷器或磁吹避雷器，则作低型布置，即围栏内作高约10cm的地坪，以免长草和防止积水。

（2）电缆沟的走向。一般横向电缆沟布置在断路器与隔离开关之间，大型变电所的纵向电缆沟可分为两路。对电缆沟的布置，总的要求是能使控制电缆方便地引到所需连接的设备处，并尽可能使路径最短，从而缩短控制电缆的长度，节省投资。

（3）屋外配电装置应设置0.8～1.0m的巡视小道，以便运行人员对电气设备及装置的检查巡视，其中作为电缆沟上的盖板，可作为巡视小道的一部分。

（4）配电装置内，为了运输和消防的要求，应在主设备旁铺设行车道路。对大、中型变电所内，一般都要铺设至少3m宽的环形行车道路。

附录Ⅰ　短路电流运算曲线

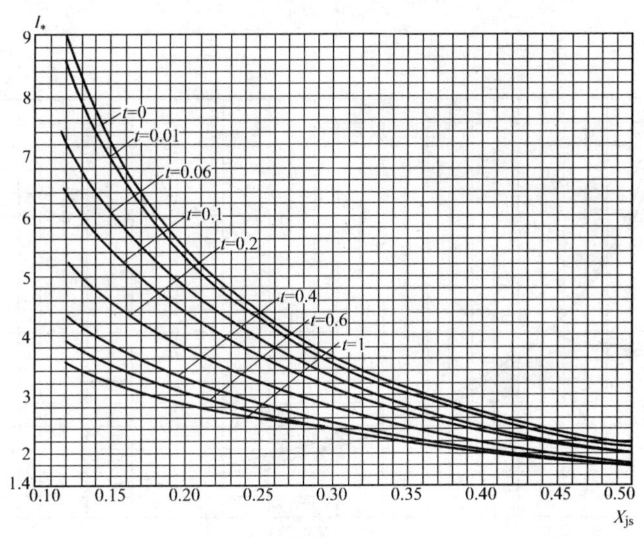

附图Ⅰ－1　汽轮发电机运算曲线［一］（$X_{js}=0.12\sim0.50$）

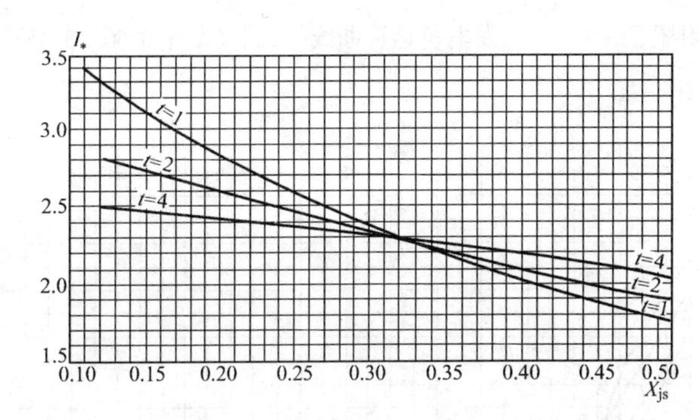

附图Ⅰ－2　汽轮发电机运算曲线［二］（$X_{js}=0.12\sim0.50$）

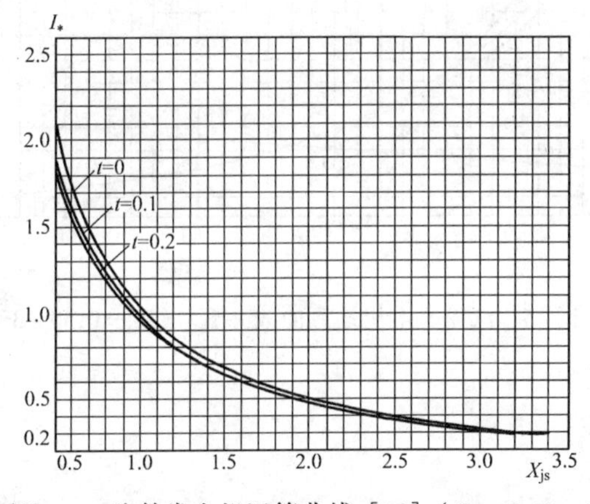

附图Ⅰ－3　汽轮发电机运算曲线［三］（$X_{js}=0.50\sim3.45$）

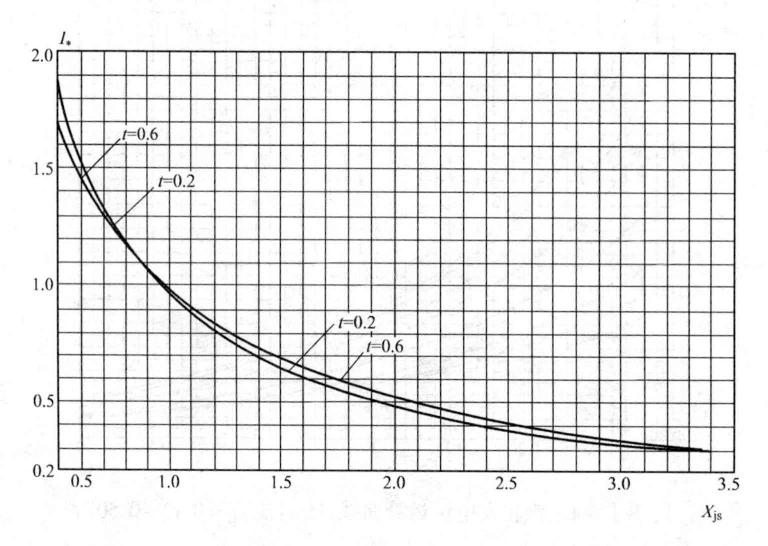

附图Ⅰ-4 汽轮发电机运算曲线［四］（$X_{js}=0.50\sim3.45$）

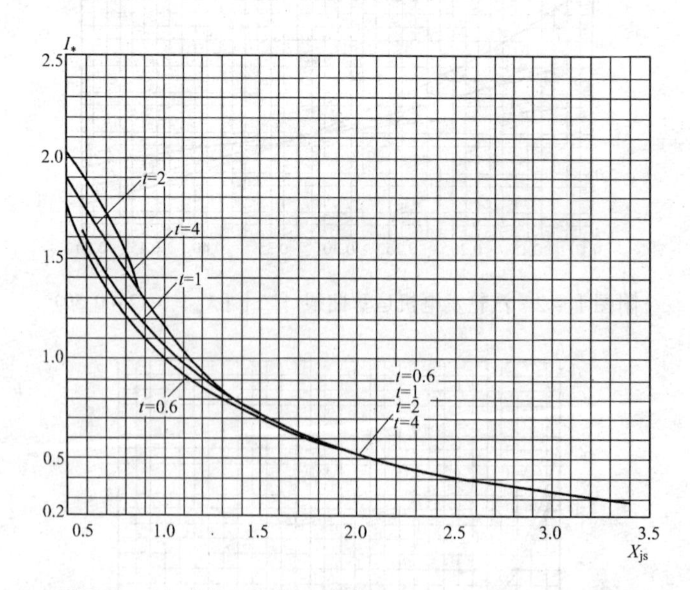

附图Ⅰ-5 汽轮发电机运算曲线［五］（$X_{js}=0.50\sim3.45$）

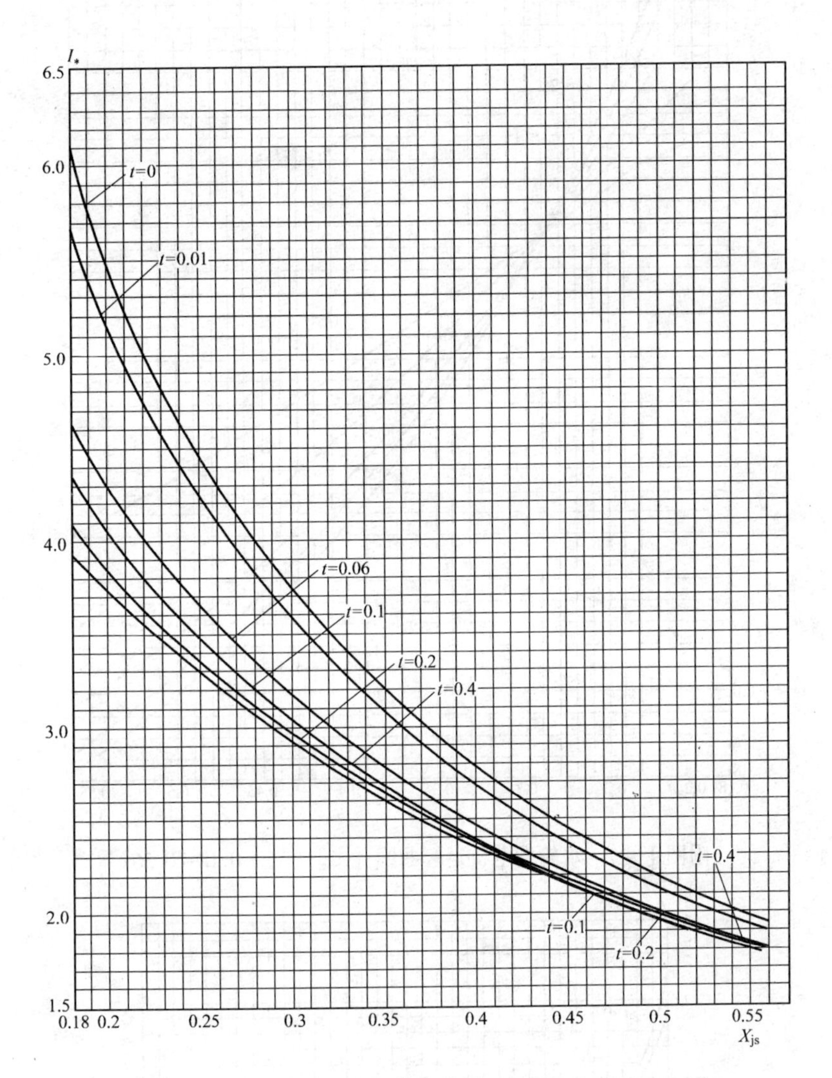

附图Ⅰ-6 水轮发电机运算曲线［一］（$X_{js}=0.18\sim0.56$）

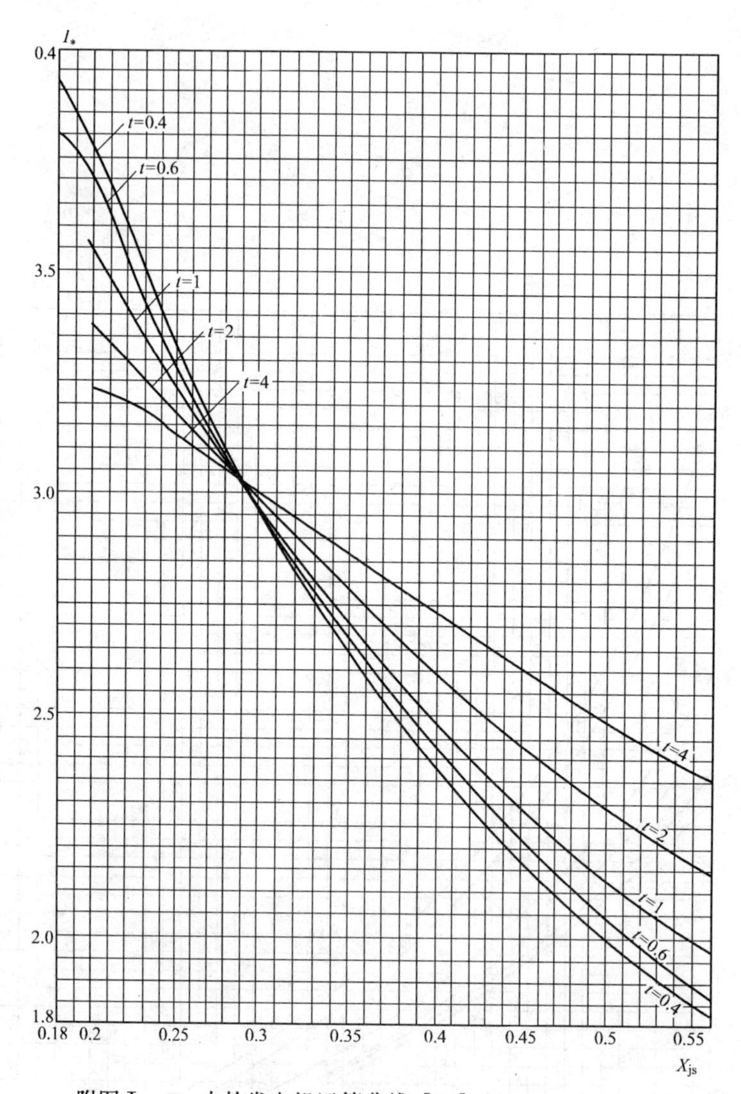

附图Ⅰ-7 水轮发电机运算曲线［二］（$X_{js}=0.18\sim0.56$）

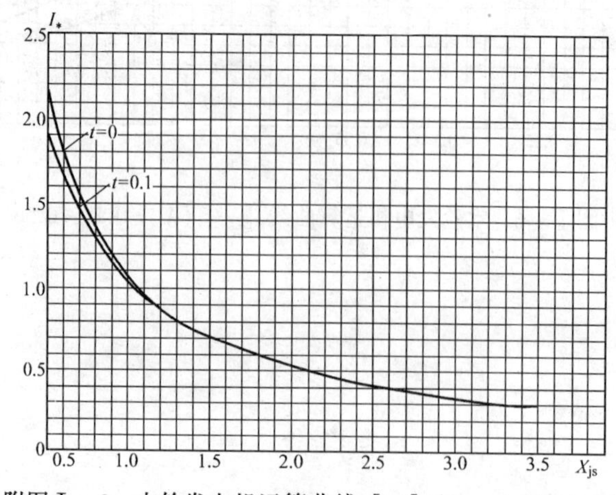

附图Ⅰ-8 水轮发电机运算曲线［三］（$X_{js}=0.50\sim3.50$）

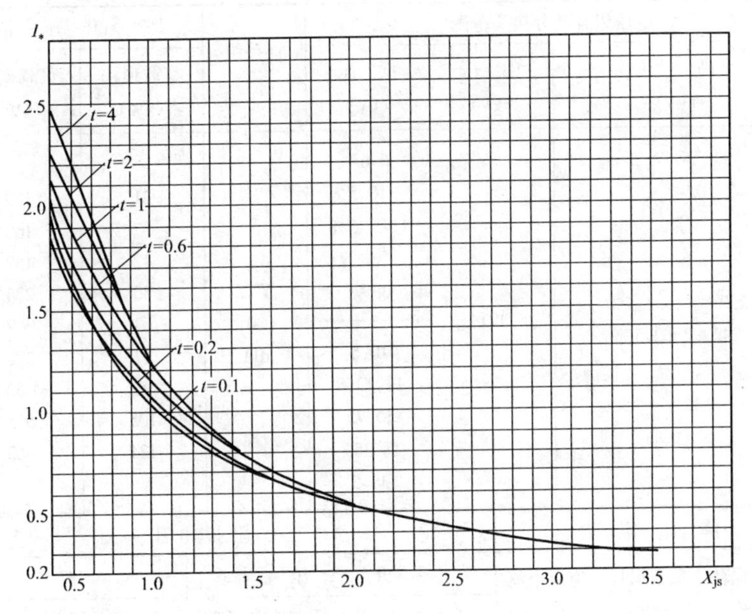

附图Ⅰ－9　水轮发电机运算曲线［四］（$X_{js}=0.50\sim3.50$）

附录Ⅱ　电力变压器的技术参数

附表Ⅱ－1　　220kV 双绕组无励磁调压电力变压器技术数据表

型　　号	额定容量（kV·A）	额定电压（kV）		空载电流（%）	损　　耗		阻抗电压（%）
		高　压	低　压		空载（kW）	负载（kW）	
SFP—400000/220	400000	236±2×2.5%	18	0.8	250	970	14
SFP7—360000/220	360000	242±2×2.5%	18	0.28	190	860	14.3
SFP3—340000/220	340000	242±2×2.5%	20	1.0	190	860	14.3
SSP2—260000/220	260000	242±2×2.5%	15.75	0.7	255	1553	14
SFP7—240000/220	240000	242±2×2.5%	15.75	0.4	185	620	14
SSP3—200000/220	200000	242±2×2.5%	13.8	1.1	216	854	14.1
SFP3—180000/220	180000	242±2×2.5%	69	1.2	200	830	14
SFP7—120000/220	120000	242±2×2.5%	10.5	0.9	118	385	13
SFP7—40000/220	40000	220±2×1.5% 或 242±2×1.5%	6.3,6.6 10.5,11	1.1	52	175	12

附表Ⅱ－2　　220kV无励磁调压三绕组自耦变压器技术数据表

额定容量 (kV·A)	电压组合及分接头范围			连接组标号	升压组合		
	高压 (kV)	中压 (kV)	低压 (kV)		空载损耗 (kW)	负载损耗 (kW)	空载电流 (%)
35100 40000 50000 63000 90000 120000 150000 180000 240000	220* ±2×2.5% 242±2×2.5%	121	6.6* 10.5 11*,13.8 35* 38.5* — 10.5 11,13.8 15.75 18,35* 38.5	YN, a0 d11	31 37 42 50 63 77 91 105 124	130 160 189 224 307 378 450 515 662	0.9 0.9 0.8 0.8 0.7 0.7 0.6 0.6 0.5

额定容量 (kV·A)	降压组合			阻抗电压(%)					
				升压			降压		
	空载损耗 (kW)	负载损耗 (kW)	空载电流 (%)	高—中	高—低	中—低	高—中	高—低	中—低
31500	28	110	0.8	12—14	8—12	14—18	8—10	28—34	18—24
40000	33	135	0.8						
50000	38	160	0.7						
63000	45	190	0.7						
90000	57	260	0.6						
120000	70	320	0.6						
150000	82	380	0.5						
180000	95	430	0.5						
240000	112	560	0.4						

注　1. 容量分配升压组合为100/50/100，降压组合为100/100/50。

2. 表中阻抗电压为100%额定容量时的数值。

3. 星号“*”表示降压变压器采用的数据。

附表Ⅱ－3　　220kV有载调压三绕组自耦变压器技术数据表

额定容量 (kV·A)	电压组合及分接范围			连接组别号	空载损耗 (kW)	负载损耗 (kW)	空载电流 (%)	容量分配 (%)	阻抗电压(%)		
	高压 (kV)	中压 (kV)	低压 (kV)						高—中	高—低	中—低
31500 40000 50000 63000 90000	220± 8×1.25%	121	6.3 6.6 10.5 11 35 38.5	YN, a0, d11	32 38 45 53 64	121 147 175 210 276	0.9 0.9 0.8 0.8 0.7	100 100 50	8～10	28～34	18～24
120000 150000 180000 240000			10.5 11 35 38.5		80 95 107 130	343 406 466 600	0.7 0.6 0.6 0.5				

附表Ⅱ-4　　110kV双绕组无励磁调压电力变压器技术数据表

型号	额定容量（kV·A）	额定电压（kV）		空载电流（%）	损耗		阻抗电压（%）
		高压	低压		空载（kW）	负载（kW）	
SFP7—150000/110	150000	110±2×2.5%(121)	13.8	0.6	107	547	13
SFP7—120000/110	120000	121±2×2.5%	13.8	0.5	99.4	410	10.5
SFP—120000/110	120000	121	10.5		107	422	10.5
SSPL7—63000/110	63000	121±2×2.5%	13.8	0.6	50.48	265.5	10.59
SFP7—63000/110	63000	110±2×2.5%(121)	10.5	0.6	52	254	10.5
SFL1—50000/110	50000	110±2×2.5%(121)	0.3,6.6 10.5,11	0.7	65	260	10.5
SF7—40000/110	40000	110	11	0.7	46	174	10.5
SFL—40000/110	40000	110±2×2.5%(121)	10.5	0.7	45	174	10.5
SFL7—31500/110	31500	110 121±2×2.5%	0.3,6.6 10.5,11	0.8	38.5	148	10.5
SF7—31500/110	31500	110±2×2.5%(121)	10.5	0.8	31	47	10.5
SF7—31500/110	31500	110±2×2.5%	10.5		38.5	14.8	10.5
SF7—31500/110	31500	110±2×2.5%(121)	6.3,6.6 10.5,11		38.5	148	10.5
SFL7—31500/110	31500	110±2×2.5%(121)	6.3,6.6 10.5,11		38.5	148	10.5
SFL7—25000/110	25000	110±2×2.5%(121)	10.5	0.9	31	121	10.5
SF7—25000/110	25000	110±2×2.5%(121)	6.3,6.6 0.5,11		32.5	123	10.5
SFL7—25000/110	25000	110±2×2.5%(121)	6.3,6.6 10.5,11		32.5	123	10.5
SFL7—20000/110	20000	110±2×2.5%(121)	6.6	0.9	27.5	104	10.5
SFL7—20000/110	20000	110±2×2.5%(121)		0.9	27.5	104	10.5
SF—20000/110	20000	110±2×2.5%		1.025	25.5	100.34	10.324
SFL1—20000/110	20000	110±2×2.5%		1.2	29.7	107.3	10.4
SF7—20000/110	20000	110±2×2.5%(121)		0.8	27	104	10.5
SFL7—20000/110	20000	110±2×2.5%(121)			27.5	104	10.5
SF7—20000/110	20000	110±2×2.5%(121)			24.5	104	10.5

附表Ⅱ－5　110kV三绕组有载调压电力变压器技术数据表

型　　号	额定容量(kV·A)	额定电压(kV)			空载电流(%)	空载损耗(kW)	负载损耗(kW)			阻抗电压(%)		
		高　压	中　压	低　压			高—中	高—低	中—低	高—中	高—低	中—低
SFSY7—75000/110	75000	110±2×2.5%			0.45	70		267			10.5	
SFPSL7—63000/110	63000	110±2×2.5% 121±2×2.5%	35±2×2.5% 38.5±2×2.5%	6.3,6.6 10.5,11	0.8	77		300		17～18 (10.5)	10.5 (17～18)	6.5
SFPS7—63000/110	63000	110±2×2.5% 121±2×2.5%	38.5±2×2.5%(35)	6.3,6.6 10.5,11	1.0	76		265			10.5	
SFSY7—50000/110	50000	110±2×2.5%	27.5	27.5	0.54	54		194.6			9.9	
SFS—50000/110	50000	110	38.5	6.3,6.6 10.5,11		65		250		10.5	17.5	6.5
SFS7—40000/110	40000	110±2×2.5% 121±2×2.5%	38.5±2×2.5%(35)	6.3,6.6 10.5,11	1.1	54		193			10.5	
SFSL7—31500/110	31500	110±2×2.5% 121±2×2.5%	35±2×2.5% 38.5±2×2.5%	6.3,6.6 10.5,11	1.0	46		175		10.5 (17～18)	10.5 (17～18)	6.5
SFS7—31500/1100	31500	110±2×2.5%	38.5±2×2.5%	11	1.02	46		175		10.5	18	6.5
SFS7—31500/1100	31500	110±2×2.5% 121±2×2.5%	38.5±5%(35)	6.3,6.6 10.5,11	1.0	39		165		10	10.5	
SFSL7—31500/110	31500	110±2×2.5% 121±2×2.5%	35±2×2.5% 38.5±2×2.5%	6.3,6.6 10.5,11	1.1	44		162			10.5	
SFS7—31500/110	31500	110±2×2.5% 121±2×2.5%	35±2×3.5% 38.5±2×2.5%	6.3,6.6 10.5,11		46		175		10.5 (17～18)	10.5 (17～18)	6.5
SFS7—31500/1100	25000	110±2×2.5%	38.5±2×2.5%	11		37.7	152.4	151.2	112.74	10.25	17.9	6.53
SFS7—25000/110	25000	110	35±2×2.5%(35) 38.5±22.5%(35)	6.3,6.6 10.5,11	0.8	33		143			10.5	
SFS7—31500/1100	25000	110±2×2.5% 121	35±2×2.5%	10.5		38		148		17～18	10.5	6.5
SFS7—25000/110	25000	110±2×2.5% 121	35 38.5±2×2.5%	6.3,6.6 10.5,11		38.5		148		10.5 (17～18)	10.5 (17～18)	6.5

续表

型号	额定容量（kV·A）	额定电压（kV）			空载电流（%）	空载损耗（kW）	负载损耗（kW）			阻抗电压（%）		
		高压	中压	低压			高—中	高—低	中—低	高—中	高—低	中—低
SFSL7—31500/110	25000	110±2×2.5% 121	35 38.5±2×2.5%	6.3,6.6 10.5,11		38.5		148		10.5 (17～18)	10.5 (17～18)	6.5
SFSL7—31500/110	20000	110±2×2.5% 121	35 38.5±2×2.5%	6.3,6.6 10.5,11	1.1	33		125		10.5 (17～18)	10.5 (17～18)	6.5
SFS7—20000/110	20000	110±2×2.5% 121	35 38.5±2×2.5%	6.3,6.6 10.5,11	1.0	26		123			10.5	
SFSL7—20000/110	20000	110±2×2.5% 121	35 38.5±2×2.5%	6.3,6.6 10.5,11	1.3	32		123			17.5	
SFS7—20000/110	20000	110±2×2.5% 121	35 38.5±2×2.5%	6.3,6.6 10.5,11		33		125		17～18 (10.5)	10.5 (17～18)	6.5
SFPSZ7—63000/110	63000	115±8×1.25%	38.5±5%	6.3	1	84.7		300		10.5	6.5	6.5
SFSZ7—63000/110	63000	110±8×1.25%	38.5±2×2.5%	6.6,10.5 6.3,11	1.2	84.7		300		17～18 (10.5)	10.5 (17～18)	6.5
SFPS—63000/110	63000	110±8×1.25%	38.5±5%	11		77		300		10.5	15.5	6.5
SFPSZ7—63000/110	63000	121 110±8×1.25%	38.5±5% 35	6.3,6.6 10.5,11	0.8	67		270			10.5	
SSPSZ1—50000/110	50000	121±3×2.5%	38.5±5%	13.8		64.74	24.679	23.601	188.13	17.89	10.49	6.262
SFSZ7—50000/110	50000	110±8×1.25%	38.5±2×2.5%	6.3,6.6 10.5,11	1.3	71.2		250		17～18 (10.5)	10.5 (17～18)	6.5
SFSZQ7—40000/110	40000	110±8×1.25%	38.5±5%	10.5	1.1	60.2		210		10.5	17.5	6.5
SFSZL7—40000/110	40000	110±8×1.25%	38.5±2×2.5%	6.3,6.6 10.5,11	1.3	60.2		210		17～18 (10.5)	10.5 (17～18)	6.5
SFSZ7—40000/110	40000	110±8×1.25%	38.5±2×2.5%	6.3,6.6 10.5,11	1.3	60.2		210		17～18 (10.5)	10.5 (17～18)	6.5

续表

型号	额定容量 (kV·A)	额定电压 (kV)			空载电流 (%)	空载损耗 (kW)	负载损耗 (kW)			阻抗电压 (%)		
		高压	中压	低压			高—中	高—低	中—低	高—中	高—低	中—低
SFSZL—40000/110	40000	110 ± 8 × 1.25%	38.5 ± 2 × 2.5%	6.3,6.6 10.5,11		60.2		210		10.5	17.5	6.5
SFSZ7—40000/110	40000	110 121 ± 4 × 1.25%	38.5 ± 5% 35	6.3,6.6 10.5,11	1.1	54		192			10.5	
SFSZ7—31500/110	31500	110 ± 8 × 1.25%	38.5 ± 2 × 2.5%	11	1.09	50.3		175		10.5	175	6.5
SFSZQ7—31500/110	31500	110 ± 8 × 1.25%	38.5 ± 2 × 2.5%	10.5	1.15	50.3		175		10.5	18	6.5
SFSLZ7—31500/110	31500	110 ± 8 × 1.25%	38.5 ± 5%	11	0.7	34.5	175	175	165	10.5	17 ~ 18	6.5
SFSZL7—31500/110	31500	110 ± 8 × 1.25%	38.5 ± 2 × 2.5%	6.3,6.6 10.5,11	1.4	50.3		175		17 ~ 18 (10.5)	10.5 (17 ~ 18)	6.5
SFSZL—31500/110	31500	110 ± 8 × 1.25%	38.5 ± 2 × 2.5% 35	11		50.3		175		10.5	17.5	6.5
SFSZ7—31500/110	31500	121 110 ± 8 × 1.25%	38.5 ± 2 × 2.5% 35	6.3,6.6 10.5,11	0.8	38		160			10.5	
SFSZL7—31500/110	315000	121 110 ± 8 × 2.5%	38.5 ± 2 × 2.5%	6.3,6.6 10.5,11	1.1	46		160			10.5	
SFSZL7—20000/110	30000	110 ± 8 × 1.25%	38.5 ± 2 × 2.5%	6.3,6.6 10.5,11	1.5	35.8		125		17 ~ 18 (10.5)	10.5 (17 ~ 18)	6.5
SFSZ1—20000/110	20000	121 ± 3 × 1.25%	36.75 ± 5%	10.5		31.25	131.7	138.65	99.68	10.74	17.88	6.21
SFSZ7—20000/110	20000	110 ± 8 × 1.25%	38.5 ± 2 × 2.5%	6.3,6.6 10.5,11	1.5	35.8		125		17 ~ 18 (10.5)	10.5 (17 ~ 18)	6.5
SFSZL—20000/110	20000	110	38.5	6.3,6.6 10.5,11		33		125		10.5	17.5	6.5
SFSZ7—20000/110	20000	121 110 ± 3 × 2.5%	38.5 ± 2 × 2.5%	6.3,6.6 10.5,11	0.9	26		121			10.5	

附表Ⅱ-6　　110kV双绕组变压器技术数据表

型　号	额定电压（kV）		联结组标号	损耗（kW）		空载电流（%）	阻抗电压（%）
	高　压	低　压		空载	负载		
S7—6300/110	121±2×2.5% 110±2×2.5%	11 10.5 6.6 6.3	YN,d11	11.6	41	1.1	10.5
S7—8000/110				14.0	50	1.1	
SF7—8000/110				14.0	50	1.1	
SF7—10000/110				16.5	50	1.0	
SF7—12500/110				19.5	70	1.0	
SF7—16000/110				23.5	86	0.9	
SF7—20000/110				27.5	104	0.9	
SF7—25000/110				32.5	125	0.8	
SF7—31500/110				38.5	140	0.8	
SF7—40000/110				46.0	174	0.8	
SFP7—50000/110				55.0	215	0.7	
SFP7—63000/110				65.0	260	0.6	
SF7—75000/110				75.0	300	0.6	
SFP7—90000/110				85.0	346	0.6	
SFP7—120000/110				106.0	422	0.6	
SFL7—8000/110				14.0	50	1.1	
SFL7—10000/110				16.5	50	1.0	
SFL7—12500/110				19.5	70	1.0	
SFL7—16000/110				23.5	86	0.9	
SFL7—20000/110				27.5	104	0.9	
SFL7—25000/110				32.5	123	0.8	
SFL7—31500/110				38.5	148	0.8	
SFP7—12000/110	121±2×2.5% 110±2×2.5%	10.5 13.8		106.0	422	0.5	
SFP7—18000/110	121±2×2.5%	15.75		110.0	550	0.5	
SFQ7—20000/110	121±2×2.5% 110±2×2.5%			27.5	104	0.9	
SFQ7—25000/110				32.5	125	0.8	
SFQ7—31500/110				38.5	148	0.8	
SFQ7—40000/110				46.0	174	0.7	
SFPQ7—50000/110				55.0	216	0.7	
SFPQ7—63000/110				65.0	260	0.6	
SFZL7—8000/110	121±3×2.5% 110±3×2.5%	11 10.5 6.6 6.3		15.0	50	1.4	
SFZL7—10000/110				17.8	59	1.3	
SFZL7—12500/110				21.0	70	1.3	
SFZL7—16000/110				25.3	86	1.2	
SFZL7—20000/110				30.0	104	1.2	
SFZL7—25000/110				35.5	123	1.1	
SFZL7—31500/110				4202	148	1.1	
SFZL7—50000/110	110±8×1.25%			59.7	216	1.1	
SFZL7—63000/110				59.7	260	1.0	
SFZ7—63000/110	110+10×1.25% 110—6×1.25%	38.5		71.0	260	0.9	
SFZQ7—20000/110	110±8×1.25%	11 10.5 6.6 6.3		30	104	0.9	
SFZQ7—25000/110				32.5	123	1.2	
SFZQ7—31500/110				38.5	148	1.1	
SFZQ7—40000/110				46	174	1.0	
SFZQ7—31500/110	115±8×1.25%				148	1.1	
SFZQ7—50000/110	110±8×1.25%				216	1.0	
SFZQ7—63000/110					260	0.9	

续表

型号	额定电压（kV）		联结组标号	损耗（kW）		空载电流（%）	阻抗电压（%）
	高压	低压		空载	负载		
SFZ9—6300/110	110±8×1.25%	11 10.5 6.6 6.3	YN,d11	10	36.9	0.8	10.5
SFZ9—8000/110				12	45.0	0.76	
SFZ9—10000/110				14.24	53.1	0.72	
SFZ9—12500/110				16.8	63.0	0.67	
SFZ9—16000/110				20.24	77.4	0.63	
SFZ9—20000/110				24	93.6	0.62	
SFZ9—25000/110				28.4	110.7	0.55	
SFZ9—31500/110				37.76	133.2	0.55	
SFZ9—40000/110				40.4	156.6	0.5	
SFZ9—50000/110				47.76	194.4	0.5	
SFZ9—63000/110				56.8	234.0	0.4	
SFZ10—6300/110				8.75	34.85	0.72	
SFZ10—8000/110				10.50	42.50	0.68	
SFZ10—10000/110				12.46	50.15	0.65	
SFZ10—12500/110				17.70	59.50	0.60	
SFZ10—16000/110				17.71	73.10	0.57	
SFZ10—20000/110				21	88.40	0.56	
SFZ10—25000/110				24.85	104.55	0.50	
SFZ10—31500/110				29.54	125.80	0.50	
SFZ10—40000/110				35.35	147.90	0.45	
SFZ10—50000/110				41.79	183.60	0.45	
SFZ10—63000/110				49.70	221	0.36	

附表Ⅱ－7　35kV级配电变压器技术参数

型号	额定容量（kV·A）	电压组合			联结组别号	空载损耗（W）	负载损耗（W）	空载电流（%）	阻抗电压（%）
		高压（kV）	分接头范围（%）	低压（kV）					
SC9—315/35	800	35 38.5	±5×2.5% 或 ±2×2.5%	0.4	Y,yn0 或 D,yn11	1300	4800	2.0	6
SC9—400/35	1000					1520	5900		
SC9—500/35	1250					1750	7200		
SC9—630/35	1600					2050	8500	1.8	
SC9—800/35	2000					2400	10100		
SC9—1000/35	2500					2700	11700		
SC9—1250/35	3150					3150	14200	1.6	
SC9—1600/35	4000					3600	17200		
SC9—2000/35	5000					4250	20250	1.4	
SC9—2500/35	6300					5000	24250		

附表Ⅱ－8　　6～10kV低损耗全密封波纹油箱配电变压器技术参数

额定容量(kV·A)	联结组标号	电压组合(kV)			空载损耗	负载损耗	空载电流	短路阻抗
		高　压	低　压	分接范围				
S9—M—30	Y,yn0	6.3 6.6 10 10.5 11	0.4	±5%	0.13	0.60	2.1	4
S9—M—50	Y,yn0	6.3 6.6 10 10.5 11	0.4	±5%	0.17	0.87	2.0	4
S9—M—63	Y,yn0	6.3 6.6 10 10.5 11	0.4	±5%	0.20	1.04	1.9	4
S9—M—80	Y,yn0	6.3 6.6 10 10.5 11	0.4	±5%	0.25	1.25	1.8	4
S9—M—100	Y,yn0	6.3 6.6 10 10.5 11	0.4	±5%	0.29	1.50	1.6	4
S9—M—125	Y,yn0	6.3 6.6 10 10.5 11	0.4	±5%	0.34	1.80	1.5	4
S9—M—160	Y,yn0	6.3 6.6 10 10.5 11	0.4	±5%	0.40	2.20	1.4	4
S9—M—200	Y,yn0	6.3 6.6 10 10.5 11	0.4	±5%	0.48	2.60	1.3	4
S9—M—250	Y,yn0	6.3 6.6 10 10.5 11	0.4	±5%	0.56	3.05	1.2	4
S9—M—315	Y,yn0	6.3 6.6 10 10.5 11	0.4	±5%	0.67	3.65	1.1	4
S9—M—400	Y,yn0	6.3 6.6 10 10.5 11	0.4	±5%	0.80	4.30	1.0	4
S9—M—500	Y,yn0	6.3 6.6 10 10.5 11	0.4	±5%	0.96	5.10	1.0	4
S9—M—630	Y,yn0	6.3 6.6 10 10.5 11	0.4	±5%	1.20	6.20	0.9	4
S9—M—800	Y,yn0	6.3 6.6 10 10.5 11	0.4	±5%	1.40	7.50	0.8	4
S9—M—1000	Y,yn0	6.3 6.6 10 10.5 11	0.4	±5%	1.70	10.3	0.7	4
S9—M—1250	Y,yn0	6.3 6.6 10 10.5 11	0.4	±5%	1.95	12.8	0.6	4
S9—M—1600	Y,yn0	6.3 6.6 10 10.5 11	0.4	±5%	2.4	14.5	0.6	4
S9—M—2000	Y,yn0	6.3 6.6 10 10.5 11	0.4	±5%	2.85	17.8	0.6	4

参 考 文 献

1. 范锡普．发电厂电气部分．第二版．北京：中国电力出版社，1995
2. 王士政，冯金光．发电厂电气部分．第三版．北京：中国水利水电出版社，2002
3. 陈跃．电气工程专业毕业设计指南电力系统分册．北京：中国水利水电出版社，2003
4. 卫斌．变电所电气部分毕业设计指导．第二版
5. 于长顺．发电厂电气设备．北京：水利水电出版社，1989
6. 电力工业部电力规划设计总院．电力系统设计手册．北京：中国电力出版社，1998
7. 贺湘琰．电器学．第二版．北京：机械工业出版社，2000
8. 辽宁省职工教育教材编审委员会．电气设备．1986
9. 卢文鹏．发电厂变电站电气设备．第一版．北京：中国电力出版社，2002